水体污染控制与治理科技重大专项“十三五”成果系列丛书

重点行业水污染全过程控制技术系统与应用标志性成果

膜法水处理技术集成及示范

张宇峰　常高峰　等著

化学工业出版社

·北京·

内容简介

本书以膜法水处理技术为主线，首先介绍了膜与膜过程基本概念和原理；其次概述了典型水质；然后按水处理主要应用领域即给水、排水、非常规水资源化（含中水）等，分别介绍了膜技术在人类生活生产中对各种水的处理的应用，特别是近年来膜技术与传统水处理技术结合或替代而产生的一些新的集成技术案例及分析；最后概述了膜污染及其控制。本书旨在深入探索膜技术在水处理领域的发展趋势和要求，以为不断开发出高性能膜材料和新的膜过程、膜工艺、膜装备等提供有益的借鉴，从而进一步提升水处理技术水平。

本书具有较强的技术性和针对性，可供从事膜材料研究及应用、膜法污水处理等的工程技术人员、科研人员和管理人员参考，也可供高等学校环境科学与工程、市政工程、膜科学与技术及其他相关专业师生参阅。

图书在版编目（CIP）数据

膜法水处理技术集成及示范/张宇峰等著．—北京：化学工业出版社，2022.6（2023.4重印）

ISBN 978-7-122-41272-0

Ⅰ．①膜…　Ⅱ．①张…　Ⅲ．①膜法-污水处理-研究　Ⅳ．①X703.1

中国版本图书馆 CIP 数据核字（2022）第 067943 号

责任编辑：刘兴春　刘　婧
责任校对：宋　玮
装帧设计：刘丽华

出版发行：化学工业出版社
（北京市东城区青年湖南街 13 号　邮政编码 100011）
印　　装：北京机工印刷厂有限公司
787mm×1092mm　1/16　印张 20¼　字数 444 千字
2023 年 4 月北京第 1 版第 2 次印刷

购书咨询：010-64518888
售后服务：010-64518899
网　　址：http://www.cip.com.cn
凡购买本书，如有缺损质量问题，本社销售中心负责调换。

定　　价：138.00 元

前 言

进入21世纪以来，全球膜产业总值快速增长。“十三五”以来，我国膜工业总产值年均增长率保持在15%左右。2019年，我国膜工业总产值达2773亿元，占全球膜工业总产值的29%。高性能膜材料被国务院列为加快培育和发展战略性新兴产业，被列入《国家中长期科学和技术发展规划纲要（2006—2020年）》的优先发展主题，既是《中国制造2025》的关键战略材料，也是世界各国竞相发展和重点支持的战略产业方向。膜材料与膜应用成为化学、化工、材料、环境工程等多学科交叉的一个新兴学科。

我国水资源人均占有量少，仅为世界平均水平的1/4，是全球人均水资源最贫乏的国家之一，且时空分布不均。随着人口快速增长、社会经济发展和人民生活水平提高，人民群众对清澈水质、优美环境等生态产品的需求越来越迫切。而在社会发展过程中造成的水环境污染引发的社会公众集体焦虑，以及环境风险凸显、环境事件多发高发的现象，体现出优质生态环境已成为关系到人民群众健康生活的核心问题。党的十八大以来，以习近平同志为核心的党中央高度重视生态文明建设和环境保护。“十三五”时期是全面建成小康社会决胜阶段，党中央、国务院将生态文明纳入“五位一体”战略部署，出台加强生态文明建设的意见和改革方案，把绿色发展纳入五大发展理念，颁布实施“史上最严”《中华人民共和国环境保护法》，实施《水污染防治行动计划》（“水十条”），充分体现了生态文明建设和环境保护工作的重要地位。

近年来，膜技术在水处理领域应用被日渐推广，在工业污水再生利用、市政污水处理、市政饮用水处理、海水淡化等水处理领域得到了迅猛发展。膜技术不仅与传统水处理技术，而且与各种新技术日益结合和集成，产生了很多以膜分离为核心的新型水处理（集成）技术，产生了巨大的经济效益和社会效益。例如，我国反渗透膜2016年应用规模突破$3.0\times10^7m^3/d$；市政污水MBR规模2019年达到1500万m^3/d；民用净水市场生产企业3000多家，产值300多亿元；2017年年底全国已建成投产的海水淡化装置达136套，产能达到$118.9\times10^4m^3/d$。随着膜技术进步与革新，新膜技术不断涌现，膜技术已经成为部分水处理工艺中的核心技术，基于新膜材料的工程示范应用也得到不断推广。

为使从事水处理相关工程研究的技术人员更好地了解和掌握膜分离技术原理，准确把握和解决在水处理过程中所遇到的问题，不断完善相关膜工艺以进一步创新技术，我们基于膜技术在水处理领域应用的国内外研究进展，特别是汲取了国家“十一五”“十二五”等水专项的相关成果，从分离膜与膜过程基本原理出发，针对不同水体系及其主要特征污染物，按照人类社会生活生产用水，即给水、排水、中水（非常规水）处理工艺分类特点和水质要求，选择与膜技术结合相应的典型水处理案例，分析相应膜分离技术在水处理过程中的技术特点，进一步阐明膜分离机理和污染机理，认识膜技术在水处理过程中的技术优势，为从事水处理工作的工程技术人员更好地设计、使用、维护、运营等提供有益的参考。同时，本书也试图针对膜与膜过程在水处理应用方面存在的“瓶颈”，探索膜技术在水处理领域的发展趋势和发展需求，以供国内膜材料学者参考，从而促进高性能膜材料和新的膜过程、膜工艺的不断开发，进一步提升膜法水处理技术水平。

本书由张宇峰、常高峰等著，具体分工如下：第1章由孟建强、王喆撰写；第2章由常高峰、张宇峰撰写；第3章由王雨菲、蒋新蕾、张宇峰撰写；第4章由张景丽、常高峰撰写；第5章由张景丽、张宇峰、王喆撰写；第6章由曹雷、孟建强撰写。全书最后由张宇峰、张景丽、孟建强统稿并定稿。另外，本书撰写过程中天津工业大学的曹雷、武碧鑫、张健、陈冰倩，天津城建大学的王坚坚、文永兴、刘浩、焦泊臻、侯斌、李佩凝、张潇予、张雪婷、王哲、崔熙等参加了资料收集、部分撰写和整理工作，在此表示感谢。

本书的撰写和出版得到了水体污染控制与治理国家重大专项“天津滨海工业带废水污染控制与生态修复综合示范”项目、“天津滨海工业带水污染控制与生态修复顶层设计方案和路线图研究”课题（课题编号：2017ZX07107-001）的资助。

本书涉及领域较广，加之膜技术发展快速，限于著者水平及著写时间，书中难免存在不足和疏漏之处，敬请广大读者批评指正。

著者

2021年11月

目录

第 1 章　膜与膜过程基本原理

第 2 章　水及其主要特征污染物

第 3 章　给水工艺中的膜集成技术及应用

第6章 膜污染与控制技术

附录

第 1 章

膜与膜过程基本原理

1.1 膜技术的发展概况

1748 年，法国哲学家 Nollet 偶然发现了动物膜的半透性[1]，随后报道了在渗透作用下水通过猪膀胱隔膜的现象；1855 年，德国科学家 Fick 首次采用醋酸纤维素制备了人工合成膜，用于研究盐溶液通过多孔隔膜的扩散模型，并提出了扩散第一定律[2]，自此膜技术开始走向成熟并逐步向工业应用发展。

膜分离技术的工程应用是从 20 世纪 60 年代海水淡化开始的。1960 年洛布（Loeb）和索里拉金（Sourirajan）教授制成了第一张高通量和高脱盐率的醋酸纤维素膜[3]，这种膜具有非对称结构，从此使反渗透从实验室走向了工业应用，其后各种新型膜陆续问世。1967 年美国杜邦（Dupont）公司首先研制出以聚己二酰己二胺（又称尼龙-66）为膜材料的中空纤维膜组件；1970 年又研制出以芳香聚酰胺为膜材料的“PermasepB-9”中空纤维膜组件，并获得 1971 年美国柯克帕特里克（Kirkpatrick）化学工程最高奖。从此反渗透技术在美国得到迅猛的发展，随后在世界各地相继应用，其间微滤和超滤技术也得到相应的发展[4]。电渗析技术自 20 世纪 50 年代就已开始进入工业应用，60 年代在日本大规模用于海水浓缩制盐[5]。目前膜法除大规模用于海水淡化、苦咸水淡化、纯水及高纯水生产、城市生活饮水净化外，在城市污水处理与利用及各种工业废水处理与回收利用方面也逐步得到推广和应用。

自膜技术产业化至今，膜技术在全世界所受关注与日俱增，世界各国均投入大量人力、物力、财力来支持膜技术的发展。从图 1-1（a）可以看出，1999～2017 年全球膜产业总产值快速增长（膜产业总产值是指膜元件、膜组件、膜装备及相关工程的总值），截至 2017 年年底，全球膜产值已达 1050 亿美元；图 1-1（b）也展示出全球膜市场自 21 世纪起开始快速增长[6]。据统计，1999 年全球膜市场的销售额为 44 亿美元，2007 年全球膜及膜组件销售额达到 83 亿美元，2014 年全球膜市场规模达到了 186.8 亿美元，2020 年全球膜市场规模约 321.4 亿美元。

经过 50 多年的发展，我国膜产业逐渐走向成熟。最近 20 多年是中国膜产业的高速增长期，1999 年全球膜产业总产值在 200 亿美元左右，我国膜产业的总产值约为 28 亿元，仅占全球总产值的 1.7%。到 2017 年，全球膜产业总产值达到 1050 亿美元左右；同年，我国国内分离膜市场总产值接近 2000 亿元人民币［图 1-2（a）］，占全球总产值的 27%以上，总产值占比大幅增加。2019 年中国膜产业总产值达到 2773 亿元，较“十二五”期末翻了一番[6]。2021 年 1 月 4 日，国家发改委联合九部门印发《关于推进污水资源化利用的指导意见》，可以预计，在“十四五”期间“再生水利用”将激发膜产业持续发展。产品趋势方面，目前在我国膜产品销售中，50%左右的市场被反渗透膜（RO）与纳滤膜（NF）占据，超滤膜（UF）、微滤膜（MF）与电渗析膜各占 10%，剩下 20%被气体分离膜、无机陶瓷膜、透气膜及其他类型所占据[7]。中国膜产品市场结构大致分布见图 1-2（b）。

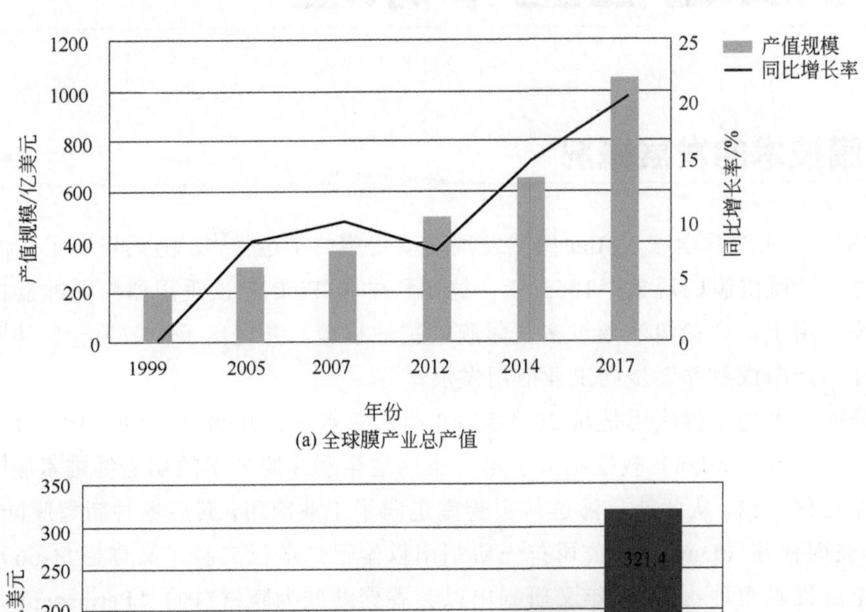

(a) 全球膜产业总产值

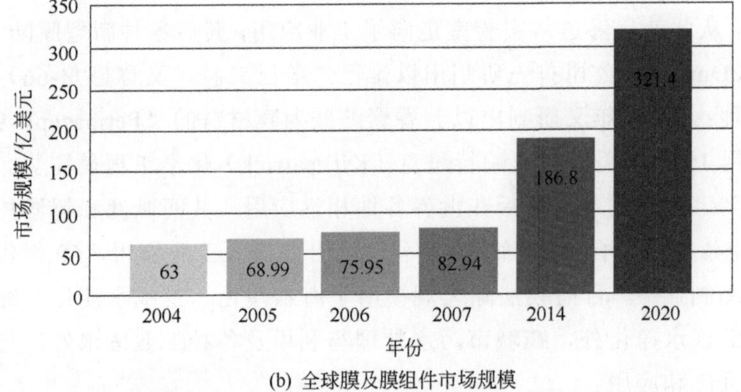

(b) 全球膜及膜组件市场规模

图 1-1 全球膜产业发展概况

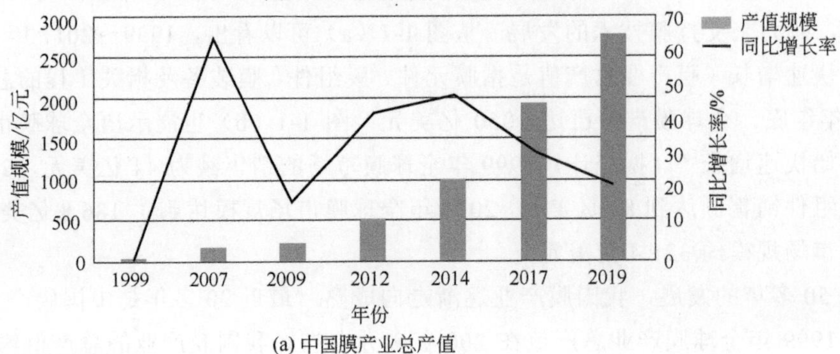

(a) 中国膜产业总产值

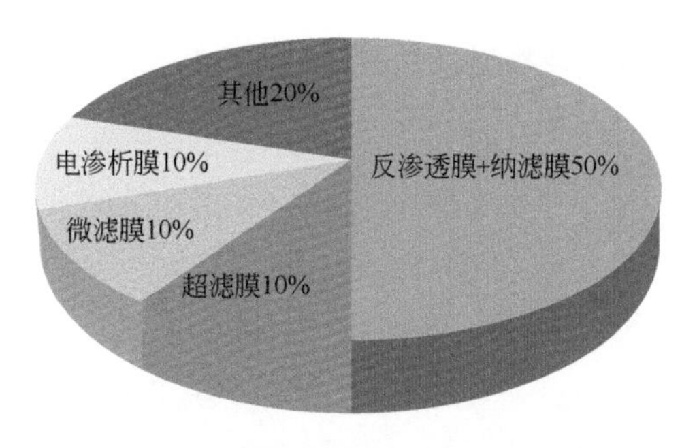

(b) 各类膜组件在中国市场占比情况

图 1-2　中国膜市场发展情况

1.2　膜分离的概念与分类

1.2.1　膜分离的概念

“分离膜”是将两相界面分开且具有选择透过性的屏障，其作用是以特定形式限制和传输各种化学物质。膜可以是多孔的或致密无孔的；可以是均相的或非均相的，对称的或非对称的；可以是带电的或不带电的（中性的），而带电膜又可以是带正电荷或带负电荷的，或者兼而有之[8]。膜可以是具有渗透性的，也可以是具有半渗透性的，但不能是完全不具有渗透性的。

膜分离是用天然或人工合成膜，以外界能量或化学位差作推动力，对双组分或多组分溶质和溶剂进行分离、分级、提纯和富集的方法，膜的基本分离过程如图 1-3 所示。膜分离法可以用于液相和气相，对液相分离可以用于水溶液体系、非水溶液体系以及水溶胶体系。

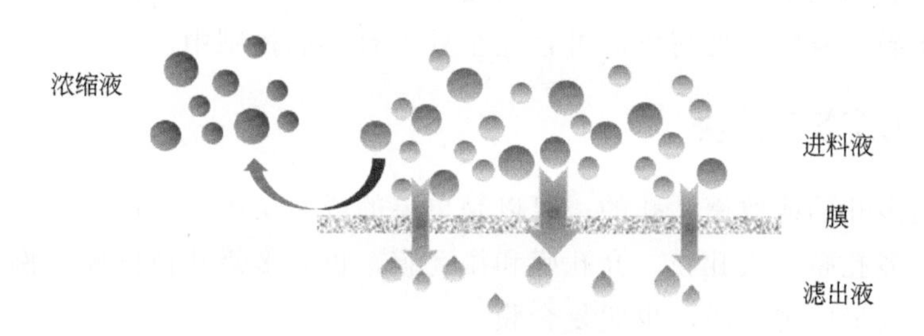

图 1-3　膜的基本分离过程

膜分离的过滤方式一般分为死端过滤和错流过滤两种，其原理如图 1-4 所示。不同的膜系统采用不同的过滤方式。

死端过滤随着过滤时间的延长被截留颗粒将在膜表面形成污染层，使过滤阻力增加，在操作压力不变的情况下膜的过滤透过率将下降。因此，死端过滤只能间歇进行，必须周期性地清除膜表面的污染物层或更换膜。

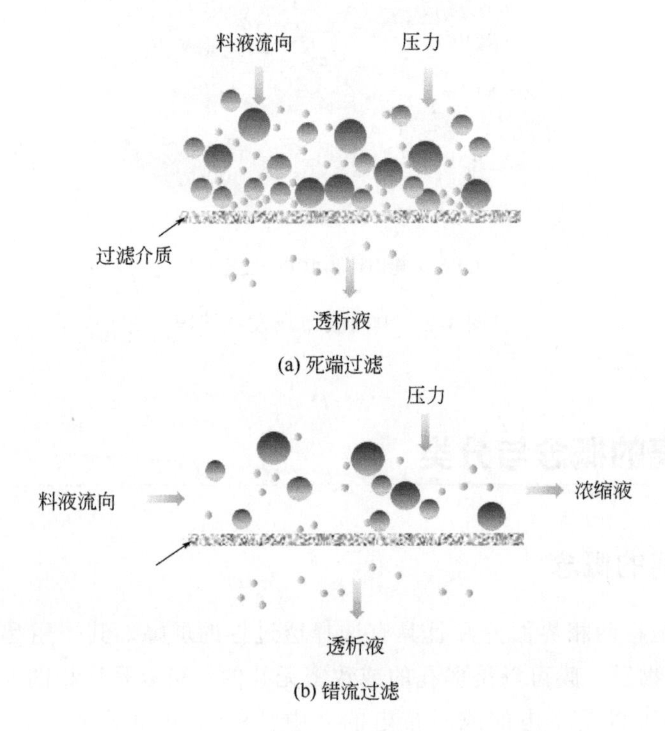

图 1-4 死端过滤与错流过滤的原理

错流过滤中，流体产生的剪切力可以对膜产生清洗作用，使膜使用寿命有效延长。因此，错流过滤的滤膜表面不易产生浓差极化现象和结垢问题，过滤透过率衰减较慢。错流过滤的运行方式比较灵活，既可以间歇运行又可以实现连续运行。错流过程同时避免了在死端过滤（如板框压滤机、鼓式真空过滤机）过程中依靠滤饼层进行过滤的情况，分离发生在膜表面而不是滤饼层中，因而滤液质量在整个过程中是均一而稳定的。滤液的质量取决于膜本身，这使得生产过程完全处于有效的控制中。

1.2.2 膜的形态与分类

膜可以是多孔的或致密无孔的，可以是单层的或多层的，如图 1-5 所示。现今，随着膜的发展，多孔膜有大孔膜、介孔膜和微孔膜，也有多级孔协同膜，例如梯度膜；致密膜多与多孔膜形成多层膜，也叫复合膜。

根据膜的分离机理、形状、材料来源和结构等不同，膜可以分为多种类型。按分离机理，可以将膜分为反应膜、离子交换膜、渗透膜等，其中离子交换膜按其结构又可以分为异相膜和均相膜；按形状，可以将膜分为平面膜（平板膜）和曲面膜（中空纤维膜、管式膜）；按材料来源，可以将膜分为天然膜和合成膜两大类；按结构，可以将膜分为对称膜、非对称膜和复合膜，如图 1-6 所示。由于不对称膜的过渡层容易被压缩，在压力驱动膜工艺中存在严重的局限性，因此人们提出了复合膜的概念。复合膜支撑层由坚韧的材料制成，并在其上制备了超薄分离功能层，对其进行了优化，可以减少皮层的厚度（0.01～0.1μm），又可取消过渡层。复合膜是第三代分离膜，是反渗透膜和纳滤膜的主要形式[9]。

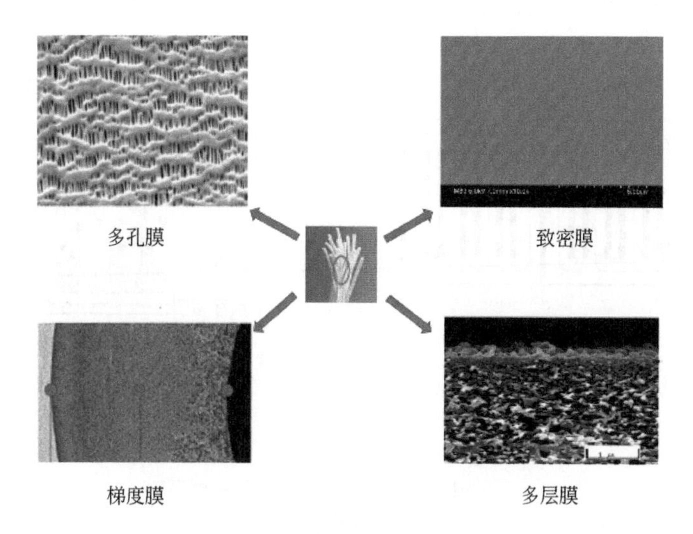

图 1-5　膜的多种形态

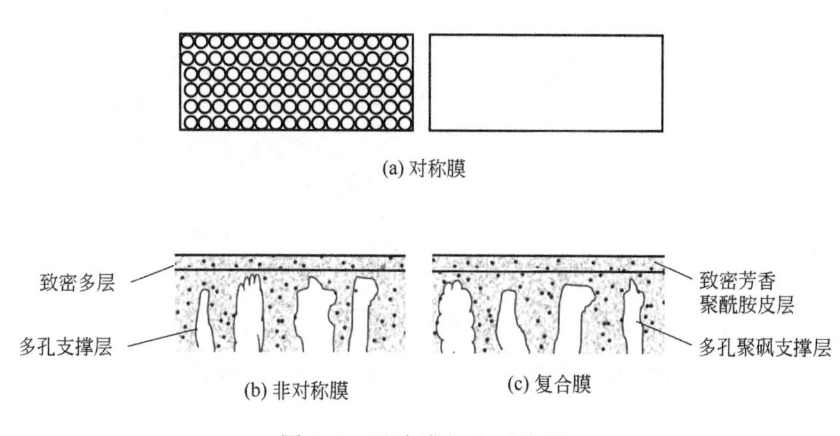

图 1-6　对称膜与非对称膜

1.2.3　膜组件

为便于工业化生产和安装，实现最大有效面积，将膜以某种形式组装在一个基本单元内以完成混合液中各组分的分离，该基本单元即膜组件。膜组件是将膜片/膜丝/膜管与进水流道网、产水流道材料、产水管和抗应力器等组装在一起，实现进水与产水分开的膜分离过程的最小分离单元。膜是膜分离过程的基础，膜组件是工程应用的直接体现，多个单元组件与附属设施的合理配置构成膜装置。

工业膜组件主要有板框式［图 1-7（a)]、管式（包括毛细管式）［图 1-7（b)]、螺旋卷式（简称卷式）[图 1-7（c）] 和中空纤维式（图 1-8），其中中空纤维式膜组件可分为内压式和外压式两种。管式膜和中空纤维膜的主要区别在于管径的规格不同，中空纤维膜是自支撑膜，有机材料的管式膜通常需要支撑材料，无机材料的管式膜壁较厚。膜管直径：管式常用 8mm；毛细管式 0.5～10.0mm；中空纤维式小于 0.5mm。

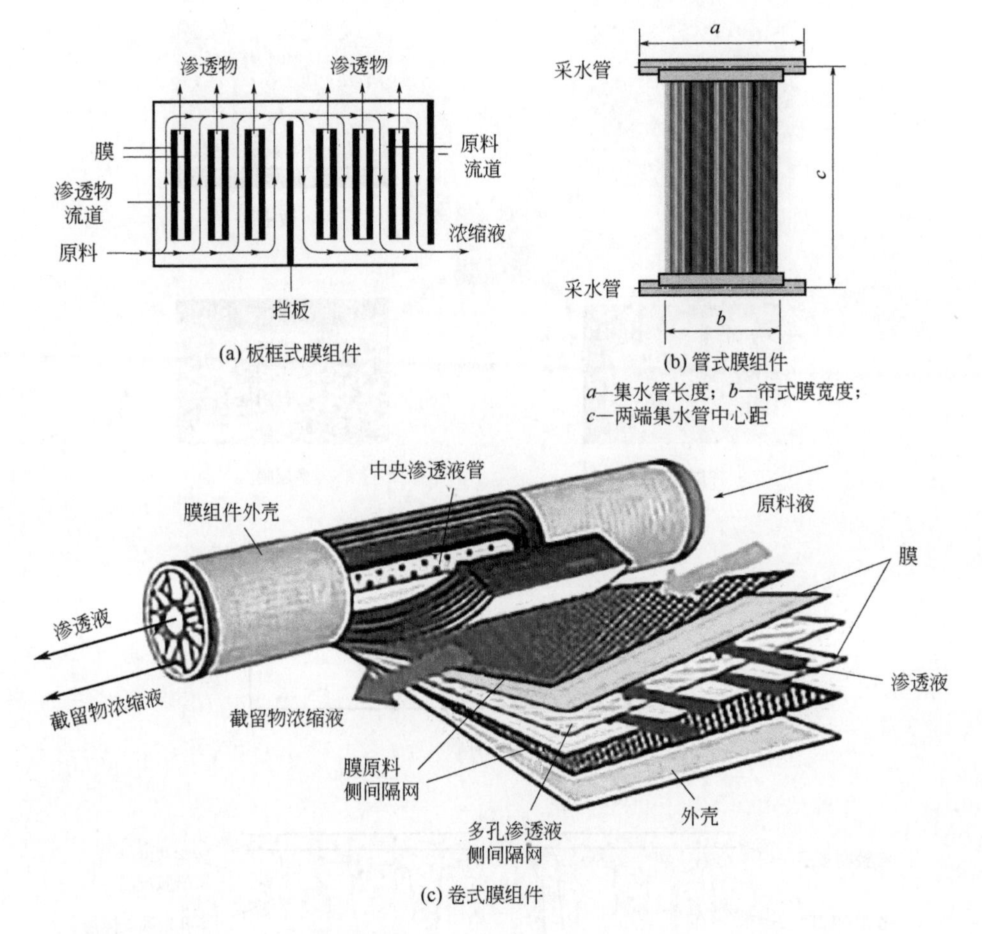

图 1-7　板框式膜组件、管式膜组件和卷式膜组件示意

1.2.4　膜技术特点

膜分离技术在众多分离技术中有着如下特点：

① 膜分离过程不发生相变，具有较低的能耗。

② 膜过程通常在环境温度下进行，适用于处理热敏感的物质；同时在分离过程中不需要引入其他物质，所以不会带来二次污染物。

③ 适用于有机和无机物质，分离对象从无机盐、病毒、细菌到细颗粒，分离尺度范围广，也适用于各种不同种类溶液系统的分离，例如分离溶液中的聚合物和无机盐。

④ 分离装置简单，易于操作、控制和维修。膜分离作为一种新型的水处理方法，与传统的水处理方法相比，其设备占地面积小，处理效率高。

(a) 内压式中空纤维微滤膜组件(inside-out)

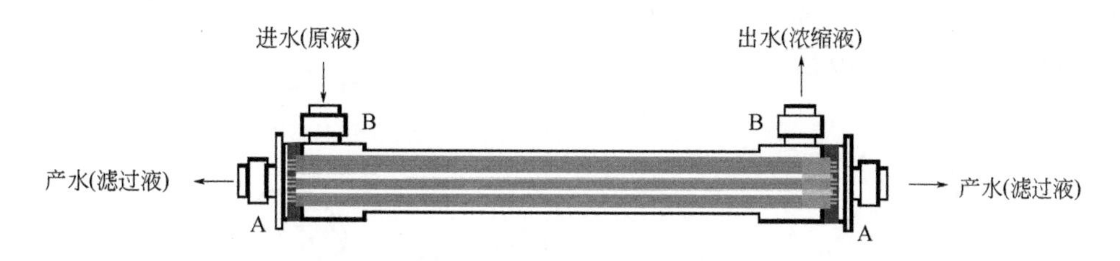

(b) 外压式中空纤维微滤膜组件(outside-in)

图 1-8　中空纤维式膜组件示意

⑤ 在分离过程中，分离与浓缩可以同时进行，易于回收有价值的物质。

⑥ 具有环境友好的特点，是节能减排和环境治理的共性技术。

正是因为相较其他分离技术有着以上的一些不可比拟的特点，膜分离技术正在蓬勃发展。

1.3 膜与膜过程的基本类型

膜过程以膜为核心，在膜两侧施加驱动力（压力梯度、浓度梯度、电势梯度、温度梯度等）时，原料侧的组分选择性地通过膜而得以分离，从而纯化和浓缩料液中的组分。根据所采用膜的分离特点以及传质驱动力不同，将膜过程分为微滤、超滤、纳滤、反渗透、电渗析和离子交换、膜蒸馏、膜吸收等，其中微滤、超滤、纳滤、反渗透为压力驱动；电渗析和离子交换为电驱动；膜蒸馏为热致蒸气压差驱动，本质上为热驱动。

1.3.1 微滤（MF）

对微滤系统化的研究始于 20 世纪。1906 年，Bechhold 发明了各种孔径的硝化纤维膜，并于 1907 年发表了一份系统研究微孔膜性能的报告。1918 年，Zsigmondy 等首次提出了硝化纤维素滤膜的规模化生产方法，并于 1921 年获得了专利，1925 年在德国 Göttingen 创立了全球第一家微滤膜公司——Sartorius GmbH，专门从事滤膜的生产和销售。Membranfilter GmbH 成立于 1926 年，之后胶棉微滤膜开始商业化生产[5]。1960 年 Sourirajan 和 Loeb 发明了著名的 L-S 膜制造技术。从 20 世纪 60 年代开始，随着聚合物材料的发展和成膜机制、膜控制技术的进步，微滤膜进入了一个迅猛发展的阶段[4]。

微滤是使用微孔膜作为过滤介质，利用压力作为驱动力，通过多孔膜对溶质和溶剂的选择渗透性，实现粒径在 0.1～10μm 之间的颗粒物以及大分子和细菌分离的过程，是世界上开发较早、应用较广泛的膜技术。

1.3.1.1 微滤的分离机制

微滤的分离机制是筛分机制。在分离过程中，膜的物理结构被认为起决定性作用，吸附作用和静电作用等因素对分离性能也会有一定的影响。由于结构上的差异，微滤膜的截留机制大致如图 1-9 所示。

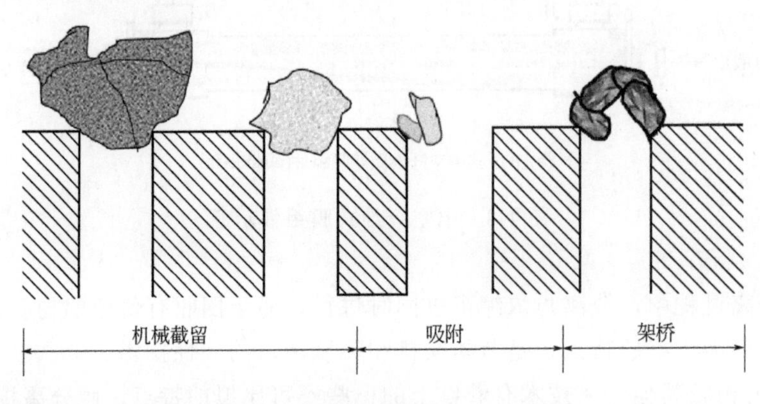

图 1-9 微滤膜的截留机制示意

（1）膜表面层截留

① 机械截留作用：膜可以截留大于孔径或对应于微粒孔径的杂质。

② 物理作用或吸附截留作用：膜表面化学基团可与杂质微粒发生物理或化学作用而滞留杂质微粒。

③ 架桥作用：在膜孔的入口处，微粒通过架桥作用被阻挡。

（2）膜内部截留

膜内部截留是指将微粒截留在膜内部而不是膜表面的过程。对于表面层截留（表面型）而言，其过程接近绝对过滤，易清洗，但杂质捕捉量相对深度型较少；而对膜内部截留（深度型）而言，其过程接近相对过滤，杂质捕捉量较多，但不易清洗，多属于用毕弃型[8]。

1.3.1.2 微滤膜材料及其制备方法

不同的膜材料具有不同的理化性质，进而影响其加工方法和应用范围。

商业化的有机微滤膜材料主要是硝化纤维素（CN）、醋酸纤维素（CA）、CN 和 CA 的混合物、聚砜（PSF）、聚醚砜（PES）、聚氯乙烯（PVC）、聚酰胺（PA）、聚丙烯（PP）、聚乙烯（PE）、聚偏氟乙烯（PVDF）以及聚四氟乙烯（PTFE）等。表 1-1 展示了典型微滤膜有机材料的特点。

表 1-1 典型微滤膜有机材料的特点

名称	CA	PA	PSF，PES	PVDF	PP，PE	PVC	PTFE
力学性能	良	优-	韧性差	良	良	韧性差	优
成膜性	良	良	优	良	中	良	差
溶胀性	易	一般	不溶胀	不溶胀	不溶胀	不溶胀	不溶胀
亲水性	好	一般	易	易	不易	易	不易
耐氯性	好	差	好	好	差	差	好
耐溶剂	耐非极性溶剂	耐非极性溶剂	耐非极性溶剂	耐非极性溶剂	耐极性溶剂	一般	强
耐酸碱	差	不耐酸	一般	不耐碱			
耐水解	差	较差	强	强	强	好	强
孔径	正常	正常	偏小	正常	较大	偏小	大
孔隙率	较高	较高	较高	较高	较低	较高	低
应用领域	烃类、酒类、低级醇类和医疗无菌分析	烃类、制药、电子工业、生物水质、酒类	超滤领域	化工、饮料、生化制药、医疗、水处理	疏水体系分离、极性有机溶剂、酸碱液	超滤领域	疏水体系、强酸、强碱、腐蚀性液体、有机溶剂

对于有机膜材料制备微滤膜的制备方法有相转化法、熔融拉伸法、烧结法和核径迹法等，其中相转化法分为非溶剂致相分离法（thermally induced phase separation，TIPS）和热致相分离法（nonsolvent induced phase separation，NIPS）。相转化法是膜制备中应用较普遍的方法，而且所制备膜结构也最为多样。相分离利用改变温度或加入非溶剂，让原本均匀的高分子溶液产生相分离，形成高分子富相及高分子贫相两相区，高分子富相在固化后形成薄膜孔壁，高分子贫相移除后所留下的空间则是薄膜中的孔洞，由此控制相分离过程可以达到控制孔洞大小及薄膜结构的目的。以非溶剂来诱导相分离，由于不需加温，制成及调整容易，且可制备出多种结构的薄膜，是目前最常见也最具经济竞争力的薄膜制程方法。

除有机材料外，无机陶瓷材料等也可用于制备微缩膜。无机材料主要包括陶瓷、氧化铝、氧化锆（ZrO_2）、氧化钛（TiO_2）、氧化硅等，其中氧化铝和氧化锆是最常用的材料。氧化锆（ZrO_2）具有高的熔点、沸点和硬度，并具有诸如在室温下的绝缘性和在高温下的导电性等优异的性能。ZrO_2是一种弱酸性氧化物，在碱性和许多酸性溶液（热浓H_2SO_4、HF、H_3PO_4除外）中均足够稳定[4]。

对于无机膜材料的制备方法有烧结法、阳极氧化法和溶胶-凝胶法等。

1.3.1.3 微滤膜在水处理领域的应用类型

水处理领域中，海水和苦咸水淡化，或其他含盐水除盐制取淡水，通常采用两种方法：一种是从盐水中除去水，如反渗透和蒸馏；另一种是从盐水中除去盐，如电渗析和离子交换。膜领域应用中，因不同类型膜技术的制备材料和分离机制不同，所以不同的膜技术要结合适当的应用环境才能产生更大的经济效益。

微滤的膜孔径一般为100nm及以上，运行压力一般小于1bar（$1bar=10^5Pa$，下同），主要截留大部分细菌、贾第鞭毛虫和隐孢子虫等。在水处理领域中，微滤技术主要应用于MBR工艺和水处理双膜工艺中的预处理单元，以去除胶体、细小颗粒和细菌等。

日本东丽公司于2007年3月东京某自来水厂案例中采用超滤/微滤膜，分两段运行，其中第二段通量为208L/h，水处理能力为$88000m^3/d$。

1.3.2 超滤（UF）

超滤膜的发现始于19世纪初期。1978年，美国建立了世界上第一套以膜过滤为中心的饮用水处理厂，日产水量达到225t[4]。从那时起，更多的国家和地区开始采用膜过滤技术来处理饮用水。到2000年年底，全球已有70多家以过滤为核心技术的水处理厂，总生产水规模为2.0×10^6t。中国对过滤技术的研究、开发和使用起步较发达国家晚，但发展速度较快。自2008年以来，以超滤为核心技术的饮用水处理厂陆续建成。到2019年，我国使用的大型超滤工厂的规模达到$1.5\times10^6m^3/d$，覆盖北京、上海、无锡、广州、高雄和深圳等许多城市，充分体现了超滤技术在市政自来水厂中的广泛应用前景[9]。

超滤是介于微滤和纳滤之间的一种膜过程，膜孔径范围为0.01～0.1μm。超滤的典型应用是从溶液中分离大分子物质和胶体，所能分离的溶质分子量下限为几千。超滤膜和微滤膜均可视为多孔膜，其截留取决于溶质大小和形状（与膜孔大小相对而言）。溶剂的传递正比于操作压力。事实上，超滤和微滤是基于相同分离原理的类似膜过程，二者通常由相同的材料制备，但制备方法不同，以调整孔径大小和形貌。二者主要的差别在于超滤膜具有不对称结构，其皮层要致密得多（孔径小，表面孔隙率低），因此流体阻力要大得多。超滤膜皮层厚度一般＜1μm。

1.3.2.1 超滤的分离机制

超滤是一种与膜孔径大小相关的筛分过程，以膜两侧的压力差为驱动力，膜表面密布的许多细小的微孔只允许原料液中溶剂和小分子的溶质从高压的料液侧透过膜到低压侧。原料溶液中体积大于膜表面微孔的大分子组分被阻挡在膜的进液侧。原料液侧浓度增加，可以实现溶液纯化，并且实现分离。辨别超滤膜主要依靠膜在制备过程中形成的具有一定尺寸和形状的孔，聚合物材料的化学性质不会对膜的分离特性产生太大影响，并且不会影响滤池的透过率，该过程可以用孔隙模型表示。实际上，超滤膜在分离过程中会发生不同的截留作用，膜表面和微孔中的吸附基于膜表面的化学性质，例如带电性和亲水性。孔的堵塞是基于分离的杂质粒径和膜的直径相似。超滤膜的分离作用主要依靠机械截留，因为其孔径相对较小；反渗透分离作用基于无孔理论；表面上的超薄分离层是致密膜，主要以溶解-扩散作用为主。

1.3.2.2 超滤膜材料及其制备方法

几种典型超滤膜的材料及性能如表1-2所列。

表 1-2 几种典型超滤膜的材料及性能

材料名称	聚偏氟乙烯	聚醚砜	聚氯乙烯（PVC）	聚砜	聚丙烯	聚丙烯腈
结晶性	结晶性聚合物，结晶度68%	无定形	部分结晶性聚合物，结晶度35%～40%	无定形	高结晶性聚合物，结晶度95%	无定形
密度/（g/cm^2）	1.75～1.78	1.37	1.40	1.24	0.905	1.184
玻璃化温度/℃	-39	220～225	87	190	-20	95
熔融温度/℃	174	—	212	—	160～175	317
使用温度/℃	-40～125	-100～170	＜80	-100～150	＜120	—
氧指数/%	44	—	33～34	＞30	17.8	—
拉伸强度/MPa	30～50	83	48～69	70	35	62
断裂伸长率/%	20～50	25～75	25～50	50～100	10	3～4
耐酸碱性	良好，在室温下不被酸、弱碱、强氧化剂所腐蚀	耐强酸、强碱性能良好	耐强酸、强碱性能中等	耐强酸、强碱性能良好	优秀，除氧化性酸对其有腐蚀作用外，能耐多数酸碱	耐强酸、强碱性能中等
耐光性	好	良	差	良	差（对紫外线敏感）	中
耐油脂性	好	良	差	良	好	良
总体评价	好	好	中	中	中	差

超滤膜的有机和无机膜的制备与微滤膜制备方法类似，在此不再详细介绍。

1.3.2.3 超滤膜在水处理领域的应用类型

超滤膜孔径在10～100nm之间，运行压力一般为1～3bar，主要截留悬浮物、细菌、病毒、重金属、氟化物、氯化物、消毒剂副产品以及农药残留物。超滤技术主要应用领域与微滤类似，主要作为MBR工艺和水处理双膜工艺中的预处理单元，用于饮用水深度处理、地表水处理、海水淡化和中水回用等方面。

Dupont公司2015年于意大利里米尼市政污水厂达标排放项目中采用使用PVDF超滤膜组件（公称孔径为0.04μm）的MBR工艺，产水量日均7.6×10^4t，峰值产水量15.2×10^4t，服务人口34万。

1.3.3 纳滤（NF）

纳滤（nanofiltration，NF）是Film Tec公司J.E. Cadotte在20世纪70年代基于超滤和反渗透技术的发展而研究开发的一种新型压力驱动膜分离技术[10]。

纳滤的第一个定义是由以色列脱盐工程局提出的杂化过滤（hybrid filtration），该工程局的膜对氯化钠截留率达到50%～70%，对有机物截留率达到90%。纳滤的分离尺度介于反渗透和超滤之间，可以截留在超滤过程中渗透的物质，截留分子量保持在100～

20000。纳滤过程的工作压力较低（0.5～20MPa 或更低）。纳滤膜的直径约为 1nm，截留分子量大于 200 的有机物和二价或多价无机盐，可以选择性地渗透小分子和无机盐。因此，纳滤可以在较低的操作压力下选择性地分离不同分子量的有机物或以不同的价态分离无机盐，同时可在较低的操作压力下保持高渗透性。

我国是在 20 世纪 80 年代开始进行纳滤研究的。1993 年，高从堦院士首次采用界面缩聚法制备了一种芳香族聚酰胺复合纳滤膜，并于同年在兴城会议上首次提出了纳滤膜的概念，开始引起国内膜分离和水处理领域研究人员的关注，国家海洋局杭州水处理技术开发中心、中国科学院大连化学物理研究所、原北京生态环化中心、原上海核研究所、天津工业大学、北京工业大学、北京化工大学等研究机构[6]之后在实验室的中期开发中，依次开发了醋酸纤维素纳滤膜、芳香族聚酰胺复合纳滤膜和其他带电材料的纳滤膜等。同时，我国在分离膜性能、分离机制、膜污染机制和分离应用方面的测试研究也取得了一些进展。

1.3.3.1 纳滤膜的分离机制

纳滤膜的一个特点是具有离子选择性，即具有一价阴离子的盐可以大量地渗过膜，而对于含有多价阴离子的盐截留率则高得多。因此盐的渗透性主要由阴离子的价态决定。

对阴离子而言，截留率按以下顺序上升：NO_3^-，Cl^-，OH^-，SO_4^{2-}，CO_3^{2-}。

对阳离子而言，截留率按以下顺序上升：H^+，Na^+，K^+，Ca^{2+}，Mg^{2+}，Cu^{2+}。

纳滤膜的传质机制比较复杂，到目前仍然争论众多。经过半个多世纪的演变，目前广泛使用的纳滤传质模型是道南细孔-介电（DSPM-DE）模型，这类模型基于 Extended Nernst-Planck（ENP）方程，以道南（Donnan）排斥、空间排斥和介电排斥作为主要排斥机制，描述了溶质在溶液-膜界面的分配和溶质在膜孔中的迁移[11]。

1.3.3.2 纳滤膜材料及其制备方法

目前，商品化的高分子纳滤膜材料主要是醋酸纤维素、聚酰胺类和聚砜类三种，其中聚酰胺（PA）薄层复合膜是最主要的纳滤膜材料；芳香族/半芳香族聚酰胺膜是市场上最成功的纳滤膜。

芳香族/半芳香族聚酰胺材料的苯环结构和酰胺结构具有优异的物化稳定性，强耐碱性、耐油性、耐有机溶剂性、较好的机械强度和耐高温性。酰胺部分（—NH—CO—）的极性和其与水分子形成的氢键也使聚酰胺纳滤膜具有较好的亲水性。因此，聚酰胺纳滤膜常被用于分离和回收有机小分子物质，但其耐酸性和耐氯性较差，在强酸和强氧化剂的存在下使用受限[12]。近年来，芳香族聚酰胺纳滤膜的研究热点主要集中在提高膜渗透选择性、耐氯性、溶剂稳定性和污染性等方面。芳香族/半芳香族聚酰胺材料主要分为芳香族聚酰胺类复合纳滤膜和聚哌嗪酰胺类复合纳滤膜。其中，芳香族聚酰胺类复合纳滤膜主要有美国 Film Tec 公司生产的 NF-50 和 NF-70 两种纳滤膜，纯水通量为 43L/（m^2·h），工作压力分别为 0.4MPa 和 0.6MPa。聚哌嗪酰胺类复合纳滤膜主要有美国 Film Tec 公司生产的 NF-40 和 NF-40HF，日本东丽公司生产的 UTC-20HF 和 UTC-60 以及美国 AMT 公司生产的 ATF-30 和 ATF-50。

磺化聚砜/醚砜的分子链的稳定性高，而且具有高的热氧化稳定性、刚性、强度和尺寸稳定性，同时该种材料又含有一定的韧性、柔性、加工性、溶解性和易流动性，而磺酸基增加了膜的亲水性，进而增加了膜的抗污染性，降低了膜的运行费用[12]。近年来磺化聚砜/醚砜材料纳滤膜还未大规模应用，但各大纳滤膜厂早已布局研发，例如日本日东电工公司的NTR-7410和NTR-7450纳滤膜，纯水通量分别为500L/（m^2·h）和92L/（m^2·h）。可以预见磺化聚砜/醚砜纳滤膜会是未来纳滤膜市场行业的一大支柱。

纳滤膜的表面层比反渗透膜更疏松，但是比超滤膜的表面层更致密。因此，合理地调节表层的疏松度可以形成纳米级（10^{-9}m）的大表面孔。其相同的多层膜结构使得纳滤膜主要的制备方法和反渗透膜相同。

1.3.3.3 纳滤膜在水处理领域的应用类型

纳滤膜孔径为1nm左右，运行压力一般为3.5～10bar，对二价和多价阴离子的盐优先截留，对单价离子盐的截留大小与料液的浓度和组成有关。在水处理应用中，纳滤膜主要用于去除饮用水深度处理过程中的难降解物质。作为深度处理技术，有试验表明纳滤膜可以去除在消毒过程中产生的微毒副产品三氯甲烷、痕量除草剂、杀虫剂、重金属、天然有机物、硫酸盐及硝酸盐等物质；同时纳滤膜具有出水水质好且稳定、化学药剂使用量少、场地面积小、节能、管理和维修容易、基本上可以实现零排放等优点。所以纳滤膜有潜力成为21世纪净化饮用水的首选技术。

纳滤膜由于其特有的截留方式——道南效应，这种独特的选择性分离带电粒子的方式以及较好的孔径筛分效果，使其在饮用水深度处理领域得以大规模应用。巴黎梅里奥赛水厂项目中应用微滤+纳滤（杜邦公司FilmTec™纳滤膜）工艺，其日产水量为$14×10^4m^3$，TOC去除率高达95%。美国佛罗里达州博卡拉顿建造了一座151000m^3/d的应用纳滤膜软化设备的Glades Road水处理厂，其平均跨膜压力为4.8bar。

1.3.4 反渗透（RO）

自1953年佛罗里达大学Reid制造了首个醋酸纤维素均质对称反渗透膜起反渗透膜技术得到了迅速发展。1960年，加利福尼亚大学的Leob和Sourirajan等[3]对膜材料进行了大量的筛分工作，最终使用氯酸镁水溶液作为添加剂，制备了第一个高通量［10.1MPa下渗透量为259L/（m^2·d）］、高脱盐率（98.6%）、厚度约为100μm的二醋酸纤维素薄膜，为反渗透技术奠定了基础。

反渗透膜由致密或无孔基质（0.0001～0.001μm）构成，其中形成膜的聚合物链的热运动产生的空腔允许分子通过[14]。因此，反渗透膜可选择性地去除低分子物质，如无机固体（包括盐离子、矿物质和金属离子）和有机分子。在过去的几十年里，与其他技术相比，反渗透工艺在海水淡化和纯净水生产方面的市场份额一直占据主导地位。RO使用被称为薄膜复合材料（TFC）结构的聚合物膜，该结构由支撑在多孔衬底上的薄活性层（500nm）组成。支撑层（通常是砜聚合物）本身是厚度为40～60μm的超滤膜[15]。如图1-10所示，在4种压力驱动膜中反渗透膜所需压力最大，相应的过滤效果最佳（图 1-10 中，$1Å=10^{-9}m$，$1bar=10^5Pa$）。

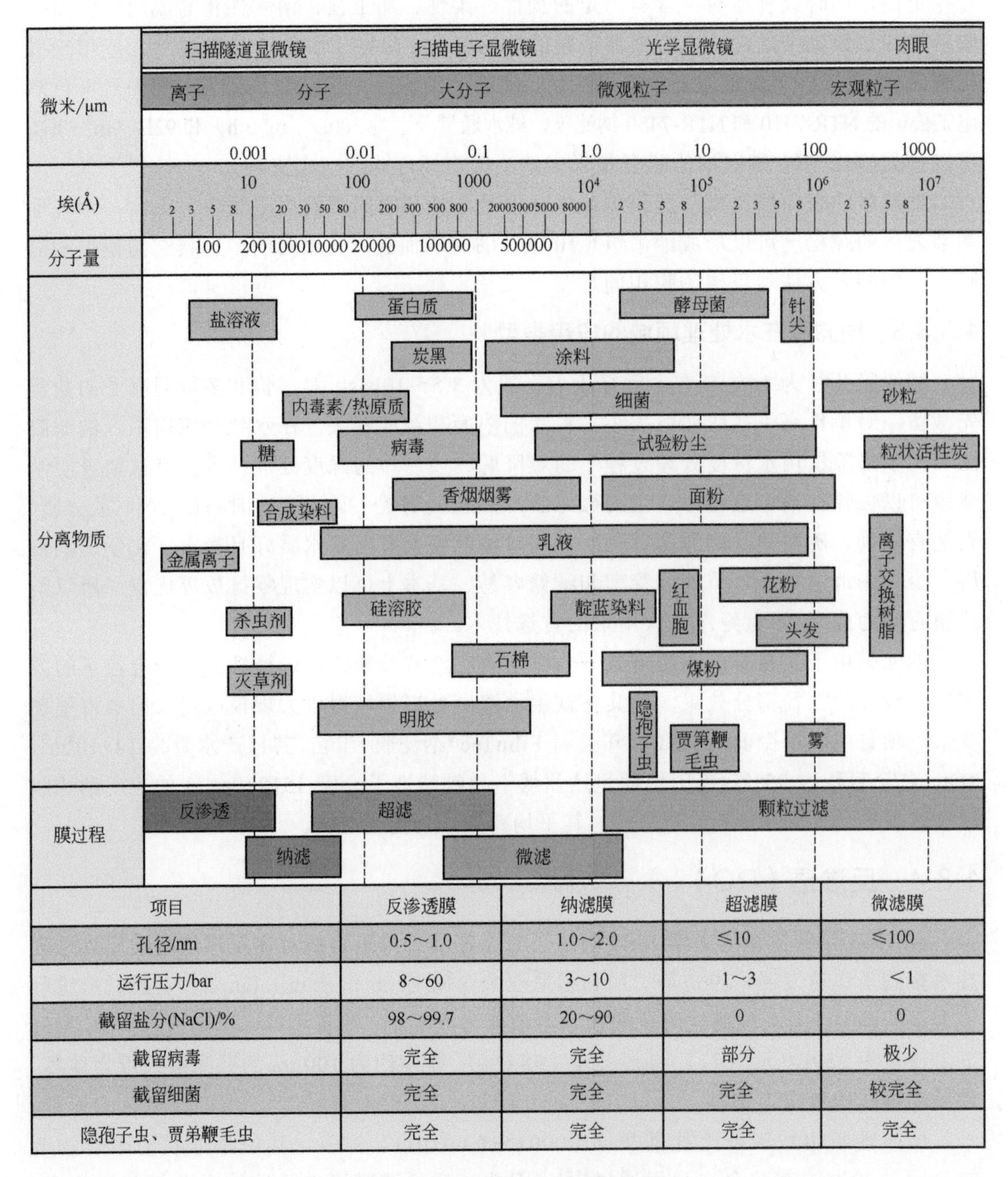

项目	反渗透膜	纳滤膜	超滤膜	微滤膜
孔径/nm	0.5～1.0	1.0～2.0	≤10	≤100
运行压力/bar	8～60	3～10	1～3	<1
截留盐分(NaCl)/%	98～99.7	20～90	0	0
截留病毒	完全	完全	部分	极少
截留细菌	完全	完全	完全	较完全
隐孢子虫、贾弟鞭毛虫	完全	完全	完全	完全

图 1-10　力驱动膜的分离性能示意

1.3.4.1　反渗透原理

渗透是一种自然的物理现象，人们发现人类社会中的早期盐腌食品可以长期保存，这是因为在含盐量高的环境中，如细菌等微生物的细胞液中的水通过细胞质膜渗透到外部盐组分，使微生物脱水致死。随着研究的进展，人们发现细胞质膜是具有选择渗透性的半透膜，水定向转移的过程称为渗透作用。反渗透作用是渗透作用的逆过程[15]。与自渗透不同，反渗透属于非自发过程，需要外部压力驱动。反渗透膜也是功能性半透膜，仅允许水分子和其他溶剂分子通过该半透膜以阻断溶质分子。为了更准确地描述和理解渗透和反渗透效果，图 1-11 显示了它们的工作原理图。

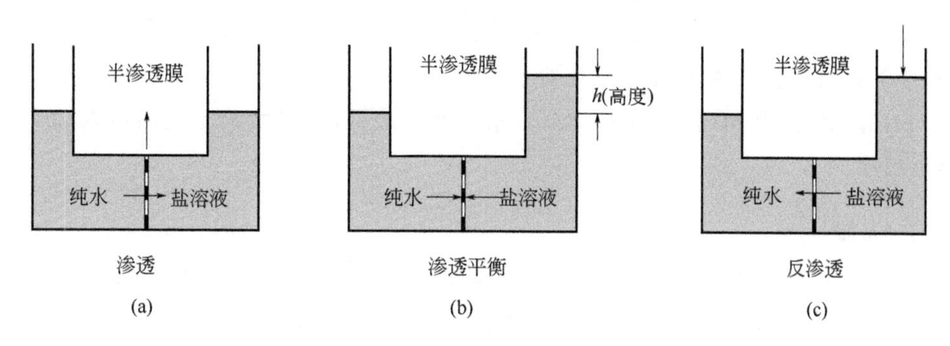

图 1-11　渗透原理示意

从图 1-11 可以看出，使用具有选择渗透性的半渗透膜处理相同体积的纯水和高浓度盐水溶液，经过一定时间后盐水侧的液面逐渐上升，这是因为半渗透膜的两侧溶液的浓度不同，渗透压差不同，使得水分子在渗透压差的驱动下自纯水一侧通过半渗透膜流入高浓度盐溶液一侧，这一过程称为渗透。当渗透作用进行到一定阶段时，两侧的溶液达到化学势平衡，并出现相对稳定的液位差，该静压差即为渗透压差。当向高浓度盐水侧施加外部压力时，半渗透膜两侧的压差变得高于溶液本身的渗透压。此时，水分子从盐溶液一侧流入纯净水，它与渗透过程的方向相反，因此此过程称为反渗透[11]。

反渗透膜的传质包括溶解-扩散理论、优先吸附-毛细孔流理论和氢键理论等几种理论模型。其中，溶解-扩散理论是最为常用的理论模型，其以假定反渗透膜表面是无缺陷的无孔膜为理论基础，根据该理论溶质和溶剂通过膜是由于溶质与溶剂首先在膜中溶解，然后在化学位差的推动下，溶质和溶剂在膜的一侧向另一侧扩散，直到透过膜，最后溶质和溶剂在膜的另一层解吸附。溶质和溶剂在膜中的扩散服从 Fick 定律，这种模型认为溶质和溶剂都可能溶于均质或者非多孔型膜表面，以化学位差为推动力（一般为浓度差或者为压力差），分子扩散使其从膜内部传递到膜下部。因此，溶质和溶剂的渗透能力不仅取决于扩散系数，而且取决于其在膜中的溶解度。水的扩散系数比溶质的扩散系数大很多，高压下水在膜内的移动速度就快，因而透过膜的水分子数量就比通过扩散而透过的溶质数量要多。

1.3.4.2　反渗透膜材料及其制备方法

反渗透膜通常以制膜材料和膜的形式来命名。现阶段，对于反渗透膜材料的研究主要集中在醋酸纤维素（CA）和芳香族聚酰胺（PA）两种。

（1）CA 膜

CA 膜的外观为乳白色或浅黄色水凝胶，厚度为 75～250μm，通常为不对称结构，由致密的表皮层和多孔的支撑层组成。表皮层是脱盐层，厚度为 0.25～1μm，孔隙率为 12%～14%；多孔支撑层是海绵状的，具有 50%～60%的孔隙率和 100～1000nm 的微孔直径，起着支持表皮层的作用。

影响 CA 膜操作性能的因素包括温度、pH 值、工作压力、进水流速和操作时间等。水的温度越高，水流速越大。在 15～30℃的工作温度范围内，水温每升高 1℃，水通量增加约 3.5%。但是，CA 膜在水中更容易水解，并且温度越高，水解速率越快；水解速率也与 pH 值相关，当 pH 值为 4.5～5.0 时水解速率最低。所以水的温度通常为 20～30℃，pH 值范围应为 3～7。

（2）PA 膜

PA 膜一般是指功能层为芳香族聚酰胺的薄层复合膜（TFC）。芳香族聚酰胺薄层复合膜，通常是以多元胺与多元酰氯的界面聚合得到的，该膜具有优异的透水性及高的脱盐率。机械强度、化学稳定性以及耐压性好，pH 值适用范围为 4～11，使用寿命长。PA 膜的基膜通常是聚酯无纺布支撑的聚砜超滤膜，其中无纺布厚度约 120μm，聚砜层的厚度约为 40μm，而聚酰胺表皮层（阻挡层，真正起截留作用的结构）的厚度平均约为 0.2μm。

反渗透膜由于其是多层膜结构，所以主要的制备方法有三种，即界面聚合法（interfacial polymerization，IP）、浸没沉淀法（L-S 法）和涂覆法。

1.3.4.3 反渗透膜在水处理领域的应用类型

反渗透膜为致密膜，以高分子链的链间距作为分离孔径，孔径＜1nm，运行压力一般为 8～60bar。由于其净化效率高、对环境友好，所以反渗透技术主要应用于海水和苦咸水淡化以及工业废水处理等方面。

北京碧水源公司于 2014 年在青岛董家口经济区海水淡化项目中应用“超滤膜（UF）+反渗透膜（RO）”双膜法工艺技术，每年可为董家口经济区供水 3600 余万吨，而年平均吨水电耗为 3.52kW·h。时代沃顿公司于 2007 年在北方某热电中水处理厂项目中使用工业增强反渗透技术，进水水源为污水厂出水一级 A 类水，设计产水量为 100t/h，自 2007 年初始运行的 5 年中系统平均脱盐率为 97.5%。

1.3.5 电渗析和离子交换膜（ED）

1952 年，美国 Ionics 公司成功制造了世界上第一个电渗析装置，此后该技术在美国和英国等发达国家迅速传播，他们制造了大量的电渗析设备，并将其应用于苦咸水的淡化以及饮用水和工业用水的生产[16,17]。在 20 世纪 50 年代末，日本将电渗析技术应用于海水浓缩制食盐，并于 1974 年在野岛建造了当时世界上最大的海水淡化设备。日本电渗析技术的发展可谓是后来居上，是目前世界上唯一一个使用电渗析技术大规模制盐的国家。当前国外离子膜主流公司主要有日本 Astom 公司、日本 AGC 公司、德国 Fumatech 公司、日本富士膜（Fujifilm）、加拿大 Saltworks、法国 Suez 公司和捷克 Mega 公司等。

电渗析（ED）是在外加直流电场作用下，利用阴离子、阳离子交换膜对溶液中阴离子、阳离子的选择透过性，使溶液中呈离子状态的溶质和溶剂分离的一种物理化学过程。电渗析膜按结构可分为均相膜与异相膜[17]。

均相膜浓水TDS（总含盐量）可达到180000～200000mg/L；浓水侧不带电荷的COD及胶体硅不富集，避免了对ED膜面的污堵及硅结垢风险。ED吨水电耗约6kW·h，吨水投资成本（15～20）万元，我国目前仍以进口品牌为主。主要缺点是对钙的结垢比较敏感，需严格控制进水硬度，产水侧COD不截留，故产水不能直接回用，需进一步处理[18]。

1.3.5.1 电渗析工作原理

电渗析溶液中的带电离子在直流电场的驱动下定向迁移，并选择性地通过离子交换膜，从而实现了溶液中电解质的选择性脱落、浓缩和转化。

电渗析是电化学分离过程，电渗析技术有两个条件：直流电和离子交换膜。传统的电渗析膜件包括阴离子交换膜和阳离子交换膜，分别交替排列在阴极和阳极之间，当向电渗析槽中加入无机盐时（以NaCl为例），如图1-12所示，在电场作用下浓室溶液中的离子不断被浓缩，而淡室溶液中的离子不断被淡化，从而达到分离目的。

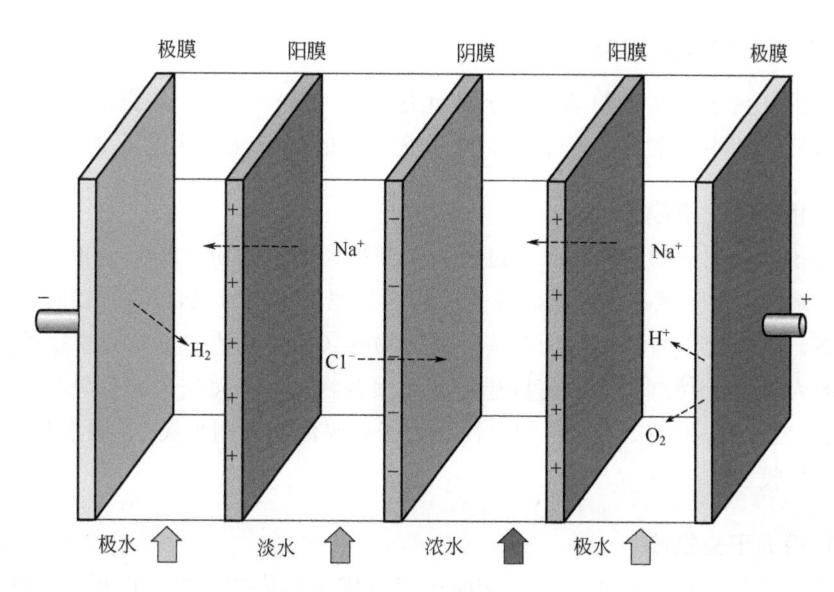

图1-12 电渗析工作原理示意

1.3.5.2 离子交换膜概述

离子交换膜是电渗析技术的核心部分，从狭义上讲可以将其理解为具有选择透过能力的膜状功能高分子电解质。主要是在高分子的主链或侧链上引入具有特殊功能的基团，当该高分子聚合物膜处于溶液中时便会发生电离，从而形成固定的荷电基团，进而表现出促进或阻抑相关离子跨膜传递的能力[19]。

根据所实现的功能，离子交换膜分为阳离子交换膜、阴离子交换膜、两性离子交换膜、双极膜和镶嵌型离子交换膜。

① 阳离子交换膜带有阳离子交换基团（荷负电），并且可以选择性地渗透阳离子。交换基团主要是磺酸基、羧酸基、磷酸基、单硫酸酯基、单磷酸酯基、双磷酸酯基、酚羟基、巯基、全氟叔醇基、磺氨基、*N*-氧基和其他可以在水溶液或水与有机溶剂的混合溶液中提供负电荷的固定基团。

② 阴离子交换膜带有阴离子交换基团（荷正电），可选择性地透过阴离子。交换基团主要包括伯氨基、仲氨基、叔氨基、季氨基、铳阳离子和其他能够在水溶液或者具有碱金属的冠醚复合体等有机溶剂的混合溶液中提供正电荷的固定基团。

③ 两性离子交换膜同时含有阳离子交换基团和阴离子交换基团，阴离子和阳离子均可透过。

④ 双极膜是由阳离子交换膜层和阴离子交换膜层复合而成的（双层膜）。由于膜外离子在工作过程中不会进入膜，因此膜之间的水分子会解离，产生的H^+透过阳膜趋向阴极，而产生的OH^-透过阴膜趋向阳极。

⑤ 镶嵌型离子交换膜，阳离子交换区域和阴离子交换区域在横截断面上分布，并且这些带电区域通常与绝缘体分开。

1.3.5.3 离子交换膜的制备

一般来说，离子交换膜的基本要求是具有更好的成膜性、一定量的固定电荷以及在常规分离溶液系统中不溶解。基于此，离子交换膜的制备通常从以下 2 个方面入手。

（1）异相离子交换膜

异相离子交换膜的制备方法：通过将离子交换树脂的细粉（200～400 目）与热塑性聚合物（如聚氯乙烯、聚乙烯、聚丙烯）或其他工程塑料均匀混合，加热并挤压成膜。在某些情况下，添加适当的增塑剂以及垫衬聚合物网（如聚乙烯、尼龙等材质的网），可以增强薄膜的力学性能[20]。此外，还可以通过使用聚合物溶液浇铸法来制备异相离子交换膜，主要是将包含悬浮的离子交换材料的惰性高分子铸膜液浇铸到平板上，并利用挥发性溶剂制备离子交换膜。

（2）均相离子交换膜

均相离子交换膜可以看作是离子交换树脂直接薄膜化的结果。均相膜主体组分以分子态的形式均匀地分布在膜中，由于没有相界面，因此具有更好的电化学性能。

制备均相膜的主要方法有两种：一种是从单体的角度出发，通过交联聚合、功能化等过程制备；另一种是从聚合物的角度出发，通过溶解、浸涂或者是引入活性基团等过程制备，常用的聚合物包括聚砜、聚醚砜（酮）和聚苯醚等[16]。

1.3.5.4 电渗析在水处理领域的应用类型

电渗析技术可连续运行，无需再生，适用于任意盐量料液脱盐，运行成本低，运行过程中产生的浓盐水可转化为酸碱，产生一定经济效益。在 20 世纪 50 年代，电渗析技术成功地使苦咸水和海水脱盐，用于生产饮用水和工业用水，并可与其他技术相结合以生产高纯水。随着电渗析技术的发展，此技术已广泛应用于给水处理、废水处理和中水回用等领域。

（1）给水处理

饮用水对于硝酸盐、氟化物和有机物等的含量以及硬度有明确而严格的标准，电渗析技术可以在不影响天然地下水质量的基础上有效地脱硝和降氟，以满足饮用水的需求，被认为是最有前景的给水处理方法之一。

（2）废水处理

① 处理酸、碱和有机废水。例如从碱法造纸废水中的浓缩液中回收碱，并从稀释液中回收木质素。

② 从含有金属离子的废水中分离和浓缩金属离子，然后进一步处理或回收利用。例如脱硫高盐废水零排放中盐分的浓缩。

③ 将放射性元素从放射性废水中分离出来。

④ 黏胶纤维生产过程中会产生大量的芒硝，可利用芒硝废液制取硫酸和氢氧化钠。

⑤ 从酸洗废液中制取硫酸和沉积重金属离子。

⑥ 处理电镀废水和废液等。

（3）中水回用

从中水水源中分离污染物离子，或将废水中的污染物离子和非电解质污染物分离出来，并用其他方法进行处理；或者是利用复合膜中的极化反应和极性室中的电极反应以产生 H^+和 OH^-，从废水中制取酸和碱。

懿华水处理技术公司与新加坡公用事业管理局合作的新加坡 Pub Tuas NEXED 海水淡化系统项目中，项目第一期自 2016 年开始运行，目前已经扩建到第三期，规模达到 $3800m^3/d$（1MGD 进水量），海水 TDS 从 35000mg/L 降到了低于 450mg/L，且当前运行能耗最低可达 $2.33kW \cdot h/m^3$。

1.3.6 膜蒸馏（MD）

Bodell 于 1963 年申请了膜蒸馏技术专利，在其专利申请中他将膜蒸馏描述为“一种将不可饮用含水流体转化为可饮用水的装置和技术”[21]。Weyl 建议将热的溶液和冷的渗透物都与膜直接接触，以消除气隙。采用厚 3.2mm、孔径 9μm、孔隙率 42%的 PTFE 膜，Weyl 当时获得了 $1kg/(m^2 \cdot h)$ 的通量，较当时反渗透 $5 \sim 75kg/(m^2 \cdot h)$ 的通量有相当大的差距。因此，在 20 世纪 60 年代后期人们对膜蒸馏的兴趣逐渐减弱[22]。Findley 第一个将膜蒸馏的研究结果公开发表，20 世纪 60 年代后期，他发表了用多种膜材料进行的直接接触式膜蒸馏的实验结果和基本理论。20 世纪 80 年代早期，随着膜制造技术的发展，人们对膜蒸馏的兴趣又逐渐恢复，这主要是因为此时已经出现了孔隙率高达 80%

而厚 50μm 的膜，其通量是 Weyl 和 Findley 在 20 世纪 60 年代所用膜的 100 倍以上[23]。另外组件的设计也有了相当大的改进，对温度和浓度极化现象对膜蒸馏过程的影响也有了较深的认识。这些都使得膜蒸馏逐渐被认为是一个极具竞争力的处理过程。

1.3.6.1 膜蒸馏原理

膜蒸馏（membrane distillation，MD）利用疏水性微孔膜两侧的温度梯度所产生的蒸气压差作为物质传递力，从而实现膜分离工艺。如图 1-13 所示，膜蒸馏将传统蒸馏与膜技术相结合，利用疏水性微孔膜两侧和冷凝侧的进料液之间的温差所产生的蒸汽压力差，凭借蒸发潜热来完成特征相变，其中疏水膜在此处是气液两相之间的绝热体和选择性的障碍，只有进料侧液体中的挥发性成分能以蒸气的方式穿过膜孔，然后在冷端冷凝，其他非挥发性成分（离子、大分子、胶体等）被疏水膜阻隔，从而达到溶液分离、纯化或浓缩的目的[24]。该过程与传统蒸馏技术中的蒸发、传质和冷凝非常相似，因此被称为膜蒸馏过程[25]。

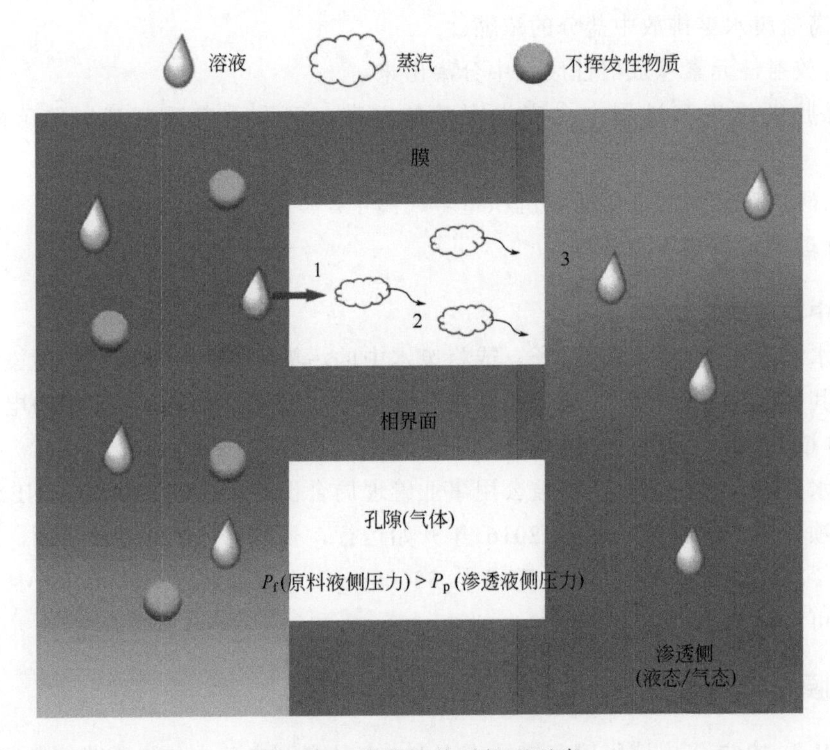

图 1-13　膜蒸馏传质机理示意

1—蒸发；2—扩散；3—冷凝

在 1986 年罗马召开的研讨会上，与会专家统一规范了膜蒸馏必须具备几个基本特征：

① 分离膜必须是微孔膜；

② 处理过的液体不能渗入分离膜；

③ 膜孔内部不会发生毛细管冷凝现象；

④ 膜孔只能通过蒸汽进行传质；

⑤ 分离膜不会改变处理液各成分的气/液平衡；

⑥ 分离膜表面至少具有一侧与处理过的溶液接触；

⑦ 任何成分通过膜的力就是分离膜两侧的蒸汽压差。

1.3.6.2 膜蒸馏过程

在膜蒸馏操作过程中，热端的溶液始终与微孔膜侧直接接触，根据蒸汽分子渗透到疏水性微孔膜之后的冷凝收集方法的不同，将膜蒸馏主要分为直接接触膜蒸馏（DCMD）、气隙膜蒸馏（AGMD）、真空膜蒸馏（VMD）以及吹扫气膜蒸馏（SGMD）四种类型，图 1-14 是四种类型的膜蒸馏方法的示意[26]。

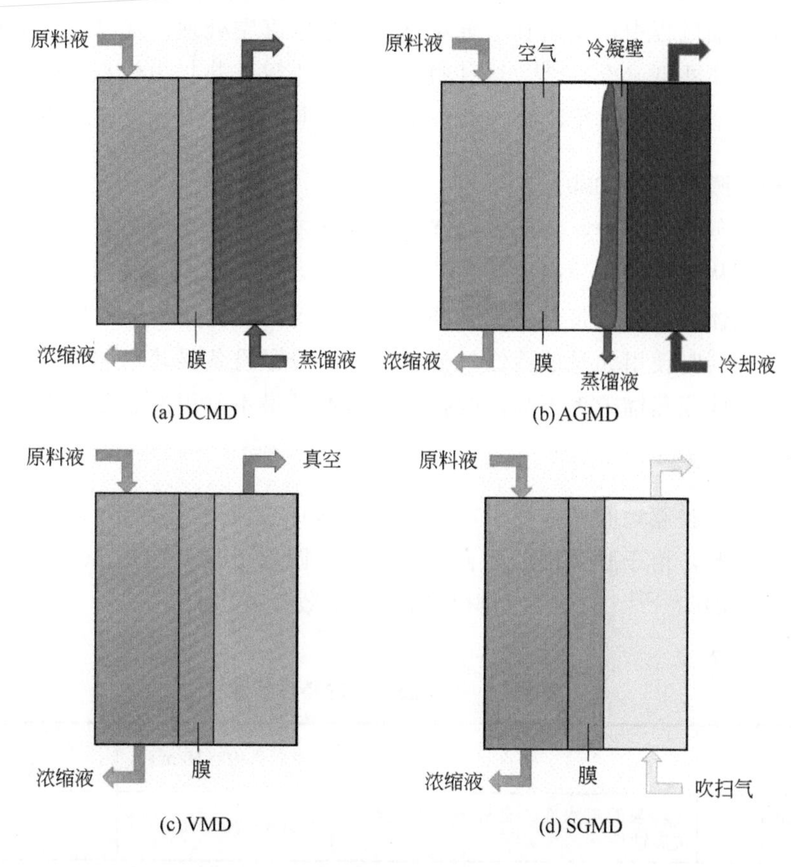

图 1-14 四种常见膜蒸馏工艺

（1）直接接触膜蒸馏（DCMD）

直接接触膜蒸馏过程中，渗透侧的冷水与分离膜直接接触，渗透蒸汽被冷流体冷凝直接带走。该方法的热效率较低，由于热传导引起的热损失更为严重，如果将其与低品质热源结合使用，将大大减轻该问题。值得注意的是，通过该方法产生的蒸汽可以被快速冷凝并带回，渗透通量大，并且膜组件的结构简单，不需要单独的冷凝装置组件。因此，直接接触膜蒸馏是目前研究最广泛的膜蒸馏形式，在海水淡化和浓缩等领域具有良好的发展前景[27,28]。

（2）气隙膜蒸馏（AGMD）

气隙膜蒸馏的结构与直接接触膜蒸馏类似，但是渗透侧不与冷却液直接接触，即它在冷凝侧与分离膜之间增加了冷凝壁，膜表面与冷凝壁之间存在一段滞留的空气间隙。水蒸气穿过膜孔后，在冷凝壁上冷凝，分离膜不会直接与冷却液接触，从而减少了由于膜中的热传导而产生的热损失[29]。气隙膜蒸馏的传质力类似于直接接触膜蒸馏的传质力，但是气隙的存在增加了膜的传质阻力，因此渗透通量低于直接接触膜蒸馏的通量。另外，其设备结构相对复杂，限制了中空纤维膜的使用，进一步阻碍了其商业开发。

（3）真空膜蒸馏（VMD）

在真空膜蒸馏过程中，使用真空泵对渗透侧进行真空处理，使穿过分离膜的蒸汽被抽离后，在膜组件外迅速冷凝[30]。这种膜蒸馏方法不仅传热损失较小，而且渗透侧始终处于低压状态，增加了传质推动力，其渗透通量比其他几种膜蒸馏工艺更具优势。

（4）吹扫气膜蒸馏（SGMD）

在吹扫气膜蒸馏过程中，分离膜的渗透侧继续被干燥的气体吹扫，渗透到膜孔中的蒸汽随着吹扫气从膜组件中分离出来在外部冷凝[31]。引入吹扫气体可以减少热量损失，并可利用干燥气体的吹扫夹带效应来增强传质的推动力。由于挥发性成分的混合物难以冷凝成吹扫气，同时使用大量的惰性气体和附加的冷凝设备显著增加了分离成本并降低了成本性能，因此膜蒸馏效率不高，吹扫气膜蒸馏是最不常用的膜蒸馏工艺。

1.3.6.3 膜蒸馏材料

由于疏水性是膜蒸馏的基本要求，因此材料本身必须是具有疏水性或低表面能的改性聚合物。基于此，用于膜蒸馏的聚合物大多为聚四氟乙烯（PTFE）、聚丙烯（PP）和聚偏氟乙烯（PVDF）[32]。三种典型材料的特性参数如表 1-3 所列。

表 1-3 不同膜材料的特性参数

名称	特点	表面张力/(N/m)	热导率/[W/(m·K)]
聚四氟乙烯（PTFE）	较强的疏水性，良好的热稳定性和抗腐蚀性	$(9\sim20)\times10^{-3}$	0.25
聚丙烯（PP）	疏水性次于 PTFE，机械强度和抗腐蚀性较强	30.0×10^{-3}	0.17
聚偏氟乙烯（PVDF）	耐高温，耐腐蚀，化学稳定性好	30.3×10^{-3}	0.19

PTFE 的表面张力为 $9\times10^{-3}\sim20\times10^{-3}$N/m，是一种高度结晶的聚合物，具有出色的热稳定性和化学稳定性。由于 PTFE 是非极性聚合物，因此难以通过常规的非溶剂相分离法和热诱导相分离法来制备 PTFE 膜，常使用烧结法和熔融挤出法来制备。在不同的操作条件下，PTFE 膜通常表现出良好的抗湿性能，以及更高的水通量和稳定性，因此常用于商业和中试的膜蒸馏系统。PP 具有高结晶度，但比 PTFE 具有更高的表面能

（30×10^{-3}N/m），可以通过熔融挤出拉伸法和热诱导相分离法制备 PP 膜。PVDF 是一种半结晶聚合物，表面张力为 30.3×10^{-3}N/m，与 PTFE 和 PP 不同，PVDF 熔点仅为 170℃，可以溶解在普通溶剂中（例如 *N*-甲基吡咯啉、二甲基酰胺和 *N*,*N*-二甲基甲酰胺）。因此，PVDF 膜可通过非溶剂诱导的相分离法、热诱导相分离法或两者结合的工艺来制备[33]。通过热诱导相分离法制备的 PVDF 膜具有相对均匀的微孔结构，通过非溶剂诱导的相分离法制备的 PVDF 膜具有非对称结构，表面致密，且在断面具有很多大孔。除了均聚物聚丙烯、聚偏氟乙烯和聚四氟乙烯外，还可以用它们的共聚物制备膜蒸馏膜，以提高疏水性和耐久性。除了使用疏水性聚合物以外，膜蒸馏膜还可以通过诸如等离子体聚合的方法对亲水性聚合物进行疏水性改性，含氮单体被等离子源活化后，形成支状聚合物黏附到薄膜表面。

除了聚合物材料之外，金属、玻璃、碳纳米管和无机材料也适用于膜蒸馏，类似于亲水性聚合物，陶瓷膜（氧化锆、氧化铝和氧化钛等）需要进行改性以增加其疏水性[34]。

在溶剂诱导相分离、热诱导相分离或熔融挤出等膜制造工艺中，添加物质是用于制备具有良好结构、形态、渗透性能、疏水性能或防污性能膜蒸馏膜的一种有效而广泛使用的方法。在选择成孔剂时，小分子的非溶剂、无机盐或大分子以及它们的混合物在成膜和分离性能中起着重要作用[35]。

1.3.6.4 膜蒸馏在水处理领域的应用类型

膜蒸馏作为一种新型分离技术，具有操作温度低、设备简单、脱盐率高等特点，可用于淡化海水、苦咸水，去除挥发性有机化合物，以及为电力锅炉、电子和半导体行业生产超纯水。

（1）海水淡化

膜蒸馏最初的研究目的是淡化海水，它是利用低热能（如太阳能和工业废热等）对海水加热淡化，其工艺结合了蒸馏法与膜法的优势，具有不可比拟的抗渗透性优点，表现出低成本、低能耗、出水水质高和易于操作等优点，是一种高效制备淡水的工艺，为膜蒸馏在海水淡化领域的应用提供了一定竞争力。

（2）废水处理

膜蒸馏可用于处理含有重金属的工业废水、纺织废水、制药废水和含有少量低放射性元素的化学废水。

（3）浓缩和回收

膜蒸馏是唯一可以直接从极高浓度的水溶液中分离出结晶产物的膜分离过程，即获得纯净水的同时可以获得有用的固体结晶产物，在浓缩化学物质水溶液领域具有很大的潜力。冶金、电镀和金属刻蚀等行业会产生大量含有重金属离子的低浓度工业废水，对水体等环境产生严重的污染，尤其是铅、镉、铬等元素的富集对动植物乃至人类健康都具有潜在影响。膜蒸馏可以回收这些废水中有价值的重金属，可将含重金属的低浓度水溶液浓缩至极高浓度，截留率高，产水的可重复利用性好，并可确保在最大范围内限制有价金属资源的流失[36]。

（4）挥发性溶质水溶液的分离

利用水和溶质的挥发性不同，可从水溶液中分离出具有挥发性的丙酮、乙醇、乙酸乙酯、异丙醇、甲基叔丁基醚和苯等有机物。

北京中科瑞升资源环境技术有限公司在马尔代夫海水淡化项目中采用膜蒸馏技术助力海水淡化。该项目规模为12t/d，热源为柴油发电机的缸套冷却水，采用海水作为膜蒸馏系统的冷却水，经过该系统蒸发出来的淡水水质满足饮用水卫生标准。

1.3.7 其他膜过程

除上述广泛应用于水处理行业的膜过程外，也有一些其他膜过程应用在各行各业，例如渗透汽化、膜吸收、膜萃取、正渗透等。

1.3.7.1 渗透汽化

通常使用Thomas Graham提出的溶解-扩散机制来解释渗透汽化（PV）传质的过程[37]。如图1-15所示，渗透汽化过程分为3个阶段：首先，在薄膜两侧的蒸汽压差推动下，待分离的液体混合物被选择性地吸附并溶解在薄膜表面上，该过程与混合物组分和膜材料的热力学性质有关，属于热力学过程；其后，更易溶解的组分在膜内扩散，该过程与速率有关，属于动力学过程；最后，渗透组分在膜的相反侧汽化并解吸。由于它在膜的下游具有很高的真空度，因此在汽化阶段的传质阻力可以忽略不计[37]。所以，溶解和扩散过程最终决定了渗透汽化的分离效率。

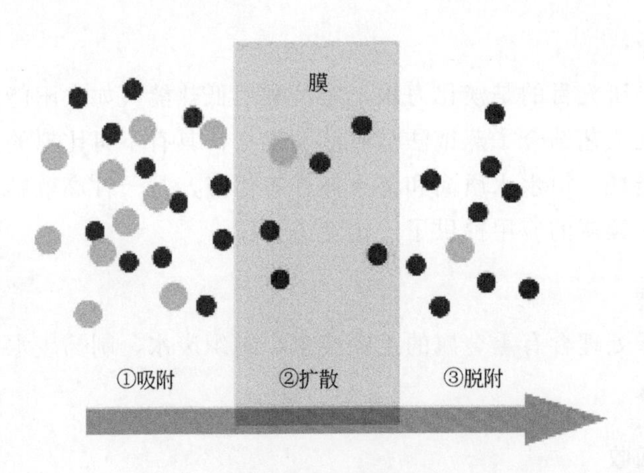

图1-15 渗透汽化传质机制示意

PV主要应用领域：a. 从发酵液中提取有机物；b. 酒精饮料中去除芳香族物质；c. 制药废水的溶剂回收；d. 从各种污废水中提取有机物[38]。

渗透汽化最早应用于去除酒精饮料中的乙醇。当发酵液中的乙醇含量达到一定限度时，发酵过程受到严重抑制[39]。因此通过使用有机优先渗透膜，优先透过乙醇，以此从发酵罐中连续不断地分离乙醇，从而减少啤酒或果汁中乙醇的含量，使生产过程始终处于高效状态，同时可以获得具有高浓度的乙醇水溶液。

现阶段，渗透汽化方法已应用于去除废水中的有机物，例如酚、苯、乙酸乙酯、各种有机酸和卤代烃等[40]。该方法一般适用于有机物含量在 0.1%～5%范围的水溶液，在这一范围下运行可以实现良好的处理效果和经济效益。

山东蓝景膜技术工程有限公司在实施吡拉西坦、磷霉素系列产品生产过程的异丙醇回收项目中采用渗透汽化技术回收含水异丙醇，每吨成本约为 835 元，其中能源费用为 235 元，仅占总成本的 28%，而采用传统精馏塔技术处理含水异丙醇每吨成本约为 1477 元，其中能源成本为 648 元，占比 43.8%。

1.3.7.2 膜吸收

膜吸收技术是以疏水膜为界面，以互相对流产生的浓度差为推动力，利用膜的多孔结构，实现两相之间传递的膜过程[41]。图 1 -16 所示为膜吸收技术原理，与传统的选择性分离膜相比，多孔膜对两相不具备选择性 ，主要起屏障作用，使两相在确定界面上接触，气相和液相在膜两侧独立流动，保持一定的压力，产生稳定快速的传质界面，待吸收组分依靠气液两相浓度差自由扩散[42]。

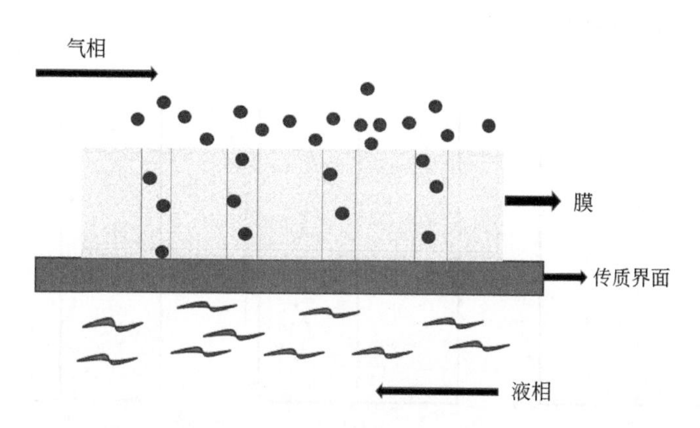

图 1-16　膜吸收接触器原理

膜吸收主要应用于烟气脱硫和烟气脱碳等领域。膜吸收技术优点之一是其较高的界面面积，可显著减小设备尺寸。膜接触器可提供比传统填料吸收塔高 30 倍的界面面积，设备尺寸仅占其 1/10[42]。

1.3.7.3 膜萃取

膜萃取又称固定膜界面萃取，它是膜过程和液-液萃取过程相结合的新型分离技术。与通常的液-液萃取过程不同，膜萃取的传质过程是在分隔料液相和溶剂相的微孔膜表面进行的。例如，由于微孔膜本身的亲油性，萃取剂浸满疏水膜的微孔，渗透至微孔膜的另一侧。这样，萃取剂和料液在膜表面接触，发生传质。从膜萃取的传质过程可以看出，该过程不存在通常萃取过程中的液滴的分散和聚合现象[43]。

膜萃取主要应用于去除水中氯仿，膜萃取技术由于没有相水平上的分散和聚合过程，可以大大减少萃取剂在料液相中的夹带损失，是去除水中 VOCs 的新处理技术[44]。膜萃取还应用于金属离子的萃取，并且可实现同级萃取反萃取，例如利用膜萃取技术回收矿水中低含量的铜。在许多废水处理和金属矿的处理中，金属离子的分离十分重要。乳状液膜在金属分离中的研究开展得较早，但它不能循环操作，成本较高，而膜萃取则能克服这些缺点。在医药分离方面，用膜萃取技术可分离 3MT 和 CNT 两种物质，纯度可达 99%[45]。用膜萃取去除水中的有机物不仅效率高，而且不会造成二次污染。同时，在化学工业和石油工业等领域经常产生一些含有酸、碱、金属离子和有毒有机物的废水，膜萃取生物反应器是比较新颖的处理废水的技术之一[46]。

1.3.7.4 正渗透

正渗透（FO）是一个浓度驱动过程，它利用选择透过性膜两侧溶液的化学势差作为推动力，使得水分子自发地从化学势高的原料液一侧经过膜扩散到化学势低的汲取液一侧，从而不断地浓缩原料液、稀释汲取液，直到半透膜两侧的化学势一致为止，在此过程中不需要外加的压力和能量[47]。正渗透是利用渗滤压力原理，而反渗透是外加一种压力，FO 与 RO 过程的溶剂渗透方向如图 1-17 所示，其中$\Delta\pi$为两侧液面产生的压差，ΔP为外加压力与另一侧渗透液液面之间的压差。

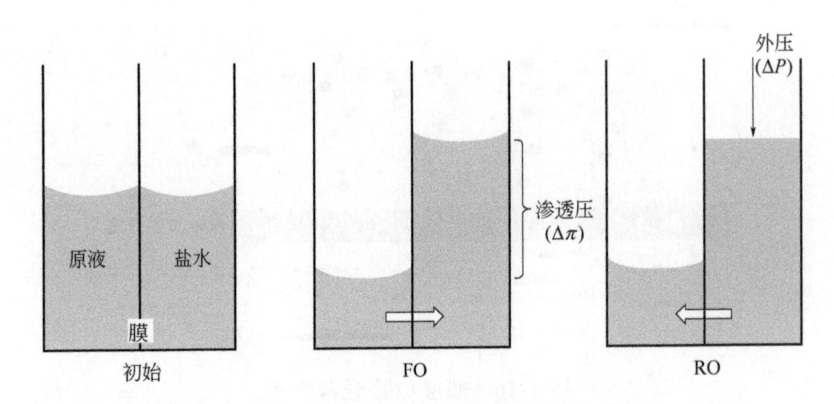

图 1-17　FO 和 RO 过程的溶剂渗透方向

相比于微滤等压力驱动膜技术处理废水，FO 技术具有较低使用成本、较高经济效益和社会效益等优点。FO 主要应用于海水淡化和软化、高盐水的浓缩、正渗透膜生物反应器以及污废水处理等领域。FO 应用于污废水处理，主要包括垃圾渗滤液的浓缩、高浓度工业废水和市政污水处理、污水处理厂剩余污泥脱水处理等[48]。

1.4 膜法水处理技术的发展前景及趋势

随着科学技术不断进步，膜技术被广泛应用于不同领域，欧盟将膜技术列为 9 个优先发展的课题之一，并提出了“在 21 世纪的多数工业中，膜分离技术扮演着战略角色”。

特别是在水处理领域，膜过滤（MF，UF，NF 和 RO）正经历着指数式的增长，这是因为它能够在高效分离污染物的同时减少能源消耗。

虽然我国研发水处理膜技术的时间较短，但是仍旧取得了较为理想的成果。2019 年，深圳盐田区建成市首个自来水直饮示范区，采用臭氧-活性炭、超滤膜等深度处理工艺，提高出厂水水质，实现自来水直饮全覆盖[49]；江西九江市罗桥水厂采用浸没式超滤膜工艺，将原有产水量为 $1\times10^4m^3/d$ 的砂滤池原位改造成产水量为 $2.0\times10^4m^3/d$ 的虹吸超滤膜滤池，提高了水量和水质，实现了低液位差虹吸产水，且产水不用水泵抽吸，系统运行稳定，能耗低。现阶段，以膜技术为核心的第三代水处理技术正在成为解决水环境安全问题的有力武器。随着水处理场景增多，在水污染治理标准升级的趋势下如上述工程案例的应用也必将大幅增多。

膜分离技术经过时间的沉淀，已在多领域广泛应用和融合发展。目前，膜技术的发展有赖于各种新型膜材料及复合工艺的开发，尤其是研制绿色经济、高通量、高强度、长寿命、抗污染的膜材料。虽然现在有很多聚合物材料可用于制造膜，然而在使用更绿色、可持续发展的材料方面，生物聚合物可以成为制造可持续薄膜的一种有效的替代品[50]。但是，完全绿色的制作方法不仅意味着仅可使用生物聚合物，还意味着应采用毒性较小或完全绿色的溶剂来取代传统上用于聚合物增溶的危险性和毒性较大的溶剂。膜技术已经被认为是一种绿色、可持续的分离过程。因此，通过生物聚合物和绿色溶剂将可持续的过程与可持续的膜制备方法结合起来，是未来满足更严格的自然资源及环境保护法规的一种关键的分离手段[51]。

相信随着科学技术的发展，膜法水处理技术会实现绿色生产及可持续发展。水处理膜的性能也会得到大幅提升，处理效果会得到增强，并使能源损耗降低，实现水处理膜的资源最大化利用。

[1] Nollet J A. Recherches sur les causes du bouillonnement des liquids [J]. Hist Acad Roy Sci, 1752 (1): 57-104.

[2] Kesting R E. 合成聚合物膜 [M]. 干学松等译. 北京: 化学工业出版社, 1992: 5-20.

[3] Loeb S, Sourirajan S. Sea water demineralization by means of an osmotic membrane [J]. Advances in Chemistry Series, 1962, 38: 117-132.

[4] 王学松. 膜分离技术及其应用 [M]. 北京: 科学出版社, 1994.

[5] 邵刚. 膜法水处理技术及工程实例 [M]. 北京: 化学工业出版社, 2002.

[6] 郑祥, 魏源送, 王志伟. 中国水处理行业可持续发展战略研究报告: 膜工业卷Ⅲ [M]. 北京: 中国人民大学出版社, 2019: 230.

[7] 郑思伟, 栗鸿强, 薛立波, 等. 中国膜产业发展概况及市场分析 [J]. 水处理技术, 2021, 47 (2): 4.

[8] 贾志谦. 膜科学与技术基础 [M]. 北京: 化学工业出版社, 2012.

[9] 陈杰, 袁宵, 施林伟, 等. 超滤膜技术在给水厂中的应用进展 [C]. 中国土木工程学会水工业分会给水深度处理研究会年会, 2015.

[10] Crittenden J C, Trussell R R, Hand D W, et al. Membrane Filtration [M]. New Jersey: John Wiley & Sons, Inc. 2012.

[11] 于海琴. 膜技术及其在水处理中的应用 [M]. 北京: 中国水利水电出版社, 2011.

[12] 陈翠仙, 郭红霞, 秦培勇, 等. 膜分离 [M]. 北京: 化学工业出版社, 2017: 114-136.

[13] 尤蒙. 基于三醋酸纤维素混合基质膜的水/盐传输性能研究 [D]. 天津: 天津工业大学, 2017.

[14] 费鹏飞. 抗菌醋酸纤维素反渗透膜的制备及性能研究 [D]. 天津: 天津工业大学, 2018.

[15] 程立娜. L-S 相转化法与化学反应结合在醋酸纤维素膜制备过程中的应用 [D]. 北京: 北京工业大学, 2015.

[16] 徐铜文, 何炳林. 双极膜——新的工业革命 [J]. 世界科技研究与发展, 2000 (03): 19-27.

[17] Xu T. Lon exchange membranes: State of their development and perspective [J]. Journal of Membrane Science, 2005, 263: 1-29.

[18] 汪耀明. 双极膜电渗析法生产有机酸过程的几个关键科学问题研究 [D]. 合肥: 中国科学技术大学, 2011.

[19] 卫艳新. 双极膜电渗析法处理典型化工废水研究 [D]. 合肥: 中国科学技术大学, 2012.

[20] 连文玉, 张莉, 娄玉峰, 等. 电渗析在氧化锆生产废水零排放中的应用 [J], 冶金管理, 2019 (01): 87-88.

[21] 徐又一, 徐志康. 高分子膜材料 [M]. 北京: 化学工业出版社, 2005.

[22] Drioli E, Ali A, Macedonio F. Membrane distillation: Recent developments and perspectives [J]. Desalination, 2015, 356: 56-84.

[23] Choudhury M R, Anwar N, Jassby D, et al. Fouling and wetting in the membrane distillation driven wastewater reclamation process—A review [J]. Advances in Colloid and Interface Science, 2019, 269: 370-399.

[24] Zhao D, Zuo J, Lu K J, et al. Fluorographite modified PVDF membranes for seawater desalination via direct contact membrane distillation [J]. Desalination, 2017, 413: 119-126.

[25] Eykens L, De Sitter K, Dotremont C, et al. Membrane synthesis for membrane distillation: A review [J]. Separation and Purification Technology, 2017, 182: 36-51.
[26] 吴庸烈. 膜蒸馏技术及其应用进展 [J]. 膜科学与技术, 2003, 23: 67-79.
[27] Banat F A, Simandl J. Removal of benzene traces from contaminated water by vacuum membrane distillation [J]. Chemical Engineering science, 1996, 51 (8): 1257-1265.
[28] Lawson K W, Lloyd D R. Membrane distillation [J]. Journal of Membrane Science, 1997, 124 (1): 1-25.
[29] Khayet M. Membranes and theoretical modeling of membrane distillation: A review [J]. Adv Colloid Interface, 2011, 164 (1-2): 56-88.
[30] González D, Amigo J, Suárez F. Membrane distillation: Perspectives for sustainable and improved desalination[J]. Renewable & Sustainable Energy Reviews, 2017, 80: 238-259.
[31] Gunko S, Verbych S, Bryk M, et al. Concentration of apple juice using direct contact membrane distillation [J]. Desalination, 2006, 190 (1-3): 117-124.
[32] Calabro V, Jiao B L, Drioli E. Theoretical and experimental study on membrane distillation in the concentration of orange juice[J]. Industrial & Engineering Chemistry Research, 1994, 33 (7): 125-127.
[33] Hsu S T, Cheng K T, Chiou J S. Seawater desalination by direct contact membrane distillation [J]. Desalination, 2002, 143 (3): 279-287.
[34] Izquierdo-Gil M A, García-Payo M C, Fernández-Pineda C. Air gap membrane distillation of sucrose aqueous solutions [J]. Journal of Membrane Science, 1999, 155: 291-307.
[35] Lu K J, Zuo J, Chang J, et al. Omniphobic hollow-fiber membranes for vacuum membrane distillation [J]. Environmental ence and Technology, 2018, 52 (7): 4472-4480.
[36] Kober P A. Pervaporation perstillation and percrystallization [J]. J Membr Sci, 1995, 100, 61-64.
[37] 汪猛, 王湛, 李政雄. 膜材料及其制备 [M]. 北京: 化学工业出版社, 2003.
[38] 白云翔. 共聚物渗透汽化膜的制备、结构及分离水中微量有机物性能的研究 [D]. 杭州: 浙江大学, 2006.
[39] Shao P, Huang R Y M. Polymeric membrane pervaporation [J]. J Membr Sci, 2007, 287: 162-179.
[40] 程诚. 氧化石墨烯-纳米纤维支撑层协同构筑高性能渗透汽化复合膜 [D]. 上海: 东华大学, 2019.
[41] 李江. 膜吸收过程传质强化研究 [D]. 北京: 北京化工大学, 2010.
[42] 辛清萍, 梁晴晴, 李旭, 等. 膜分离技术高效脱硫脱碳研究进展 [J]. 膜科学与技术, 2020, 40 (1): 322-327, 339.
[43] 贾志谦. 膜科学与技术基础 [M]. 北京: 化学工业出版社, 2012.
[44] 安树林. 膜科学技术及其应用 [M]. 北京: 中国纺织出版社, 2018.
[45] Strathmann H. Electrodialysis, a mature technology with a multitude of new applications [J]. Desalination, 2010, 264 (3): 268-288.
[46] 高静思. 中水处理与回用技术 [M]. 北京: 化学工业出版社, 2014.
[47] 王湛, 王志, 高学理. 膜分离技术基础 [M]. 3 版. 北京: 化学工业出版社, 2018.

［48］龙中亮，Huu Hao NGO，张新波，等．正渗透技术应用于污废水处理的研究进展［J/OL］．膜科学与技术，2021：1-12［2021-11-10］．https://kns.cnki.net/kcms/detail/62.1049.TB.20211014. 1552.005.html.
［49］李都望，黄有文，管浩，等．虹吸膜池在净水厂提标扩容中的工程实践［J］．中国给水排水，2018，34（22）：86-89，95.
［50］Soumitra Kar，Bindal R C，Prabhakar S，et al．Potential of carbon nanotubes in water purification：an approach towards the development of an integrated membrane system［J］．International Journal of Nuclear Desalination，2008，3（2）：143-150.
［51］Figoli A，Criscuoli A．Sustainable membrane technology for water and wastewater treatment［M］．Singapore：Springer，2017.

第 2 章

水及其主要特征污染物

2.1 水与水资源

2.1.1 地球上的水及水循环

水是人类和一切生物生存所不可缺少的一项极宝贵的自然资源，是人类和一切生物赖以生存和发展的物质基础，是构成生态环境的基本要素，同时也是工农业生产及可持续发展不可替代的自然资源。与人类生活和生产最为密切的是由大气降水补给的河流、湖泊、土壤水和地下水等淡水资源。

地球被称作水的行星，由大气水、地表水、地下水构成地球上的水圈，其存在于地球表面。地球岩石圈、大气圈、生物圈的水以固态、液态、气态的形式存在，在太阳辐射和地心引力的作用下，以蒸发、降水、入渗和径流等方式进行往复循环。地球表面积约 5.1 亿平方千米，其中海洋面积 3.6 亿平方千米，占 70.8%，陆地占 29.2%。在陆地积蓄水中，人类生活生产可以直接利用的河流积蓄水量约 0.17 万立方千米，淡水湖泊积蓄水量约 10 万立方千米，合计为 10.17 万立方千米。

2.1.2 水资源

2.1.2.1 水资源的含义

根据世界气象组织（WMO）和联合国教科文组织（UNESCO）的《国际水文学名词术语》第 3 版（“INTERNATIONAL GLOSSARY OF HYDROLOGY”，2012 年）中有关水资源的定义，水资源是指可资利用或有可能被利用的水源，这个水源应具有足够的数量和合适的质量，并满足某一地方在一段时间内具体利用的需求。根据全国科学技术名词审定委员会公布的水利科技名词（科学出版社，1997）中有关水资源的定义，水资源是指地球上具有一定数量和可用质量能从自然界获得补充并可资利用的水。

水和水资源在自然物质概念上是不同的，水资源不等于水。在目前的技术经济条件下，可供利用的水资源并不包括大部分海洋水、极地冰盖和深层地下水，它们只能作为待用水资源，当技术经济发展到一定阶段可以开发利用时才能成为水资源。狭义上的水资源是指人类在一定的经济技术条件下能够直接利用的水。

总之，水资源应包括 3 个方面的内容：a．参与自然界的水分循环；b．可逐年恢复和更新的动态资源；c．可以利用并且能够利用的具有价值的水。

2.1.2.2 水资源的特点

水资源不同于土地资源和矿产资源，从上述水资源的含义中可看出水资源问题的广泛性、重要性和复杂性。只有充分认识水资源的特性，才能合理、有效地利用水资源。

（1）水资源的再生性和重复利用性

地球上存在着复杂的、大体以年为周期的水循环，而水资源参与水循环，并且循环周期短，因此具有再生性和重复利用性。所以对水资源开发利用得越早，其价值越大。但对一定区域某段时间而言，年降水量虽有变化但总是有限值。水资源的超量开发，或动用区域地表水、地下水的静态储量，必然造成超量部分难以恢复或不可恢复，从而破坏自然生态平衡。总之，水资源在合理开发利用下才是取之不尽、用之不竭的。

（2）水资源时空分布的不均匀性

水资源在自然界的循环过程中具有一定的时间和空间分布。我国水资源南丰北缺，水资源地区分布的不均匀性，使得各地区在水资源开发利用条件上存在巨大的差别。同一地区中不同时间水资源的分布也不均匀，年际、年内变化幅度也很大。

（3）我国水资源的季节分配不均匀

季节分配不均匀不仅制约了有限水资源的可利用性，也给开发利用带来诸多不便。夏季我国降水集中，汛期河水暴涨，大量宝贵的淡水资源白白流入大海，并且还容易造成洪涝灾害；冬春季则降水少，河流进入枯水期，北方一些河流甚至干涸见底，造成严重的干旱缺水。

（4）水资源的不可替代性及开发利用多用性

一切生物体内都含有水。没有氧气可以有生命存在，但是没有水便没有生命。因此，水是维护动植物生命和人类生存所不可替代的物质。水资源在国民经济建设的各行各业中占有重要地位，没有水各项建设事业就不可能有发展前景。水既是生活资料，又是生产资料，工业供水、农业灌溉和人们日常生活都要消耗大量的水。

（5）水资源经济上的两重性

如果一个地区水资源数量适宜且时空分布均匀，那么水资源将在区域经济发展、自然环境的良性循环和人类社会进步中发挥重大作用。然而，在水量过多或过少的地区，往往又产生各种各样的自然灾害，如水量过多容易造成洪水泛滥，内涝渍水，而水量过少则容易造成旱灾。

2.1.2.3 我国水资源现状

水资源问题是当今全世界最受关注的焦点问题之一。我国幅员辽阔，水资源十分丰富，但人均占有量少并且属多水患国家。随着我国经济发展速度快速增长和水资源开发活动的大力开展，水资源保护压力越来越大，同时不断出现新的生态环境等各种不利于人类生存发展的问题。

（1）水资源短缺

中国水资源总量为2.81万亿吨，占世界第6位，而人均占有量却居世界第108位，是世界上21个贫水和最缺水的国家之一，人均淡水占有量仅为世界人均的1/4。我国水资源的基本状况是人多水少，水资源时空分布不均匀，南多北少，沿海多内地少，山地多平原少，耕地面积占全国64.6%的长江以北地区仅为20%，近31%的国土是干旱区（年降雨量在250mm以下），生产力布局和水土资源不匹配，供需矛盾尖锐，缺口很大。600多座城市中有400多个供水不足，严重缺水城市有110个。随着人口增长、区域经济发展、工业化和城市化进程加快，城市用水需求不断增长，将使水资源供应不足，用水短缺问题必然成为制约经济社会发展的主要阻力和障碍[1,2]。

（2）水污染严重，治理不力

近年来，我国水体污染日益严重，全国每年排放污水高达360亿吨，除70%的工业废水和不到 10%的生活污水经处理排放外，其余污废水未经处理直接排入江河湖海，致使水质严重恶化，污废水中化学需氧量、重金属、砷、氰化物、挥发酚等都呈上升趋势。全国9.5万千米河川，有1.9万千米受到污染，0.5万千米受到严重污染，清江变浊，浊水变臭，鱼虾绝迹，令人触目惊心。松花江、淮河、海河和辽河水系污染严重，86%城市河流受到了不同程度的污染，近50%的重点城镇水源不符合饮用水的标准。

（3）水土流失严重

由于森林植被受到严重破坏，水资源平衡受到破坏，一方面造成水源减少，一些地区连年干旱；另一方面一些地区连年出现洪涝灾害。干旱和水灾都给工农业及人民生活造成巨大的经济损失。水土严重流失，据统计我国每年流失的土壤近50亿吨，经济损失100亿元，占国土面积39%的水土流失区域内的河流则含沙量较高。

（4）水资源浪费严重

我国工业产品用水量一般比发达国家高出5～10倍，发达国家水的重复利用率一般都在70%以上，而我国只有20%～30%。同时，由于低水价导致人们对水资源的稀缺性缺乏足够认识，对水资源保护的认识也存在不足，以致在浪费水资源的同时，还不断向水中大量排放污染物。

水利部预测，2030年中国人口将达到16亿，届时人均水资源量仅有1750m^3。在充分考虑节水情况下预计用水总量为（7000～8000）$\times 10^8 m^3$，要求供水能力比当前增长

（1300～2300）$\times10^8m^3$，全国实际可利用水资源量接近合理利用水量上限，水资源开发难度极大。

2.1.2.4 水资源利用对策

水是影响世界经济发展和人民生活水平提高的重要因素，水资源缺乏问题是21世纪我国社会经济可持续发展最突出的问题之一。面临越来越严峻的形势，如何从长期困扰我国社会经济发展状况中，找出一条合理可行的解决水资源危机问题的出路，已是当前亟待解决的重要课题。根据我国各方面的客观情况，解决水资源紧张问题应采取以下几方面的措施[2-4]。

（1）转变观念

由于长期以来受“水资源取之不尽，用之不竭”的传统价值观念影响，水资源被长期无偿利用，导致人们的节水意识低下，造成了巨大的水资源浪费和水资源非持续开发利用。要加大节约用水的宣传力度，改变人民的用水习惯，培养个人良好节水习惯，形成全民节水的风尚，避免用水浪费。另外控制人口的增长，也是缓解人类对水需求紧张形势的必然选择。

（2）改善生态环境，提高水资源的可利用率

植树造林，扩大植被覆盖率，可提高水源涵养量。在充分考虑生态环境影响的前提下兴修水利，拦洪蓄水，可趋利避害，并可加强水体保护、水土保持，促进对水资源进行合理分配及使用。

（3）提高生产技术

积极改革生产工艺，降低单位产品生产耗水量，减少生产用水量和工业废水排放量；改进传统的农业灌溉技术，使用比较先进的喷灌、滴灌等技术取代传统的漫灌技术，减少农业灌溉用水量。

（4）加强管理水平

完善水资源管理体制，改变水资源管理的无序状态，建立健全相应的法规与制度，提高用水的科学管理水平，为可持续发展提供水资源保证。在统一管理的前提下，建立三个补偿机制：谁耗费水量谁补偿；谁污染水质谁补偿；谁破坏水生态环境谁补偿。同时，利用补偿建立三个恢复机制：保证水量的供需平衡；保证水质达到需求标准；保证水环境与生态达到要求。形成“一龙管水、多龙治水”，并且能够法规配套、有法可依，明确主体、有法必依，机构合理、执法必严，具有权威、违法必究，责任到人、究办必力。此外，加强工业企业生产管理，注意设备的维护和更新，避免“跑、冒、滴、漏”现象的出现，杜绝水资源浪费。

（5）加强基础设施的建设

减少因供水管网腐蚀、老化而产生的水资源浪费现象。

（6）发展污水处理新技术，减少污水排放量

建设污水处理厂，提高污水处理率，以减少污水及其污染物的排放量，保护现有可利用的水资源不被污染破坏；发展污水处理技术，提高污水处理效率，降低处理净化成本。

（7）实现污水资源化利用，提高水的重复利用率

我国在水资源短缺的同时又是世界上污水排放量最大、污水排放增加速度最快的国家之一，近几年我国各种废水及主要污染物的排放量处于逐渐增加的趋势。这一状况加剧了水资源紧缺的危机。随着我国水资源短缺和污染的加剧，我国必须扩展水资源的概念和内涵，污水也是重要的水资源，对其进行充分利用，不仅可以缓解水资源紧张，增加水资源的有效供给量，而且通过污水处理再利用，可以减少对水资源的污染，对环境治理具有重要的推动作用。提高水资源利用率，已成为我国水资源利用过程中的当务之急。

2.2 常规污染物

许多人口大国如中国、印度、巴基斯坦、墨西哥、中东和北非的一些国家都不同程度地存在着水质性缺水的问题。所谓水质性缺水，是指有可资利用的水资源，但这些水资源由于受到各种污染，致使水质恶化不能正常使用而缺水。

水质性缺水不是水量不足，也不是供水工程滞后，而是大量排放的污废水造成淡水资源受污染而短缺的现象。水质性缺水往往发生在丰水区，是沿海经济发达地区共同面临的难题。以珠江三角洲为例，尽管其水量丰富，但由于河道水体受污染，以及冬春枯水期又受咸潮影响，清洁水源严重不足。

根据中国《地表水环境质量标准》，地表水水质依次划分为五类，其中，Ⅲ类以上的水可被用于饮用，低于Ⅲ类的水人体不宜直接接触，Ⅴ类和劣Ⅴ类水则已基本丧失了水体功能。另外，作为水源地的水质标准应达到Ⅱ类水以上。

水中常规污染物主要包括物理污染物、化学污染物和生物污染物[5]。

2.2.1 物理污染物

颗粒状无机污染物均属于感官性污染指标，一般是和有机颗粒状污染物质混在一起，统称悬浮物或悬浮性颗粒物（SS）。悬浮性颗粒物对光线具有反射和散射作用，使水体呈现出颜色异常、浑浊度高的表观污染现象。其主要来自由水土流失、水力排灰、农田排水、洗煤、选矿、冶金、化肥、化工、建筑等形成的一些工业废水、农业污水和生活污水，此外雨水径流、大气降尘也是其重要来源。

悬浮物是水体主要污染物之一，造成的主要危害有：

① 悬浮物是各种污染物的载体，虽然本身无毒，但它能吸附部分水中有毒污染物并随水流迁移；

② 大大降低光的穿透能力，抑制光合作用并妨碍水体的自净作用；

③ 对鱼类产生危害，可能堵塞鱼鳃，导致鱼的死亡，制浆造纸废水中的纸浆危害尤为明显；

④ 妨碍水上交通、缩短水库使用年限，增加挖泥费用等，悬浮物可经过混凝、沉淀、过滤等方法与水分离，形成污泥而去除。

2.2.2 化学污染物

化学污染物主要指无机酸、无机碱、一般无机盐、氮与磷等植物营养物质和需氧有机物。

（1）无机酸、碱

污染水体中的无机酸主要来自矿山排水及许多工业废水，雨水淋洗含二氧化硫的空气后，汇入地表水体也能形成酸污染。水体中的无机碱主要来源于碱法造纸、化学纤维、制碱、制革及炼油等工业废水。酸、碱污染物还可增加水中无机盐类的浓度和水的硬度。国家规定污水排放 pH 值的一般范围为 6～9。

（2）一般无机盐

一般无机盐指钙镁盐，水中钙离子、镁离子浓度总和统称为总硬度，通常用相应的碳酸钙（$CaCO_3$）的量来表示。当 $CaCO_3$ 含量低于 75mg/L 时，通常被认为是软水；当 $CaCO_3$ 含量在 75～150mg/L 之间的水是中等硬水；当 $CaCO_3$ 含量在 150～300mg/L 时是硬水；当 $CaCO_3$ 含量高于 300mg/L 时是非常硬的水。

（3）植物营养物质

营养物质是指促使水中植物生长，从而加速水体富营养化的各种物质，主要是指氮、磷。城市污水中磷的含量原先每人每年不到 1kg，近年来由于大量使用含磷洗涤剂，含量显著增加。来自洗涤剂的磷占生活污水中磷含量的 30%～75%，占地面径流污水中磷含量的 17%左右。氮素的主要来源是食品、化肥、焦化等工业的废水，以及城市地面径流和粪便。硝酸盐、亚硝酸盐、铵盐、磷酸盐和一些有机磷化合物都是植物营养素。硝酸盐在人胃中可被还原为亚硝酸盐，亚硝酸盐与仲胺作用可生成亚硝胺。亚硝胺是致癌、致突变和致畸的“三致”物质。国家规定饮用水中硝酸盐含量不得超过 10mg/L。

（4）需氧有机物

有机无毒物多属于糖类、蛋白质、脂肪等自然生成的有机物。它们易于生物降解，向稳定的无机物转化。其浓度常用五日生化需氧量（BOD_5）来表示，也可用总需氧量（TOD）、总有机碳（TOC）、化学需氧量（COD）等指标结合起来评价。在有氧条件下，其在好氧微生物作用下进行转化，这一转化进程快，产物一般为 CO_2、H_2O 等稳定物质。在无氧条件下，则在厌氧微生物的作用下进行转化，这一进程较慢，而且分两个阶段进行。首先在产酸菌的作用下，形成脂肪酸、醇等中间产物，继而在甲烷菌的作用下形成 H_2O、CH_4、CO_2 等稳定物质，同时溢出硫化氢、硫醇、粪臭素等具有恶臭的气体。有机污染物对水体污染的危害主要在于对渔业水产资源的破坏。当水体中有机物浓度过高时，微生物消耗大量的氧，往往会使水体中溶解氧浓度急剧下降，甚至耗尽，导致鱼类及其他水生生物死亡。城市污水 BOD_5 含量一般为 300～500mg/L，造纸、食品、纤维等工业废水可高达每升数千毫克。

2.2.3 生物污染物

生物污染物主要包括病菌、寄生虫、病毒等。

常见的病菌是肠道传染病菌，每升污水可达几百万个，可传播霍乱、伤寒、肠胃炎、婴儿腹泻、痢疾等疾病。常见的寄生虫有阿米巴、麦地那丝虫、蛔虫、鞭虫、血吸虫、肝吸虫等，可造成各种寄生虫病。病毒种类很多，仅人粪尿中就有百余种，常见的是肠道病毒、腺病毒、呼吸道病毒、传染性肝炎病毒等。每升生活污水中病毒可达 50 万～7000 万个。

2.3 难降解有机污染物

2.3.1 难降解有机污染物的来源与特征

难降解有机物主要指可生化程度低、难以生物降解、半衰期达 3～6 个月的有机污染物。水中的难降解有机污染物主要有多氯联苯、多环芳烃、卤代烃、酚类、苯胺和硝基苯类、农药类、染料类、表面活性剂、药物中间体、聚合物单体等。对各类难降解有机物废水，国内外研究集中在印染废水、焦化废水、石化废水、制药废水及化工废水等的处理上。这类废水的共同特性是污染物浓度高、可生化性差、毒性大、水质变化大，且具有明显的致癌、致畸、致突变作用。

难降解有机物废水主要来源于以下几个方面。

（1）造纸废水

在造纸厂的生产过程中，需要对稻草、木材、竹子等原材料进行高温蒸煮，以处理其中的纤维素。在处理过程中会产生大量废水，废水中有大量木质素、纤维素以及可挥发的有机酸，这就使得废水不仅有极大的臭味，污染性也很强。

（2）印染废水

印染废水主要是在对一些棉、麻、纺织产品、化学纤维制品进行加工时产生的废水。印染废水有机污染物浓度高，酸碱度高，水质稳定性差，废水量大，处理难度高。

（3）制药废水

制药废水的成分十分复杂，既有化学添加剂，又有生产过程中使用的各类有机物、中间产物及产品等。在药物的生产过程中，目的产品会被回收利用，但大多数有机污染物会随废水排放。制药过程中产生的废水污染物含量高、毒性大、色度高、可生化降解性差、水质水量波动大。

（4）焦化废水

焦化废水是在炼焦过程（高温干馏、煤气净化和副产品回收等过程）中产生的成分复杂的高浓度工业有机废水。主要有机成分是酚类，其他有机成分有多环芳烃（PAHs）和一些含氮、氧、硫的杂环化合物；无机组分主要包括氰化物、硫氰化物和氨氮等。焦化废水是一种成分复杂、多变，具有强毒性的典型难降解有机废水。

（5）石化废水

石化废水主要是在石油炼化、加工过程中产生的废水，具有水量大、水质复杂、有机污染物浓度高、毒性大、难生物降解等特点，属于较难处理的工业废水，一般采用活性污泥法处理，但二级出水中的COD、总磷等主要有机污染物很难达标排放。

难降解有机污染物废水直接排放会对水环境造成严重的影响，且影响持续时间长。难降解有机物的种类及危害如表2-1所列。

表2-1　难降解有机物的种类及危害

种类	危害
多环芳烃类	性质稳定，致癌性强
杂环化合物	性质稳定，生物富集，具有致突变、致癌作用
有机氰化合物	有剧毒
合成洗涤剂	发泡，影响生物处理效果且对多环芳烃具有增溶效果
多氯联苯	通过食物链进入人体，会使人体急性中毒，并有致癌作用
增塑剂	稳定性强，对人体中枢神经具有抑制作用
合成农药	对人体具有毒性及致癌作用
合成染料	色度高，有毒性且致癌

2.3.2　难降解有机污染物废水处理技术

国外在难降解有机污染物废水处理技术方面起步较早。1976年Carey等首先采用TiO_2光催化降解联苯和氯代联苯。高级氧化处理技术具有处理效率高、对有毒污染物破坏较彻底等优点而被广泛地应用于污废水的处理。美国MODAR公司于1982年成功开发超临界水氧化技术，催化湿式氧化技术、臭氧氧化法则起步更早。近年来，光催化降解、MBR膜生物反应器法逐步成为研究热点。我国在处理难降解有机废水技术方面起步较晚，同时由于长期粗放型经济发展模式，经济发展与环境治理严重脱节，废水中污染物成分复杂，废水量大，因而开发高效清洁的水处理技术尤为重要。《国家环境保护标准“十三五”发展规划》提出，逐步形成重点突出、务实管用的国家水污染物排放标准体系，对水污染防治提出了更高的要求，而大力发展二次污染小的绿色清洁水处理技术是环境工程的重要研究领域。近年来，我国在光催化氧化、微生物处理难降解有机物和新型净水用碳材料吸附剂研究等方面有了长足的进步。

（1）光催化技术

光催化分为均相光催化氧化和非均相光催化氧化。非均相光催化降解是利用光照射如 TiO_2 等某些具有能带结构的半导体光催化剂，诱发产生氧化能力较强的羟基自由基，可用于氧化各种有机物。光催化技术反应条件温和，能源清洁，催化剂化学性质比较稳定，可长期使用，因而被国内外广泛用于难降解有机物处理。如王俏[6]采用卤氧化铋可见光催化技术对水环境中残留的微量氯酚类污染物氧化降解效能进行了研究，通过将多种方法相结合，对现有 BiOCl 催化剂进行了改良，制备了多种二维超薄缺陷态卤氧化铋催化剂，在可见光照射的 120min 内，多种氯酚类污染物可被制备出的超薄 $BiOCl/g\text{-}C_3N_4$ 催化剂催化分解，分解效率均在 95%以上。张锦菊[7]以硫酸氧钛为前驱体，采用常压微波辅助强化技术制备介孔纳米 TiO_2 催化剂，通过微波辅助水解法将纳米 TiO_2 固定在纤维素-天然高分子材料表面，制备出了多级复合催化剂。先后采用高温碳化和活化处理，得到了具有特定性质和结构的 N-TiO_2-多孔碳纤维材料，该材料在一定频率紫外线下对六价铬和苯酚的去除速率分别是改性前商用材料的 8.8 倍和 9.2 倍。郝学敏[8]将 TiO_2 负载到碳纳米管上制备出新型复合催化剂，使用紫外线强化碳纳米管对硫酸氢盐（PMS）的活化效率，探究了该体系降解苯酚、磺胺甲噁唑、阿特拉津和双酚 A 等有机污染物的性能，实验表明，该体系降解 30min 时上述有机污染物的去除率均可达 90%以上。

（2）微生物法

微生物法在传统的水处理工艺的有机污染物降解、絮凝沉淀等过程中发挥着重要的作用，但也存在很大的局限性，如传统的生物技术对重金属离子和芳烃类难降解有机物的去除效果很差，甚至无法去除。近年来，对于去除难降解有机物的微生物选育、微生物絮凝剂技术、固定化技术、生物吸附技术、电极生物膜技术和生物沥滤技术等成为研究热点。王国晨[9]通过在移动床生物膜反应器（MBBR）中富集锰氧化菌来建立微生物/生物锰氧化物组合体系 R2，在高苯酚和对氯苯酚负荷下，表现出了更强的去除性能，在运行的 148d 中，对苯酚和对氯苯酚的浓度以及水力停留时间的波动耐受良好，同时实现了锰氧化菌富集。袁鑫[10]将混合菌群 FG-06 固定在用氧化石墨烯（GO）和海藻酸钠（SA）制备的 GO-SA 载体上，在 MBBR 中研究其对混合废水的处理效果。实验结果表明：在同等条件下，IS-GO/SA（氧化石墨烯/海藻酸钠固定化系统）出水明显优于活性污泥系统（ASS）。IS-GO/SA 在最佳条件下苯酚的去除率在 99%以上，氨氮和 COD 去除率分别为 97.1%和 91.9%。李俏[11]研究了用硫化亚铁纳米花形材料与自行选育出的克氏假单胞菌共培养对有机废水进行脱氮除磷的效果，发现通过特定方法选育出的克氏假单胞菌在 35℃、200r/min、pH=7.2、材料 FeS_2 浓度为 400mg/L 的条件下进行共培养，得到的特殊材料能高效去除有机废水中的氮和磷。

（3）生物炭吸附法

生物炭吸附由于成本低、易操作、效率高和无二次污染等特点，在水处理中得到了广泛应用。国内外学者对活性炭、碳纳米管、石墨烯、活性碳纤维等碳材料吸附污水中难降解有机物进行了研究，并取得了一定成果。但是，许多吸附剂由于去除效率低、成本高且合成步骤复杂等难以在水处理中大规模应用。生物质作为一种自然资源，其木质素和纤维素的含量高，非常适合用于制备活性炭材料。国内外学者研究了采用花生壳、秸秆、菌渣、棕榈壳、藻类、棉花等多种生物质来制备活性炭材料。成建[12]利用农业废弃物菌渣作为原料，先后经过碳化、活化等工艺得到了比表面积高达3342m²/g的活性炭材料。该活性炭材料在室温下，对亚甲蓝、2,4-二氯苯酚和双酚A的最大吸附量分别达到了869mg/g、1155mg/g和1249mg/g，在国内外居于领先水平。

（4）膜法及组合工艺。

Ji等[13]利用纳滤膜对染料/盐混合废水进行处理，研究结果表明该方法的平均除色率高达95%，渗透液几乎是无色的，浓度和压力对褪色有正向影响。

高丽琼等[14]采用混凝沉淀＋水解酸化＋膜生物反应器（MBR）工艺处理印染废水，结果表明：

① PAC无论是在矾花的沉降性能还是对印染废水色度及COD的去除效果方面均优于PFS，确定PAC为预处理印染废水的最佳混凝剂。

② 确定水解酸化反应器中MLSS为8g/L左右、HRT为16h比较合理，色度和COD去除率均趋于稳定，能达到比较好的处理效果。

③ MBR反应器对有机物的去除主要取决于生物反应的效果；膜的截留作用强化了MBR对色度和COD的去除。

综合色度和COD的去除效果，确定MLSS为8g/L左右，HRT为8h比较合理，能达到比较好的处理效果，且出水水质完全满足纺织染整行业水污染物一级排放标准。

郭豪等[15]采用超滤、纳滤集成技术，对高盐度、高色度、高COD的染料生产废水进行中试处理试验，结果表明纳滤膜对COD的去除率大于90%，对色度的去除率基本为100%，对染料截留率大于97%，能有效截留废水中的染料和有机物。

2.4 重金属污染物

2.4.1 重金属污染物的来源与特征

水体污染方面所说的重金属一般指汞、铬、铅、砷等生物毒性显著的金属及类金属，也包括具有一定毒性的重金属，如铜、钴、镍、锡等。重金属的毒性具有长期持续性，在某些微生物的作用下会转化为毒性更强的金属化合物；重金属可在生物中大量富集，通过食物链的生物放大作用在较高级的生物体内成千万倍富集，然后通过食物进入人体，造成中毒；重金属不能被降解和破坏，只能发生形态转化。天然水体中的氢离子、铬离子、有机酸、氨基酸等都可与重金属形成络合物或螯合物，使重金属在水体中的浓度增大，也可使沉淀物中的重金属释放出来。

（1）冶金工业废水

冶金包括有色冶金和钢铁冶金，不同工艺的冶金工业废水性质差别很大。例如湿法冶金工艺废水产量大、酸度高、重金属含量高；而火法冶金工艺废水产量小、酸度低、重金属含量低。另外，不同的企业因原料及工艺方法不同，产生的废水中重金属的种类及含量也有很大的差别。

（2）矿山废水

尤以酸性矿山废水组成最复杂，且重金属种类多、含量高，对自然环境的污染最大。酸性矿山废水的产生原理比较多样，在空气、水或其他外界环境条件作用下，一些尾矿以及硫化物矿物等可以发生一系列物理化学反应，还有可能发生生化反应，从而逐步形成酸性矿山废水。

（3）矿石冶炼加工废水

在矿石冶炼加工过程中也会产生大量重金属废水，如在氧化焙烧矿物时，洗涤烟气的废水及地面冲洗水等。这一类废水不仅重金属含量高，酸性也很强。

（4）金属加工制造业废水

如电镀行业的典型特征是金属用量大、用电多和用水量大，产生并排放重金属废水是它的特点之一。因镀种众多，故废水含重金属的种类各有不同，应用广泛的有镀铜、镀锌、镀铬、镀铅、镀镍、镀金、镀银等，它们都会对人体造成极大的危害。

2.4.2 重金属污染物废水处理技术

水中重金属污染物的去除方法大致可分为电解法、膜分离技术和置换沉淀法三类。

（1）电解法

利用电解液的电化学性能，通电后的电解池内金属离子能够定向迁移至阴极发生还原反应并沉积在阴极电极表面，从而从废水中去除，一定程度上可以实现某些贵重金属的回收利用。例如，Eivazihollagh 等[16]采用电化学法从 DTPA 和 C12-DTPA 中同时回收铜和螯合剂。结果表明，当 pH=10 时，处理 180min 后，Cu（Ⅱ）-DTPA 体系的铜回收率为 50%，Cu（Ⅱ）-C12-DTPA 体系的铜回收率为 65%。研究结果表明，将电解法与其他多种方法进行复合（如微生物电解池、电凝、生物电化学等）处理重金属去除效率更高。

（2）膜分离技术

膜分离法从微滤发展至超滤、纳滤、反渗透等不同类型的膜过程，可有效去除多种污染物。其中，超滤法去除废水中的重金属取得了显著的进步。例如，有研究者为克服超滤膜中含有大孔结构不利于捕获重金属离子的缺陷，提出了以吸附重金属离子的水溶性高分子聚合物修饰超滤膜的设计思路，使吸附重金属离子易被超滤膜捕获，以提高分离效率，此法被称为络合-超滤法。例如，Ahmad 等[17]采用浸渍沉淀法，以戊二醛为交联剂，通过改变交联反应时间，成功制备了以聚乙烯醇为基础的戊二醛交联膜。随着交联时间的延长，膜的孔径分布范围逐渐减小，当交联时间为 2h 时，膜的孔径分布范围达到 0.03～0.07μm 之间，该膜可适用于粒径大于 100nm 的超滤工艺。在分离过程中，通过络合剂络合增加金属离子的尺寸，可提高对废水中金属离子的吸附分离效果。Gao 等[18]采用聚丙烯酸钠（PAAS）为络合剂，采用旋转圆盘膜组件对含镍废水进行络合-超滤回收镍。当 $n<848$r/min、pH=7.0、P/Ni=13（质量比）时，Ni^{2+} 的回收率达到 98.26%。当 $n>848$r/min 时，转盘产生的高剪切速率使 PAA-Ni 络合物解离，同时实现了 Ni^{2+}的回收以及 PAAS 的再利用。冉子寒等[19]采用“化学沉淀-管式膜超滤”组合工艺对焦磷酸盐镀铜废水中的铜和总磷进行处理，克服了钙离子沉淀法所产生的沉淀颗粒物粒径小、沉淀时间长、效率低的问题，且出水稳定、质量高、易操控等。

（3）置换沉淀法

置换沉淀过程的机制主要涉及两个连续的过程：首先将螯合的金属离子通过反应置换出来，然后用碱或其他沉淀剂沉淀金属离子。例如，Jiang 等[20]报道了一种简单有效的处理有毒重金属配合物的方法，即使用 $Ca(OH)_2$ 通过置换沉淀法从废水中去除 EDTA 螯合铜。Ye 等[21]对废水中低浓度 Ni-EDTA 的去除进行了研究，采用电凝和废铁作为阳极材料，30min 内 Ni 的去除率达到 94.3%以上，有机碳总量去除率达到 95.8%以上。Guan 等[22]研究在弱磁场（WMF）条件下，零价铁通过解耦反应去除 Cu（Ⅱ）-EDTA，该方法在 pH=4～6 下对 Cu（Ⅱ）-EDTA 的去除最为有效。

2.5 高盐废水

2.5.1 高盐废水的来源与特征

高盐废水是有机物和总溶解固体（TDS）的质量分数大于 3.5%的废水。可溶的无机盐离子主要有 Cl^-、Na^+、SO_4^{2-}、Ca^{2+}等。

高盐废水的特点：

① 盐浓度高、渗透压高，易使微生物细胞脱水而引起细胞原生质分离；

② 具有盐析作用，可使脱氢酶活性降低；

③ 氯离子浓度高，对细菌有毒害作用；

④ 盐浓度高，废水的密度大，活性污泥易上浮流失，从而严重影响生物处理系统的净化效果。

具有代表性的 5 种重污染高盐工业废水如表 2-2 所列。

表 2-2 5 种高盐工业废水

废水的种类	COD/（10^4mg/L）	含盐量/%	BOD/COD 值	色度/10^3 倍
多菌灵农药废水	4.45	14.3	0.1	1～3

续表

废水的种类	COD/（10^4mg/L）	含盐量/%	BOD/COD值	色度/10^3倍
苯乙酸酸化废水	1.85	22.5	0～27	0.1
对氨基偶氮苯盐酸盐生产废水	4～6	6～14	—	2～40
杀虫双生产废水（蒸胺段）	2.225	33	0.15	1～2
原油采出废水	—	5	—	—

高盐废水主要来源于以下几个方面。

（1）工业生产过程产生的废水

煤化工、印染化工、制药（包括人畜生物制药和农药制造）、石油和天然气、食品（包括肉食类、腌制类、海产品类等）等生产和加工过程均产生高盐废水。

（2）废水处理与再生水制备过程产生的废水

在废水处理过程中，水处理剂及酸、碱的加入造成矿化以及再生水制备过程中产生的浓缩液，都会产生高盐水。

（3）用作工业冷却水的海水

一些沿海地区已经将海水直接作为工业生产的冷却水，广泛应用于电力、化工、钢铁、机械、食品等行业。

高盐废水成分复杂、污染物含量高，如果没有经过深度处理而直接排放，将对水体环境以及周围土壤造成严重的污染。特别是工业含盐废水，除盐浓度高外，还含有大量的有毒难降解溶解性有机物，而且其排放量随着经济的高速发展呈现出急剧增长的趋势。在湿地生态系统中，高盐废水会影响水中植物的正常代谢（如光合作用以及呼吸作用等），使植物的生长受到抑制，光合作用减弱，叶绿素的含量降低。另外，未处理的高盐废水进入地下水体后，会使地下水的硬度变大，对人们的身体健康产生很大的危害。长期饮用高盐度的水，会损坏牙齿，危害人体健康，严重的甚至会导致肾结石、胆结石等疾病。

2.5.2 高盐废水处理技术

高盐分的处理是含盐废水处理的一个难点。针对盐分的处理，目前的物理化学处理方法主要有热法除盐、化学法除盐、膜法除盐等。针对有机物处理的技术主要有化学法、生物法、燃烧法等。

（1）热法除盐

热法除盐主要有蒸发法或蒸馏法。蒸发技术主要有多效蒸发（multiple effect evaporation，MEE）、机械蒸汽再压缩蒸发工艺（mechanical vapor recompression，MVR）、多级闪蒸技术（multistage flash distillation，MSF）、喷雾蒸发、焚烧技术等。如黄弘涛等[23]研究多效蒸发技术，结果表明：采用四效蒸发器的综合经济性能最佳，逆流流程使用的换热器面积最小。廖建昌等[24]运用板式蒸发强制循环 MVR 处理技术处理石化废水，常温蒸发废水合适的压缩比为 1.4～1.6，且具有很好的浓缩效果。张子饶等[25]对机械蒸汽再压缩蒸发结晶系统进行了优化。Mabrouk 等[26]研究表明 MED-MSF 耦合工艺比传统的 MSF 工艺能源利用率更高，单位水处理成本较传统 MSF 工艺降低 32%。

（2）化学法除盐

化学法除盐主要有离子交换树脂除盐工艺、电吸附除盐工艺等。

离子交换树脂除盐工艺利用离子交换树脂上可交换的氢离子和氢氧根离子，与水中溶解盐发生离子交换达到去除水中盐的目的。离子交换树脂除盐技术适用于盐质量浓度 600～3000mg/L 的水质，制水纯度可达 99%以上，产水率可达到 95%以上，具有水质好、生产成本较低、技术成熟等突出优点，多用于地下水、地表水等含盐量较低的洁净水的除盐处理。

电吸附除盐工艺是以模块为核心组装而成的处理系统，可用于水的除盐、去硬、淡化及饮用水深度处理。该技术的基本工作原理是利用带电电极表面吸附水中离子或带电粒子的现象，使水中溶解的盐类及其他带电物质在电极表面富集浓缩而实现水的净化或淡化。

（3）膜法除盐

膜法除盐技术主要有反渗透除盐工艺和电渗析除盐工艺等。

反渗透除盐是原水在高压下透过膜成为脱盐水，盐类随未透过的浓水排出。反渗透膜一次除盐率≥95%，产水率可达 75%，特别是当原水含盐质量浓度≥4000mg/L 时，反渗透技术的制水成本低于离子交换技术。因此，一般将反渗透技术与离子交换技术组合，作为离子交换树脂的预处理技术，不仅能够确保出水水质稳定，延长树脂使用寿命，而且更环保。

电渗析法除盐是利用水中阴阳离子在直流电场的作用下作定向移动，通过有选择性离子交换膜分成含离子数量不同的淡水和混水。但电渗析实际运行脱盐率仅为 60%左右，产生大量浓水外排，造成水资源浪费，且操作上往往因过滤欠佳使膜板堵塞，造成出水能力降低和使用周期缩短，需要定期转换电极。然而经常拆除清洗影响使用效果，因此目前许多厂将其淘汰，而以先进的反渗透技术替代[27]。

2.6 其他污染物废水

2.6.1 高含油废水

高含油废水的特点是 COD 和 BOD 含量高，具有一定的气味和色度。水体污染方面所说的油一般分为两种：一种是动物脂肪和植物油脂，即由不同链长的饱和或不饱和脂肪酸和甘油（丙三醇）形成的甘油三酯；另一种是原油或矿物油的液体成分，原油全部是由直链或支链以环形结构组成的碳烃类化合物。在含油废水的处理过程中，一般根据水体中油污染物的成分、存在状态及粒径选择处理方法。含油废水的种类及特点如表 2-3 所列。

表 2-3　含油废水的种类及特点

种类	粒径	特点
悬浮油	＞100μm	油滴粒径较大，以连续相油膜漂浮于水面
分散油	10～100μm	以微小的油滴悬浮于水中，不稳定，易转化为悬浮油或乳化油
乳化油	＜10μm	由于表面活性剂的存在，油在水中呈乳状液，体系稳定
溶解油	可至几纳米	以分子状态分散于水中，成为稳定、均匀的体系

高含油废水来源广泛，如石油开采和炼制、海上运输、冶金、机械工业、餐饮业、食品加工业等。它的危害主要表现在以下几个方面。

① 由于难溶于水的油类物质漂浮在水上，阻止了空气中的氧在水中的溶解，致使水体中的生物窒息死亡；还阻碍了水生生物的光合作用，从而影响了水体的自净作用，使水质恶化，危害了水产资源。

② 鸟类若体表沾上溢油，会丧失飞行能力，甚至死亡；动物饮用了含油废水，有可能感染致命的疾病。

③ 有毒有害物质被鱼、贝等富集，会通过食物链危害人体健康。

④ 间接污染大气和土壤。

国内外对乳化油和溶解油的处理技术总结起来可分为以下 4 类：

① 物理处理技术，例如离心分离、膜分离；

② 物化处理技术，例如混凝法、吸附法和气浮法等；

③ 化学处理技术，例如高级氧化和催化氧化等；

④ 生物处理技术，例如好氧生物法、厌氧生物法和特种菌法等。

此外，一些新兴高效的技术随着含油废水处理技术的不断革新而逐渐应用于实践，并取得显著成效。

2.6.2　酸碱性工业废水

有机工业废水含有无机酸，如硫酸、盐酸等；有的含有蚁酸、醋酸等有机酸；有的则兼而有之。造纸、印染、制革、金属加工等生产过程会排出碱性废水，其中含有无机碱或有机碱。废水中除含有酸、碱外，还可能含有酸式盐、碱式盐以及其他酸性、碱性无机物及有机物等物质。

酸碱性有机工业废水来源很广，如化工、化纤、制酸、电镀、炼油以及金属加工厂的酸洗车间等。

这种废水排入水体会使水体的 pH 值发生变化，破坏水体的自然缓冲作用。当水体的 pH 值小于 6.5 或大于 8.5 时，水中微生物的生长会受到抑制，致使水体自净能力减弱，并影响渔业生产，严重时还会腐蚀船只、桥梁及其他水上构筑物。用酸化、碱化的水灌溉农田，会破坏土壤的物化性质，影响农作物的生长。酸碱成分还会使水的含盐量增加，提高水的硬度，对工业、农业、渔业和生活用水都会产生不良影响。通常采取酸碱中和法处理该类废水。例如，某钢厂采用两级气浮+两级生化、澄清的工艺处理含碱废水，该系统包含二级处理，出水经过超滤、反渗透脱盐后进行回用。

2.6.3 含酚、氰及放射性污染物废水

（1）含酚废水

含酚废水中主要含有酚基化合物，如苯酚、甲酚、二甲酚和硝基甲酚等。

含酚废水主要来自焦化厂、煤气厂、石油化工厂、绝缘材料厂等工业部门，以及石油裂解制乙烯、合成苯酚、合成聚酰胺纤维、合成染料、合成有机农药和酚醛树脂等生产过程。

酚基化合物是一种原生质毒物，对所有生物活性体均有毒性。高浓度的酚液能使蛋白质凝固，并能继续向体内渗透，引起深部组织损伤、坏死乃至全身中毒。含酚废水还可抑制水体中生物的自然生长，破坏生态平衡。

（2）含氰废水

含氰废水是含有各种氰化物的废水的统称。氰基与金属络合的能力很强，因此氰根（CN^-）作为强络合剂被广泛应用于氰化提金、氰化金属电镀等工艺；同时氰化物作为一种重要的化工原料，广泛用于合成纤维、染料制造、合成橡胶、炼焦及有机玻璃等工业。

含氰废水中所含的氰化物毒性极强，临床毒理实验证明：吸入 0.1g HCN 或 0.15g NaCN 或 0.2g KCN 就会导致机体死亡。

（3）含放射性污染物废水

放射性污染物来源于核工业和使用放射性物质的工业、民用部门排放的废水。放射性物质可从水、土壤中转移到生物、蔬菜和其他食物中，并浓缩和富集于人体。放射性物质释放的射线会使人的健康受损，最常见的放射病就是血癌（即白血病）。

处理该类废水主要有吸附法、化学法等方法。如敬双怡等[28]利用吸附预处理 S/A/SMBBR 组合工艺处理含酚高纯溶剂生产废水，能将出水的酚浓度降至极低的水平。该组合工艺具有耐冲击性强、能耗低、操作简便、易于改造等优点。

[1] 王熹，王湛，杨文涛，等. 中国水资源现状及其未来发展方向展望 [J]. 环境工程，2014，32（07）：1-5.

[2] 王瑗，盛连喜，李科，等. 中国水资源现状分析与可持续发展对策研究 [J]. 水资源与水工程学报，2008（03）：10-14.

[3] 张国亮，潭永文，程义方. 膜技术在水资源开发利用中的应用 [J]. 中国环保产业，2001（02）：19-20.

[4] 李允琛. 浅析我国水资源现状与问题 [J]. 农村科学实验，2020，（1）：70-71.

[5] 张宝杰，刘冬梅. 城市生态与环境保护 [M]. 哈尔滨：哈尔滨工业大学出版社，2002：3.

[6] 王俏. 基于二维超薄卤氧化铋的可见光催化降解水中氯酚的研究 [D]. 哈尔滨 ：哈尔滨工业大学，2019.

[7] 张锦菊. 微波辅助制备二氧化钛基功能复合材料及其在水处理中的应用 [D]. 北京：中国科学院过程工程研究所，2019.

[8] 郝学敏. 碳纳米管-TiO_2在紫外光下活化过硫酸氢盐降解有机污染物的研究 [D]. 大连：大连理工大学，2019.

[9] 王国晨. 微生物/生物锰氧化物对酚类物质的协同降解 [D]. 大连：大连理工大学，2019.

[10] 袁鑫. 固定化微生物强化工业废水处理的研究 [D]. 太原：太原理工大学，2019.

[11] 李俏. FeS_2纳米花与假单胞菌共培养处理废水的研究 [D]. 西安：西北大学，2019.

[12] 成建. 菌渣生物炭在有机污染物吸附和钠离子电池中的应用研究 [D]. 武汉：华中农业大学，2019.

[13] Ji L，Zhang Y，Liu E，et al. Separation behavior of NF membrane for dye/salt mixtures [J]. Desalination and Water Treatment，2013，51（19-21）：3721-3727.

[14] 高丽琼，张宇峰，张朝晖，等. 混凝沉淀+水解酸化+MBR系统处理印染废水 [J]. 工业水处理，2010，30（05）：54-56.

[15] 郭豪，张宇峰，梁传刚，等. 纳滤膜在染料生产废水处理中的应用 [J]. 水处理技术，2008（03）：70-73.

[16] Eivazihollagh A，Backstrom J，Norgren M，et al. Electrochemical recovery of copper complexed by DTPA and C-12-DTPA from aqueous solution using a membrane cell [J]. Journal of Chemical Technology and Biotechnology，2018，93（5）：1421-431.

[17] Ahmad A L，Yusuf N M，Ooi B S. Preparation and modification of poly（vinyl ）alcohol membrane：Effect of crosslinking time towards its morphology [J]. Desalination，2012，287（none）：35-40.

[18] Gao J，Qiu Y，Hou B，et al. Treatment of wastewater containing nickel by complexation-ultrafiltration using sodium polyacrylate and the stability of PAA-Ni complex in the shear field [J]. Chem Eng J，2018，334：1878-1885.

[19] 冉子寒，张宇峰，顾瑞之，等. “化学沉淀-超滤”组合工艺处理焦磷酸盐镀铜废水的研究 [J]. 膜科学与技术，2020，40（02）：6-13.

[20] Jiang S X，Fu F L，Qu J X，et al. A simple method for removing chelated copper from wastewaters：$Ca(OH)_2$-based replacement-precipitation [J]. Chemosphere，2008，73（5）：785-790.

[21] Ye X，Zhang J，Zhang Y，et al. Treatment of Ni-EDTA containing wastewater by

electrocoagulation using iron scraps packed-bed anode [J]. Chemosphere, 2016, 164: 304-313.

[22] Guan X H, Jiang X, Qiao J L, et al. Decomplexation and subsequent reductive removal of EDTA-chelated Cu-II by zero-valent iron coupled with a weak magnetic field: Performances and mechanisms [J]. J Hazard Mater, 2015, 300: 688-694.

[23] 黄弘涛，付正立．多效蒸发用于浓缩含盐废水的模拟研究［J］．化工工程与装备，2018（1）：276-279．

[24] 廖建昌，余良永，赵利民，等．机械蒸汽再压缩技术在石化废水处理系统中的应用研究［J］．当代化工，2015（11）：1-4．

[25] 张子饶，姜华，宫武期．机械蒸汽再压缩蒸发结晶系统优化设计［J］．西安交通大学学报，2020，54（4）：101-109．

[26] Mabrouk A N, Fath H E S. Technoeconomic study of a novel integrated thermal MSF-MED desalination technology [J]. Desalination, 2015 (371): 115-125.

[27] 万志强．水处理除盐工艺的选用［J］．石油化工设计，2013，30（02）：49-50，69．

[28] 敬双怡，李海洋，韩剑宏，等．吸附-S/A/SMBBR 工艺处理含酚高纯溶剂生产废水［J］．中国给水排水，2018，34（7）：113-117，123．

第3章 给水工艺中的膜集成技术及应用

给水工艺为居民和厂矿运输企业供应生活生产用水，其水源有地表水、地下水和再用水。地表水主要指江河湖泊水库和海洋的水，水量充沛，是城市和工厂用水的主要水源，但水质易受环境污染；地下水水质洁净，水温稳定，是良好的饮用水水源；再用水是工业用水的重复使用或循环使用，先进国家的工业用水中60%～80%是再用水。

虽然常规给水处理工艺发展已逾百年，但是面对当前复杂的水源水质情况，常规工艺已无法保证供水水质安全，其在有效去除水中污染物方面存在着一定的局限性，主要表现为：a. 不能有效去除有机污染物；b. 对致病微生物去除效果较差；c. 对藻类及藻毒素的去除收效甚微；d. 色、嗅和味偶有异常。

以膜技术为核心的净水技术具有其独特的优势。膜分离技术，尤其是超滤（UF）、纳滤（NF）和反渗透（RO）等，在过去被广泛应用于工业用水脱盐和海水淡化领域，近年来则逐渐向饮用水处理领域发展。膜过滤技术由于有良好的调节水质的能力，能去除从颗粒杂质到离子、细菌和病毒等污染物，去除污染物的范围广，所需药剂少，运转可靠，设备紧凑及容易自动化控制，被认为是最有前途的一种给水处理方法。与常规给水处理工艺相比，膜分离技术具有出水优质稳定、安全性高、设备占地面积小、容易实现自动控制等优点，被一些学者认为是“第三代城市饮用水净化工艺”的核心，也被欧美国家和地区作为21世纪饮用水净化的优选技术。目前我国水环境急剧恶化，水质污染急剧加重，为了满足日益提高的水质要求，保障人民群众身体健康，膜技术应用于给水处理工艺是水处理技术发展的必然趋势。

3.1 超滤相关集成技术案例

3.1.1 引言

目前，超滤技术常作为常规工艺的深度处理技术，或者与活性炭吸附、臭氧氧化等预处理技术相结合，因其高精度过滤效果，能够制得高品质生活饮用水，可有效保证饮用水生物安全性和化学安全性，并且其设备占地面积小，自动化、标准化与模块化程度高，被越来越多地应用于饮用水处理过程中。超滤与混凝、活性炭吸附、臭氧氧化等预处理技术相结合用来处理地表水，作为快速生物过滤后续的处理步骤，用超滤膜装置处理市政自来水，与快滤和反渗透结合在一起应用来淡化工业给水苦咸水。高岭土预涂层-超滤膜联用工艺、在线混凝-超滤膜联用工艺等都运用了超滤技术。

3.1.2 应用案例分析

3.1.2.1 超滤处理地表水作为饮用水[1]

（1）工艺及特点

所用聚丙烯腈超滤膜相关特性见表 3-1。

表 3-1 膜特性数据

参数	超滤膜
种类	内压式中空纤维膜
材质	PAN
截留分子量	50000
长度/mm	248
中空纤维内径/mm	0.9
中空纤维外径/mm	1.5
膜表面积/m^2	0.56
pH 值操作范围	4～9
温度范围/℃	5～45

图 3-1 为超滤实验流程示意。该系统由可循环的错流超滤装置和滤液反冲洗装置两部分组成。水库的水从供水管被输送到沉淀池。原水浊度较低时，直接泵入超滤膜进行超滤。针对高浊度的原水，采用砂滤预处理，必要时加絮凝剂。在超滤阶段，水从中空纤维内部向外滤出。

（2）运行效果评价

① 膜污染控制。在超滤过程中，进料液被分为渗滤液和浓缩液两部分。在恒定的跨膜压力为 0.1MPa 时，错流超滤膜的通量和膜阻力逐渐增加。膜阻力与累积渗滤液体积呈线性相关。

不同水质的原水渗透通量下降速率不同。20NTU 的进水在 60min 后，膜通量下降至初始通量的 50%左右；450NTU 的原水进水 10min 后膜通量下降到 50%。

② 净水效能。表 3-2 列出了原水、直接超滤渗透液和混凝-超滤渗透液的水质参数。滨县水库的水质特点是浊度在 3.5～500NTU 之间，浊度受径流影响变化很大。此外，痕

量金属铝、铁、锰等的截留量亦被测定。

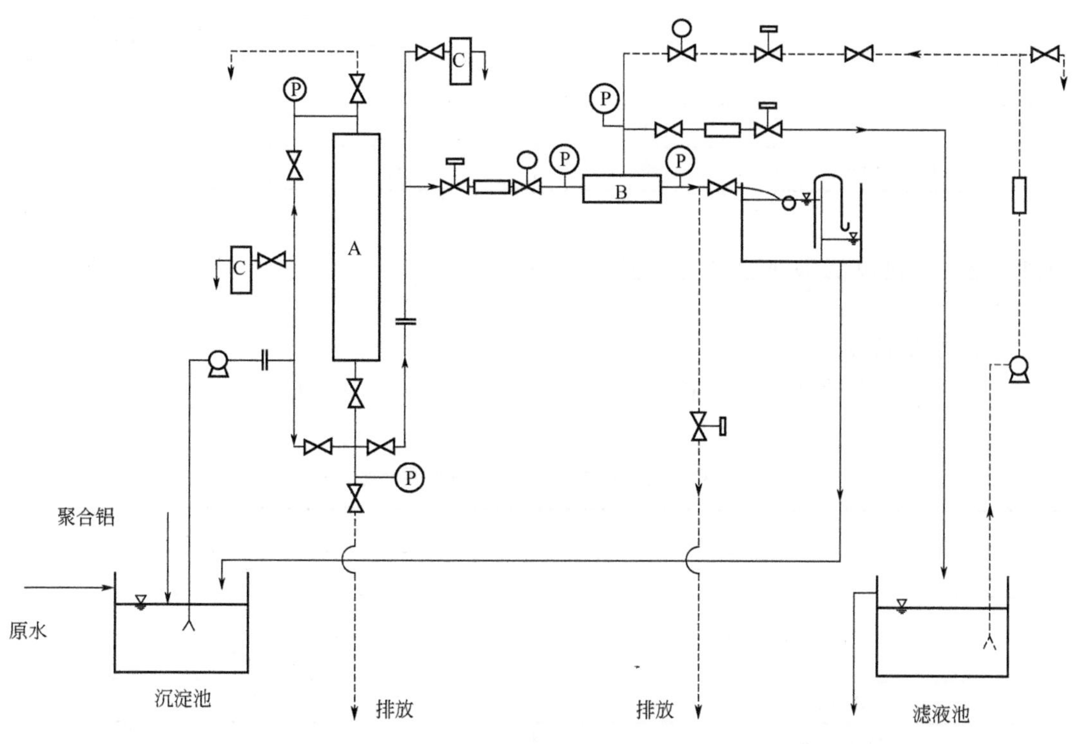

图 3-1 超滤实验流程示意

电磁阀；调节阀；管路过滤；A—砂滤；泵；球阀；

B—超滤组件；P—压力表；流量计；C—浊度计

超滤处理能够有效去除浊度，平均浊度为 0.1NTU，TOC 的降低满足要求。直接超滤渗透液和混凝-超滤渗透液的 TOC 值和 COD 值分别为 4.3mg/L、4.4mg/L 和 3.3mg/L、3.7mg/L。此外，超滤也可作为完全去除大肠杆菌的消毒步骤。

表 3-2 原水和直接超滤渗透液和混凝-超滤渗透液的水质

参数	原水	直接超滤渗透液	混凝-超滤渗透液
浊度/NTU	23	0.1	0.1
COD/（mg/L）	5.3	4.4	3.7
TOC/（mg/L）	5.7	4.3	3.3
电导率/（μS/cm）	254	248	265
NO_3^-/（mg/L）	1.01	1.01	0.90
Al/（mg/L）	0.69	<0.002	0.029
K/（mg/L）	3.894	3.633	3.635
NH_4^+/（mg/L）	0.04	0.02	0.02

续表

参数	原水	直接超滤渗透液	混凝-超滤渗透液
Fe/（mg/L）	0.415	<0.002	<0.002
Mn/（mg/L）	0.019	0.002	0.003
Ca/（mg/L）	30.69	29.45	35.76
总大肠杆菌/（个/mL）	160	0	0

3.1.2.2 生物过滤预处理+超滤处理饮用水[2]

（1）水质特点

原水为位于加拿大安大略省南部的格兰德河水，水质参数如表 3-3 所列。

表 3-3 格兰德河季节性水质参数

参数	格兰德河原水
温度	0～23
pH 值	7.95～8.4
浊度/NTU	0.45～62
DOC/（mg/L）	5～7
SUVA/[mg C①/（L·m）]	2.0～9.1
色度/TCU	15～40
碱度（$CaCO_3$）/（mg/L）	160～250
硬度（$CaCO_3$）/（mg/L）	200～350
电导率/（μS/cm）	500～800

① C 是指 DOC（溶解性有机碳）。

温度和浊度都有很大的变化，DOC 高于平均水平，但变化幅度较小，紫外吸收（SUVA）值有很大的变化，可能是部分由于相关的高浊度。

温度的变化基本上是季节性的；但除了在最冷的月份外，一年中会出现许多大的浊度峰值。碱度、硬度和电导率的变化反映了冬季河流中地下水占据较高比例。

在本案例中，中试装置的最大进水浊度约为 25NTU，因为在被泵入中试装置所在的处理厂之前，河水会经过几个原水储存池（没有化学添加物），并停留几天左右。因此，并没有经历表 3-3 所列的相同的浊度峰值。

（2）工艺及特点

本案例在中试规模上应用快速生物过滤（不需要预先混凝或添加臭氧）作为一种创新的预处理，超滤工艺作为后续处理。

案例采用平行双介质过滤器（无烟煤/砂子），研究了三种不同的生物滤池空床接触时间（EBCTs）（A：5min；B：10min；C：15min）。在 EBCTs 范围内，完成颗粒介质的快速过滤和颗粒活性炭接触。

中试所用超滤膜组件（zeeweed 10 Pilot，GE / Zenon，加拿大奥克维尔）配备了 PVDF 中空纤维，采用内压操作方式。

（3）运行效果评价

在 2008 年 9 月下旬至 12 月中旬期间进行了四次试验，期间水温稳步下降（表 3-4）。

表 3-4 每次运行的综合参数（2008 年）

进水	持续时间	通量/[L/（m^2·h）]	跨膜压差/kPa	温度/℃	超滤进水浊度/NTU
A	9.26～10.11	60	21～68	13～18	0.29～0.62
B	10.11～10.22	60	26～49	12～15	0.20～0.32
A2	11.12～11.26	50	32～80	3～9	0.84～3.4
C	11.28～12.08	42	20～27	4～6	0.55～1.9
C	12.08～12.11	53	37～40	4	0.81～1.1

表 3-4 显示了跨膜压差（TMP）的结果（由水力不可逆污染所导致）作为四段运行时间的函数。表中 A、B 和 C 的名称指的是特定的生物滤池出水，作为膜处理的进水。可以看出，增加 EBCTs 对可逆污染速率的降低有正面影响。另外，在 C 滤池的试验过程中，随着通量的增加，跨膜压差（TMP）增长缓慢。

3.1.2.3 从实验室和中试结果看超滤膜水处理厂规模扩大的关键问题[3]

（1）水质特点

河水是从水处理厂附近（马来西亚吉兰丹）的河岸过滤取水口提取的。原水的浊度为 10～30NTU，日平均值约为 15NTU。这种低浊度的原水适合不使用混凝剂和絮凝剂，直接供给超滤系统。

（2）工艺流程及运行参数

① 系统构成。采用德国英奇公司生产的同类型改性聚醚砜（mPES）中空纤维超滤膜，建立了实验室规模和中试规模的实验测试平台。

② 运行参数。本案例涉及实验室规模、中试规模和工业规模三种超滤系统，为分析提供了必要的数据（表 3-5）。然后对从实验平台（实验室规模和中试规模）获得的数据进行分析和比较，以确定这些数据在工业规模超滤系统设计中的准确性和局限性。

表 3-5 超滤系统的操作参数

参数	实验室规模	中试规模	工业规模
超滤膜	中空纤维 PES 膜	中空纤维 PES 膜	中空纤维 PES 膜
膜表面积/m^2	1.0	6.0	7200

续表

参数	实验室规模	中试规模	工业规模
具体流量/[L/（m^2·h）]	80	80	80
进水流量/[L/（m^2·h）]	80	480	576000
进水	河水	河水	河水

（3）运行效果评价

① 净水效能。表3-6为本案例中三种超滤系统运行的结果。所有超滤系统均采用同一原水、相同超滤膜进行过滤。

渗透液的浊度、色度和pH值表明，所有超滤体系的渗透液水质基本一致。结果表明，实验室规模和中试规模的渗透液水质实验结果与工业规模的膜系统非常接近。

表3-6 超滤系统运行的结果

参数	实验室规模	中试规模	工业规模
原水浊度/NTU	23	23	23
原水色度（Pt-Co）	56	56	56
原水pH值	7.3	7.3	7.3
渗透液浊度/NTU	0.15	0.18	0.19
渗透液色度（Pt-Co）	<15	<15	<15
渗透液pH值	7.1	7.2	7.1
跨膜压差/bar	0.31	0.28	0.18
所需电力/（kW·h/m^3）	0.57	0.41	0.10
泵效率/%	14	27%	87
超滤膜组件形式	中央核心	中央核心	环形间隙

注：1bar=10^5Pa，下同

② 超滤膜跨膜压差的变化。三种规模中的TMP不是很一致，实验室规模的系统给出的值在三个超滤系统中是最高的。

（4）投资及运行成本分析

表3-6所列的工业规模系统生产一个单位滤液所需的电力要低得多。

工业规模系统的跨膜压差（TMP）（0.18bar）相对于实验室规模（0.31bar）和中试规模（0.28bar）系统是最低的。此外，由于法规要求，大多数大型泵（电机额定功率高于0.75kW）相比较小型的泵（电机额定功率低于0.75kW）具有更高的效率。这些小型泵的能源效率较低，通常不超过40%。

案例显示，工业规模超滤系统的TMP远低于表3-6中的实验室规模和中试规模系统。用变频调速来调节超滤进给泵的转速确保特定流量达到低TMP将减少能源消耗，使工业规模的系统更有效。

3.1.2.4 混凝+粉末活性炭吸附+原位氯化+超滤处理黄河水库水（中试）[4]

（1）原水水质特征

2012 年 3～4 月，在黄河附近的一个水库同一采样点采集了原水。原水直接进入快速搅拌槽作为混凝过程的给水。

本研究处理的样品水质参数为：溶解氧 4.2～7.8mg/L；温度 14～18℃；浊度 6.2～25.8NTU；DOC 1.50～2.14mg/L；UV_{254} 0.044～0.054cm^{-1}；pH 7.85～8.25；氨氮 0.24～0.47mg/L。

（2）中试系统简介

系统由四种复合超滤工艺构成。四种复合超滤工艺：CUF（混凝+沉淀+超滤）；CCUF（混凝+沉淀+原位氯化+超滤）；CAUF（混凝+粉末活性炭吸附+沉淀+超滤）；CACUF（混凝+粉末活性炭吸附+沉淀+原位氯氧化+超滤）。

用氯化钠作为氯化剂（浓度为 0.5mg/L，以活性 Cl 计算，Kermel，中国），聚合氯化铝作为混凝剂，采用粉末活性炭（PAC）作为吸附剂。

每个膜池中都有一浸没的 PVDF 中空纤维超滤膜组件（海南立力膜科技有限公司，中国）。

（3）中试实验结果

① 对浊度和细菌的去除效果。混合超滤系统对浊度和总细菌的去除情况如表 3-7 所列。PAC 吸附对混凝除浊有明显的促进作用。在中试研究中，混凝除菌效率不受 PAC 吸附的影响。在接下来的步骤中，在使用或不使用 PAC 吸附增强混凝过程中，原位氯化略微增加了总细菌去除率。

表 3-7 各类水的浊度和含菌量

参数	浊度/NTU	含菌量/（CFU/mL）
原水 a	7.96±1.32	1491±202
混凝出水	1.24±0.12	364±134
CUF 出水	0.045±0.013	1.1±0.8
CCUF 出水	0.043±0.010	0.5±0.8
原水 b	17.65±5.94	1030±223
混凝+吸附出水	0.99±0.18	250±73
CAUF 出水	0.043±0.010	1.9±0.8
CACUF 出水	0.039±0.0083	0.6±0.5

② 对有机物的去除效果。混凝过程中 PAC 的添加增强了有机物的去除效果，有机物的去除率提高了 27.2%～35.6%。

在 CCUF 体系中，与 CUF 体系相比，原位氯化对有机物的去除率略有降低。然而，当 PAC 吸附用于强化混凝过程时，原位氯化对超滤去除有机物的影响很小。

③ 超滤膜抗污染能力。本研究通过四种复合超滤系统的过滤阻力（R）和总膜污染阻力（R_T）来评价膜的总污染程度。10d 的运行期间，CUF 系统的膜污染阻力上升最快。通过对比 CUF（$1.62\times10^{11}m^{-1}/d$）和 CCUF（$1.263\times10^{11}m^{-1}/d$）的膜污染阻力平均增长率，发现原位氯化处理缓解了膜污染阻力的增加。无论初始 R_T 值如何，PAC 加入絮凝池后膜污染阻力的发展受到了极大的限制。

不管原始膜阻力如何，整体总膜污染阻力增长速度为 CUF＞CCUF＞CAUF＞CACUF。结果表明，混凝-超滤联合 PAC 吸附或氯化作用时，总膜污染阻力均有所降低。此外，在复合超滤膜工艺中，PAC 吸附与原位氯化相结合，相比仅使用 PAC 或原位氯化，进一步增强了对总膜污染的缓解作用。结果表明，聚合氯化铝的吸附和原位氯化强化了混凝超滤系统中总膜污染阻力的控制。

3.1.2.5 臭氧预氧化+混凝+絮凝+沉淀+超滤法处理地表水[5]

（1）原水水质特征

案例中的试点研究在加利福尼亚北部进行了大约 4 个月，并利用了来自南湾引水渠（SBA）的原始地表水。中试研究期间观测到的平均水质特征见表 3-8。

表 3-8 中试期间 SBA 的平均水质

参数	平均值
碱度（$CaCO_3$）/（mg/L）	77
硬度（$CaCO_3$）/（mg/L）	94
浊度/NTU	3.3
总有机碳/（mg/L）	6.5
温度/℃	16

（2）原有工艺

本案例中试研究分 3 期，第 1 期的工艺配置为混凝+絮凝+沉淀（CFS）；第 2 期在常规工艺基础上集成了超滤（UF）膜工艺，即混凝+絮凝+沉淀+超滤（CFS-UF）。

（3）中试系统简介

中试研究分 3 个阶段（或时期）进行，以评估系统中膜污染行为。这项研究是一个更大的试点项目的一部分，运行时间如表 3-9 所列，表 3-9 还包括试点记录的数据点数量。

表 3-9 各中试阶段的介绍

阶段	运行时间/h	数据点数量	工艺配置
1	8645～9626（981h）	28774	CFS→UF

续表

阶段	运行时间/h	数据点数量	工艺配置
2	9626～10238（612h）	17621	CFS→UF（循环）
3	10238～11477（1239h）	35132	氧化→CFS→UF（循环）

应用臭氧预氧化后，第 1 期和第 2 期作为与第 3 期比较的基线。阶段 2 是独立于阶段 1 的，因为阶段 2 中将超滤系统的反冲洗水返回到处理系统的前端。

系统结构构成：第 3 期的完整工艺配置为臭氧预氧化、常规工艺及超滤处理（Ozone-CFS-UF），图 3-2 显示了在第 3 期使用的完整的工艺流程的示意。

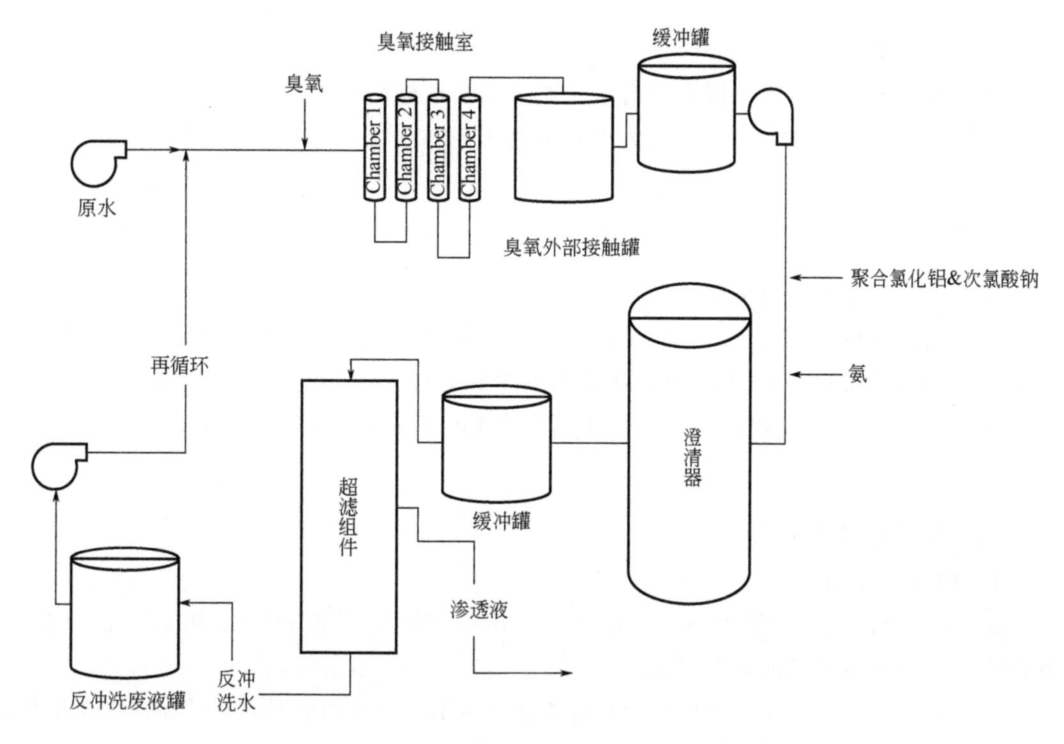

图 3-2　第 3 期的臭氧预氧化-常规工艺-超滤流程

臭氧接触室是一个 Wedeco MiPRO 高级氧化试点系统（Xylem 水溶液，夏洛特，NC）。中试沉淀池来自维斯特科技（Westech Engineering，Inc.，盐湖城，UT）。超滤试验装置是由 Harn R/O 公司（威尼斯，FL）设计和建造的，并结合了 Pentair X-Flow（Enschede，荷兰）超滤模块。

（4）中试实验结果

超滤系统的数据每 2min 自动记录一次，包括流速、过滤通量、跨膜压差、温度、超滤进料浊度、超滤滤液浊度和循环时间。

中试实验中，参数 V 是单位面积渗透体积（L/m^2），Js′是规范化具体通量（无量纲），

FI 是污染指数（m^{-1}），TFI 是总污染指数（m^{-1}），HIFI 是水力不可逆污染指数（m^{-1}），CIFI 是化学不可逆污染指数（m^{-1}）。

在第 1 阶段，1/Js'增加了大约 30%。系统对滤液浊度的去除效果较好且保持稳定。

在第 1 和第 2 阶段，TFI 随特定体积的变化而增加。在第 3 阶段应用臭氧预氧化时，TFI 开始下降，在第 3 阶段结束时，TFI 恢复到与第 1 阶段开始时相似的情况。

第 1～3 阶段的平均污垢指数进一步表明，臭氧预氧化改变了污染物的特性，使化学强化反冲洗效果得到明显改善。然而，在第 3 阶段水力不可逆污垢更高，这些数据表明在应用臭氧预氧化时，超滤工艺可能通过增加化学强化反冲洗的频率进一步优化。

3.1.2.6 粉末活性炭吸附+常规工艺+超滤在中国大型饮用水厂的运行评价（全规模）[6]

（1）水厂概况

该饮用水处理厂位于中国山东省东营市，向当地居民和工业企业提供饮用水，水厂的设计处理水量为 100000m^3/d，最大供水量为 120000m^3/d，水厂的进水来自黄河下游某水库。

2009 年 12 月之前，水厂使用常规处理工艺，包括混凝、沉淀、过滤、消毒。

（2）工艺流程及运行参数

粉末活性炭进行预吸附，常规工艺（混凝、沉淀、过滤、消毒）和超滤系统进行后续处理。超滤系统包括 12 套装置，每套有 6 个膜组件。

采用的 PVC 中空纤维超滤膜来自中国海南 Litree 公司。整个超滤系统在浸没模式下运行。

（3）运行效果评价

1）膜污染控制

① 水力反冲洗：通量为 60L/（m^2·h）（由内到外），气泡强度为 90m^3/（m^2·h），每次水力反冲洗的持续时间为 710s。

② 维护清洗：使用次氯酸钠（500mg/L 的 NaClO）进行维护清洗，以保持连续运行。

③ 化学清洗：总清洗时间为 48h，用碱洗［1000mg/L 的 NaClO 和 0.5% NaOH（质量分数），pH＞12］24h，然后用酸洗［0.5% HCl（质量分数）和 0.5%柠檬酸（质量分数），pH≤2］24h。

值得注意的是：在维护清洗或化学清洗后，需要用清水反冲洗 3 次以清除残留的清洗剂。

2）超滤膜的产水水质

原水的平均浊度在 12NTU 左右，历年变化不大。砂滤出水和超滤出水的平均浊度分别为（0.76±0.19）NTU 和（0.10±0.02）NTU，常规处理的平均去除率为（92.13±4.01）%，超滤系统将去除率进一步提高了（7.41±1.01）%。总体而言，超滤膜对悬浮物、粒径＞0.1μm 的胶体物质、无机微粒以及细菌、原生生物等微生物具有良好的去除能力。

COD_{Mn}、UV_{254} 和 DOC 指标反映的是有机质污染，原水多年变化不明显。砂滤液

的 COD_{Mn}、UV_{254} 和 DOC 均高于超滤渗透液。COD_{Mn}、UV_{254} 和 DOC 分别由原水的（3.46±0.44）mg/L、（0.085±0.110）cm^{-1} 和（3.57±0.44）mg/L 降低至常规工艺砂滤液的（2.41±0.28）mg/L、（0.039±0.004）cm^{-1} 和（2.29±0.27）mg/L，在超滤渗透液中这些数值进一步降低至（1.90±0.09）mg/L、（0.031±0.011）cm^{-1} 和（1.926±0.110）mg/L。

超滤膜将 COD_{Mn} 的去除率进一步提高了（14.70±0.99）%，将 UV_{254} 的去除率提高了（9.99±1.01）%，将 DOC 的去除率提高了（10.16±0.97）%。

3）超滤膜抗污染能力

案例中将 7 年的研究分为三个阶段：第一阶段从 2010 年 1 月至 2012 年 4 月，历时 29 个月；第二阶段从 2012 年 5 月到 2014 年 1 月，历时 22 个月；第三阶段从 2014 年 2 月到 2016 年 11 月，历时 32 个月。每个阶段的过滤持续时间均为 300～360min、180～240min 和 90～120min。

由于数据的季节性变化，温度呈现出逐年的周期性变化。

在第一阶段，通量最初缓慢下降。在 2011 年 2～5 月间，通量暂时自发增加，与水温升高相一致。在 2012 年和 2013 年的春季月份也观察到了这种效应。

年平均通量在第二和第三阶段下降加速。实际的通量不能满足超滤系统的设计流量要求。

随着通量的减少，TMP 增加。为了缓解 TMP 的增加并保持高通量，执行了各种清洗程序，包括水力反冲洗、维护清洗和化学清洗。结果表明，单碱清洗降低了 TMP，但对通量影响不大。当化学清洗（第二阶段和第三阶段）采用碱、酸联合洗涤时，通量提高，TMP 降低。

（4）投资及运行成本分析

尽管超滤膜的产水水质很好，但过滤阻力（*R*）的增加和频繁的物理或化学清洗会增加操作成本，从而增加水处理成本。

值得注意的是，第二阶段和第三阶段预氧化的成本急剧上升，这是因为 2012 年氧化剂由液态氯改为二氧化氯。

综上所述，膜置换成本、能源成本、废水成本和化学品成本与跨膜压差、渗透阻力的升高以及超滤系统的清洗策略密切相关，对超滤系统在长期运行中使用寿命的水处理成本起决定性作用。

3.1.2.7 超滤膜装置处理市政自来水[7]

（1）进水水质

试验用水采用市政自来水配以模型化合物，该水水质浊度小于 0.5NTU，总有机碳含量小于 0.5mg/L，其余分析检测指标低于《生活饮用水卫生标准》（GB 5749—2006）规定的限值。模型化合物为单宁试剂，配成 4mg/L 的进水溶液，其色度为 32 度。

如图 3-3 所示，试验装置是一个纯水通量达 1000L/d 的超滤膜水处理系统。试验装置和膜组件由日本KURARAY株式会社提供，该会社水处理事业部帮助安装调试，试验在熊本大学社会环境工学科的古川研究室进行。纤维膜丝体由聚乙烯醇和表层聚砜膜复合而成，采用外压式过滤，操作运行方式可分为手动和自动模式，时间可按需要设定。

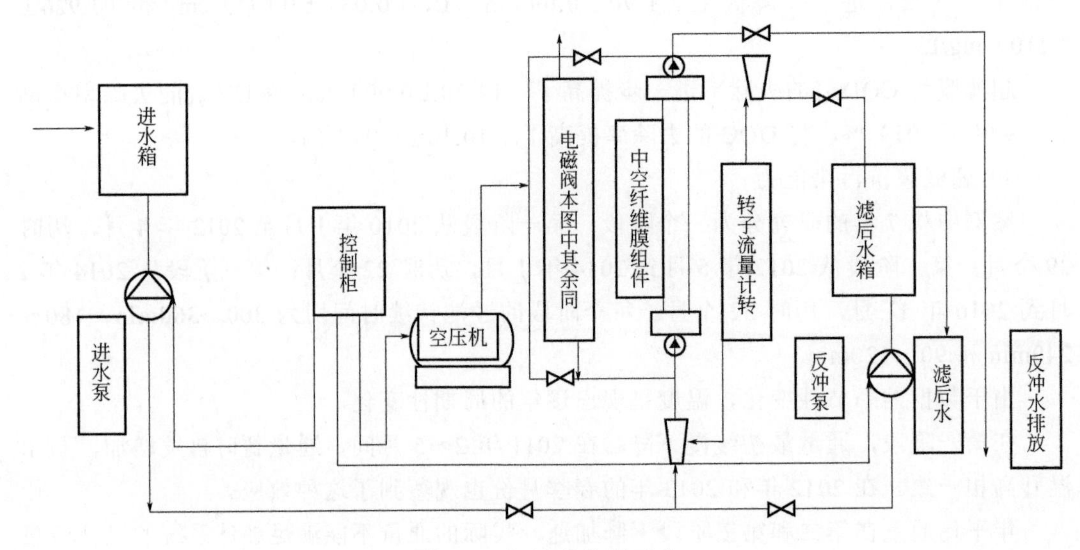

图 3-3　超滤膜装置示意

（2）运行参数

超滤膜装置在三种运行方式下试验，三种运行方式的进水水质、进水压力相同，不同的是过滤运行时间、控制方式和反冲洗方式。

（3）净水效能

运行方式一中，膜组件在过滤过程中自然地降低流量，直到最小流量才反冲洗的方式会加速膜的污染积累，这种污染对滤后水冲洗方式是不可逆的，其结果是使膜的化学清洗频率增高，膜也更容易损耗，这种状况是实际运行要避免的。

运行方式二中，通过改变过滤反冲洗的时间间隔，可以延长膜组件的运行时间。尽管物理冲洗方式对沾附在超滤膜孔内的污染物质的清洗是有限的，有部分的污染物沾附在膜上是物理方式难以清洗完的，但是过滤时间间隔缩短以后，可以明显地看出可以恢复相当部分的膜通量，这对提高膜的运行质量和工作效率是有利的。

运行方式三操作简单，去除效率高，比光用水反冲洗效率提高2倍以上，说明采用物理冲洗方式大有潜力可挖，通过操作运行方式的优化也能对膜污染有很明显的控制效果。

（4）抗污染性能

方式一通量变化经历了4个循环，同样跨膜压差也经历了相同的4个循环，在60h后压差达0.065MPa时停止。方式二压差总趋势是从开始的新膜阻力起逐渐上升，呈台阶式上升，最终也停在0.065MPa。但当运行方式改变为气水反冲洗后，跨膜压差的增值就很慢，在经历了240h后其压差仍是0.02MPa，远未接近压差极值0.065MPa。跨膜压差从另一角度说明了膜装置的运行方式不同，其抗污染的性能表现是大不一样的，等到膜自然运行到反冲洗时再用水冲洗，证明是效果最差的；而缩短过滤反冲洗时间可以延长其工作时间，提高膜的抗污染能力。采用气水反冲洗方式，在同等工作条件下其运行周期可以提高 2 倍以上，说明物理冲洗方式对延长过滤周期、提高膜的抗污染能力、简化工作方式具有重要意义。

3.1.2.8　超滤处理四川涪江水（中试）[8]

涪江水一年的变化周期内可分为：冬季低浊度期、夏季高浊度期以及暴雨时期的超高浊度期 3 个水质期。2007～2009 年绵阳市某水厂预沉池出水的浊度情况见表 3-10。

表 3-10　2007～2009 年某水厂预沉池出水浊度情况汇总

水质期	浊度范围	2007 年	2008 年	2009 年
冬季低浊度期（11 月～次年 6 月）	8～14NTU 所占天数比例/%	95.30	90.60	92.20
	平均值/NTU	11.2	8.4	9.1
夏季高浊度期（7～10 月）	200～350NTU 所占天数比例/%	45.50	81.80	75
	平均值/NTU	80.8	247.5	218.4
暴雨超高浊度期（浊度最大时）	最大值/NTU	312	1400	3000

其中，第一阶段（冬季）浊度为 10NTU 的试验，直接采用水厂预沉池的出水作为膜装置的进水；第二阶段浊度为 300NTU；第三阶段浊度为 3000NTU 的试验采用配水进行。配水先过 50 目的筛网，去除其中的石块等不溶物质。

中试膜装置工艺流程如图 3-4 所示。

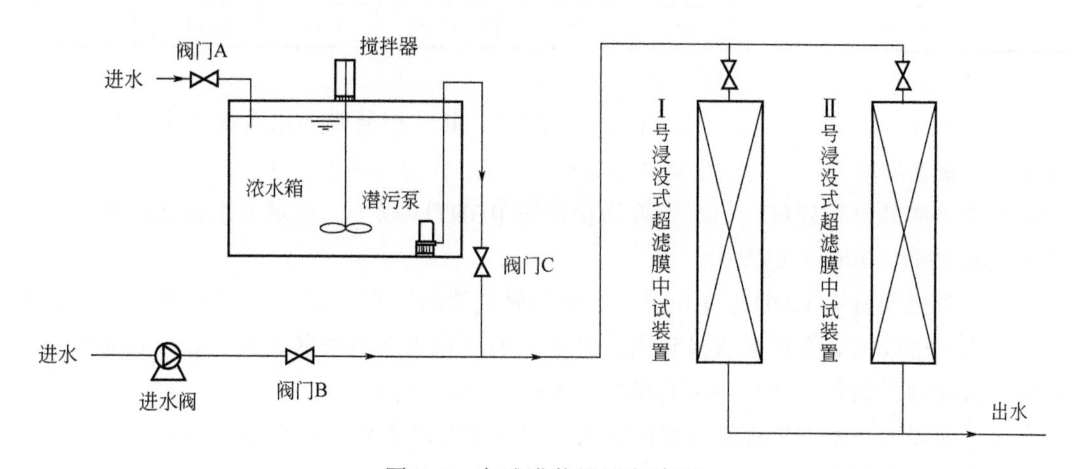

图 3-4　中试膜装置工艺流程

膜组件选取了国内两个厂商生产的浸没式中空纤维超滤膜（表 3-11）进行对比试验。

表 3-11　两组超滤膜膜组件参数

参数	Ⅰ号膜	Ⅱ号膜
膜材质	PVDF	PVC
过滤方式	浸没压力式	浸没压力式
膜孔径/μm	0.1	0.01
膜尺寸（内径/外径）/mm	0.6/1.2	0.7/3.8
有效膜面积/m^2	30	20
设计膜通量/[L/(m^2·h)]	10～50	20～40

（1）净水效能

三个试验阶段两组超滤膜装置的水质处理结果如表 3-12 所列。

表 3-12　三个阶段的水质处理结果

参数		第一阶段（10NTU）		第二阶段（300NTU）		第三阶段（3000NTU）	
		Ⅰ号	Ⅱ号	Ⅰ号	Ⅱ号	Ⅰ号	Ⅱ号
浊度/NTU		0.28	0.18	0.16	0.17	0.14	0.16
COD_{Mn}/(mg/L)	平均值	0.89	0.92	0.83	0.87	0.93	0.94
	平均去除率/%	17	14	60	62	94	94
微生物	细菌总数/(CFU/mL)	偶有检出	偶有检出	0	检出一次	0	0
	总大肠菌群/(CFU/100mL)	偶有检出	偶有检出	0	0	0	0
UV_{254}		0.009	0.009	0.010	0.010	0.011	0.011

可以看出，在第一阶段（冬季低浊度时期），Ⅱ号超滤膜的出水优于Ⅰ号超滤膜，在第二、第三阶段（夏季高浊度期和暴雨时期），两者的出水浊度相差不大。两组超滤膜对浊度的去除效果均较好，出水浊度均稳定在 0.3NTU 以下，满足《生活饮用水卫生标准》（GB 5749—2006）的要求。

三个阶段的进水 COD_{Mn} 变化很大，两组膜装置的出水 COD_{Mn} 值都比较稳定。虽然第二、第三阶段的总有机碳含量较高，但 90%的总有机碳都吸附在大于 0.45μm 的颗粒物上而被超滤膜截留。两组膜装置的出水 COD_{Mn} 值相差不大。

三个阶段的出水 UV_{254} 值均变化不大，且两组膜出水相比，亦相差不大。

对于出水中的微生物，两组膜装置的出水均偶尔有检出。

（2）膜污染的对比及分析

跨膜压差的上升速率受原水影响较大，浊度越大跨膜压差上升速率越高。在冬季低浊度的进水条件下，Ⅰ号超滤膜的跨膜压差上升速度小于Ⅱ号；而在夏季高浊度和暴雨进水条件下，Ⅰ号的跨膜压差上升速率高于Ⅱ号。

（3）膜的清洗抗污染性能

Ⅱ号的平均化学清洗恢复率高于Ⅰ号，说明Ⅱ号的抗污染性能较好。三次化学清洗中第一次清洗的膜恢复率最低，说明小分子物质是造成膜不可逆污染的主要原因。高浊度的进水条件下，滤饼层的形成会造成膜阻力的上升，但滤饼层能过滤一部分小于膜孔径的物质，这有助于缓解膜的不可逆污染。

3.1.2.9 压力式超滤技术处理西江水[9]

（1）工艺流程

试验所用原水为西江水，中试试验系统由混凝、沉淀常规处理系统+压力式超滤处理系统组成，工艺流程如图 3-5 所示。

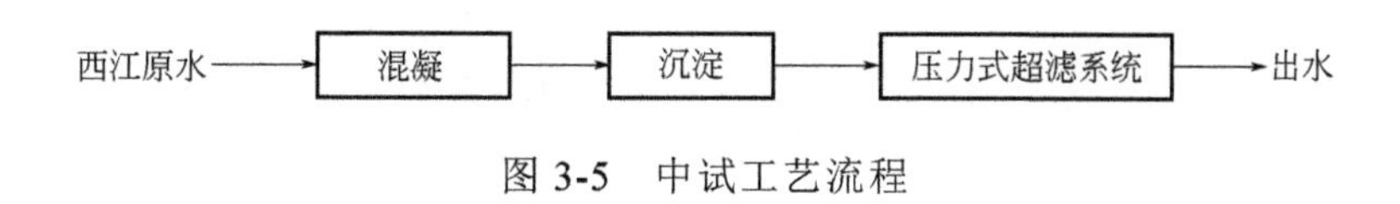

图 3-5　中试工艺流程

本试验所采用压力式超滤系统是国内某厂家生产的中空纤维柱式超滤膜系统。

（2）运行参数

膜通量为 80L/（m^2·h），连续产水 28min 后停止产水，清洗 2min，之后继续产水，每天一次维护性清洗。

（3）净水效能

试验期间，原水 COD_{Mn} 0.72～2.41mg/L，经过混凝、沉淀+压力式超滤处理系统出水 COD_{Mn} 0.2～1.44mg/L，平均去除率约 33.5%；原水氨氮 0.071～0.367mg/L，系统出水氨氮 0.024～0.16mg/L，平均去除率为 35.79%；西江原水浊度为 3.26～9.68NTU，压力式超滤出水浊度为 0.026～0.079NTU。试验系统最终出水达到了《生活饮用水卫生标准》（GB 5749—2006）和《饮用净水水质标准》（CJ 94—2005）的要求。

（4）膜的抗污染性能

① 超滤系统 TMP 变化。在压力式超滤膜工艺正常运行的 46d 内超滤系统 TMP 逐渐增大，从 43.5kPa 升高至 57.0kPa，上升趋势相对平缓，每个产水周期反洗前后，压力变化 2～6kPa。用混凝、沉淀作为超滤的预处理工艺，缓解了超滤膜污染，超滤膜受到的污染少。

② 超滤膜的化学清洗。超滤系统 TMP 于 11 月 4 日升高到了 56.1kPa，于是对系统进行在线化学清洗。先用 HCl 浸泡膜丝，同时不断曝气抖动膜丝，从而去除膜丝最外面

的无机物，然后再用 NaClO 浸泡膜丝，去除膜表面附着的有机物。化学清洗后，系统 TMP 从 56.1kPa 降低到了 44.2kPa。因此可知，这种化学清洗方式效果明显，能有效控制膜污染。

3.1.2.10 预涂层–超滤膜联用工艺用于安徽某藕塘应急给水的应用研究[10]

（1）原水水质

原水来自安徽省天长市大通镇的藕塘。该水塘的水源补充为雨水和地下水。试验期间原水的 COD_{Mn} 为 4.56mg/L，浊度为 8.15NTU，pH 值为 7.18，水温为 8.15℃。

（2）试验装置

采用粉末高岭土预涂层-超滤膜联用工艺进行现场生产试验，中试流程如图 3-6 所示。试验用膜采用外压式中空纤维超滤膜，膜材质为 PAN，孔径为 0.01μm，膜组件的过滤面积为 $12m^2$。

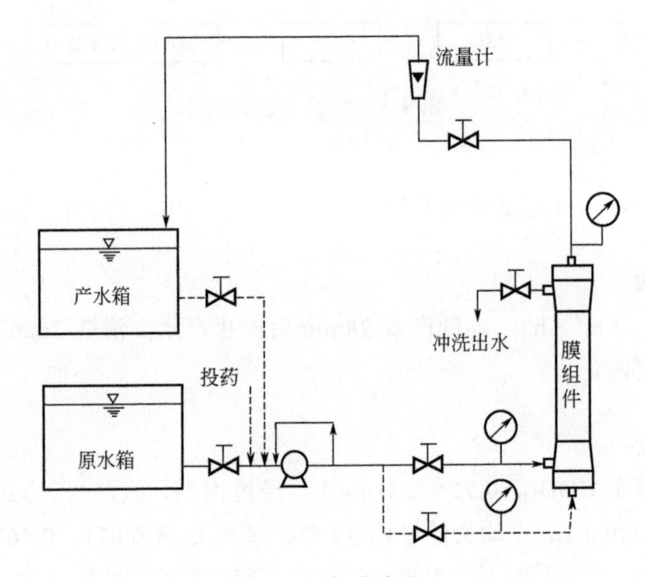

图 3-6 中试流程

（3）运行参数

过滤方式为外压式，采用终端过滤，过滤通量为 $1m^3/(m^2 \cdot d)$，过滤周期为 38min。过滤前先正冲洗 1min，目的是排出组件内的空气，保证全部的膜过滤面积都发挥作用。过滤初始 5min，采用 40mg/L 的粉末高岭土与膜出水混合液进行膜过滤，以在膜表面进行预涂层，接着用原水直接过滤 30min。

膜前投加 2mg/L 次氯酸钠（以有效氯计）。过滤结束后开始膜的水力清洗，将积累在膜表面的杂质冲洗掉，以恢复膜通量。首先是水反洗，从膜内向膜外进行逆向冲洗，时间为 1min；然后用空气泵往膜组件内注入空气，摇动中空纤维丝使附着在膜表面的杂质脱落，时间为1min；最后将清洗后的污水排出膜组件。

（4）跨膜压差的变化

试验表明，跨膜压差的变化很平缓，即使原水浊度有一定的变化，跨膜压差也未出现大的波动。由此可见，在该试验条件下原水水质在一定范围内的变化不会导致跨膜压差明显上升。由于水温的变化也会影响跨膜压差，为了了解膜污染程度，将跨膜压差修正到25℃时的数值，以消除水温的影响。运行21d后的修正跨膜压差仅增加了0.003MPa，增长缓慢。这表明采用高岭土预涂层-直接膜过滤系统可以实现在较高通量下的长期运行。

（5）净水效果

试验期间藕塘水的平均COD_{Mn}为4.56mg/L，膜处理出水的COD_{Mn}在3mg/L左右，去除率在20%～37%之间，平均为30.83%。膜出水的浊度始终在0.09～0.12NTU之间，而这是常规处理无法实现的。该试验结果再次充分证实了膜过滤在去除浊度方面的优越性，预涂层-超滤膜联用工艺对浊度和有机物的去除效果如表3-13所列。

表3-13　预涂层-超滤膜联用工艺对浊度和有机物的去除效果

日期	浊度			COD_{Mn}		
	原水/NTU	膜出水/NTU	去除率/%	原水/（mg/L）	膜出水/（mg/L）	去除率/%
2009-01-22	7.4	0.11	98.51	5.18	3.42	33.98
2009-01-23	6.6	0.12	98.18	4.61	2.90	37.09
2009-01-24	8.1	0.09	98.89	4.58	3.03	33.84
2009-01-28	7.8	0.09	98.85	4.29	3.37	21.44
2009-01-29	7.6	0.12	98.42	4.54	2.97	34.58
2009-01-30	11.2	0.11	99.02	4.61	3.65	20.82
2009-01-31	8.9	0.09	98.99	4.62	2.93	36.58
2009-02-01	7.6	0.08	98.95	4.06	2.97	26.85
平均值	8.15	0.10	98.76	4.56	3.15	30.83

3.1.2.11　在线混凝-超滤联用工艺用于小城镇给水的应用研究[11]

（1）原水水质

原水来自江苏省镇江市延陵镇的蛟塘。该水塘的水源补充为雨水和地下水。原水浊度较低，有机物含量较高，COD_{Mn}的平均值超过6mg/L，属微污染水源。原水中的有机物多为小分子，分子量低于3000的TOC和UV_{254}分别占了71.9%和82.8%（见表3-14）。水质的特点与来源有很大的关系，该水塘水的主要来源之一是地下水。大部分的大分子有机物为土壤所截留。该水塘的主要水质指标如表3-15所列。

表 3-14　有机物的分子量分布

项目	有机物的分子量分布				
	$>30\times10^3$	$(30\sim10)\times10^3$	$(10\sim3)\times10^3$	$(3\sim1)\times10^3$	$<1\times10^3$
TOC/%	1.8	26.3	0	39.1	32.8
UV_{254}/%	9.6	7.6	0	47	35.8

表 3-15　主要水质指标

水质指标	变化范围	平均值
水温/℃	3～12	6
浊度/NTU	12.3～26.9	16.9
pH 值	8.03～8.43	8.23
COD_{Mn}/（mg/L）	5.57～7.09	6.38
TOC/（mg/L）	4.49～7.38	6.05
UV_{254}/cm^{-1}	0.091～0.103	0.095
氨氮/（mg/L）	0.21～1.44	0.77
TDS/（mg/L）	—	277
硬度（以 $CaCO_3$ 计）/（mg/L）	—	122
碱度（以 $CaCO_3$ 计）/（mg/L）	—	185
色度/度	—	30

（2）膜试验装置

潜水泵吸取原水至原水箱，混凝剂和次氯酸钠直接投加在管道中，经原水泵混合后打入膜组件。混凝剂采用（聚合氯化铝）（PAC）和聚合硫酸铁（PFS）。

采用的超滤膜为 HYDRAcap60 中空纤维膜，膜材质为亲水性聚醚砜，截留分子量为 1.5×10^5，孔径在 0.02～0.025μm，膜组件的过滤面积为 $46.5m^2$。

（3）运行参数

膜过滤为内压式，过滤方式为终端过滤，过滤周期为 30min。过滤结束后进行水力冲洗，冲洗的步骤为：正冲 25s→顶反冲 20s→底反冲 20s→正冲 25s。反冲水采用膜出水，正冲水采用原水。试验为全自动控制，24h 连续运行。

（4）净水效能

对于在线混凝-超滤膜联用工艺，相比于铝盐，铁盐抑制跨膜压差变化和去除有机物以及消毒副产物的效果更好。

对于该工艺，在原水的 COD_{Mn} 为 6mg/L，投加聚合硫酸铁 5mg/L 和次氯酸钠 1mg/L 时，出水的 COD_{Mn} 低于 3mg/L，能满足国家最新的水质标准要求。

（5）抗污染性能

在线混凝作为预处理时，跨膜压差增长缓慢，联用工艺运行稳定。

在线混凝-超滤膜联用工艺中，次氯酸钠作为预氧化剂可达到抑制跨膜压差，提高有机物去除率的效果；而高锰酸钾作为预氧化剂时，虽然去除有机物和消毒副产物的效果最好，但跨膜压差增长迅速。

3.1.3 超滤工艺新增成本的特点

① 超滤工艺规模越小则单位成本越高。

② 浸没式超滤膜新增成本相对较低。

③ 国产膜优于进口膜。国产膜在性能上已能与国外膜产品相当，但价格差异较大。在大型水厂应用中，国产膜更具竞争优势。

④ 回收率高。

3.1.4 压力式和浸没式膜性能比较

① 运行参数。压力式膜有外压式和内压式两种，运行方式有死端过滤和错流过滤两种；浸没式膜为外压式死端过滤。因此，压力式膜相对跨膜压差较高，膜渗透通量也比较高。

② 改造难易程度。两种膜系统的组件都可以在厂家预组装后在现场快速安装，但压力式膜系统需要新建膜车间，而且相对占地面积较大。浸没式膜组件可直接被浸入需要处理的水中，在实际改造中可以直接放置在现有的沉淀池或滤池中，而且混凝土池体价格便宜耐腐蚀，方便旧水厂以较低的成本进行改造和增容。此外，浸没式超滤膜耐污染负荷的能力更强，更适用于混凝以后直接超滤的情况。比较来看，两种膜系统各有优缺点，但浸没式膜系统在旧水厂改造中更具优势。

3.2 纳滤相关集成技术案例

3.2.1 引言

纳滤（NF）是介于超滤与反渗透之间的一种膜分离技术，纳滤膜孔径在 1nm 左右，具有一定的脱盐性能，对二价和高价离子盐有很高的截留率，可实现单价离子盐与二价离子盐的分离，可截留分子量为数百的有机物。对处理饮用水而言，纳滤不仅可以去除有机污染物，而且可以更多地保留水中有益的矿物质，被认为是新一代高品质生活用水处理技术。

纳滤作为一项新型的膜分离技术，运行压力低、膜通量高、耐高温、耐酸碱等，在某些方面可以替代传统费用高、工艺烦琐的污水处理方法，或与其他污水处理过程相结合以进一步降低费用和提高处理效果。

纳滤除了应用于水处理方面，还广泛地应用于电子、食品和医药等行业，诸如超纯水制备、果汁高度浓缩、多肽和氨基酸分离、抗生素浓缩与纯化、乳清蛋白浓缩、纳滤膜-生化反应器耦合等实际分离过程中。

3.2.2 应用案例分析

3.2.2.1 NF 处理佛罗里达州南部比斯坎含水层的原水[12]

（1）原水及水质特征

佛罗里达州南部比斯坎含水层的原水为浅层水，受地表影响明显，被一些盐水入侵。原水特征如表 3-16 所列。

表 3-16 比斯坎含水层的原水水质

参数	数值范围（平均值）
溶解氧/（mg/L）	＜1～2
pH 值	6.5～7.5（7.0）
碱度（以 $CaCO_3$ 计）/（mg/L）	200～250（219）
硬度（以 $CaCO_3$ 计）/（mg/L）	225～278（249）
色度/PCU	30～45（32）
氨氮/ mg/L	1.08～1.32（1.20）
硫（ SO_4^{2-} ）/（mg/L）	16～24（20）
TDS/（mg/L）	150～300（200）
DOC/（mg/L）	11.3±2.8

（2）工艺及运行参数

该装置采用 32∶16 的纳滤膜阵列，由 TFCS 卷式膜元件组成，设计用于在正常操作条件下去除 95%的硬度和 85%的氯化物。装置的常规运行参数如表 3-17 所列。在研究期间，纳滤膜的平均运行流量为 $3\times10^4 m^3/d$。

表 3-17 TFCS 卷式膜装置的常规运行参数

参数	特征
截留分子量	200
标准化直径/m	0.2032
标准化长度/m	1.016
复合薄膜	交联芳香族聚酰胺截留面
活性膜表面积/m^2	37.16
水通量/[g/（cm^2·s·atm）]	22×10^{-5}
盐透过速率/（cm/s）	18×10^{-5}
性能	$34.83m^3/d$，85%氯化物截留率，95%硬度截留率

在静态滤芯之前，先加入 140mg/L 的硫酸，将 pH 值降低到 5.5，再加入 2mg/L 的防垢剂。采用加氯 4mg/L、加氨 1.3mg/L 的方法对滤膜水进行消毒。然后曝气，加入 45mg/L 氢氧化钠调节 pH 值。样品的收集和储存按照标准方法进行（AWWA G100—1995）。该过程需要加入 20mg/L 的硫代硫酸钠（$Na_2S_2O_3$）溶液来中和样品中残留的氯。

（3）运行效果

对可吸收有机碳、可降解溶解性有机碳的去除：

① NF 水厂的 AOC、BDOC 浓度收集从 1997 年 9 月开始，持续大约 12 个月。从比斯坎含水层获得水的质量显示出高变化，强降雨期间的高 AOC 和 BDOC 值是 DOC 浓度高于正常的 17.0mg/L 造成的。降水对 AOC 和 BDOC 的显著影响并不奇怪，因为水源来自地表含水层。

② 原水和纳滤出水中的年平均 AOC 浓度（以乙酸碳计）分别为 141μg/L 和 147μg/L。两组间无显著差，说明纳滤没有去除原水中的 AOC。

3.2.2.2 两种纳滤工艺处理法国河河水（实验室和工业规模）[13]

（1）原水水质

Tatamagouche 和 Collins Park 水处理厂的进水水质各方面指标相似（表 3-18），Tatamagouche 水厂的水源是法国河，Collins Park 水厂的水源是弗莱彻湖。

表 3-18 进水水质

指标	Tatamagouche 水厂进水	Collins Park 水厂进水
pH 值	6.7±0.04	6.6±0.02
UV_{254}/cm^{-1}	0.064±0.001	0.164±0.001
电导率/（μS/cm）	74.7±1.9	93.07±5.0
DOC/（mg/L）	2.8±0.04	4.5±0.11
SUVA/[mg C/（L·m）]	2.2±0.04	3.6±0.07
Na/（mg/L）	4.0±0.01	17.5±0.53
Ca/（mg/L）	4.7±0.22	5.62
Mg/（mg/L）	0.74±0.03	0.92±0.03
NO_3^-/（mg/L）	0.38	0.80
PO_4^{3-}/（mg/L）	2.02	8.41
Cl^-/（mg/L）	4.96	22.10

（2）系统简介

Tatamagouche 水厂的集成膜系统装置由 GE 水和工艺技术公司制造，处理过程如图 3-7 所示。

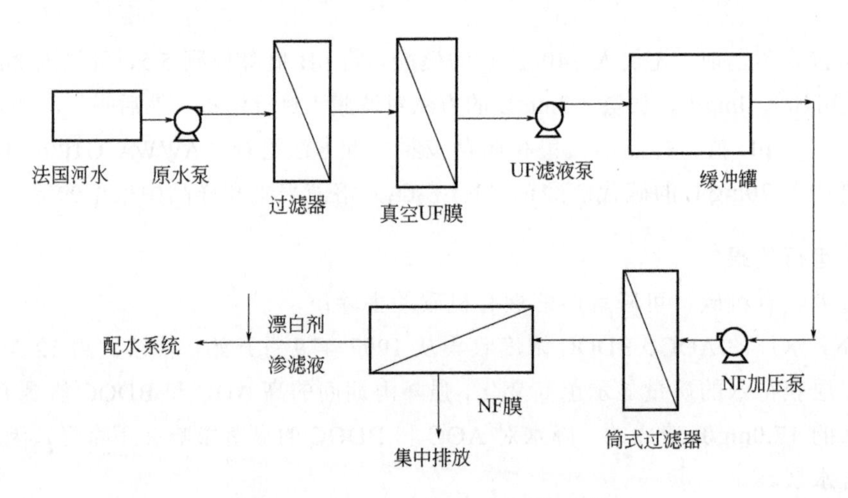

图 3-7 Tatamagouche 水厂的工艺

原水从法国河被抽到两个真空驱动的超滤模块，每个模块包含 18 个 ZeeWeed 1000 超滤膜元件。每个超滤膜元件的膜面积为41.8m^2，因此每个超滤模块的总面积为752.4m^2。两个模块并联运行，每个模块连续产水为 8.883×10^{-3}m^3/s（533L/min），原水净流量为 9.350×10^{-3}m^3/s（561L/min），回收率为 95%。

在设计工况下，系统的运行通量为 5.92×10^{-6}m^3/（m^2・s）[21.3L/（m^2・h)]。

每个 NF 单元（GE Osmonics PRO-100nf）都在 4-2 的膜阵列前配备了 1.0μm 的筒式预过滤器，每个膜阵列由 6 个压力容器组成，每个容器包含 4×200mm 直径的 NF 膜元件（OSMO PRO RO365）。每个膜元件的表面积为 33.9m^2，总表面积为 813.6m^2。每个纳滤装置回收率为75%时的渗透通量设计为 6.317×10^{-3}m^3/s（379L/min），或 7.75×10^{-6}m^3/（m^2・s）[27.9L/（m^2・h)]。总体系统的通量恢复设计为 71%。

Collins Park 水厂的处理系统包括一个集成的 UF-NF 膜系统，包含冗余超滤膜系统和一个单一的 NF 膜系统。原水从湖里通过 50μm 的自清洁过滤器泵入两个平行超滤模块机架。每个机架包含 4 个 HYDRAcap 超滤模块（日东电科/液压公司，Oceanside，美国），每个模块的膜面积为 46.5m^2。该模块在死端过滤模式下工作，每个机架的设计流量为 3.18×10^{-3}m^3/s（191.2L/min），流量为 2.58×10^{-5}m^3/（m^2・s）[93L/（m^2・h)]，回收率为 95.70%。

从超滤模块中渗出的水储存在中间输送槽中，作为纳滤给水使用。

NF 系统包括通过一个 5μm 筒式预过滤器和一个 1-1 膜阵列，每个膜阵列由两个压力容器组成，每个压力容器包含 4×200mm 的 NF 模块（Hydranautics-ESPA4）。每个 NF 模块的表面积为 37.1m^2，纳滤膜总面积为 296.8m^2。该系统的渗透产率为 1.83×10^{-3}m^3/s（110L/min），回收率为 80%，平均每模块通量为 6.14×10^{-6}m^3/（m^2・s）[22.1L/（m^2・h)]，Collins Park 水厂的工艺如图 3-8 所示。

（3）运行参数

表 3-19 详细介绍了纳滤膜的设计和运行条件。

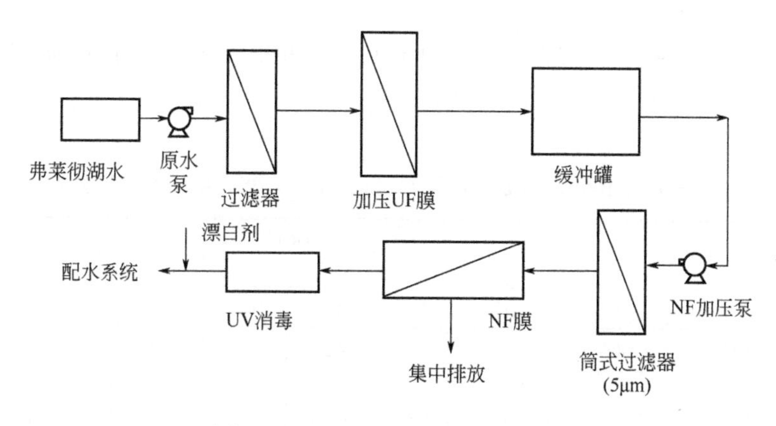

图 3-8 Collins Park 水厂的工艺

表 3-19 纳滤膜的设计和运行条件

膜的设计和运行条件	Tatamagouche 水厂	Collins Park 水厂
NF 厂商和模组	GE Osmonics，OSMO-MUNI-NF 365	Hydranautics-ESPA4
膜材料	专有的聚酰胺薄膜	芳香族聚酰胺复合膜
膜面积/m^2	33.9	37.1
并行数量	2	1
组件数量	24	8
总膜面积/m^2	813.6	296.8
阵列	4-2	1-1
渗透通量/（m^3/s）或（L/min）	0.0063（378.5）	0.0018（109.8）
恢复率/%	75	80
入口流量/（m^3/s）或（L/min）	0.0084（503.5）	0.0023（137.4）
总流量/（m^3/s）或（L/min）	0.011（643.5）	0.003（182.8）
单个组件的平均设计流量/（m^3/s）或（L/min）	0.00026（15.8）	0.00023（13.7）
进水压力范围/Pa	5.9×10^5～9.2×10^5	6.3×10^5～8.4×10^5
进水温度范围/℃	2.6～13.0	4.6～14.4

（4）原水水质对膜污染和天然有机物截留率的影响

在 4.96×10^5Pa 的恒压下，两种水源的初始渗透通量约为 $1.03\times10^{-5}m^3/(m^2\cdot s)$［$37.01L/(m^2\cdot h)$］。前 12h 的下降趋势基本相同。运行 24h 后，弗莱彻湖水源水通量下降幅度略高于法国河水。

NF 装置对弗莱彻湖水和法国河水中天然有机物的截留率由 UV_{254}、电导率、DOC、THMFF 和 HAAFP 等指标评估，结果见表 3-20。NF 装置对两种水源均有显著的 DOC 抑制效果。弗莱彻湖水质实验的结果显示，对 DOC 的排斥率（高达 83%）略高于法国河流水质实验（80%）。研究结果也显示，两种水源水中吸收紫外线的有机物均显著减少（对

UV_{254}的去除率＞为99%)。SUVA的降低表明腐殖质和更大分子量的NOM（天然有机物）比非腐殖质和更低分子量的NOM去除率更高。

表3-20 NF对Tatamagouche和Collins Park水源中天然有机物的去除效果

项目	UV_{254}/cm^{-1}		电导率/（μS/cm）		DOC/（mg/L）		THMFP/μg^{-1}		HAAFP/μg^{-1}	
	C_F	C_P	C_F	C_P	C_F	C_P	C_F	C_P	C_F	C_P
Tatamagouche原水	0.122±0.011	0.0005±0.0007	78.3±5.1	4.1±2.9	4±0.6	0.8±0.22	236.0±4.6	19.1±0.3	203.1±50.8	1.6±2.0
Collins Park原水	0.186±0.017	0.001±0.0007	158.8±15.9	5.3±0.9	5.3±0.5	0.9±0.08	306.3±4.4	9.0±0.1	272.7±10.0	0.5±0.7

注：C_F表示进水；C_P表示出水。

（5）NF膜污染分析

Collins Park和Tatamagouche水厂的纳滤膜进料压力总体增加分别为25%和5%。在一个清洁周期的296h操作中，Collins Park纳滤膜的进料压力从84h的6.3×10^5Pa增加到380h的8.4×10^5Pa。第二次清洗是在400h，因为进料压力超过了最大操作压力8.27×10^5Pa。在研究期间的244h内，Tatamagouche水厂的进料压力从5.9×10^5Pa变为9.1×10^5Pa。

在Collins Park水厂中，纳滤膜的渗透通量几乎是恒定的。原则上，NF系统的设计是在恒定的渗透通量下运行的。调节进水压力，可以补偿温度变化时水流量的变化。Tatamagouche水厂的渗透通量似乎随着水温的变化而变化。

在一个完整的循环中，Collins Park的温度校正进料压力几乎是恒定的，表明给水压力的增加主要与水温的降低有关，因为水的黏度随着温度的降低而增加。Tatamagouche水厂的温度校正进料压力几乎恒定在4.2×10^5Pa，表明在研究期间没有明显的NF污染。

在第一次清洗前48h，Collins Park水厂在25℃时的归一化渗透通量为12.5L/（m^2·h）。第一次清洗后60h，渗透通量增加到13.8L/（m^2·h）。其后，在运作的380h内，渗透通量逐渐下降至10.3L/（m^2·h）。在400h第二次清洗后，渗透通量记录为10.9L/（m^2·h），这表明清洗过程并没有立即将渗透通量恢复到初始值［即13.8L/（m^2·h）］。Tatamagouche水厂在25℃的校正渗透通量逐渐下降。

Collins Park水厂的NF膜几乎每个月化学清洗一次，而Tatamagouche水厂的NF膜每2年清洗一次。这表明水源水质导致了Collins Park的膜污染，主要NF污染是由有机物和生物生长造成的。

3.2.2.3 直接纳滤（NF）装置处理缺氧地下水[14]

（1）系统简介

描述的全尺寸装置是使用8040-TS82（美国Trisep公司）纳滤膜元件，来自四个不同水厂，其运行参数如表3-21所列，相应处理缺氧地下水水质如表3-22所列。

在进行解剖膜取样时装置仍在使用原始的膜元件。

最小预处理包括10μm孔径的滤芯过滤和添加磷酸盐基阻垢剂（4Aqua OSM 92）。在世界上绝大多数的纳滤和反渗透装置中都安装了滤筒过滤器，以防止大颗粒对膜元件和高压泵造成物理损伤。由于最小的预处理对上述装置的去除效率没有显著的贡献，该过程可以称为直接纳滤。

表 3-21　四个水厂装置的设计和运行参数

项目	Weerseloseweg	Rodenmors	Diepenveen	Witharen
缩写	WW	RM	DV	WH
运行时间/年	10	9	8.8	5.7
清洗频率/（CIPs/a）	0.7	0.6	0.6	0.7
产量/（m^3/d）	2880	1785	4608	2880
膜面积/m^2	2412	1809	4221	2412
阶段数	2	2	2	2
恢复率/%	80	80	78	80
井深/m	80～150	23～45	33～35	60～90
阻垢剂剂量/（mg/L）	2～2.5	2～2.5	2～2.5	2～2.5

表 3-22　原水水质

指标	Dutch	Vitens	Diepenveen	Rodenmors	Weerseloseweg	Witharen
温度/℃	≤25	≤25	9.5～13.1	10.6～13.2	9.5～14.2	11.6～13.2
pH值	7.0～9.5	7.8～8.3	7.22±0.03	6.99±0.03	7.22±0.05	6.81±0.03
电导率/（mS/m）	≤125	≤80	63±1	56±4	67±1	53±1
氧/（mg/L）	≥2	≥4	<0.01	<0.01	<0.01	<0.01
色度/度	≤20	≤10	≥20	≥20	≤10	≥20
总硬度（Ca^{2+}+Mg^{2+}）/（mmol/L）	≥1.0	1.0～1.2	3.25±0.1	2.74±0.2	3.48±0.1	2.66±0.1
TOC/（mg/L）		≤3	7.3±0.3	7.9±0.5	3.1±0.3	9.2±0.2
DOC/（mg/L）			6.6±0.3	6.8±0.6	2.9±0.2	9.2±0.2
ATP/（ng/L）			2.4±1.8	2.3±3.1	1.9±1.4	<1
硫酸盐（SO_4^{2-}）/（mg/L）	≤150	≤120	65.3±1.2	9.5±2.7	123.8±4.1	<2
硫化物（S^{2-}）/（mg/L）			未检出	<2	<2	未检出
硝酸盐（NO_3^-）/（mg/L）	≤50	≤25	<1	<1	<1	<1
氨氮 NH_4^+/（mg/L）	≤0.2	≤0.05	1.1±0.0	1.5±0.1	0.3±0.0	1.4±0.0
磷酸盐（PO_4^{3-}）/（mg/L）			0.5±0.0	0.8±0.4	0.5±0.3	0.6±0.2
碳酸氢盐（HCO_3^-）/（mg/L）	≥60	≥90	319±2	329±15	286±3	337±2
甲烷/（μg/L）			313±8	14857±639	145±20	15143±639

所有的装置都通过调节进料压力在恒定流量下运行。在使用新膜元件的第 0 天，该装置的应用进料压力范围为 640～830kPa。其中三个水厂（DV，WW 和 RM）采用典型的两组式设计，每个压力容器包含 6 个膜元件。相比之下，Witharen（WH）是一个 3 组式安装，在一个压力容器中包含 3 个膜元件。这种流体动力优化设计称为 Optiflux。

在这种设计中，第一组件的数量比传统设计增加了 1 倍，导致第一组件内的线性流动速度更低。表 3-21 概述了各个安装的主要特征。

预防性的在线化学清洗（CIP）每两年进行一次，或当装置的进料压力增加 25%～40%时进行。

膜先用 2%（质量分数）柠檬酸溶液在 35℃清洗 3h，然后再在 35℃下用烧碱（pH=11～12）清洗 3h。在酸洗和碱洗的过程中，流速每 30min 改变一次。一个周期开始时是 30min 的高流速清洗（每个组件 5～10m^3/h），紧随其后的是一个 30min 的非常低流速的清洗（浸泡）。酸和碱清洗都重复 3 次循环。在 CIP 操作过程中施加的最大进料压力为 400kPa。在执行 CIP 后，装置（从给水端）被渗透水冲洗，然后重新投入使用。

从 4 个全尺寸装置中，一共取了 8 个膜元件进行解剖。在所有装置中，第一阶段的第一组件已经被解剖过了。此外，对 RM 第二阶段的第一组件和 DV、WW 和 WH 安装的最后阶段的最后一个组件进行了解剖。解剖后的膜元件的操作历史概述见表 3-23。

表 3-23　解剖后的膜元件的操作历史概述

水厂	膜代码	阶段/位置	运行年限/年	最后一次化学清洗/d
Weerseloseweg	WW 首	1/1	10.0	340
Weerseloseweg	WW 末	2/6	10.0	340
Rodenmors	RM 首	1/1	9.0	164
Rodenmors	RM 中	2/1	9.0	164
Diepenveen	DV 首	1/1	8.8	303
Diepenveen	DV 末	2/6	8.8	303
Witharen	WH 首	1/1	5.7	208
Witharen	WH 末	3/3	5.7	208

膜元件在荷兰 Leeuwarden 运输、检查和解剖。

（2）运行效果

标准化压降（NPD）、标准化比水渗透性（Kw）和盐截留率在较长时间的运行（＞6 个月）中基本保持稳定。在富铁（＜8.4mg/L）缺氧地下水的直接纳滤过程中，标准酸碱清洗（每年一次或更少）足以维持令人满意的操作。

（3）膜污染分析

第一膜组件中的 TOC 及 ATP 含量较高，中间及末尾膜组件的含量相对较低。大多数生物（有机）物质堆积在装置的第一元件中，而无机沉淀/沉积物（硅酸铝和二价铁的硫化物）在所有膜元件中都有发现。

WW 和 RM 水厂的第一膜组件中均形成了菌团；RM 水厂第一膜组件中滤饼层的厚度很薄；WW 水厂第一膜组件中滤饼层未完全覆盖。研究的地下水中还原性金属离子的高溶解度和缺氧条件下非常缓慢的生物膜发育阻止了在直接纳滤过程中迅速结垢。

（4）净水效能

与一般含氧的纳滤和反渗透系统（如曝气地下水或地表水）相比，所述缺氧装置（最少预处理）的操作和性能可以说是非常稳定。

3.2.2.4 聚酰胺纳滤膜用于饮用水处理过程中的水回收（中试）[15]

研究在塞尔维亚北部的两个城市进行，Kikinda（45°49′46″N，20°27′55″E）和 Zrenjanin（45°23′0″N，20°22′54″E），总人口超过 10 万，处理过的地下水以淡黄色为特征，NOM 浓度高，具有特殊的气味和味道，砷、氨和钠的浓度升高。处理过的地下水部分参数的平均值见表 3-24。

表 3-24 处理过的地下水参数均值

参数	Kikinda	Zrenjamin
pH 值	8.34	8.17
电导率/（μS/cm）	856	1298
COD（以 $KMnO_4$ 计）/（mg/L）	28.65	35.35
TOC/（mg/L）	3.52	9.29
As/（μg/L）	18.1	174.0
Na/（mg/L）	206.90	291.30
NH_{4^+}-N/（mg/L）	2.07	1.07

第一组实验（S1）在 Kikinda 进行，第二组实验（S2）在 Zrenjanin 进行。在这两组实验中，地下水处理通过纳滤产生纳滤浓缩液（C1 和 C2），以获得饮用水，即渗透物（P1 和 P2）。

S1 期渗透通量为 29.57L/（m^2 • h），跨膜压力为 7.1bar（1bar=10^5Pa，下同）；

S2 期渗透通量为 25.76L/（m^2 • h），跨膜压力为 5.15bar。

第一组实验是在一个中试装置上进行的，该装置是由韩国东丽化学公司（Toray Chemical Inc.）生产的纳滤膜 CSM NE 8040-90 型，该纳滤膜专为两步法工艺设计，盐的截除率约为 90%。

第二组是使用东丽化学韩国公司（Toray Chemical Korea Inc.）制造的 CSM NE 8040-90 和 CSM NE 8040-70。所有使用的膜特征平均盐排斥率为 60%。

S1 期和 S2 期进水流速为 13500L/h，实际渗透流速和浓缩流速分别为 11500L/h 和 2000L/h。

跨膜压差对膜通量和恢复率的影响：施加不同的跨膜压力（3.5～11bar）是为了通过所进行的一系列实验提供不同的水力条件，并定义施加的跨膜压力、渗透通量和回收率之间的关系。得到的结果表明，随着 TMP 的增加，通量和回收率都有明显的增加。

不同渗透通量下对天然有机物和砷的去除率：天然有机物和砷在 S2 期中的截留率更高，因为进料液中这些指标的值更高。天然有机物，表示为 COD 和 TOC，在两个实验中的渗漏率均在 1%以下，但是 S2 期中略低一些，由于进料液中有较高含量的有机质。S2 期的渗透性较低，说明砷的渗透性与 NOM 浓度有关。

3.2.2.5 由旧膜改造而成的再生纳滤膜处理 Doce 河水的性能评估[16]

（1）系统简介

实验使用了实验室和中试装置。所述实验装置包括：进料罐；与转速控制器相连的离心泵；调节阀；转子流量计；不锈钢膜电池；一个压力计和一个温度计。实验装置如图 3-9 所示。

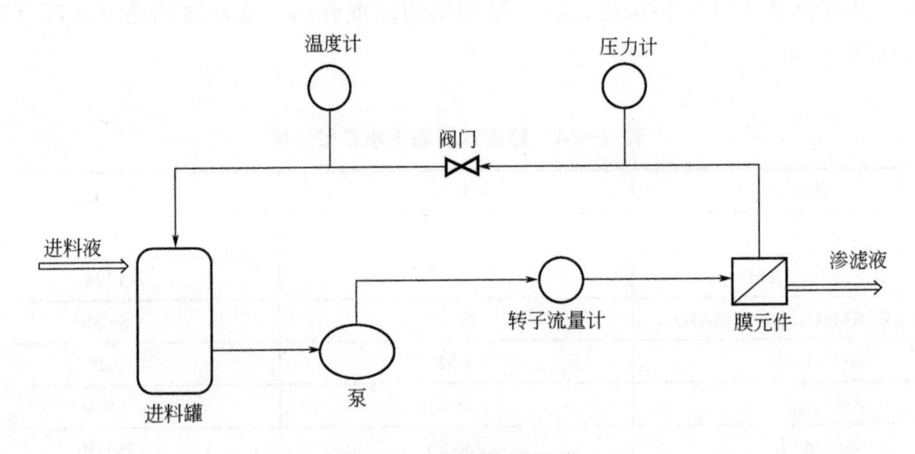

图 3-9　实验装置示意

实验室规模的膜元件直径 9.0×10^{-2}m，过滤面积 $6.36\times10^{-1}m^2$。元件的径向入口半径为 6.4×10^{-2}m，内部通道高度为 1.0×10^{-3}m。将平板膜适当切割贴合后，在该装置上使用平板膜，并在膜上放置 7～11μm 的进料间隔，以促进流量分布。膜片为水平方向，细胞内流动为水平径向。

中试试验使用了一种压力容器，用于 2.5in×40in（1in=0.0254m）的螺旋缠绕元件（直径 6.35×10^{-2}m，长 1m）。

使用的废弃的 NF 膜是一个 FilmTec NF90 型号的 2.5in×40in 螺旋缠绕的元件（直径 6.35×10^{-2}m，长 1m），过滤面积 $2m^2$。NF 元件的起源是一家炼油厂，在那里它们被用于生物处理后的废水处理的中试，以生产回用水。使用后，废弃的薄膜在回收测试之前被保存了大约 6 年。在实验室试验中使用的膜样品是从一个螺旋缠绕的 NF 元件中提取的，而试点试验使用了另一个类似的元件，同时保持了元件的物理完整性。

（2）膜的化学清洗

在室温下膜清洗分为 2 个阶段：第 1 阶段使用 0.1% NaOH（质量分数）浸泡；第 2

阶段使用 0.2% HCl（质量分数）浸泡，每个阶段浸泡均为 15h。

（3）膜的回用技术

对废弃的纳滤膜进行预处理，将膜在 50%（体积分数）乙醇-水的混合物中浸泡 10min，以使膜再润湿，恢复旧膜的渗透通量，被证明是有效的。对于中试规模的测试，每一种清洗液大约需要 3 份，1.5L 商业乙醇混合到 1.5L 的水中，并使用压力容器浸泡膜。

回用技术包括将膜暴露在次氯酸钠溶液中，以去除其密集的芳香族聚酰胺层，并随后转化为低压膜。在化学转化前后进行蒸馏水渗透性和排盐试验，以验证其效率，特别是验证膜选择性能的变化。对于中试规模的测试，大约需要 3L NaClO（10%～12%）溶液，使用压力容器浸泡膜。

（4）原水水质

水样来自 Doce 河，这些水是在抽取点收集的。

在流速 3.2L/min（$5.3\times10^{-5}m^3/s$）、pH=7、压力 1bar、温度 25℃的条件下，180L 河水进行了 1650h 的循环膜评价。不采用河水预处理。渗透系统在全循环状态下运行。

（5）膜的抗污染性能

不明显的渗透通量下降发生在运行的前 7h，正如预期的那样，这是由浓度极化和/或垢的形成和污垢造成的。渗透 250h 后，通量大约在 16L/（m^2·h）趋于稳定。

由表 3-25 可知，常规化学清洗后获得的水渗透率为 67.5L/（h·m^2·bar），对应回收的螺旋缠绕单元的初始渗透率恢复率为 98%。

表 3-25　常规化学清洗后的水渗透量

类型	NF 螺旋缠绕元件 2.5ft①
回收膜的水渗透率/[L/（m^2·h·bar）]	68.8
处理河水后的渗透率/[L/（m^2·h·bar）]	60.8
化学清洗后的渗透率/[L/（m^2·h·bar）]	67.5

① 1ft=0.3048m。

（6）净水效能

本研究以监测渗透质量为目的，对一些理化指标进行了评价。表 3-26 给出了 Doce 河原水的 APHA 分析参数的结果，以及中试回收膜所得的渗透液的结果，并说明了各项指标的去除率。

表 3-26　Doce 河原水的 APHA 分析参数

参数	原水	渗透率	回收率	饮用型限制
pH 值	7.48	7.37±0.23	—	6.0～9.5
电导率/（μS/cm）	196.9	128.16±9.54	—	—

续表

参数	原水	渗透率	回收率	饮用型限制
色度/度	113	2.26±0.004	98.0	15
浊度/NTU	10.5	0.08±0.29	99.2	5
TOC/（mg/L）	10.8	6.78	37.2	—
COD/（mg/L）	26.4	15.3	42.0	—
总氮/（mg/L）	9.985	＜1	90.0	—

（7）膜回收再利用的成本分析

考虑到初始投资、操作参数和更换成本，根据目前的市场平均值，用再生膜（预计寿命为 2 年）替代新的膜螺旋缠绕元件（平均寿命为 5 年）用于水处理可节省 1163.30 美元（相当于 98.9%）。

3.2.2.6 复合中空纤维纳滤膜用于地表水处理（中试）[17]

（1）系统简介

中试规模的错流过滤 NF 实验是选用最优条件的中空纤维纳滤膜，封装在长度为 50cm 沿直径方向两组并列的模块中，有效膜面积约为 $75cm^2$。

操作的 TMP 为 3bar，错流流速为 0.814cm/s。

（2）原水水质

合成水的组成：112mg/L 的 $CaCl_2 \cdot H_2O$；70.5mg/L 的 $MgSO_4 \cdot 7H_2O$；127.0mg/L 的 $NaHCO_3$；0.23mg/L 的 KBr；5.0mg/L 的 TA（单宁酸）。

测定合成湖水的 pH 值为 7.0～8.0，电导率为 200～400μS/cm，TOC 和 UV_{254} 分别为 5.0mg/L、0.015～$0.250cm^{-1}$。

（3）实验室规模下膜性能评价

薄膜纳米复合材料（thin-film nanocomposite，TFN）膜的水通量高于薄膜复合材料（thin-film composite，TFC）膜。虽然随着 TiO_2 负载量的增加渗透通量增加，但当负载超过 0.01%时，盐的截留率急剧下降。在 0.01% TiO_2 以上，水通量增加了 7 倍，盐的截留率减少为原来的 1/2。

所有 NaCl 截留值均低于 10%。虽然 TFN 0.2 膜表面比其他膜表面光滑，但这似乎并不影响膜的性能。

TFN 膜对 TOC 的排斥率明显更高（$P<0.1$）[TFN 0.01 为（87.9±1.5）%，TFC 为（84.5±2.0）%]，对 UV_{254} 的排斥率更低[TFN 0.01 为（85.0±0.0）%，TFC 为（96.0±0.0）%]，表明 TFN 0.01 优先排斥 HA（腐殖酸）的疏水成分。

（4）中试规模下的膜性能测试

TFC 膜和 TFN 膜在合成地表水中运行超过 40h。TMP 在预定的时间间隔内被设置为零。两种膜的通量性能在中试测试的整个时间内相对稳定。TFC 和 TFN 0.01 之间最显著的差异是纳米复合膜高出 2～3 倍的通量。在较低的初始值［TFC 为 1.52L/（m^2·h），TFN 0.01 约为 3.19L/（m^2·h）］时，TFC 膜的渗透通量逐渐减小，而 TFN 0.01 则相反。

使用 TFN 膜和 TFC 膜进行中试试验时记录的截留率总结在表 3-27 中。HA 和 TA 的截留率与实验室实验记录的截留率相似，但 TFN 膜对 UV_{254} 的截留率除外。在用合成水进行的测试中，两种膜的 TOC 截留率都低于实验室测试记录的截留率。

表 3-27　TFN 膜和 TFC 膜中试试验的截留率

参数	人工配水		HA 溶液		TA 溶液	
	TFC	TFN	TFC	TFN	TFC	TFN
TOC 截留率/%	51.6	56.0	84.5	88.0	81.5	79.6
UV_{254} 截留率/%	81.4	50.5	80.0	78.0	87.1	66.4
电性截留率/%	30	10	—	—	—	—

3.2.2.7　高通量聚酰胺中空纤维 TFC 纳滤膜对饮用水中重金属的去除效果[18]

（1）原水水质

本研究选取 3 种重金属离子（Fe^{3+}、Cu^{2+}和 Pb^{2+}）作为模拟自来水中微污染重金属离子，以研究纳滤膜在不同条件下对重金属离子的截留效果。重金属离子浓度根据《生活饮用水卫生标准》（GB 5749—2006）确定，如表 3-28 所列。

表 3-28　饮用水水质标准

指标	数值
Cu^{2+}/（mg/L）	1.0
Pb^{2+}/（mg/L）	0.01
Fe^{3+}/（mg/L）	0.3
氯化物/（mg/L）	250
硫酸盐/（mg/L）	250

（2）系统简介

本研究制备了一种高通量聚酰胺中空纤维 TFC 纳滤膜，每个膜组件由大约 15 根膜丝组成，有效长度约为 20cm。膜的外径约为 0.4mm，每个有效过滤面积约为 0.38cm^2。采用错流过滤装置测量模型溶液的流量。使用如图 3-10 所示的设备对膜性能进行评估。所有实验均采用由外向内中空纤维过滤方式。

（3）运行参数

在 NF 实验之前，所有的 NF 中空纤维膜都在 0.5MPa 下进行预压 0.5h，确保膜处于稳定状态。

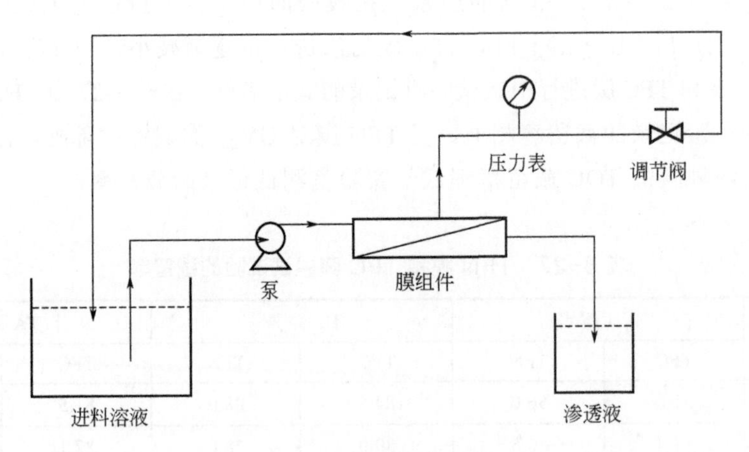

图 3-10 实验装置示意

（4）对重金属的截留效果

Fe^{3+}、Cu^{2+}和 Pb^{2+}的初始浓度分别为 0.6mg/L、2.0mg/L 和 0.02mg/L。随着压力的增加，重金属的截留率也随之增加。对 Fe^{3+}的截留率由 90.7%提高到 95%，对 Cu^{2+}和 Pb^{2+}的截留率分别由 89.5%和 82%提高到 93.5%和 88.4%。

在整个浓度范围内，对 Fe^{3+}的截留率很高（＞85%），对 Cu^{2+}的截留率大于 80%。这表明渗透液中的金属浓度始终低于《生活饮用水卫生标准》的极限浓度。Pb^{2+}在 0.01～0.03mg/L 浓度范围内的截留率均大于 76%，结果表明，在此浓度范围内膜能有效拦截铅离子。同时，随着浓度的增加，截留率降低。

（5）纳滤处理的稳定性

为了评价纳滤膜的稳定性和可重复使用性，在实验室对纳滤膜进行了为期 12 个月的动态过滤实验。Fe^{3+}、Cu^{2+}、Pb^{2+}的初始浓度分别为 0.6mg/L、2.0mg/L、0.02mg/L。所有实验操作均在 0.2MPa 下进行。通过观察重金属的渗透通量和截留量，考察了该方法的稳定性和重复性。在 12 个月的时间里，渗透通量和重金属截留量没有明显的变化。

3.3 反渗透相关集成技术案例

3.3.1 引言

反渗透（RO）是利用反渗透膜只能透过溶剂（通常是水）而截留离子物质或小分子物质的选择透过性，以膜两侧静压为推动力而实现对液体混合物分离的膜过程。反渗透是膜分离技术的一个重要组成部分，因具有产水水质高、运行成本低、无污染、操作方便、运行可靠等诸多优点，而成为海水和苦咸水淡化以及纯水制备的最节能、最简便的技术，已广泛应用于医药、电子、化工、食品、海水淡化等诸多行业。

3.3.2 应用案例分析

3.3.2.1 反渗透去除饮用水中极性有机微污染物（中试）[19]

（1）原水水质

在饮用水处理厂（DWTP）的一个井场中，新提取了原始厌氧河岸滤液。在采用常规处理方法的 DWTP 中，该库滤液也可作为水源。在整个过滤过程中，进料液保持在低氧条件下。

根据在天然淡水、反渗透渗透液和成品饮用水中的检测结果，筛选出 30 种模型微量有机污染物（MPs）。这些化合物可通过液相色谱-高分辨率质谱（LC-HRMS）联用进行分析。根据其电荷和疏水性，MPs 被划分为四种物理化学性质类别。

（2）低氧反渗透装置

该案例建立了一个中试规模的反渗透系统，在再循环模式下处理缺氧条件下的厌氧河岸滤液。这种系统没有在商业上应用，也没有在其他地方报道过。实验室是一个封闭的系统，由一个 720L 不锈钢进料池、一个高压泵和一个 4 英寸的膜压力容器组成。渗透和浓缩管线通过密封连接再循环到进料库。图 3-11 所示为低压反渗透装置示意。

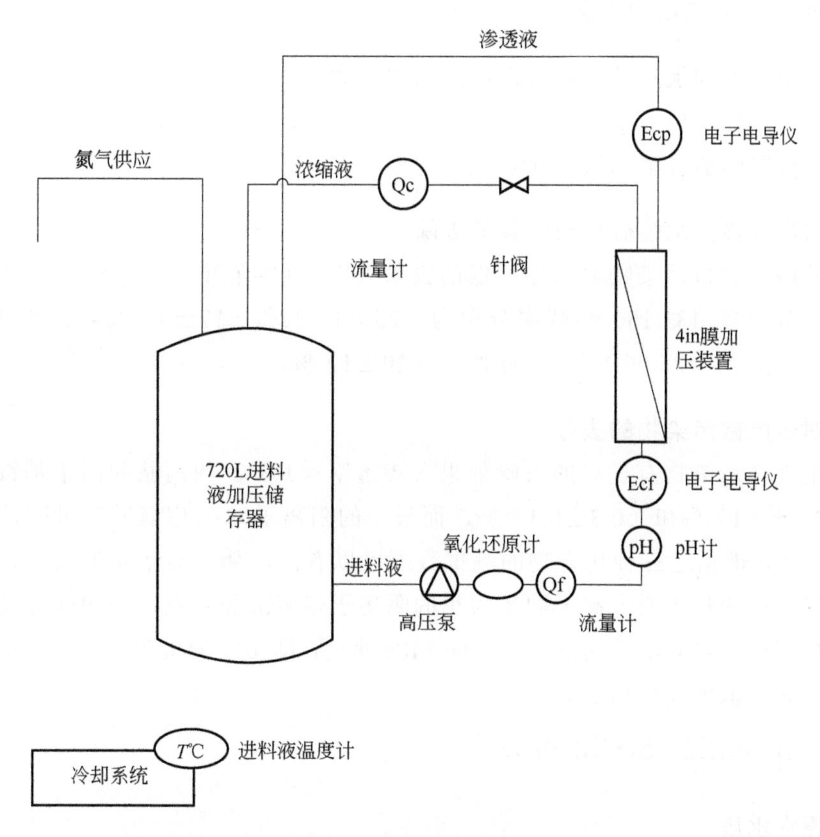

图 3-11　低压反渗透装置示意

本研究选用的低压 RO（LPRO）膜为 ESPA2-LD-4040。该膜是一种具有交联芳香族聚酰胺活性层的典型薄膜复合材料（TFC），设计用于低压过滤，并应用于各种水循环。表 3-29 总结了 ESPA2 膜的性能。

表 3-29　ESPA2 膜的性能

性能		特性				
盐截留率/%	渗透通量/（m^3/d）	表面积/m^2	表面粗糙度/nm	接触角/（°）	Zeta 电位/mV	截留分子量
99.4	5.57	7.4	89	25～40	＜-20	＜200

（3）运行参数

720L 进料池充入 698L 厌氧河岸滤液，同时进行氮冲洗。微量有机污染物是通过 Grundfos B.V.公司的智能数字泵注入进水的。过滤的回收率为 15%，渗透通量为 25L/（m^2·h）。温度保持在 20℃，取料前进行 4d 过滤，在第 5 天渗透样品，以减少疏水相互作用对中等疏水性微量有机物通过的影响。在取样时，给料池充氮。给水和渗透样品（V=200mL；n=2）收集于 250mL 聚丙烯瓶中并立即冷冻。经过 4d 的过滤，渗透通量保持在 10L/（m^2·h），然后在第 2h、第 5h、第 24h 采样，当渗透通量至 25L/（m^2·h），在第 2h、第 5h、第 24h 重复采样。

（4）对电中性和疏水性微量有机污染物的去除

中性和中度疏水性［$\lg D_{(pH7)}>2$］的微量有机污染物被大量去除。除 2-羟基喹啉外，所有目标分析物的透过率均低于 5%。

（5）对电中性亲水性微量有机物的去除

最小的微量有机污染物显示出最低的去除效率。1H-苯并三唑（分子量 119.05）和甲苯三唑（分子量 133.15）传代率分别为（25±4）%和（17±4）%。去除中性亲水性 MP 最少的是苯脲（136.06Da），渗透性为（10±1）%。

（6）对带电微污染物的去除

对负电性微污染物有良好的去除效果（渗透率＜1%）。四丙胺和四丁基铵的传代率分别为（2.5±0.1）%和（0.3±0.1）%，而最小的阳离子 2-（甲氨基）吡啶的传代率为（8.8±0.1）%。根据这三种化合物的测试数据可以看出，随着分子量的增加，阳离子多磺酸黏多糖的传递趋势明显高于同等大小的阴离子多磺酸黏多糖。在 RO 过滤过程中，由于电荷浓度极化，可以预期带正电荷的 MPs 通过，即由于静电吸引，带负电荷的活性紫菜上的阳离子浓度局部增加。

3.3.2.2 反渗透工艺处理锅炉给水[20]

（1）原水水质

通常情况下以自来水作为原水，当自来水的总含盐量＞400mg/L（以 Cl^-计，＞100mg/L）

时，调用深井水作为原水。

（2）系统简介

如图 3-12 所示，自来水经无阀滤池过滤后进入原水箱，通过原水增压装置送入机械过滤器，机械过滤器除去水中机械杂质、悬浮物及部分有机物。在原水增压装置与机械过滤器之间设置了絮凝剂、杀菌剂计量泵，它们将一定浓度的絮凝剂、杀菌剂注入管道，在管道内与原水混合反应后，进入机械过滤器，以提高机械过滤器的效果及抑制细菌等微生物的生长。

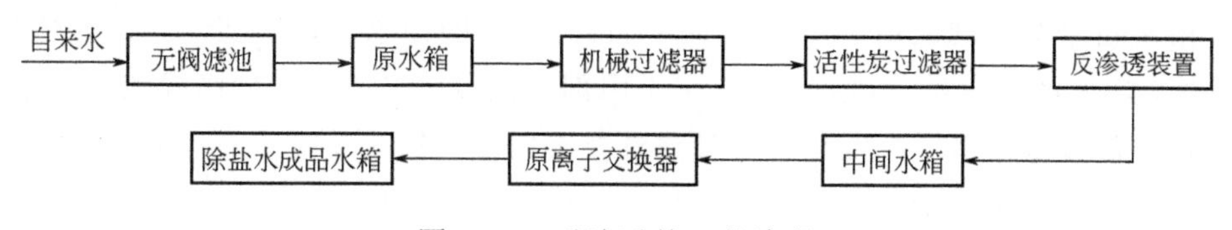

图 3-12　反渗透的工艺流程

机械过滤器的出水进入活性炭过滤器。在机械过滤器与活性炭过滤器之间设置了亚硫酸氢钠（$NaHSO_3$）计量泵，将一定浓度的 $NaHSO_3$ 注入管道，在管道内与水混合反应后进入活性炭过滤器，延长活性炭使用寿命。活性炭过滤器吸附水中的有机物和余氯，并确保活性炭过滤器出水余氯＜0.1mg/L。活性炭出水由高压泵送入反渗透装置。

反渗透装置能连续除去水中 95%～97%的无机盐和绝大多数的溶解性有机物、胶体、细菌。反渗透装置的出水进入中间水箱，再由清水泵送入原离子交换器。由于原水中 95%以上的盐分已在反渗透装置中被去除，因此离子交换器的产水周期比原先提高10倍以上，可节约 90%以上的酸碱用量。离子交换器的产水进入成品水箱，作为锅炉的给水。

（3）温度对膜通量的影响

反渗透装置产水量与进水温度有很大关系。水温降低，水的黏度随之增大，水通过反渗透膜的速率降低，一般水温每降低 1℃，产水量约减少 3%。由于案例原水来自自来水，冬季水温在15℃以下，反渗透装置的产水量就达不到原设计 $50m^3/h$ 的要求，为此增加了一套热交换器预热原水。通常水温控制在 25℃为最佳，水温过高会引起反渗透膜的水解，缩短膜的使用寿命。

（4）成本分析

原离子交换系统的实际制水成本计算如下。

全年的自来水用量 $279405m^3$，深井水用量 $238974m^3$，总用水量 $518379m^3$，产水 $474153m^3$，制水率 90%。酸耗量 510t/a，碱耗量 645t/a，酸、碱单价 625 元/t，得出除盐水耗酸碱费 1.52 元/m^3。阴离子、阳离子每年各更换 5t，阴离子 20000 元/t，阳离子 8000 元/t，则除盐水更换离子费 0.30 元/m^3。深井泵耗电量 35kW·h，流量 $80m^3$，深井水耗电费 0.22 元/m^3。得出：

用自来水来制除盐水的成本：4.04 元/m^3。

用深井水来制除盐水的成本：5.82 元/m^3。

50m^3/h 的反渗透系统，其自来水的回收率 75%以上，能耗 60kW·h，反渗透膜总计 30 万元，使用周期 3～7 年，药剂费 0.40 元/m^3，最新的自来水单价 2 元/m^3。如不计人工费和投资费，其制水成本为 3.80 元/m^3。

反渗透+离子交换工艺制除盐水的成本为 4.00 元/m^3。

3.3.2.3 反渗透脱盐+自控及仪表系统水处理工艺[21]

（1）原有工艺及问题

甘肃某自来水厂现采用“沉淀-过滤-消毒”一体的净水处理工艺，建有一体化净水车间一座，出水经加压送至市政管网。出水因部分重金属离子含量偏高导致水质不达标，水厂决定实施技术改造。几经论证，最终选择采用反渗透脱盐技术对一体化车间出水实施深度处理，以去除含量超标的重金属离子，保证出水达标。

（2）系统简介

技改方案是在水厂现有处理工艺的基础上，增加“反渗透脱盐”处理单元，形成“提升-加药沉淀-消毒过滤-V 型滤池-反渗透脱盐-加压送水”的处理工艺。新建 V 型滤池、深度处理车间、反冲洗泵房和送水泵房各一座。反渗透脱盐装置主机及辅助设备安装在深度处理车间，V 型滤池作为反渗透脱盐的预处理单元，反冲洗泵房提供 V 型滤池的气、水反冲源。

本工程反渗透脱盐系统包括并联运行的四套生水反渗透装置和一套浓水反渗透装置。生水反渗透装置的膜组件排列方式为一级两段式，共安装 33 支膜组件，按 20∶13 排列，第一段由 20 支膜组件并联而成，第二段由 13 支膜组件并联而成。第一段与第二段串联，一段的浓水作为二段的进水，两段的产水（又称淡水）一同汇入吸水井，第二段的浓水排入浓水池。为提高水资源利用率，减少浓水排放量，系统还配置有一套浓水反渗透装置，对生水反渗透装置排入浓水池的浓水实施进一步的脱盐处理。该装置同样采用一级两段式排列，共安装 15 支膜组件，按 10∶5 排列，产水汇入吸水井，浓水作为最终废水排放至厂外。经过上述处理后，本脱盐系统的产水率可达到 82%～85% 的水平。另外，系统还设计有阻垢剂加药装置、还原剂加药装置、pH 调节装置及化学清洗装置等。

（3）结论

虽然反渗透脱盐技术先进、成熟，处理效果好，但对于市政行业而言，却也存在着一次性投资大、运行成本高（主要是电耗和各种药剂的消耗）、对人员的技术水平要求高等几个制约因素，从而限制了该技术的推广应用，尤其是在中西部地区的推广应用。反渗透膜处理系统作为一种成熟的水处理工艺，在我国已有近 30 年的成功应用历史，已为多个行业所认可和接受。相信随着膜技术的不断发展，新型膜产品将不断涌现，膜处理工艺系统将不断进步，该工艺的投资造价、运行成本也会随之降低，反渗透水处理技术在市政行业的应用定将越来越多。

3.3.2.4 预氧化/粉末炭+絮凝沉淀（平流）+V型砂滤池+UV/H_2O_2高级氧化+活性炭滤池+超滤/反渗透+次氯酸钠消毒工艺处理冉海水库水[22]

（1）原水水质

冠县岳胡庄扬水站的水质监测报告显示（冉海水库水源地之一）高锰酸盐数、氨氮（以N计）、总磷（以P计）、总氮（以N计）、铁5项指标不符合《地表水环境质量标准》（GB 3838—2002）对Ⅱ类水体的要求。东平湖八里湾泵站（冉海水库水源地之一）处高锰酸盐指数、化学需氧量、总磷（以P计）、总氮（以N计）、氟化物、汞、硫酸盐（314mg/L，出水标准为250mg/L）7项指标不符合标准要求。

（2）系统简介

采用预氧化/粉末炭（预留）-絮凝沉淀（平流）-V型砂滤池-UV/H_2O_2高级氧化系统-活性炭滤池-超滤/反渗透（勾兑比例不低于1/3）-次氯酸钠消毒工艺，并根据水源水质情况，设置必要的超越管线。具体工艺流程见图3-13。

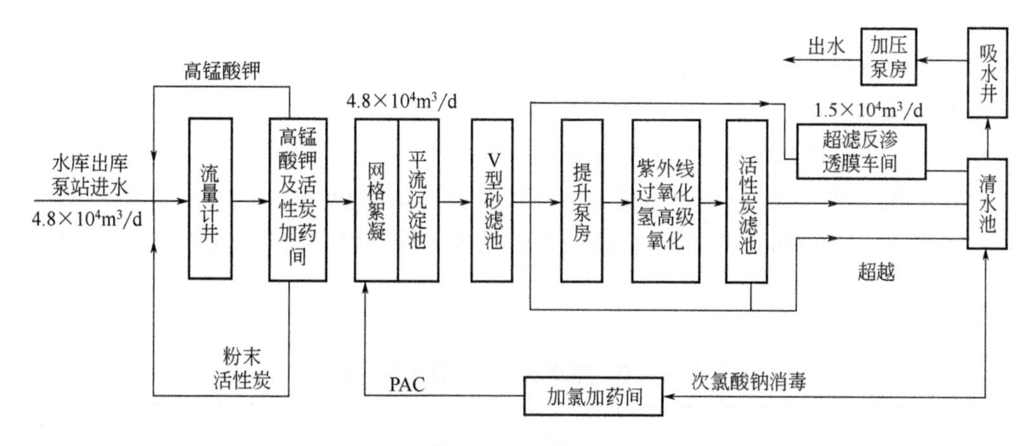

图3-13 工艺流程

（3）运行参数

本工艺采用超滤-反渗透系统，其中超滤系统设计原水泵3台，总流量达到$700m^3/h$，水泵考虑备用；换热器1台，$700m^3/h$，温升5～20℃，自动温控；自清洗过滤器1台；超滤装置4套错流过滤，膜通量（净通量）60L/（$m^2\cdot h$），最高进水压力3.1bar，膜材料为PVDF，可截留分子量100000，膜丝内径仅为0.9mm，装填膜面积达到$77m^2$；超滤反洗水泵$Q=240m^3/h$，扬程$H=24m$，$N=37kW$，2台；超滤加强反洗加药装置一套，配备PE材质计量箱$4.5m^3$；计量泵$Q=500L/h$，压强$H=5bar$（$1bar=10^5Pa$），$N=370W$，6台；超滤水泵3台，2用1备。

反渗透处理系统以超滤预处理的水作为进水，其脱盐率最低为97%，采用反渗透（RO）可保证产水水质好，出水水质稳定，且能耗较低。本设计反渗透系统设计了阻垢剂、还原剂加药装置，加药计量泵的防腐选用尤为重要，设计的泵头及阀体为聚偏氟乙烯

（PVDF）材质；保安过滤器是又一重要设备，选用不锈钢防腐材质。滤芯应选用 5μm 的，配备的高压泵要变频控制，节省运行费用。反渗透需要清洗系统，同时应配备清洗泵、清洗过滤器、清洗水箱等。

（4）净水效能

根据水质合理选择滤池池型及滤层的粒径、厚度等设计参数。本设计根据水质的情况，结合工程特点、运行水耗和电耗及管理经验等因素，考虑采用气水反冲滤池（V 型砂滤池），以强化过滤效果，保证出水浊度稳定达标。

当水源中含较高浓度溶解性有机物、具有异臭异味时，当水库中溴离子、有机微污染物含量较高，臭味、色度较高时，采用 UV/H_2O_2-生物活性炭工艺是比较稳妥的措施。

采用膜分离技术不仅可将原水中的无机盐、细菌、病毒、有机物及胶体等杂质去除，又能同时去除氟化物，工艺过程简单，能耗低，操作控制容易，且技术应用范围广泛，能保证去除效果。

3.3.2.5 快滤-超滤-反渗透技术在工业给水苦咸水淡化中的应用[23]

（1）原水水质

系统的取用水源为河水，每年 9 月至次年 4 月水源经常受到海水倒灌的影响，含盐量波动较大，电导率为 157～23763μS/cm。

系统采用快滤-超滤-反渗透工艺，设计进水量为 52000m^3/d，超滤产水 43800m^3/d，供给一期用水点 10000m^3/d，其余供给反渗透系统，反渗透产水 23000m^3/d。表 3-30 为原水水质及设计产水标准。

表 3-30 原水水质及设计产水标准

项目	原水水质	产水标准
电导率/（μS/cm）	≤25000	≤750
浊度/NTU	≤100	≤5
二氧化硅/（mg/L）	≤30	≤20
总硬度/（mg/L）	≤400	≤100
总碱度/（mg/L）	≤150	≤75
钙硬度/（mg/L）	20～400	≤12
锰离子/（mg/L）	≤0.5	≤0.05
铁离子/（mg/L）	≤0.1	≤0.1
氯离子/（mg/L）	≤3000	≤200
硫酸根离子/（mg/L）	≤1500	≤0.08
pH 值	6.2～7.5	6.2～7.5

（2）系统简介

该工程由深圳恒通源水处理科技有限公司设计并承建，工艺主要为前处理系统、超滤系统、反渗透系统等，工艺流程如图 3-14 所示。

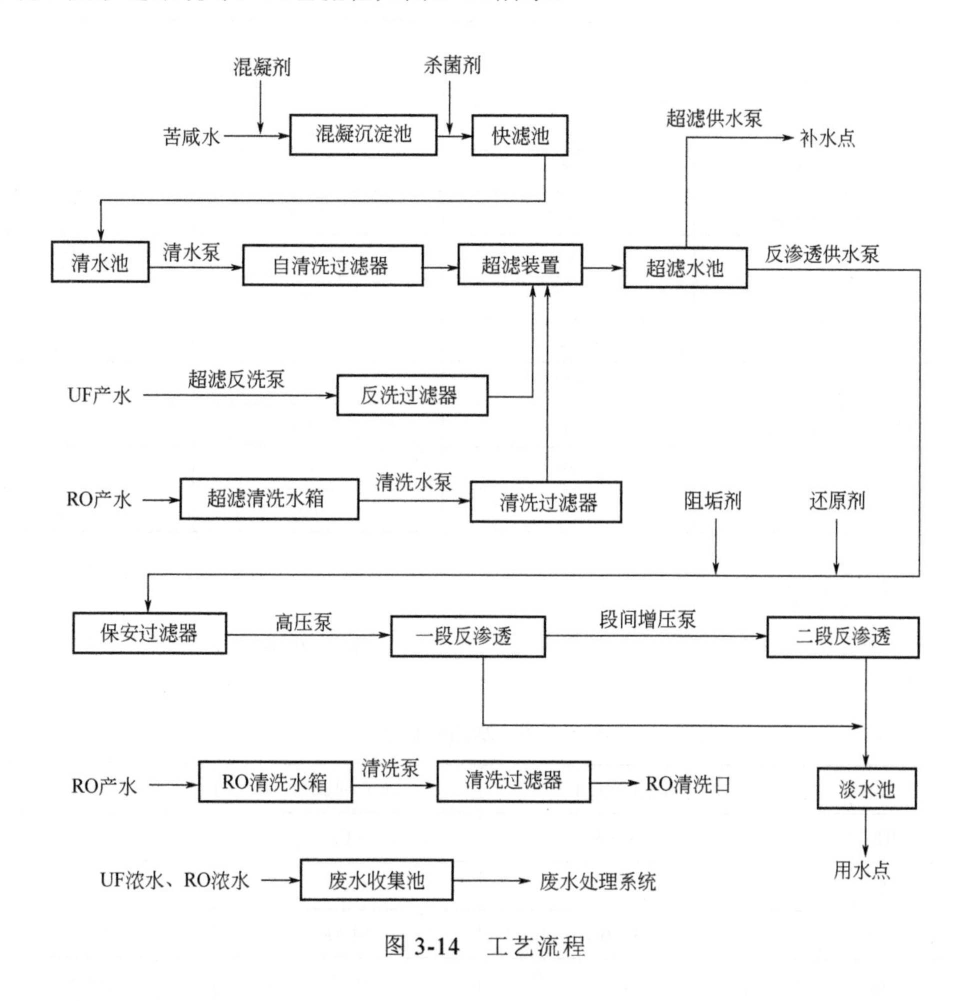

图 3-14 工艺流程

（3）运行参数

超滤运行参数如表 3-31 所列，反渗透运行参数如表 3-32 所列。

表 3-31 超滤系统运行参数

控制指标	实测值	合同要求	结果
进水压力/kPa	130	无	无
产水压力/kPa	70	无	无
浓水压力/kPa	130	无	无
跨膜压差/kPa	60	300	达到
产水量/（m^3/h）	259	228	超过
浓水量/（m^3/h）	26	无	无
SDI/（m^3/h）	2.64	≤3	达到
回收率/%	90.9	85	超过

表 3-32 反渗透系统运行参数

控制指标	实测值	合同要求	结果
进水压力/kPa	340	无	无
一段进水压力/kPa	2600	无	无
一段出水压力/kPa	2400	无	无
二段进水压力/kPa	2600	无	无
二段出水压力/kPa	2300	无	无
产水量/（m^3/h）	247	≥240	达到
浓水量/（m^3/h）	86	无	无
进水电导率/（μS/cm）	16545	无	无
产水电导率/（μS/cm）	143	≤750	达到
脱盐率/%	99	≥97	超过
回收率/%	74	≥65	超过

（4）净水效能

系统运行效果良好，产水性能达到了设计要求，水质分析结果如表 3-33 所列。

表 3-33 水质分析结果

项目	进水/（mg/L）	产水/（mg/L）	去除率/%
NH_3-N	0.93	0.05	94.62
K^+	90	0.69	99.23
Na^+	3136.7	14.51	99.53
Mg^{2+}	315	0.87	99.72
Ca^{2+}	110	0.34	99.69
CO_3^{2-}	0.64	0	100
HCO_3^-	120	2.94	97.55
NO_3^-	5.56	0.25	95.5
Cl^-	5000	52.89	98.94
SO_4^{2-}	1300	9.36	99.28
SiO_2	8.46	0.08	99.05
TDS	10087.3	50.24	98.41
pH 值	7.20	6.82	—

（5）成本分析

随着经济的发展，东莞的供水压力也越来越大，在四期工程完成以后广东理文造纸厂每天的高峰供水量将达到115000m^3。理文造纸厂四期工程制水成本主要由设备折旧、电费、膜更换费用、滤芯更换费用、药剂费用、维修费用以及人工和管理费用组成。该工程四期制水成本如下：

折旧成本：0.78元/m^3；

电费成本：0.72元/m^3；

膜更换费用：0.32元/m^3；

维修费用：0.09元/m^3；

滤芯更换费用：0.07元/m^3；

化学药剂费用：0.36元/m^3；

人工和管理费用：0.04元/m^3；

其他费用：0.02元/m^3；

合计：2.4元/m^3。

综上可知，1m^{3}淡化水费用中折旧和电费成本占制水费用的62.5%。因此要降低制水费用，关键是降低工程投资和能耗。

[1] Xia S，Nan J，Liu R，et al. Study of drinking water treatment by ultrafiltration of surface water and its application to China [J]. Desalination，2004，170（1）：41-47.

[2] Huck P M，Peldszus S，Hallé C，et al. Pilot scale evaluation of biofiltration as an innovative pre-treatment for ultrafiltration membranes for drinking water treatment[J]. Water Science and Technology：Water Supply，2011，11（1）：23-29.

[3] Chew C M，Aroua M K，Hussain M A. Key issues of ultrafiltration membrane water treatment plant scale-up from laboratory and pilot plant results [J]. Water Science and Technology：Water Supply，2016，16（2）：438-444.

[4] Wang H，Qu F，Ding A，et al. Combined effects of PAC adsorption and in situ chlorination on membrane fouling in a pilot-scale coagulation and ultrafiltration process [J]. Chemical Engineering Journal，2016，283：1374-1383.

[5] Biscardi P G，Duranceau S J. Ultrafiltration fouling reduction with the pilot-scale application of ozone preceding coagulation，flocculation，and sedimentation for surface water treatment [J]. Desalination and Water Treatment，2016，57（57）：27433-27440.

[6] Yu H，Li X，Chang H，et al. Performance of hollow fiber ultrafiltration membrane in a full-scale drinking water treatment plant in China：a systematic evaluation during 7-year operation [J]. Journal of Membrane Science，2020，613：118469.

[7] 曹长春，刘康怀，古川宪治. 超滤膜装置的操作运行条件在给水处理中的应用[C]. 2010年全国给水排水技术信息网年会论文集，2010：105-109.

[8] 叶萍. 城市供水厂超滤膜处理技术中试研究 [D]. 重庆：重庆大学，2012.

[9] 钟高辉，叶平，唐菠. 压力式超滤技术在给水处理中的应用研究 [J]. 科技创新与应用，2014（21）：147.

[10] 杨雪盈，陈艳，苏普金. 预涂层-超滤膜联用工艺用于应急给水的应用研究 [J]. 供水技术，2009，3（02）：11-13.

[11] 董秉直，孙飞，闫昭晖，等. 在线混凝-超滤联用工艺用于小城镇给水的应用研究 [J]. 给水排水，2007（12）：27-31.

[12] Escobar I C，Randall A A，Hong S K，et al. Effect of solution chemistry on assimilable organic carbon removal by nanofiltration：full and bench scale evaluation [J]. Journal of Water Supply：Research and Technology—AQUA，2002，51（2）：67-76.

[13] Lamsal R，Chaulk M，Zevenhuizen E，et al. Integrating bench-and full-scale nanofiltration testing for two waters [J]. Journal of Water Supply：Research and Technology—AQUA，2012，61（5）：291-305.

[14] Beyer F，Rietman B M，Zwijnenburg A，et al. Long-term performance and fouling analysis of full-scale direct nanofiltration（NF）installations treating anoxic groundwater[J]. Journal of Membrane Science，2014，468：339-348.

[15] Kukučka M，Kukučka N，Habuda-Stanić M. Water reclamation during drinking water treatments using polyamide nanofiltration membranes on a pilot scale [J]. Environmental Science and Pollution Research，2016，23（18）：17919-17927.

[16] Coutinho de Paula E，Martins P V，Ferreira I C M，et al. Bench and pilot scale performance assessment of recycled membrane converted from old nanofiltration membranes [J]. Env-

ironmental technology，2020，41（10）：1232-1244.

[17] Urper-Bayram G M，Sayinli B，Sengur - Tasdemir R，et al. Nanocomposite hollow fiber nanofiltration membranes：Fabrication，characterization，and pilot - scale evaluation for surface water treatment[J]. Journal of Applied Polymer Science，2019，136（45）：48205.

[18] Su W，Zhang Y，Zhang W，et al. Preparation and characterization of a high flux nanofiltration polyamide hollow fiber TFC membrane for drinking water production [J]. Desalination And Water Treatment，2020，193：177-188.

[19] Albergamo V，Blankert B，Cornelissen E R，et al. Removal of polar organic micropollutants by pilot-scale reverse osmosis drinking water treatment [J]. Water research，2019，148：535-545.

[20] 许亮. 反渗透工艺在锅炉给水处理中的应用 [J]. 上海煤气，2005（05）：35-3.

[21] 刘剑峰. 反渗透脱盐技术在市政给水工程应用中的自控及仪表系统设计 [J]. 甘肃科技，2012，28（16）：114-119.

[22] 仲惟雷，张金龙，沈广录，等. 反渗透技术在给水项目中的应用 [J]. 中国钢铁业，2014（06）：29-30.

[23] 杨明宇. 快滤-超滤-反渗透技术在工业给水苦咸水淡化中的应用[J]. 给水排水，2013，49（02）：93-97.

第4章 排水工艺中的膜集成技术及应用

工业污废水排放处理工艺主要分为物理处理工艺、化学处理工艺以及生物处理工艺三类[1]。

（1）物理处理工艺

物理处理工艺一般属于一级处理，主要有筛滤以及沉淀等方法。污水处理厂预处理段主要使用沉淀池、细格栅以及粗格栅等设备进行处理，一般情况下物理处理生活污水后能够达到去除有机污染物以及大颗粒不溶物的作用。沉砂池可有效清除大颗粒泥沙等杂质，从而提高污水清澈度，减少阀门和管道受到的冲击。沉砂池分为旋流、多尔、平流以及曝气四种类型，其中旋流沉砂池主要处理含有超过 0.3mm 粒径物质的污水，曝气沉砂池可以处理 0.55～0.10mm 的砂砾。污水处理厂二沉池主要处理活性污泥，常见的有竖流式和辐流式沉砂池两种，其中辐流式沉砂池应用范围更广，沉降效果更好[2]。

（2）化学处理工艺

化学处理工艺是使用化学反应进行污水处理的技术，能够进一步去除胶体状以及溶解态的污染物，甚至可以通过化学反应将有害物质转变为无害物质。使用化学处理工艺处理污水，需要投放化学试剂，经过氧化还原、混凝等化学反应作用进行处理。同时，也有反渗透、电渗析等先进技术应用于污水处理中，但由于经济成本高，推广实施受到阻碍。根据我国生活污水排放标准，总磷含量要控制在 0.5mg/L 以下，很多发达国家使用化学处理工艺，可以将总磷含量降低至 0.2mg/L 以下。在常见的 PAC、$FeCl_3$ 以及 PFS 三种除磷试剂中，效果最好的是 PAC，且经济成本较低。对于 BOD 含量低的污水，很难使用生物处理工艺进行除氮。使用催化-电化学脱氮技术可降低水中氮含量，达到脱氮的目的[3]。

（3）生物处理工艺

生物处理工艺作为新型工艺，污泥剩余量少，处理质量高，占地面积小，污水处理效率高，能够满足城市污水排放量日益增长的趋势。其主要包括以下几种方法。

① 厌氧好氧法（A/O）。这一工艺处理污水可有效清除污水有机污染物，如含磷、氮等元素的有机污染物。在厌氧阶段使用 A/O 可有效脱氮除磷，而在好氧阶段则能够有效清除有机物。如果污水中含有大量难降解成分或者有机物含量较高，使用这一工艺需要增加水解酸化过程，以提高废水可生化性及污水处理质量。A/O 工艺处理流程较为简单，不需要添加额外的碳，也无需安装曝气池，使用的设备和材料少，经济成本低，具有较高的经济效益。

② 厌氧-缺氧-好氧法（A^2/O）[4]。这一工艺是在 A/O 基础上发展而来的，具有良好的脱氮除磷效果，在中水回用、三级处理中常见这种工艺。A^2/O 相比于 A/O，增加了厌氧池，二沉池回流水以及污水在厌氧池中释放磷，部分有机物得以。在缺氧池中，使用反硝化反应能够去除氮化合物（转化为氮气）。在好氧池去除有机物，再聚集磷以及硝化反应，最终达到去除氮、磷以及有机物的目的[5]。

③ 膜生物反应器技术[6]。MBR 是将活性污泥法与膜分离法结合进行污水处理的一种新型水处理工艺。MBR 可以将污泥停留时间和水力停留时间相分离，从而显著提高固液分离效率，减少污泥剩余量，有效克服了传统活性污泥法存在的弊端。

膜分离技术及其相关处理工艺，出水水质好，不仅大大减少了出水对环境的影响，而且能够进行二次利用，提高了水资源的利用效率[7]。

4.1 MBR 水处理技术

4.1.1 MBR 简介

膜生物反应器（membrane bioreactor，MBR）是一种由膜过滤取代传统生物处理技术中二次沉淀池或者深度处理中的砂滤池的水处理技术[8]。MBR 是悬浮培养生物处理法（活性污泥法）和膜分离技术相结合而开发出的新型污水处理工艺。用膜分离设备取代传统活性污泥法中的二沉池，可以强化活性污泥与处理水的分离效果，有效截留活性污泥和大分子有机物。膜生物反应器融合了微生物对污染物的分解和膜的高效分离两个过程，同时大大强化了生物反应器的功能，使污泥浓度大幅提高，可以分别控制其水力停留时间（HRT）和污泥停留时间（SRT）[9]。

MBR 技术起源于 20 世纪 60 年代的美国，1966 年美国的 Dorr Oliver 公司开发了 MST 工艺（membrane sewage treatment），首先将 MBR 用于废水处理的研究；直到 1969 年美国专利中出现分离式 MBR 技术；由于受当时膜生产技术的限制，直到 20 世纪 70 年代后期，大规模好氧 MBR 才开始在北美应用。1985 年，日本政府施行“水综合再生利用系统 90 年代计划”，这项计划对 MBR 的推广应用产生了积极影响，促进了 MBR 技术的发展。早期经营 MBR 的代表性公司有美国通用电气（GE Zenon）公司、法国 Suez.LDE/IDI 公司、日本三菱丽阳（Mitsubishi Rayon）公司、久保田（Kubota）公司、旭化成（Asahi Kasei）公司、新加坡的美能（Memstar）公司、中国的碧水源（Origin Water）与天津膜天膜（MOTIMO）公司。2017 年 9 月，苏伊士收购 GE 水务。2020 年 10 月，法国威立雅公司收购苏伊士水务，成为全球水务巨头。在过去20年间，全球MBR市场增长火热。挪威水研究所Krzeminski等报道，在2008～2018年全球MBR的市场规模复合增长率达到了22.4%。最近据英国BCC（Business Communication Company）报道，2019年全球MBR的市场规模大约为30亿美元，预计到2024年将会以7%的年增长率达到42亿美元规模。

虽然MBR在中国的研究起步较晚，但是经过实验室研究、中试研究和中小规模应用的初步阶段，中国的MBR发展已经达到了新的里程碑。第一台大型MBR污水处理厂（北京密云污水处理厂）已于2006年投产。到2010年，中国大型MBR的处理量已达到$100\times10^4m^3/d$。截至2018年5月，中国大型MBR处理市政污水的总处理量已达到$1000\times10^4m^3/d$，占中国市政污水总量（$1.78\times10^8m^3/d$）的5%以上。此外，鉴于MBR具有占地面积小的优点，自2010年起地下MBR开始在市政污水处理中发挥作用。广州京溪地下污水处理工厂是我国首座地埋式膜处理工艺净水厂，处理量为$10\times10^4m^3/d$。到2019年，中国已建成25座大型地下MBR处理厂，总处理量约为$200\times10^4m^3/d$。此外，MBR在中国已广泛应用于处理石化、煤化工、精细化工、电镀、电子、纺织印染、制药、食品加工等工业废水领域。

4.1.2 MBR生物处理及工作原理

在传统的污水生物处理技术中，泥水分离是在二沉池中靠重力作用完成的，其分离效率依赖于活性污泥的沉降性能，即沉降性能越好，泥水分离效率越高[12]。而污泥的沉降性能取决于曝气池的运行状况，改善污泥沉降性能必须严格控制曝气池的操作条件，这限制了该方法的适用范围。由于二沉池固液分离的要求，曝气池的污泥不能维持较高浓度，一般为1.5～3.5g/L，从而限制了生化反应速率。水力停留时间（HRT）与污泥龄（SRT）相互依赖，提高容积负荷与降低污泥负荷往往形成矛盾。系统在运行过程中还产生了大量的剩余污泥，其处置费用占污水处理厂运行费用的25%～40%。传统活性污泥处理系统还容易出现污泥膨胀现象，出水中含有悬浮固体，出水水质恶化。

MBR工艺通过将分离工程中的膜分离技术与传统废水生物处理技术有机结合，不仅省去了二沉池的建设，而且大大提高了固液分离效率，并且由于曝气池中活性污泥浓度的增大和污泥中特效菌（特别是优势菌群）的出现，提高了生化反应速率。同时，通过降低污泥负荷比（F/M）减少了剩余污泥产生量（甚至为零），从而基本解决了传统活性污泥法存在的许多突出问题，MBR工艺对高浓度有机废水处理效果更为友好且效果显著[13]。

4.1.3 MBR的构成与分类

广义上，膜生物反应器是生物反应器与膜组件组合工艺的统称。根据生物反应器是否需氧，MBR可分为好氧MBR和厌氧MBR。在此基础上，可根据膜组件在MBR中的作用将MBR分为分离膜生物反应器（separation membrane bioreactor）、曝气膜生物反应器（aeration membrane bioreactor）和萃取膜生物反应器（extractive membrane bioreactor）三种类型。

此外，根据使用的膜材料的类型，可将 MBR 分为有机 MBR 和无机 MBR；根据膜孔径的大小，可将其分为微滤 MBR 和超滤 MBR 等。以上诸多分类方法并非相互独立的，而是可以相互涵盖的。

4.1.3.1 分离膜生物反应器

通常所说的膜生物反应器即指此种类型的反应器。在分离膜生物反应器中膜组件用以代替传统活性污泥法中的二沉池，利用其分离活性污泥混合液中的固体微生物和大分子溶解性物质，得到系统处理出水，而截留的污泥回流至生物反应器[11]。

分离膜生物反应器的优点可归纳为如下几点：

① 固液分离率高。混合液中的微生物和废水中的悬浮物质以及蛋白质等大分子有机物不能透过膜，而与净化了的出水分开。因为不用二沉池，该系统设备简单，占地空间省。

② 系统微生物浓度高，容积负荷高。由于不用二沉池，泥水分离率与污泥容积指数（SVI）无关。

③ 污泥停留时间长。传统生物技术中系统的 HRT 和 SRT 很难分别控制，由于使用了膜分离技术，该系统可在 HRT 很短而 SRT 很长的工况下运行，延长了废水中生物难降解的大分子有机物在反应器中的停留时间，最终达到去除目的。另外，由于系统的 SRT 长，对世代时间较长的硝化菌的生长繁殖有利，所以该系统还有一定的硝化功能。

④ 污泥发生量少。由于该系统的泥水分离率与污泥的 SVI 值无关，可以尽量减小生物反应器的 F/M。在限制基质条件下，反应器中的营养物质仅能维持微生物的生存，其比增长率与衰减系数相当，则剩余污泥量很少或为零。后期有研究给分离膜生物反应器设了一个连续污泥热处理装置来加速微生物的死亡和溶解，这种膜生物反应器能在保证系统有较高去除率的同时减少剩余污泥产量。

⑤ 耐冲击负荷。由于生物反应器中微生物浓度高，在负荷波动较大的情况下，系统的去除效果变化也不大，处理的水质稳定。另外，系统结构简单，容易操作管理和实现自动化。

⑥ 出水水质好。由于膜的高分离率，出水中 SS 浓度低，大肠杆菌数少。此外，膜表面形成了凝胶层，相当于第二层膜，它不仅能截留大分子物质，而且还能截留尺寸比膜孔径小得多的病毒，出水中病毒数少。这种出水可直接再利用。

但是在分离膜生物反应器中，由于 MLSS 浓度高，不仅造成系统需氧量大，而且膜容易堵塞。同时又由于生物难降解物质的积累，造成生物毒害和膜污染，以及给污泥处理带来困难。

按照膜组件的放置方式，分离膜生物反应器可分为分置式（分体式）MBR 和浸没式（一体式）MBR。

分置式膜生物反应器将膜组件和生物反应器分开放置。生物反应器中的混合液经循环泵增压后送至膜组件过滤端，在压力驱动下，混合液中的液体透过膜为系统处理出水，而颗粒物、大分子物质等则被膜截留，随浓缩液回流至生物反应器内。分置式膜生物反应器运行稳定可靠，便于膜组件的清洗、拆卸及增设，膜通量普遍较大。但在一般条件下，为了减少污染物在膜表面的沉积，延长膜的清洗周期，需要用循环泵提供较高的膜面错流流速，致使水流循环量增大、动力费用高，并且泵的高速旋转产生的剪切力会使某些微生物菌体失活。

浸没式膜生物反应器将膜组件直接浸没于生物反应器内的活性污泥混合液中。原水进入生物反应器后，大部分污染物被混合液中的活性污泥降解，然后在抽吸泵或水头压差作用下经膜过滤得到系统处理出水。曝气系统设置在膜组件下方，一方面为微生物分解污染物提供必需的氧气；另一方面促使混合液在膜表面形成循环流速，通过由此产生的剪切力和气泡的冲刷作用，阻碍污染物在膜表面发生沉积。浸没式膜生物反应器由于省去了混合液循环系统，并且靠抽吸或水头压差出水，能耗相对较低，空间布置也比分置式膜生物反应器更为紧凑。

4.1.3.2 曝气膜生物反应器

曝气膜生物反应器（MABR）将传统的生物膜法污水处理技术与气体分离膜技术相结合，采用可透气的致密膜或微孔膜在保持气体分压低于泡点的情况下，可实现向生物反应器的无泡曝气。由于传递的气体含在膜系统中，因此延长了接触时间，极大地提高了传氧效果。

曝气膜生物反应器采用透气性膜作为曝气扩散器，产生无泡曝气，用以提高供氧效率。通过无泡曝气供氧，在跨膜压差的作用下，氧气从相对高压的气相透过曝气膜壁扩散到生物膜中，再经过生物膜传递至液相污水中。由于生物膜内外存在氧浓度差和生物膜对污染物的吸附作用，氧气从生物膜内侧向外侧扩散，而液相中污染物从生物膜外侧扩散进入生物膜内侧，氧气和污染物从相反的方向向生物膜内扩散，形成异向传质的效果，传质过程中污染物被生物膜上各功能微生物降解而被有效去除。

根据膜组件放置位置的不同，MABR 也可分为集成式 MABR 与分离式 MABR。集成式 MABR 的膜组件直接放置在反应器内，由真空泵抽真空或重力排放，活性污泥和大分子物质经过膜组件后被截留在生物反应器中。集成式 MABR 利用气泡驱动物料和液体向上的交叉流动来反冲洗膜表面。其特点是设备紧凑、能耗低、无压运行，但是流量较小。而分离式 MABR 中，反应器中的混合液经过泵加压后进入膜组件。在压力作用下，膜渗透液作为系统的出水，而活性污泥和大分子物质被膜组件截留并回流至反应器中。分离式 MABR 利用循环泵来使进水与料液达到循环和错流运行的效果，具有控制方便、更换膜元件容易等优点。分离式 MABR 的缺点是膜组件需保持承受压力运行的状态，且循环流量大、能耗高。

曝气膜生物反应器采用的透气型膜一般为致密膜、微孔膜以及复合膜。致密膜（如有机硅橡胶膜）中的组分以分子状态向外扩散，传递过程属于溶液扩散。由于氧等组分在有机硅树脂中的溶解度远高于在水中的溶解度，故致密膜具有较高的透气性。微孔膜内部的传质过程是通过微孔中的均相气体转移来实现的。膜中气相传质的阻力很小，几乎可以忽略不计，因此有较高的传质效率。而近些年新发展起来的复合膜指的是在微孔膜表面涂覆一层致密无孔薄层，其不仅具有微孔膜高渗透性的特点，而且在泡点压力下具有致密膜无泡曝气的特点[14]。

总体来说，曝气膜生物反应器的氧利用效率高，可以接近 100%，适用于活性污泥浓度大、对供氧要求高的废水的处理。

4.1.3.3 萃取膜生物反应器

萃取膜生物反应器（EMBR）是结合膜萃取和生物降解过程，利用膜将有毒工业废水中有毒的、溶解性差的优先污染物从废水中萃取出来，然后用专性菌对其进行单独的生化降解处理，从而使专性菌不受废水中离子强度和 pH 值的影响，生物反应器的功能得到优化。

萃取膜生物反应器的概念是从处理低 pH 值、高含量溶解性总固体有害污水中的含氯有机化合物的过程中发展而来的。萃取膜生物反应器利用膜将废水中的有毒污染物萃取后对其进行单独的生物处理。萃取膜生物反应器中，废水在膜腔内流动，不与活性污泥直接接触，通过膜选择性地将废水中的有毒污染物萃取并传递到生物反应器内，利用微生物对其吸附降解。生物反应器内的混合液与废水间存在一个浓度梯度，在这个浓度梯度的作用下污染物不断从废水中透过膜进入生物反应器。

萃取膜生物反应器适用于萃取和处理废水中的优先污染物，特别适用于酸碱度高或含有有毒污染物，不宜与微生物直接接触的废水的处理。

4.1.3.4 厌氧 MBR

厌氧膜生物反应器（anaerobic membrane bioreactor，AnMBR）可以简单定义为膜分离技术和厌氧生物处理单元相结合的废水处理技术。它的提出始于 20 世纪 70 年代，至此这一技术的研究和开发相继展开。20 世纪 80 年代，美国、日本和南非相继开发了 AnMBR 技术并用于工业废水和生活污水处理。由于当时膜生产技术不够发达，膜价格昂贵，膜的使用寿命短，膜通量小等原因，这些技术还是主要局限于实验室和中试规模的废水处理应用。20 世纪 90 年代后，随着研究日益增多，针对 AnMBR 的研究主要集中在膜材质与膜组件形式的开发与优化、膜污染表征与控制、反应器的配置与构造以及在各种废水处理中的应用等方面。

厌氧膜生物反应器以膜过滤代替传统活性污泥法中的沉淀池。由于膜的过滤作用，不仅能够将所有的生物固体截留在生物反应器中，而且能将大分子污染物也截留在反应器中，可实现水力停留时间与污泥龄的彻底分离，消除传统厌氧活性污泥工艺中的污泥膨胀问题，因此厌氧膜生物反应器体现出了明显的技术优势。同时由于厌氧膜生物反应器对污染物去除效率高，膜对微生物有较强截留能力，所以该反应器对难降解和有毒有害化合物有较好处理效果。采用膜系统易具有良好的水力状态，膜的耐久性、抗堵性较好，膜自身易于优化。另外，AnMBR 还具有出水水质稳定、系统设计和操作简单、基建费用低、便于管理和自动控制、升级改造潜力大等优点。

AnMBR 常用的厌氧系统主要有升流式厌氧污泥床反应器（UASB）、厌氧颗粒膨胀污泥床（EGSB）、厌氧流动床（FB）、厌氧生物滤池（AF）、折流式厌氧反应器

（ABR）等。

在保留厌氧生物处理技术投资省、能耗低、可回收利用沼气能源、负荷高、产泥少、耐冲击负荷等诸多优点的基础上，AnMBR 由于引入膜组件，还带来了如下优点。

① 实现了 SRT 和 HRT 的有效分离，因而 AnMBR 可以有更高的有机负荷和容积负荷。有研究发现，当引入膜组件后，反应器的有机负荷率（OLR）从 4kg COD/（m^3·d）提高到 12kg COD/（m^3·d），而处理效果不受影响。

② 膜的截留作用使得浊度及细菌和病毒等物质得到大幅度去除，提高了出水水质。

③ 膜分离作用还体现在对厌氧反应器的构造和处理效果有特殊的强化作用。

④ 对于两相厌氧 MBR，膜分离作用可以使产酸反应器中的产酸细菌浓度增加，提高水解发酵的能力并使系统保持较高的酸化率。

⑤ 显著改善了反应器固液分离效果，在处理生物难降解的有机物和高浓度有机废水方面有很好的应用前景。

当然，AnMBR 系统要想能够有更广阔的发展前景还需要解决以下问题。

① 膜污染问题。膜污染问题很大程度上决定了 AnMBR 系统的经济性和实用性。AnMBR 中污泥特性与好氧情况有较大改变，膜污染情况往往更复杂。膜污染的影响因素很多，污泥组成、操作条件、膜组件的材料和构造都对膜污染有重要影响，因而研究它们之间的关系对于膜污染控制有重要意义，目前这方面的研究还不多。

② 能耗的问题。由于目前的 AnMBR 大多数使用的是外置式的，之所以采用外置式是因为反应器中缺少有效的水力条件（水力紊动），所以需要通过水泵来进行液体循环以改善污染状况，这就造成了能耗相对较高。

③ 经验参数缺乏问题。由于 AnMBR 的研究不多，尤其是在国内，对各种不同行业的废水处理的经验参数（例如停留时间、有机负荷等）缺乏，这就要求大量的实验支持。

4.1.4 MBR 的基本特点

与其他污水处理工艺相比 MBR 具有以下优点。

（1）出水水质优良稳定

由于膜的高效分离作用，使得 MBR 的处理出水极其清澈，悬浮物和浊度接近于零，细菌和病毒被有效去除；同时，由于膜的高效分离作用，增强了系统对有机物等污染物的去除效率。

① 彻底的泥水分离使 MBR 内能够维持很高的生物量，污泥浓度可以维持在 10～20g/L，在不排泥的情况下甚至可以高达 50g/L，在低 F/M 条件下污染物降解彻底。

② MBR 中 SRT 的延长使得污泥中增殖缓慢的特殊菌群（如硝化菌等）获得稳定的生长环境，有利于提高硝化效率。同时在一定条件下延长 MBR（胞外聚合物）优势菌的 SRT（最小世代时间的 120 倍以内）能有效控制 EPS（胞外聚合物）在膜上积累，减缓膜污染问题[15]。

③ 包括颗粒物、胶体以及大分子物质在内的污染物均被截留在系统内，增加了被

微生物持续降解的概率。

④ 膜的高效截留效果，有利于基因工程菌等高效菌种在生物反应器中的投放和累积，提高对难降解有机物的降解效率，同时可防止基因工程菌等的流失，降低处理出水的生物风险。

（2）容积负荷高，占地面积小

MBR 的容积负荷一般为 1.2～3.2kg COD/（m^3 • d），甚至高达 20kg COD/（m^3 • d），因此占地面积相比传统工艺大大减小。从整个处理系统来看，MBR 工艺无需初沉池和二沉池，流程简单，结构紧凑，占地面积小，不受设置场所限制，适合于多种场合，可做成地面式、半地下式或地下式。

（3）剩余污泥产量少

当 F/M 保持在某一低值时，活性污泥就会处于一个因生殖而增长和因内源呼吸而消耗的动态平衡之中，达到这个理论平衡时，活性污泥增长为零，即不会有剩余污泥产生。MBR 的污泥负荷一般为 0.03～0.55kg COD/（kg MLSS • d），低于传统活性污泥法［0.4～0.8kg COD/（kg MLSS • d）］，因此剩余污泥产量少，相应的污泥处理费用低。

（4）运行管理方便

MBR 实现了水力停留时间（HRT）与 SRT 的完全分离，膜分离单元不受污泥膨胀等因素的影响，易于设计成自动控制系统，从而使运行管理简单易行。

但 MBR 尚存在一些不足。膜材料价格仍相对较高，使 MBR 的基建投资高于相同规模的传统污水处理工艺；膜污染控制技术尚不十分完善，膜的清洗给操作管理带来不便，同时也增加了运行成本；为克服膜污染，一般需用循环泵或膜下曝气的方式在膜面提供一定的错流流速，造成运行能耗较高。

4.1.5 MBR 工程应用案例分析

4.1.5.1 UASB+MBR 工艺处理屠宰厂污水工程[16]

（1）工程概况

某屠宰污水处理工程分两期进行处理设计，屠宰厂一期屠宰生猪数量较多（约 50 万头），二期屠宰生猪数量较少（约 30 万头）。猪屠宰加工用水为 0.5m^3/头，作为一期工程用水量很大。为提高污水处理站的安全系数，在设计一期工程时把处理最大污水量定为 800m^3/d。二期在本方案中暂不进行设计。一期项目总占地 1500m^2，包括污水处理构筑物、综合办公楼、加药间、配电间等设施，项目总投资 460 万元。本工程屠宰厂的生产工序是：活性牲畜→活牲畜圈→宰杀场地→烫毛或剥皮剖解→取内脏工作台→冷藏或外运。屠宰厂生产环节产生的污水主要包括宰前的畜粪冲洗水、屠宰车间含血污和畜粪的地面冲洗水、烫毛阶段所含大量猪毛的高温污水、剖解车间排出的含肠胃容物污水和油脂提炼阶段的炼油污水。除了这些屠宰需要排放的污水之外，屠宰厂还有来自工厂生活区内产生的生活污水，这个污水的量也很大。屠宰污水具有以下特点。

① 水质、水量在一天内的变化比较大。如COD_{Cr}、BOD_5、SS分别在600～6000mg/L、300～3000mg/L、400～2700mg/L范围内波动。

② 污水中有机污染物、氨氮、SS等指标浓度较高。

③ 可生化性好（BOD_5/COD值≥0.5），但这种污水的高浓度有机质不易降解，因此它的处理难度较大。

④ 屠宰污水中氮主要以有机氮或铵盐形式存在，而磷主要以磷酸盐的形式存在。

（2）工程设计

1）进、出水水质设计　根据建设单位提供的基础数据以及结合屠宰污水治理的类似工程可设计进水水质；同时本项目按国家要求，它的出水水质要严格要求，必须达到《肉类加工工业水污染物排放标准》（GB 13457—1992）。按照国家规范要求，该项目进、出水水质设计见表4-1。

表4-1　进、出水水质设计

项目	水量/（m^3/d）	pH值	COD_{Cr}/（mg/L）	BOD_5/（mg/L）	SS/（mg/L）	动植物油/（mg/L）	NH_3-N/（mg/L）	大肠杆菌/（个/L）	TP/（mg/L）
设计进站水质	800	6.8～8.0	2 000	1 000	800	120	120	2.1×10^7	15
出水（GB 13457—1992）	800	6.0～8.5	≤80	≤25	≤60	≤15	≤15	≤5000	≤3

2）工艺流程简介　处理屠宰污水BOD_5、COD、悬浮物及油含量都比较高，在处理时可以根据BOD_5/COD_{Cr}值＞0.5为标准，采用以生物处理为主的处理工艺，这样就可以以最经济的工艺达到最好的效果。处理屠宰污水可以确定的流程为：生产污水→预处理（格栅-隔油沉砂池-气浮-水解酸化池）→UASB高效厌氧处理→MBR处理→后处理→中水回用（见图4-1）。

屠宰污水先进入集水井（屠宰车间外设置隔油池）进行水位提升。随后进入格栅池，去除屠宰污水中的漂浮物及大颗粒悬浮物等。出水后进入隔油沉砂池沉降过滤，这样就可以对屠宰污水与动物油进行隔离，通过这种方法可以去除屠宰污水中较大的砂粒。然后污水进入水解酸化池，利用这个方法可以有效减小有机物分子量，使之可以产生不完全氧化的产物，这样有利于后续处理。之后污水再进入UASB高效厌氧池，通过厌氧池的污水在厌氧的工况下可以发生酸化和腐化反应，这时候就可以使污水中大分子物质降解为小分子物质，也可以使难降解物质转化为易降解物质，这样的结果可以对后续好氧生化处理提供有利的条件。UASB池出水进入MBR池，这时候MBR内大量的微生物可有效地降解污水中各种污染物，可以使水质得到净化。MBR通过膜分离装置代替传统工艺中的二沉池，提高了固液分离的效率，最后可以得到优质的出水。MBR池内的出水经过二氧化氯消毒处理后，可以在达到标准后回用。同时需要提出，在消毒池出水口应设置回流管，这样可以防止在水质、水量波动较大或特殊情况下（如水质不达标时），出现回流至集水井的问题。然后再对隔油沉砂池的沉砂与 MBR 池的剩余污泥由泵抽至污泥干化池进行处理。处理后可以将污泥干化池内的污泥外运填埋或与锅炉房煤一起焚烧，池内的清液可以返回隔油沉砂池进行再处理。

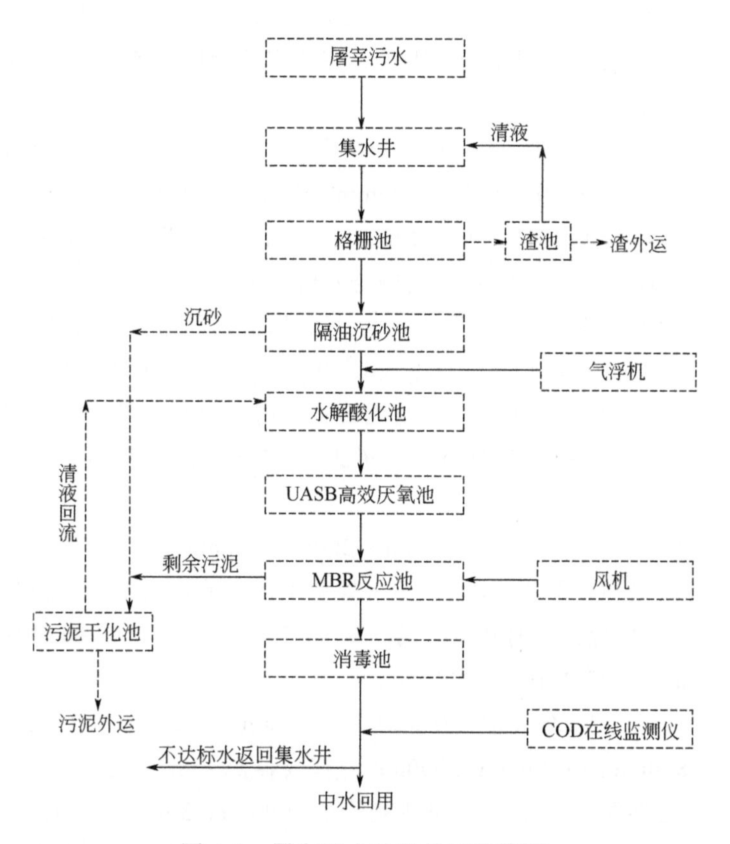

图 4-1 屠宰污水处理的工艺流程

3）处理工艺设计参数

① 集水井。数量 1 座。尺寸 4500mm×3900mm×4000mm，有效水深 2000mm，有效容积 $35m^3$。设计停留时间 30min，变化系数 2.0。设置潜污泵 2 台（1 用 1 备），Q=70m^3/h，H=9.4m，N=4kW；搅拌器 1 套，N=5.5kW；液位控制仪 1 套。

② 格栅池。数量 1 座。尺寸 5100mm×1000mm×1500mm，有效水深 1000mm。设置自动格栅机 1 台，N=1.1kW。

③ 隔油沉砂池。数量 1 座。尺寸 9300mm×1600mm×4000mm，有效水深 3500mm，有效容积 $52m^3$。停留时间为 45min。隔油沉砂池设计为平流式，池内每 2000mm 处设隔油板。由于污水量一天内变化较大，所设计隔油沉砂池时变化系数取 2.0。

④ 水解酸化调节池。数量 1 座。尺寸 9300mm×8300mm×4000mm，有效水深 3500mm，有效容积 $270m^3$。设计停留时间 8h。设置潜污泵 2 台（1 用 1 备），Q=70m^3/h，H=9.4m，N=4kW；液位控制仪 1 套；曝气机 2 台，它们的规律，N=2.2kW，空气吸入管径，管径

的直径为 D=50mm，最大吸入空气量的体积量为 V=40m^3，溶气量可以控制在 3～2kgO_2/h之间；潜水推流器 1 台，潜水推流器的叶轮直径为 900mm，功率 N=4.0kW，它的最大搅拌量为 4460m^3/h。

⑤ UASB 高效厌氧池。数量 1 座。尺寸 10700mm×10700mm×8000mm，有效水深 7000mm，有效容积 800m^3。设计停留时间为 24h。厌氧池内设布水器 1 批；分离器 1 套，型号 JER/800；生物附着反应器 1 套；阻火装置 1 套；燃烧装置 1 套；液位控制仪 1 套；循环装置 1 套（与 MBR 池污泥泵共用）。

⑥ MBR 反应池。数量 1 组（两座）。每个单座池子尺寸为 10700mm×5000mm×4500mm，低于单座池子的大小容积有效水深为 4000mm，单座池子的有效容积为 214m^3。它们的运行周期为 8h，它们的进水时间为 t_F=2.0h；它们的曝气时间为 t_A=4.0h（包含进水时间 2.0h）；它们的沉淀时间为 t_S=2.0h；它们的排水时间为 t_D=2.0h。它们的充水比为 65%。这时候 MBR 池设 2 台罗茨风机（1 用 1 备），当利用 1 台罗茨风机对其进行充氧曝气时，Q=5.42m^3/min，风压 P=0.5kgf/cm^2（1kgf/cm^2=98.0665kPa），N=11kW；它的平板膜原件 1100 组，型号为 SINAP150；由于它的两座池子共用一台污泥泵，因此这台污泥泵同时兼有厌氧池循环的作用，它的 Q=10m^3/h，H=20m，N=2.2kW；同时，还需要设置滗水装置 2 套，液位控制仪 2 套。

⑦ 消毒池。数量 1 座。尺寸 9300mm×2200mm×4000mm，有效水深 3400mm，有效容积 70m^3。消毒池接触时间为 1h。在污水处理不达标的情况下，应该利用管道自流方法回至集水井进行再处理。同时还要设置二氧化氯发生器 1 台，N=0.6kW；设格栅机冲洗泵 1 台，Q=27m^3/h，H=15m，N=2.2kW。

⑧ 渣池、污泥干化池。各 1 座。渣池尺寸 5160mm×3260mm×500mm，有效容积 8m^3。污泥干化池尺寸 8300mm×1500mm×2000mm，有效容积 25m^3。

⑨ 控制室、消毒间。各 1 座。控制室尺寸 6600mm×3300mm，有效面积 22m^2。控制室内放置风机 3 台（这些风机在进风口处配置过滤器，同时还要在出风口处设置消音器，还要在出风管上设逆止阀和手动蝶阀）、控制柜 1 套。消毒间尺寸 3300mm×3000mm，有效面积 10m^2，放置二氧化氯发生器 1 台。

（3）运行效果分析

本工程于 2015 年 10 月开建，2016 年 6 月完工后进行水解酸化池、UASB 反应器、MBR 工艺活性污泥的接种、驯化、调试工作。1 个月的时间内完成了每个工艺的调试并正式启动运行。屠宰厂净水工程在运行半年的时间内，屠宰污水处理量最佳控制在 500～800m^3/d，平均处理量为 720m^3/d，水处理系统工艺运转稳定。屠宰厂用水处理系统工艺在 2016 年 9 月检验通过了环保部门的标准，屠宰厂用水处理系统工艺验收时的监测数据见表 4-2。经过处理厂日常监测数据和环保验收数据可知，系统出水水质所有指标均满足《肉类加工工业水污染物排放标准》（GB 13457—1992）一级排放标准的要求。通过表 4-2 可知，水解酸化+UASB 阶段对有机物的去除效果显著，在高负荷的 COD、BOD 浓度下可保证去除率达到 50%以上。好氧阶段 MBR 工艺对有机物、氮、磷等常规污染物进行了高效净化，大部分污染物去除率都保持在 90%以上，可见 MBR 工艺作为屠宰污水生化处理的最后阶段是十分恰当的，相比其他工艺具有明显的运行优势。

表 4-2　各单元水污染物去除效果一览

处理单元	指标	pH 值	COD_{Cr} /（mg/L）	BOD_5 /（mg/L）	SS /（mg/L）	动植物油 /（mg/L）	NH_3-N /（mg/L）	TP /（mg/L）	大肠杆菌 /（个/L）
预处理阶段	进水	6.6～6.8	1 980	940	785	108	108.76	13.9	1.8×10^7
	出水	6.7～7.4	1 665	860	360	11	104.04	10.4	1.8×10^7
	去除率/%	—	15.9	8.5	54.3	89.8	4.3	25.2	—
水解酸化+UASB	出水	6.2～6.5	820	273	210	4	98.13	9.7	1.8×10^7
	去除率/%	—	50.8	68.3	41.7	63.6	5.7	6.7	—
MBR 池	出水	6.2～7.4	64	22	22	4	5.21	2.6	1.8×10^7
	去除率/%	—	92.2	91.9	89.5	—	94.7	73.2	—
后处理阶段	出水	6.7～7.8	64	22	14	4	5.20	2.6	12
	去除率/%	—	—	—	36.2	—	—	—	100
系统去除率	去除率/%	—	96.8	97.7	98.3	96.3	95.2	81.3	100

（4）经济分析

① 电费。本项目装机容量为 58.9kW，其中运行负荷的功率为 39.9kW，日耗电量为 571kW • h，单位污水电耗为 0.71kW • h/m^3，屠宰厂用水处理系统工艺运行时的电价按 0.6 元/（kW • h）计算，则单位污水电费为 0.426 元/m^3。

② 药剂费。屠宰厂用水处理系统工艺项目二氧化氯发生器所需原料为氯酸钠和 HCl。其中氯酸钠单价为 10.00 元/kg，日用量为 10.4kg；HCl 单价为 0.7 元/kg，日用量为 20.8kg。经计算最终药剂费 0.15 元/m^3。

③ 人工费。工艺所用的污水系统定员 1 个人，每月工资 1000 元，年支出工资 12000 元。平均每处理 1m^3 综合污水支出费用为 0.042 元。

综上所述，本工艺所用的工程单位污水处理费用合计为 0.6 元/m^3。

（5）结论

本工程采用隔油沉砂+水解酸化+厌氧 UASB+MBR 主体工艺处理屠宰污水，通过水解酸化和厌氧 UASB 两个阶段的串联运行，保证了大分子、难降解有机物的充分分解，这样就可以保证后续好氧阶段的高效处理；而 MBR 技术应用于屠宰污水好氧处理，不仅去除 NH_3-N、COD、TP 等指标效果显著，而且产生剩余活性污泥量少，并省去了二级沉淀池工艺，工程投资和运行费用显著降低，在屠宰污水工程使用中具有明显的优势。该组合工艺技术先进，集约化程度高，不仅去除效果稳定，可以保证出水水质理想，而且这种方法投资成本小，运行管理简便，因此可以广泛适用于屠宰污水处理工程领域。

4.1.5.2 调节池+水解酸化池+A^2/O+MBR膜系统处理典型榨菜废水[17]

（1）工程概况

四川省某工业园区生产废水主要由榨菜生产废水组成，废水污染物指标中 COD、NH_3-N、BOD_5、磷酸盐和氯离子较高。榨菜废水处理厂工程项目包括：a. 总设计规模 $2\times10^4m^3/d$ 的出水处理厂一座（含场内管网）；b. 配套的厂外管网共计 7700m，其中污水干管总长度4100m，管径为*d*500～*d*800mm，压力尾水排放管长度3600m，管径为*DN*600mm。

（2）工艺设计流程及相关参数

本工程进水主要为榨菜废水，出水水质符合《城镇污水处理厂污染物排放标准》（GB 18918—2002）一级 A 排放标准，主要设计进、出水水质见表 4-3。工艺主体采用“改良型调节池+ 水解酸化池+A^2/O+MBR 膜系统”的三级处理工艺，工艺流程见图 4-2。整体工艺主要分为预处理、生物处理、深度处理以及污泥处理 4 个部分。预处理部分包括进水提升、粗细格栅、旋流沉砂池、调节池以及水解酸化池；生物处理部分为 A^2/O 生物反应池；深度处理单元设置 MBR 池，膜池出水经紫外线消毒后送出。

表 4-3 榨菜废水处理厂设计进、出水水质　　单位：mg/L

项目	BOD_5	COD	SS	NH_3-N	TN	TP	氯离子
进水	350	500	400	45	70	8	500
一级 A 标准	10	50	10	5	15	0.5	—

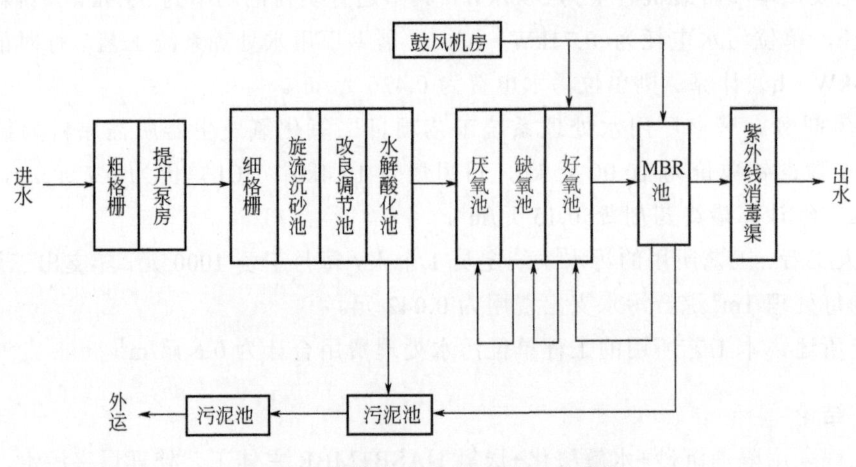

图 4-2 榨菜废水处理厂的工艺流程

（3）工艺特点

① 榨菜废水经车间废水收集系统后进入调节池，初步去除水中悬浮物，调节水质水量。出水进入水解酸化池。水解酸化过程可以提高废水的可生化性及系统耐冲击负荷

能力。在大量水解细菌、酸化菌作用下废水中不溶性有机物水解为溶解性有机物，同时难生物降解的大分子物质转化为易生物降解的小分子物质，从而改善废水的可生化性，为后续处理奠定基础。该段溶解氧质量浓度控制在 0.2mg/L 以下。后续采用 A^2/O+MBR 工艺进行处理，污水依次进入厌氧池、缺氧池、好氧池和膜池，通过 MBR 的作用强化生物脱氮除磷效果。膜池污泥浓度高，针对水质水量的变化具有很强的适应性及耐冲击负荷能力，可保证出水水质达标。

② 采用聚四氟乙烯（PTFE）材质的膜，该材质 C—F 键能很大，化学稳定性和抗腐蚀性优越，且具有高孔隙率、高通量以及高强度等优点。与传统的 PVDF 材质的膜相比，PTFE 膜具有使用寿命长、耐酸碱、抗污染能力强、清洗后通量恢复彻底和产水通量高等优势。

③ 膜池在运行期间进行连续曝气。生化池出水流入膜池，膜池在运行期间进行连续曝气，气液两相呈错流形式上升，形成对膜表面的冲刷，以减轻活性污泥在膜表面的沉积，延缓膜污染的发生。同时每个膜池抽吸泵独立控制，可实现独立的在线维护与清洗，便于日常维修养护。膜池总设计容积为 $25400m^3$，分为 4 格。膜池设计通量 $25L/(m^2 \cdot h)$，采用膜孔径为 0.1μm 的中空纤维膜，共 40 组，总膜面积为 $33345m^2$。

（4）系统运行效果及膜污染分析

① 系统运行效果。该污水处理厂自投产以来，工艺运行稳定，设备运转正常，2017 年污水处理厂的运行数据见表 4-4。

表 4-4　2017 年污水处理厂的运行数据　　单位：mg/L

时间	COD		BOD_5		SS		NH_3-N		TP		TN	
	进水	出水	进水	出水	进水	出水	进水	出水	进水	出水	进水	出水
2 月	556	21.4	153	3.6	332	2	10.6	0.25	4.83	0.41	25.1	12.8
4 月	483	32.5	135	2.5	286	2	17.5	0.34	5.12	0.36	28.1	13.4
6 月	652	18.6	212	5.3	318	1	14.4	0.17	3.88	0.40	26.6	13.5
8 月	610	11.9	187	3.8	307	0	27.6	0.33	5.74	0.29	37.6	11.8
10 月	637	25.3	164	1.9	294	1	19.8	0.52	4.66	0.37	32.5	13.4
12 月	582	27	115	2.8	260	1	13.6	0.28	5.01	0.32	30.7	12.4
平均去除率/%	96		97.9		99.6		98.1		92.5		56.3	

榨菜废水中较高的盐度会对微生物活性造成抑制，主要原因在于：a. 高浓度氯离子对细菌具有毒害作用；b. 高浓度盐容易引起渗透压增大，并导致微生物细胞脱水；c. 盐析作用抑制细胞脱氢酶活性。而采用 MBR 工艺，由于膜的强制截留效果，使得膜池内微生物维持在 9000mg/L 的高质量浓度。高的污泥浓度以及丰富的微生物种类，使工艺在面对高盐度时仍能保持较高的抗冲击能力，从而使系统保持稳定和较好的处理效果。此外，膜孔的截留作用、膜的吸附作用以及膜表面沉积层的筛滤、吸附作用将难降解的

有机物截留于反应器中并继续降解，从而保证了良好的出水 COD 及 SS 去除效果。由表 4-4 可以看出，污水厂整体工艺运行稳定，对各污染物去除效果明显。进水 BOD_5 的质量浓度波动范围为 115～212mg/L，COD 质量浓度为 483～652mg/L，两者的平均去除率分别达到了 97.9%和 96%，SS 的去除率高达 99.6%。系统对 NH_3-N 表现出了良好的去除能力，NH_3-N 的去除率达到了 98.1%，主要是由于硝化菌是自养菌，生长速率较慢（与异养菌相比，生长速率要小一个数量级）。因此硝化菌需要更长的时间才能适应含盐环境。而膜的截留作用使硝化菌这类泥龄较长的菌种在池内有效富集，使硝化菌对含盐环境的抗冲击力及适应性不断增强。

经过 1 年多的运行，废水经处理后可以稳定达到 GB 18918—2002 一级 A 排放标准，且系统运行稳定，表明采用生物法与 MBR 相结合的工艺，针对含盐废水具有很好的应用性。

② 膜污染与清洗。在实际工程应用中，相比处理普通废水，处理含盐工业废水的 MBR 膜组件面临着更严重的膜污染问题，具体表现为：膜表面聚集大量的沉积污泥和大小不等的颗粒物质，附着层中有悬浮物、胶体物质及微生物形成的滤饼层以及溶解性有机物浓缩后形成的凝胶层，导致膜组件产水性能降低。因此在运行中每月都会对膜丝进行一次维护性清洗，即采用质量浓度为 300mg/L 的 NaOH 与 NaClO 混合液从产水端注入膜丝内部，浸润至膜丝外壁进行清洗。清洗后，TMP 可由污染前的 8.5kPa 降至 4.3kPa。该项目自 2016 年 12 月运行至 2017 年 11 月，膜系统的产水通量范围为 19～23L/（m^2·h），基本维持稳定。通过定期的化学清洗，可以有效地维持膜的产水性能。

（5）结论

针对该榨菜废水，采用以“改良型调节池+水解酸化池+A^2/O+MBR 膜系统”为主体的三级处理工艺进行废水处理，能够有效去除水中 TN、TP、SS 和 COD，运行稳定，抗冲击负荷强，出水的各项指标均达到一级 A 标准。MBR 对实现含盐废水高效生物处理具有重要作用，但在运行过程中需重点关注膜污染问题。定期采用 NaOH 和 NaClO 混合液对膜丝进行化学清洗，可以有效地维持膜的产水性能。

4.1.5.3 水解酸化+好氧曝气+MBR+二沉池处理烟草废水[18]

（1）工程概况

试验对象为玉溪卷烟厂烟草废水。本试验对烟草废水原水进行了连续取样，水质分析结果如表 4-5 所列。从表 4-5 中可以看出，烟草废水的 COD、BOD 指标较高且波动较大，直接排放到水体中对环境危害较大。

表 4-5 烟草废水水质分析结果

水样编号	COD/（mg/L）	BOD/（mg/L）
1#	345	112

续表

水样编号	COD/（mg/L）	BOD/（mg/L）
$2^{\#}$	410	135
$3^{\#}$	295	85
$4^{\#}$	610	185
$5^{\#}$	540	159
$6^{\#}$	465	144

本研究在卷烟厂现场进行试验，采用的工艺流程如图 4-3 所示，主要装置为 MBR，采用内置式 MBR 平板膜。膜单元部分主要用于截留微生物和过滤出水，在压力驱动下混合液中的液体透过膜过滤出水，而颗粒物、大分子物质、活性污泥絮体等被截留，从而实现 HRT 与污泥停留时间的彻底分离，避免了传统活性污泥法存在的当污泥浓度升高时产生污泥膨胀和污泥随二沉池负荷升高而流失的问题。该装置采用一体化结构设计，包含了水解酸化池、好氧曝气池、MBR 膜池和二沉池等，形成了两套完整的废水处理工艺流程，可根据试验要求在 MBR 膜产水和二沉池产水两种运行模式间切换。设备箱体采用不锈钢制造，MBR 平板膜组件内置于生物反应器单独设置的膜池内，膜下采用穿孔曝气管曝气，专用一台曝气风机提供压缩空气。好氧曝气池采用微孔曝气盘曝气，以提高氧气利用率，悬浮填料填充率约 30%，水力停留时间设置为 10h。水解酸化池由循环泵进行搅拌，水力停留时间设置为 8h。二沉池内安装六角形蜂窝状 PP 材质的斜管填料，

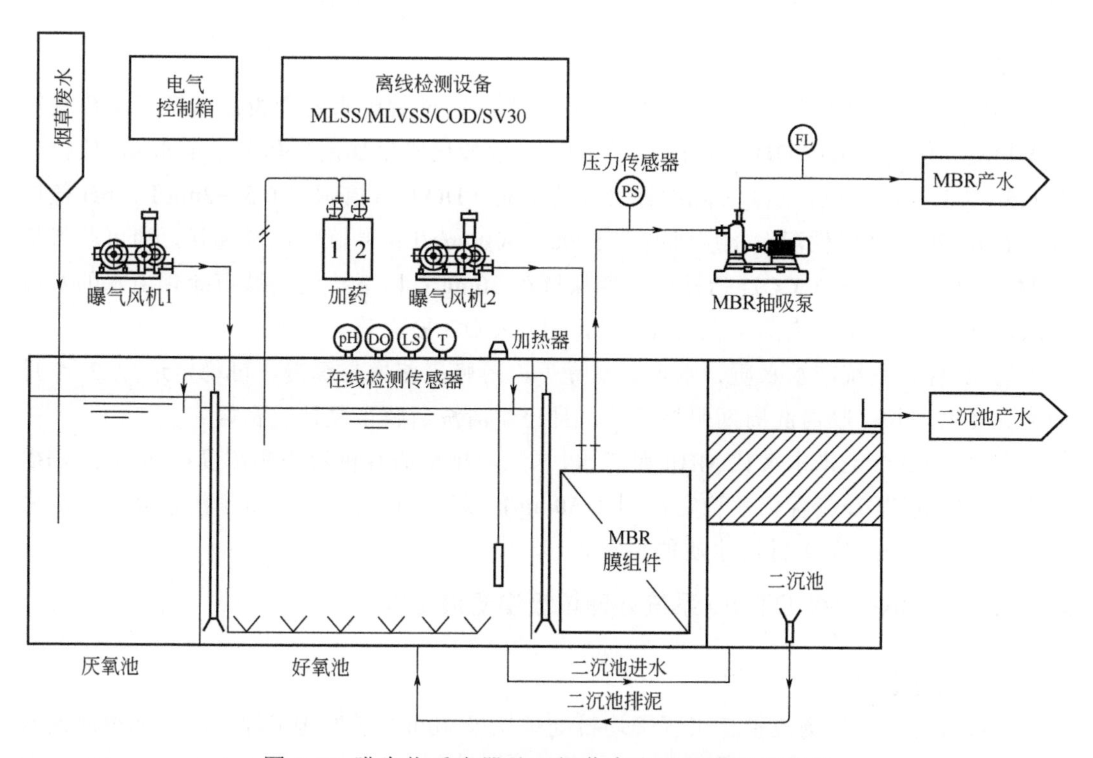

图 4-3　膜生物反应器处理烟草废水工艺流程及装置

斜管长度 1m，管径 50mm，水力停留时间 2h。此外，一体化膜生物反应器配备有溶解氧、pH 值、温度和液位控制系统，以及加药、曝气、搅拌等配套设备。设备主要参数指标如表 4-6 所列。

表 4-6　膜生物反应器的主要控制参数指标

水处理能力	在线监测，4～20mA 控制					
	曝气池溶解氧	pH 值	温度	MBR 膜压	液压计	产水流量计
10t/d	0～12mg/L	1～14	0～100℃	±100kPa	0～2m	0～3m^3/h

车间排出废水经格栅、气浮处理后，通过潜污水泵提升进入水解酸化池，在水解酸化池中发生水解酸化反应，废水可生化性提高，水解酸化池出水自流进入好氧曝气池中。曝气池内的好氧活性污泥进一步降解水中的污染物。经好氧曝气处理后的泥水混合液在 MBR 抽吸泵的作用下通过 MBR 膜过滤出水。曝气池设置有高、低两个过水孔，较低的过水孔与膜池连通并配有闸阀，较高的过水孔与二沉池连通。试验后期，通过触摸屏液位参数设置，调高曝气池内的运行液位，并关闭低过水孔闸阀，使污水只能通过位置较高的过水孔进入二沉池，设备的运行方式即调整为二沉池出水。

试验过程通过计量泵定量对好氧曝气池进行碳源（葡萄糖）等营养物质投加，将废水 BOD/COD 稳定控制在 0.4，池内 pH 值控制在 6.5～7.5 之间。本试验装置可通过阀门的开关程度来控制进水流量，进而改变各个反应段的水力停留时间。

（2）结论

① 采用膜生物反应器处理卷烟厂烟草废水，通过对废水定量投加碳源（葡萄糖等营养物质）使其 BOD/COD 稳定控制在 0.4；水解酸化段投加定量药剂使池水 pH 值控制在 6.5～7.5，水力停留控制在 8h；好氧段溶解氧（DO）量控制在 0.5～2mg/L，pH 值控制在 6.0～7.0，使活性污泥浓度维持在 5000～6000mg/L；精确控制膜通量，即可获得最佳 MBR 膜出水，出水 COD 指标可长期保持在 30mg/L 以下，达到城市绿化用水的水质要求，且好氧段 COD 去除率保持在 80%以上，COD 去除效果显著。

② 在保证系统产水水质、水量的前提下，跨膜压差增长缓慢，可稳定运行 3 个月而无大幅度增长；膜清洗周期明显延长，且化学清洗后膜恢复情况良好。

③ 采用二沉池产水替代 MBR 膜产水，二沉池排水的有机污染物浓度虽然高于 MBR 膜产水，但其 COD 指标仍然稳定控制在 50mg/L 以下，已能满足《城镇污水处理厂污染物排放标准》中一级 A 标准水质的要求。

4.1.5.4　MBR+两级 DTRO 系统处理垃圾渗滤液工程[19]

（1）工程概况

甘肃某垃圾填埋场改扩建工程平均日处理垃圾 400t，该扩建工程在对一期渗滤液水质进行监测的基础上，结合渗滤液产生量、气候条件及渗滤液排放水质要求等情况，在综合考虑技术条件和经济成本的情况下，选择 MBR 和两级 DTRO 处理工艺对渗滤液进行处理，设计处理规模为 100m^3/d，排放水质满足《生活垃圾填埋场污染控制标准》（GB 16889—2008）中排放水质标准要求。根据一期垃圾渗滤液的监测结果，结合扩建工程设计填埋规模以及该地区常年降雨、蒸发情况，确定该渗滤液处理工程设计处理规模为 100m^3/d，具体渗滤液进、出水水质指标见表 4-7。

表 4-7　渗滤液进、出水水质指标

项目	COD /（mg/L）	BOD_5 /（mg/L）	SS /（mg/L）	NH_3-N /（mg/L）	TN /（mg/L）	pH 值
进水水质	21025	8000	1000	2000	2500	6～9
出水水质	≤100	≤30	≤25	≤40	≤30	6～9

（2）工艺设计流程及相关参数

该垃圾渗滤液采用生物 MBR 与两级 DTRO 为主的处理单元，流程如图 4-4 所示。

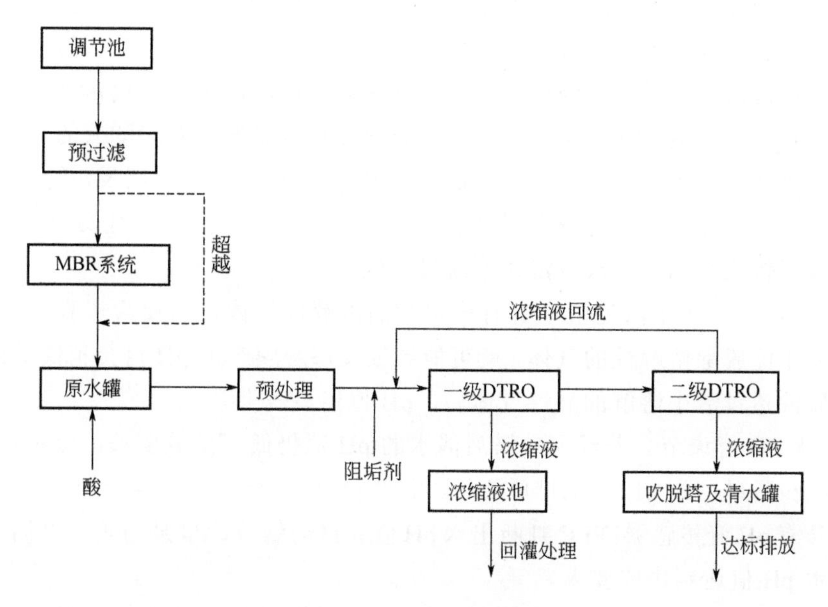

图 4-4　工艺设计流程

工艺设计流程介绍如下。

① 预过滤。渗滤液从调节池内提升，经袋式过滤后将大颗粒杂质过滤出系统，过滤液进入 MBR 系统。袋式过滤器能有效保护 DTRO 系统。

② MBR 系统。本次 MBR 系统由生化反应段及中空纤维帘式膜分离系统构成，中空纤维膜分离系统具有超强的截留能力，MBR 系统有远高于普通生化系统的活性污泥浓度及泥龄，生化段采用硝化/反硝化工艺。本工程设置两套 MBR 系统，单套处理能力 50t/d。

③ DTRO 预处理系统。调节池出水泵入反渗透系统的原水罐，在原水罐中通过加酸

调节 pH 值。原水罐的出水经原水泵加压后再进入石英砂过滤器（简称砂滤器），过滤精度为 50μm。砂滤器进、出水端都有压力表，当压差超过 2.5bar（$1bar=10^5Pa$，下同）时需执行反洗程序。砂滤器反冲洗的频率取决于进水的悬浮物含量，对于 SS 值比较低的原水，砂滤运行 100h 后若压差未超过 2.5bar 也须进行反冲洗，以避免石英砂的过度压实及板结现象。砂滤出水进入芯式过滤器，对于渗滤液处理系统，由于原水中钙、镁、钡等易结垢离子和硅酸盐含量高，经 DT 膜组件高倍浓缩后这些盐容易在浓缩液侧出现过饱和状态，所以应根据实际水质情况在芯式过滤器前加入一定量的阻垢剂，以防止硅垢及硫酸盐结垢现象的发生，阻垢剂应加 20 倍水进行稀释后使用。

④ 两级 DTRO 系统。膜系统为两级反渗透，第一级反渗透需要从芯式过滤器后进水，第二级反渗透处理第一级透过水。原水储罐的出水，由污水泵给反渗透设备供水，砂滤器增压泵给渗滤液提供压力。砂滤器进、出水端都有压力表，当压差超过 2.5bar 时执行反洗程序。砂滤器反冲洗的频率取决于进水的悬浮物含量，过滤精度为 50μm。经过砂滤器后渗滤液直接进入芯式过滤器，设备配有芯式过滤器 2 台，进、出水端都有压力表，当压差超过 2.0bar 的时候更换滤芯。芯式过滤器过滤的精度为 10μm，为膜柱提供最后一道保护屏障。为了防止各种难溶性硫酸盐、硅酸盐在膜组件内由于高倍浓缩产生结垢现象，有效延长膜使用寿命，在一级反渗透膜前需加入一定量的阻垢剂。经过芯式过滤器的渗滤液直接进入一级反渗透高压柱塞泵。经高压泵后的出水进入膜组件，膜组件采用碟管式反渗透膜柱，抗污染性强，物料交换效果好，对渗滤液的适应性很强。一级 DTRO 膜寿命可达 3 年以上，二级 DTRO 膜寿命长达 5 年。一级反渗透系统设两组，为串联连接方式，第一组反渗透的浓液进入串联后置的第二组，各组处理的浓液 COD 浓度及盐含量依次增加。二级反渗透系统设一组。

⑤ 清水脱气。由于渗滤液中含有一定量的溶解性气体，而反渗透膜可以脱除溶解性的离子而不能脱除溶解性的气体，就可能导致反渗透膜产水 pH 值会稍低于排放要求，经脱气塔脱除透过液中溶解的酸性气体后，pH 值能显著上升。

⑥ 出水 pH 值调节。若经脱气塔后清水的 pH 值仍低于排放要求，此时管道混合器将自动投加少量碱回调 pH 值至排放要求。出水 pH 值回调在管道混合器中进行，清水排放管中安装有 pH 值传感器，PLC 判断出水 pH 值并自动调节计量泵的频率以调整加碱量，最终使排水 pH 值达到排放要求。

⑦ 膜组的冲洗和清洗。反渗透系统需要定期给储罐添加清洗剂和阻垢剂，设定清洗执行时间，需要清洗的时候系统自动执行。

⑧ 系统冲洗。膜组的冲洗在每次系统关闭时进行，在正常开机运行状态下需要停机时，采取先冲洗再停机模式。冲洗分为两种，一种是用渗滤液冲洗，另一种是用净水冲洗，两种冲洗的时间都可以在操作界面上设定，一般为 2～5min。

⑨ 化学清洗。碱性清洗剂的主要作用是清除有机物污染，酸性清洗剂的主要作用是清除无机物污染。在清洗时，清洗剂溶液在膜组系统内循环，以除去沉积在膜片上的污染物质，清洗时间一般为 1～2h，但可以随时终止。清洗完毕后的液体排出系统到调节池。膜清洗剂一般稀释到 5%～10%后使用。

一级 DTRO 系统的化学清洗周期：

碱洗：4～7d，pH=10～11，温度 35℃。

酸洗：8～14d，pH=2.5～3.5，温度 35℃。

二级 DTRO 系统的化学清洗周期：

碱洗：8～14d，pH=10～11，温度 35℃。

酸洗：14～28d，pH=2.5～3.5，温度 35℃。

（3）运行处理效果

经该工艺处理后，渗滤液处理效果分析见表 4-8。

表 4-8　污水处理工艺进、出水污染物浓度

工艺单元	项目	COD /（mg/L）	BOD_5 /（mg/L）	NH_3-N /（mg/L）	TN /（mg/L）	SS /（mg/L）	pH 值
MBR	进水	21205	8000	2000	2500	1000	6～9
	出水	3000	800	400	1000	15	—
	去除率	85%	90%	80%	60%	99%	—
一级 DTRO 系统	进水	3000	800	400	1000	15	6～9
	出水	150	40	80	150	0.15	—
	去除率	95%	95%	80%	85%	99%	—
二级 DTRO 系统	进水	150	40	80	150	0.15	—
	出水	15	4	16	22.5	—	6～9
	去除率	90%	90%	80%	85%	99.90%	—
排放标准		≤100	≤30	≤25	≤40	≤30	6～9

经表 4-8 出水水质分析，经该工艺处理后，对污水 COD、BOD_5、NH_3-N、TN 的去除率分别为 99.9%、99.95%、99.2%、99.1%，出水水质能够满足《生活垃圾填埋场污染控制标准》（GB 16889—2008）的相关要求。

（4）结论

MBR+两级 DTRO 工艺与传统工艺相比具有以下优缺点：

① 水力停留时间与泥龄分离。膜技术可以全部截留水中的微生物，实现了水力停留时间和泥龄的分离，使运行控制更加灵活，使延长泥龄成为可能，有利于硝化细菌的生长和繁殖，脱氮效率得到很大提高。系统具有很长的泥龄，产生的剩余污泥量很小。

② 出水水质高于传统生化工艺。膜技术不但可以截留水中的微生物，还可以截留部分大分子的难溶性污染物，延长污染物在反应器内的停留时间，增加难降解污染物的去除率，出水水质要好于传统工艺。

③ 占地面积小，耐冲击性能强。膜系统由于高截留率，使得反应器内可以保持高浓度的污泥浓度，通常是传统活性污泥法的 3～5 倍。高污泥浓度使得反应器容积较传统

工艺小很多，加上高效率的深水供氧形式，生化部分占地面积要远小于传统工艺；高污泥浓度也使得系统的耐冲击负荷性能有所提高。

④ 该工艺的主要缺点是在膜处理过程中，会产生高浓度的浓缩液，如再进行深度处理成本较高，需设置专门的污泥浓缩池对产生的浓缩液进行收集，回灌至垃圾填埋区。高浓度的浓缩液对填埋场的稳定性有一定影响，同时随着时间的推移会使垃圾渗滤液中的难降解成分增加较快。

4.1.5.5 预处理+UBF+MBR+RO 工艺系统处理垃圾渗滤液工程[20]

（1）工程概况

福建某垃圾焚烧发电厂垃圾渗滤液主要是装卸车冲刷水和垃圾仓垃圾渗滤液，水质检测指标质量浓度：SS 为 3713mg/L；COD_{Cr} 为 52100mg/L；BOD_5 为 26500mg/L；NH_3-N 为 1356mg/L。出水水质指标需符合《污水综合排放标准》（GB 8978—1996）的一级标准。工程总处理量：210m^3/d，处理单元按 210m^3/d 设计，RO 系统按照一期水量 135m^3/d 设计。进、出水水质设计见表 4-9。

表 4-9 进、出水水质设计

项目	pH 值	COD_{Cr}/（mg/L）	BOD_5/（mg/L）	SS/（mg/L）	NH_3-N/（mg/L）
进水	6～9	58000～59000	29000～30000	4200	1600
出水	6～9	≤100	≤15	≤60	≤15

（2）工艺设计流程及相关参数

该工程处理工艺选用预处理+UBF+MBR+RO 组合工艺，具体流程详见图 4-5。

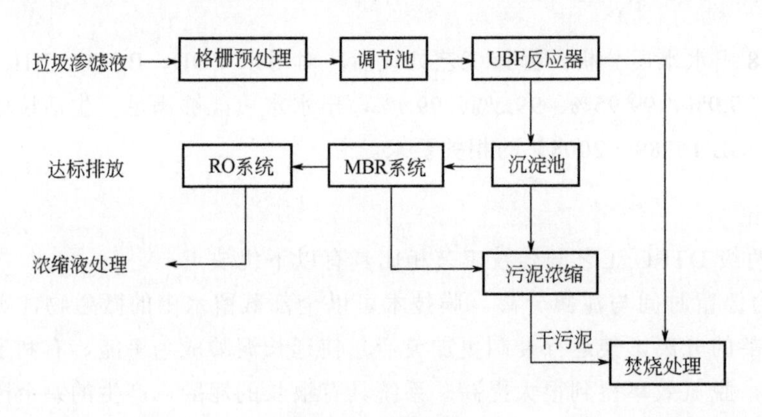

图 4-5 工艺流程

工艺设计流程介绍如下。

① 预处理系统。预处理系统包含格栅预处理和调节池两部分。采用螺旋格栅机作为预处理装置，能够对固体颗粒物进行有效截留。栅径规格：2mm。调节池内设潜

水搅拌器，材质为钢混结构，尺寸 26.0m×12.0m×5.6m，有效容积 1560m^3，水力停留时间（HRT）7.8d。

② UBF 反应器。UBF 厌氧反应器 2 座并联设置，反应器内接种的活性污泥来自污水处理厂，其污泥含水率为 79%。每个池子规格：8.7m×8.7m×12.0m；填料高度：3.5m；填料：软性带状膜条材料。在 UBF 厌氧反应器中处理垃圾渗滤液，反应温度保持为 35℃左右，水力停留时间 8.0d。沼气为 0.42m^3/kgCOD_{Cr}的产率，反应器底部污泥浓度 55g/L，容积负荷 7.96kgCOD_{Cr}/（m^3·d）。

③ 沉淀池。沉淀池主要用于 UBF 厌氧反应器出水的沉淀，沉淀池的规格为 4.0m×2.8m×5.0m，水力停留时间（HRT）为 4.8d。

④ MBR 系统。MBR 系统为 MF（超滤）和生化处理为一体的，生化部分包含反硝化、硝化两部分。MBR 系统选择浸没式 MBR，置于硝化池中，相比传统的活性污泥法，浸没式 MBR 取代了传统二沉池，具有污泥负荷低、设备体积减小等优点。MBR 膜选择国产膜，膜生产商为杭州求是膜。膜具体设计参数如下：膜材质为 PVDF；膜孔径 0.01μm；膜面积 30m^2/片；设计产水量 15L/（m^2·h）；最高进水压力 0.08MPa；最大跨膜压差 0.08MPa；pH 值范围 2～10；运行温度 5～45℃；运行方式为错流式过滤，运行 8min，停止 2min；正常使用寿命 3～5a。选择接种的活性污泥其 COD_{Cr}浓度 950mg/L，NH_3-N 浓度 5mg/L，取自当地污水处理厂。反硝化池：1 座，底部设有水下搅拌器，规格为 8.5m×3.3m×9.0m。硝化池：2 座，底部设有射流曝气器，每个池子规格为 9.5m×7.3m×9.0m。鼓风机：3 台（2 用 1 备），单台规格 1100m^3/h。

⑤ RO 系统。一级 RO 采用卷式反渗透膜，膜选择进口膜，膜生产商为 DOW，工作压力为 1.0～2.8MPa，反渗透产水率设计为 83%。反渗透装置选用：集成模块化，设置 2 条环路，配备 6 芯耐压膜壳/环路，膜壳内的反渗透膜元件分别为 4 支、5 支。设计进水流量 6.55m^3/h；膜通量 18.2L/（m^2·h），膜总过滤面积 329m^2。处理后的浓缩液经处理后排回调节池，重新进行回流处置。

⑥ 污泥浓缩系统。对处理过程产生的污泥进行浓缩处置。储池规格为 4.5m×3.3m×4.5m。污泥经浓缩脱水处理后，上清液进入脱水上清液池（规格为 4.5m×3.3m×4.5m），然后回流进入 MBR 系统。浓缩池产生的污泥含水率为 80%，污泥量为 8.58t/d。最后对干污泥进行焚烧处置。

（3）运行处理效果

对垃圾渗滤液处理工程调试运行合格后，水质可达到排放标准，运行水质指标详见表 4-10。

表 4-10　垃圾渗滤液处理效果

项目	pH 值	COD_{Cr}/（mg/L）	BOD_5/（mg/L）	SS/（mg/L）	NH_3-N/（mg/L）
调节池	6～9	52100	26500	3713	1356
UBF 出水	6～9	11521	4065	2701	1942

续表

项目	pH 值	COD_{Cr}/（mg/L）	BOD_5/（mg/L）	SS/（mg/L）	NH_3-N/（mg/L）
MBR 出水	6～9	472	25	21	12.9
RO 出水	6～9	70.8	17	5	8.3
排放标准	6～9	≤100	≤30	≤60	≤15

（4）结论

通过预处理+UBF+MBR+RO 工艺处理该城市垃圾渗滤液，具有良好的处理效果，出水水质符合《污水综合排放标准》（GB 8978—1996）的一级标准。同时，运用预处理+UBF+MBR+RO 工艺处理，其耐冲击负荷能力以及清水产率较高，对于低处理量渗滤液，处理成本较低，有着较好的竞争优势。

4.1.5.6 MBR+臭氧组合工艺处理印染废水工程[21]

（1）工程概况

浙江某公司的印染废水是一种典型的经过深度处理脱色后可回用的废水，其中染色工序主要产生染色废水、降温废水以及洗缸废水，印花废水主要来自印花颜料废水、蒸煮废水以及清洗废水。企业原有一套污水处理系统，但已无法满足新厂扩建和更加严格的排放标准要求，迫切需要升级改造。扩建后总的废水处理能力将达到 $1200m^3/d$，其中印花废水 $650m^3/d$，染色废水 $500m^3/d$，生活污水 $50m^3/d$。原有的混凝沉淀池改成中水回用池重新利用，其余的设备设施不再使用。废水水质和排放标准见表 4-11，处理后的水质需达到《纺织染整工业水污染排放标准》（GB 4287—2012）和《纺织染整工业废水治理工程技术规范》（HJ 471）的回用水标准。

（2）工艺设计流程及相关参数

废水处理工艺流程见图 4-6。主要构筑物及设计参数见表 4-12。主要设备及参数见表 4-13。

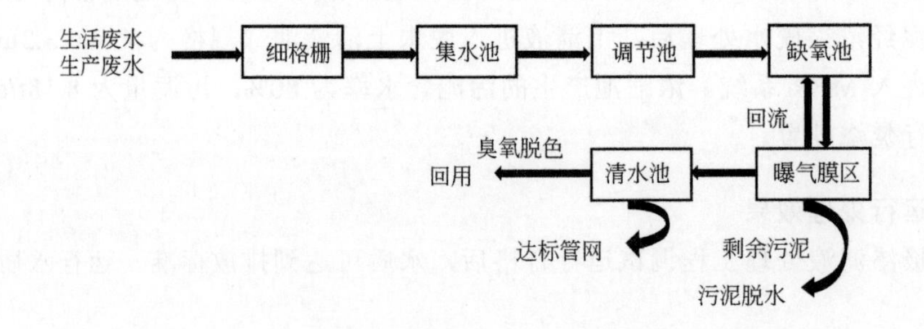

图 4-6 废水处理工艺流程

表 4-11 进、出水及回用水水质

项目	COD/（mg/L）	BOD_5/（mg/L）	NH_3-N/（mg/L）	SS/（mg/L）	色度/倍	pH 值
进水水质	≤1200	≤400	≤130	300～800	800～1000	6～9

续表

项目	COD/（mg/L）	BOD_5/（mg/L）	NH_3-N/（mg/L）	SS/（mg/L）	色度/倍	pH 值
排放标准（出水水质）	≤200	≤50	≤20	≤100	≤80	6～9
回用标准（回用水质）	≤100	≤25	≤10	≤70	≤40	6～9

表 4-12　主要构筑物及设计参数

项目	HRT/h	规格尺寸	有效容积/m³	数量/座
集水井	2.2	ϕ8m×3m	110	1
调节池	12	640m³	600	1
缺氧池	2	105m³	100	1
MBR	10.6	585m³	450	1
臭氧塔	—	ϕ1.5m×6m	10	1
清水储池	—	2.4m×2.0m×4.0m	18	1

表 4-13　主要设备及参数

项目	规格	数量	安装位置
回转式格栅	栅隙 3mm，材质 SUS304	1 套	格栅渠
一级自吸泵	陆上泵 Q=55m³/h，H=100kPa，N=5.5kW	2 台	集水井
二级提升泵	陆上泵 Q=45m³/h，H=100kPa，N=3.7kW	2 台	调节池
潜水搅拌机	QJB 320/740-3	2 台	
缺氧池潜水搅拌机	QJB 260/740-0.85	1 台	缺氧池
捞毛机	捞毛机栅隙 1mm，材质 Q235B	1 套	
污泥回流泵	陆上泵 Q=95m³/h，H=120kPa，N=5.5kW	2 台	MBR 曝气区及过滤区
膜组件	每组 650m² PVDF 中空纤维膜	5 套	
MBR 曝气区风机	罗茨风机 Q=15.55m³/min，H=55kPa，N=30kW	1 台	
MBR 过滤区风机	罗茨风机 Q=10.5m³/min，H=50kPa，N=18.5kW	1 台	
MBR 抽水泵	离心泵 Q=56m³/h，H=166kPa，N=3.7kW	2 台	
曝气器	通量 0.5～2m³/h，充氧效率 20%，阻力 2.5～5.5kPa	462 套	
在线清洗系统	计量泵、PE 储罐	1 套	
膜吊装系统	含龙门吊、手拉葫芦和专用吊具	1 套	
污泥输送泵	污水离心泵 Q=5m³/h，H=10kPa，N=0.75kW	1 套	污泥脱水系统
污泥加药装置 PAM	141L/h，0.18kW，1000L 的 PE 储罐	1 套	
污泥脱水机	叠螺式污泥脱水机（1kW），含配套加药装置	1 套	
臭氧发生器	氧气源 1kg/h，不含氧气设备和冷却水设备	1 套	回用系统
电气控制柜	PLC 控制，含上位机和显示器，包括软件和组态编程	2 台	电控间

该工程于 2014 年 3 月初开始调试，主要集中在曝气池，接种含水率为 80%的脱水湿泥 5t，使曝气池污泥浓度理论值达到 2.2g/L，污泥容积负荷控制在 0.3～0.5kgCOD/（kgMLSS · d）。驯化阶段，向印染废水中投加适当的粪便水和生活污水（混合液 COD 为 800～1000mg/L）进行闷曝，每天排走过量上清液，并根据实际情况补充相对应的 N、P 等营养元素。经过两周时间，通过光学显微镜观察到大量的纤毛虫、轮虫、钟虫等微生物，说明活性污泥絮体已经形成且有较好活性。另外，污泥浓度维持在 4～5g/L 以及 COD 去除率维持在 85%～90%，说明污泥驯化已经成熟，可以运行。

印染废水首先经过细格栅去除大的悬浮物和杂物，然后进入集水井，由一级自吸泵自吸至调节池。调节池内设有潜水搅拌机，用于均衡水质，调整 pH 值，减小对后续生物处理系统的冲击。调节池中的废水经过二级提升泵进入捞毛机，捞除废水中的纤维，再自流入 MBR 缺氧区进行反硝化，去除 TN，并产生碱度，减少硝化反应消耗的碱，再进入曝气区和膜区去除大部分 COD 和 NH_3-N。经过处理的废水经浸没在膜过滤区的膜丝过滤后抽出，直接排入污水管网。MBR 出水经过臭氧脱色后回用。混合液中的污泥被截留在 MBR 中，可以形成很高的污泥浓度和丰富的微生物种群，实现废水的高效处理。膜生物反应器产生的少量剩余污泥定期排放至污泥脱水系统，泥饼外运，脱水滤液回流至集水井。MBR 的膜丝每 15～30d 进行一次在线清洗，每年采用次氯酸钠和柠檬酸进行一次离线化学清洗。离线清洗时不影响系统正常运行。

（3）运行处理效果

膜出水 NH_3-N、SS、pH 值等完全达标，故后期出水水质分析以 COD 和色度为主（见图 4-7～图 4-9），其中调试后期 COD 的去除率基本维持在 80%～90%，膜出水 COD 完全达到排放标准，经过臭氧氧化不降反升，推测为臭氧氧化分解了膜出水中的发色基团，使得 COD 有所增加。色度除经过生化反应去除外，有很大一部分靠污泥的吸附去除，所以定期排泥非常必要，一般 10d 就需要排泥一次，直到曝气池中污泥浓度降到 3g/L 左右，膜出水色度达到 200 倍左右已是极限。臭氧浓度维持在 50mg/L，接触氧化时间为 25min 时，色度可以降到 125～210 倍；接触时间为 30min 时，色度可以达到 65～77 倍，符合出水标准；而接触时间提高到 35min 时，色度达到 30～35 倍，符合回用水标准（见图 4-8）。由于臭氧发生塔顶部没有尾气处理装置，故有较大一部分臭氧未得到充分利用，在一定程度上影响了处理效果。

在系统运行过程中，曝气池出现大量气泡，这是由于印染废水中存在大量的表面活性剂。解决办法：添加消泡剂或者安装自来水喷头进行消泡。

（4）经济效益分析

① 工程投资。总投资为 288.794 万元，土建投资为 70.55 万元，设备综合投资为 218.244 万元。

② 运行费用估算。污水处理操作人员 2 人，费用为 3.6 万元/（人 · a）；试剂费（次氯酸钠、污泥脱水药剂、碱）为 10.3 万元/a；总装机容量为 160kW，平均运行功率为 112kW，

电价为 0.6 元/（kW·h），则电费为 54.82 万元/a（扣除节假日，一年按 340d 算）；设备维修费为 0.8 万元/a；制备臭氧的氧气源费用为 15.4 万元/a。综上总运行费用为 88.52 万元/a（2.17 元/m^3）。

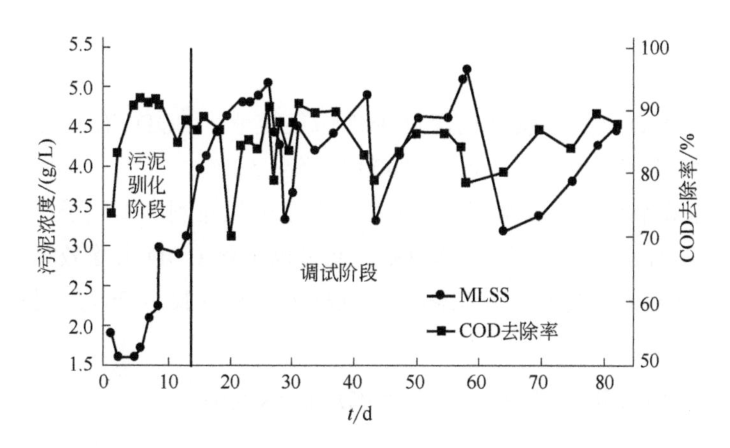

图 4-7 调试期间污泥浓度及 COD 去除率

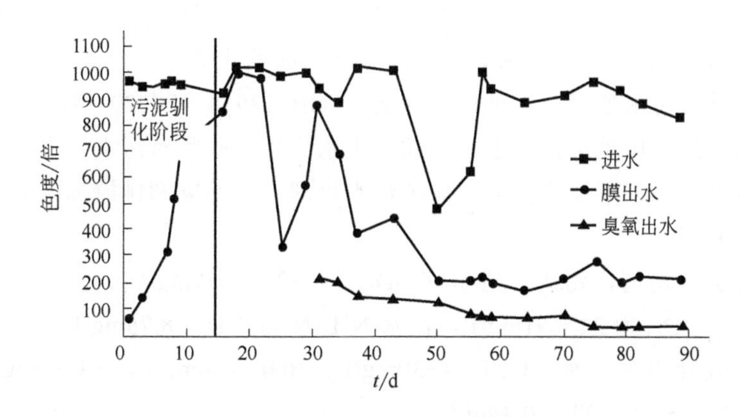

图 4-8 调试期间色度去除效果

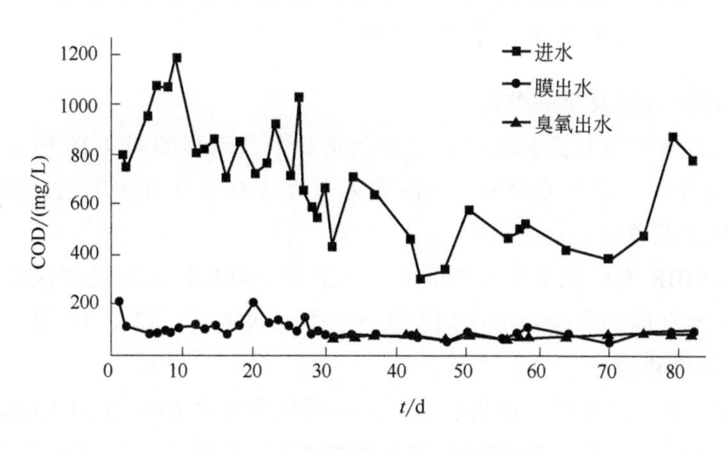

图 4-9 调试期间 COD 去除效果

③ 收益分析。回用水制备 100～200m^3/d，当地 COD≤100mg/L 处理费用为 2.4 元/m^3，工业用水为 4.5 元/m^3，则节约 690～1380 元/d，一年可节约 23.46 万～46.92 万元。

该污水站至今已经运行 3 年，平均运行费用为 85.39 万元/a，平均回用水量为 $5.24\times10^4m^3$/a，可节约 36.16 万元/a。

（5）结论

采用预处理+A/O 池+臭氧氧化深度处理印染废水，COD 浓度由 1200mg/L 降至 100mg/L 以下，去除率达 92%；色度由 1000 倍降到 50 倍以下，去除率达到 95%。其中 MBR 工艺的处理效率高、占地面积小；而臭氧对于分散染料、阳离子染料等均具有良好的脱色效果。将两种工艺进行组合，MBR 工艺可以强化 COD 去除效果，并完全截留悬浮物，从而减少臭氧的消耗量。在实际应用过程中，减少膜污染以及提高臭氧氧化的利用率仍需加强。

4.1.5.7 多级 A/O+MBR 工艺在城市污水厂提标改造[22]

（1）工程概况

北京市某污水处理厂于 2006 年建成，2008 年 9 月底通过调试验收，正式运行，日处理污水量为 $1.0\times10^4m^3$/d，污水处理主体工艺为间歇式活性污泥法“CASS 工艺”，出水水质执行《城镇污水处理厂污染排放标准》（GB 18918—2002）中的一级 B 标准。由于污水厂受纳水体为Ⅳ类水体，出水考虑再生水回用，亟须对污水厂进行提标改造，提标后出水水质执行北京市地方标准《城镇污水处理厂水污染物排放标准》（DB11/ 890—2012）中的 B 标准。

污水厂提标改造前，污水厂进水 COD_{Cr} 为 320～539mg/L，进水 NH_3-N 为 53～85mg/L，出水 COD_{Cr} 为 31～91mg/L，出水 NH_3-N 为 0.11～8.75mg/L。

提标后，设计出水水质：COD_{Cr}≤30mg/L，BOD_5≤6mg/L，SS≤5mg/L，NH_3-N≤1.5mg/L，TN≤15mg/L，TP≤0.3mg/L。

本工程进水水质波动范围较大，NH_3-N 和 TN 较常规市政污水高，本次改造主要围绕 COD、NH_3-N 及 TN 的去除进行工艺改进。

（2）工艺设计流程及相关参数

污水厂于 2018 年进行提标改造，提标改造后工艺流程如图 4-10 所示。增加膜格栅处理单元，生化主体工艺由 CASS 工艺改造为多级 A/O 生化处理工艺，新增碳源加药装置，新增 MBR 工艺单元。

多级 A/O+MBR 生化池主要由厌氧区、缺氧区、好氧区及膜处理区组成，总停留时间为 17.5h。主要功能为去除污水中的有机污染物、NH_3-N、TN、TP 等，分为 2 个系列运行，每系列可单独运行。

① 厌氧区。本次改造厌氧池为新建，每组厌氧池尺寸 $L\times B\times H$ 为 10.0m×7.0m×5.3m，水力停留时间为 1.5h，溶解氧（DO）需控制在 0.2mg/L 以下，回流比为 100%。

② 缺氧区。缺氧区由两部分组成，分别为前缺氧池和后缺氧池。前缺氧池由 CASS

池预处理区改造，每组缺氧池尺寸 $L \times B \times H$ 为 15.0m×12.0m×6.0m，水力停留时间为 3.5h，DO 需控制在 0.5mg/L 以下，混合液回流比为 400%；后缺氧池，每组尺寸 $L \times B \times H$ 为 15.0m×4.5m×6.0m，水力停留时间为 1.5h，后缺氧区需投加碳源作为电子供体进行反硝化脱氮，从而达到降低出水 TN 的效果。

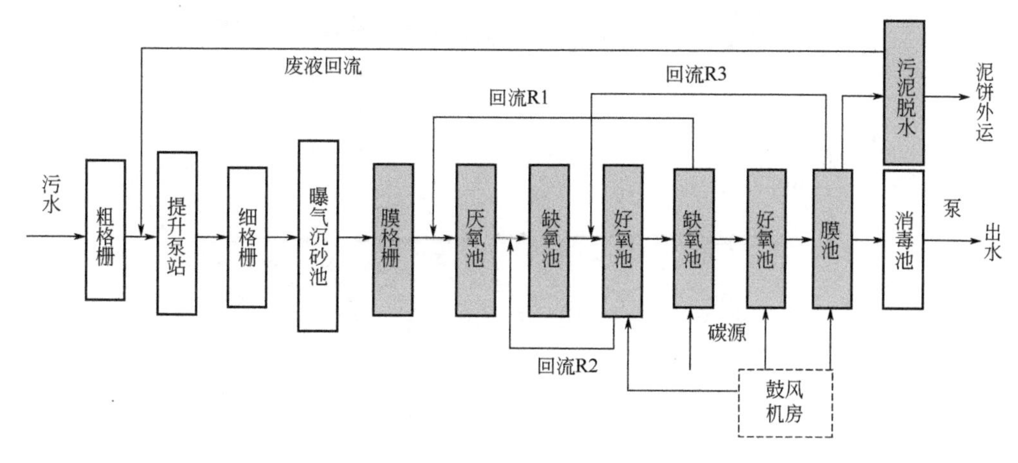

图 4-10　污水厂提标改造后工艺流程

③ 好氧区。好氧区分为前好氧池和后好氧池。前好氧池由 CASS 池改造，每组好氧池尺寸 $L \times B \times H$ 为 47.0m×4.5m×6.0m，水力停留时间为 8.0h，气水比设计值为 8∶1；后好氧池每组尺寸 $L \times B \times H$ 为 10.0m×4.5m×6.0m，水力停留时间为 1.0h。好氧区进一步降解和吸附水中的有机物，使其得到彻底的氧化分解。

④ MBR 膜池。膜池设计处理规模为 $1.0 \times 10^4 m^3/d$，分为 2 组，每组尺寸 $L \times B \times H$ 为 20.0m×9.0m×5.3m，膜元件设计通量为 15L/（m^2·h），水力停留时间为 2.0h，气水比为 9∶1，污泥负荷为 0.041～0.045kgBOD$_5$/（kgMLSS·d）。MBR 膜对胶体、悬浮颗粒、浊度、细菌、大分子有机物具有良好的分离去除能力，其产水水质稳定可靠。

（3）运行处理效果

本项目污水厂于 2018 年 10 月改造完成并投入使用，2019 年 1 月开始满负荷运行。目前，运营状况良好，生化系统好氧池 MLSS 基本维持在 7000～8000mg/L，膜池 MLSS 能达到 10000mg/L 以上，出水水质优于北京市地方标准《城镇污水处理厂水污染物排放标准》（DB 11/ 890—2012）中的 B 标准限值。

对 COD 的去除效果如图 4-11 所示。由图 4-11 可知，进水 COD_{Cr} 在 410mg/L 左右，预处理后出水 COD_{Cr} 基本能去除 10%～20%，系统总出水 COD_{Cr} 基本维持在 15mg/L 以下，去除率能达到 90%以上。说明，生化系统运行比较稳定，再加上膜池活性污泥浓度较高，更有利于降解生化池难以降解的 COD。

对 NH_3-N 的去除效果如图 4-12 所示。由图 4-12 可知，进水 NH_3-N 在 52mg/L 左右，系统总出水 NH_3-N 基本维持在 0.5mg/L 以下，去除率在 95%以上。说明，多级 A/O 生化

系统对 NH_3-N 的去除率较高，而且处理效果较好。

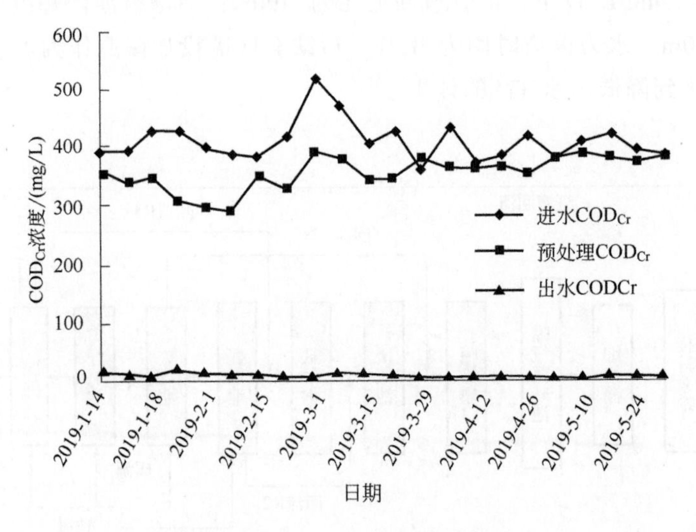

图 4-11　污水厂 COD_{Cr} 的变化

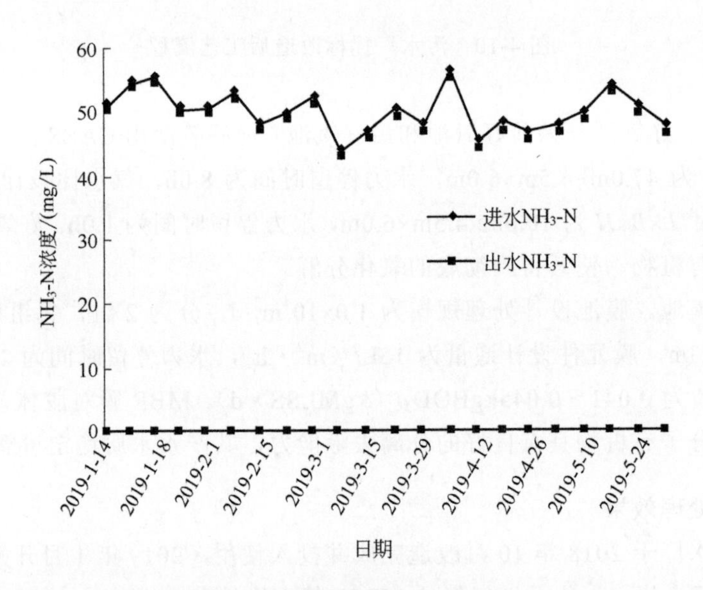

图 4-12　污水厂 NH_3-N 的变化

对 TN 的去除效果是：当进水 TN 在 65mg/L 左右时，系统总出水 TN 基本维持在 15mg/L 以下，去除率在 70%以上。TN 主要依靠生化系统反硝化去除，MBR 膜对 TN 基本无截留作用。说明，多级 A/O 生化系统通过两级缺氧反硝化作用，更有利于加强对 TN 的去除。

本次提标改造后，再生水厂直接运营成本如表 4-14 所列。由表 4-14 可知：再生水厂年运行成本为 1008.68 万元，吨水直接运营成本约为 2.77 元。说明多级 A/O+MBR 工艺运营成本较常规处理工艺稍高，主要原因为电费、膜折旧及大修费用较高，但其占地面积小，可取代常规工艺中的二沉池，出水水质稳定等优点可弥补自身不足。

表 4-14 运营成本分析

序号	项目	年成本/万元	吨水成本/元	说明
1	电度电费	236.52	0.65	电价为 0.8 元/（kW·h）
2	基本电费	76.80	0.21	基本电费为 32 元/（kW·月）
3	人工费	180.00	0.49	总计 18 人
4	PAC、PAM 药剂费	73.70	0.20	PAC、PAM 投加量分别为 40mg/L、0.5mg/L
5	碳源药剂费	43.80	0.12	碳源平均投加量为 40mg/L
6	污泥运输及处理费	102.20	0.28	80%含水率污泥共计 7.23t/d
7	膜折旧费及大修费	295.65	0.81	膜寿命按照 5 年计
合计	直接运行成本	1008.68	2.77	—

注：年运行天数为 365d。

（4）结论

基于北京市某污水厂提标改造，出水执行北京市地方排放标准的要求，北京市地方排放标准要高于国标排放标准，故本次提标改造经验可供全国范围内污水厂的提标改造工程借鉴。

① 本工程生化处理工艺由 CASS 池改造，无需新增占地，充分利用了污水厂现有空间，在技术上先进、合理，在经济上可行，其经验可供同类型污水厂提标改造借鉴。

② 多级 A/O+MBR 工艺具有很强的去除有机物和反硝化去除 TN 的能力，其污泥浓度高，抗冲击负荷能力明显增强，适用于低 C/N、要求 TN 去除率高的污水。

③ 由于污水厂进水水质波动范围较大，为保证出水水质稳定达标，需及时调整碳源投加量和 PAC 除磷剂投加量，建议同类污水厂在提标改造过程中增加污水调节池，均衡水质。

④ 本工程提标改造后，随着运行时间的增加，MBR 膜通量衰减，运营能耗有所增加。

4.1.5.8 A/A/O-MBR-臭氧接触-活性炭吸附工艺处理延庆某乡镇污水工程案例[23]

（1）工程概况

工程所在地为北京延庆某旅游乡镇，主要处理居民生活和旅游活动产生的污水，无工业废水。排水体制为雨污分流，水质、水量波动较大，尤其是白天和夜晚、冬季和夏季，波动更为明显。全镇 13 个乡村，污水通过管网汇集至镇西南污水处理厂，集中处理和排放。

污水处理厂设计规模 7050m^3/d，时变化系数为 1.66，尾水排放执行北京地标《城镇污水处理厂水污染物排放标准》（DB 11/ 890—2012）中的一级 A 标准，尾水排放入周边河道，设计进出水指标如表 4-15 所列。

表 4-15 设计进出水指标

项目	COD_{Cr}/（mg/L）	BOD_5/（mg/L）	SS/（mg/L）	NH_3-N/（mg/L）	pH 值
进水水质	500	140	200	24	6～9
出水要求	—	≤10	≤5	≤10	6～9

（2）工艺设计流程及相关参数

常规生活污水处理工艺有 MBR、SBR、氧化沟、A/A/O 等工艺。工程出水要求高，北方地区冬季水质较低，综合考虑工程投资和出水水质，工程选择 A/A/O 和 MBR 相结合，以臭氧活性炭为备用的工艺，工艺流程如图 4-13 所示。

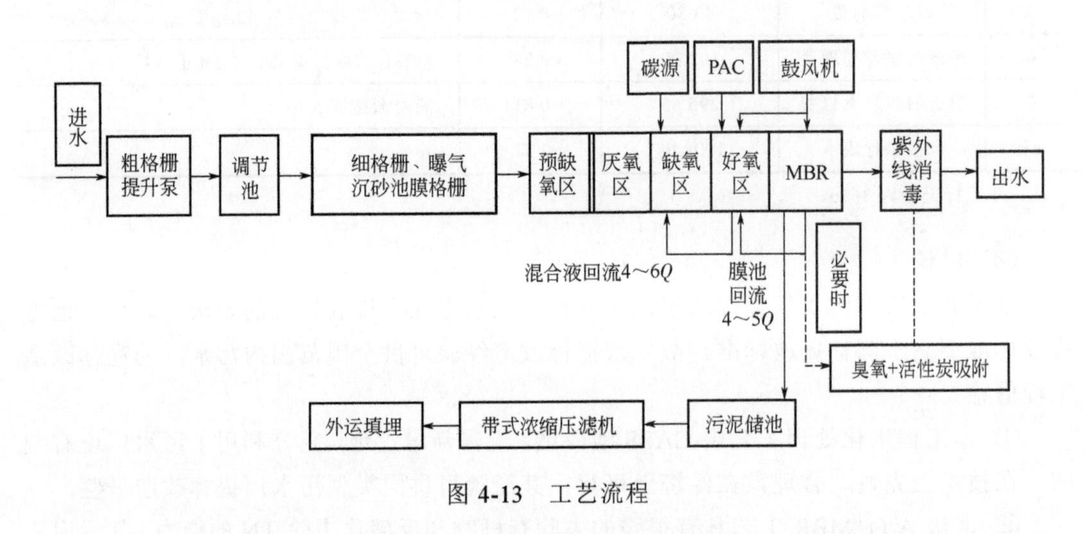

图 4-13 工艺流程

① A/A/O 生化池和 MBR 膜池。生化池设计规模 $7050\times10^4m^3/d$，分厌氧区、缺氧区、好氧区三部分，整体为半地下式钢筋混凝土结构。设计尺寸 36.4m×27.6m×6.8m，1 座分 2 格，有效水深 6m。设计流量 $294m^3/h$，混合液 MLSS 质量浓度为 6000mg/L，污泥龄为 12d，污泥负荷 $0.083kgBOD_5$/（kgMLSS·d），好氧池回流比 400%，缺氧池回流比 100%，平均气水比 7.9∶1。总停留时间为 17.8h，其中厌氧区 1.4h，缺氧区 6.5h，好氧区 9.9h。厌氧区、缺氧区各设高速潜水搅拌器 8 台，直径 370mm；好氧区设直径 300mm 的微孔曝气盘 576 套。好氧池回流泵 4 台，流量 $600m^3/h$，扬程 1.0m；缺氧池回流泵 4 台，流量 $150m^3/h$，扬程 1.0m。由 PLC 控制各水泵的启停，同时设手动控制。

MBR 膜池设计规模 $7050\times10^4m^3/d$，整体为半地下式钢筋混凝土结构。设计尺寸 16.9m×15.05m×4.65m，含膜池分 3 格，酸清洗池、碱清洗池、清水池、反洗水池各一格，有效水深 3.65m，以上构筑物及其附属设备置于一个车间内，车间总体尺寸为 35.8m×22.25m×7.6m。膜池设计流量 $294m^3/h$，混合液 MLSS 质量浓度为 8000～10000mg/L，膜通量 13.4L/（m^2·h），膜池回流比 400%。膜池设 MBR 膜组器 12 组，每组尺寸 2130mm×1700mm×2520mm，悬挂式，60 片装，每片膜面积 $30m^2$，单个膜组器膜面积 $1800m^2$；混合液回流泵 3 台，流量 $587.5m^3/h$，扬程 1.0m，变频；产水泵 4 台，流量 $155m^3/h$，扬程 10m；空悬风机 3 台，风量 25m^3/min，风压 4.0mH_2O（1mH_2O=9806.38Pa）；反洗泵 1 台，流量 198m^3/h，扬程 15m；剩余污泥泵/排空泵 2 台，流量 50m^3/h，扬程 20m；加药间配备次氯酸钠加药泵、柠檬酸加药泵、氢氧化钠加药泵各 2 台，次氯酸钠储罐、柠檬酸储罐各 2 座，氢氧化钠储罐 1 座，卸料泵 5 台，流量 20m^3/h，扬程 10m。

② 臭氧接触池。臭氧接触池为半地下式钢筋混凝土结构，总体尺寸 12.1m×3.6m×7.2m。设计流量 295m^3/h。总接触时间 30min：分两段，第一段停留时间 15min，布气量为 60%；第二段停留时间 15min，布气量 40%，臭氧浓度 25～40mg/L。接触池顶设尾气破坏器 2 台及其他附属设备，由厂家成套提供。

③ 活性炭吸附车间及臭氧发生室。活性炭吸附车间为地上式框架结构，与臭氧发生室合建，总体尺寸 40.0m×11.5m×7.0m。活性炭吸附滤罐滤速为 10m/h，强制滤速为 12.5m/h，反冲洗时间 5～10min，冲洗强度为 20～30m^3/（m^2·h），滤罐工作周期为 12h。总计 5 座滤罐，直径 2.8m，高度 5m，滤料高度不小于 2m。设反冲离心泵 2 台，流量 190m^3/h，扬程 10m。

臭氧发生室设空气源臭氧发生器 2 台，额定产量 5kg/h，额定浓度 30mg/L。

④ 接触消毒池。接触消毒池为半地下式钢筋混凝土结构，总体尺寸 12.2m×5.9m×4.1m。设计流量 295m^3/h，接触时间 30min。

⑤ 脱水机房与鼓风机房。脱水机房为地上式框架结构，与鼓风机房合建，总体尺寸 45.5m×12.7m×7.5m。设带式浓缩脱水一体机 2 台，带宽 1m，处理能力 10～15m^3/h，每天处理湿污泥量 180m^3，出泥含水率应不大于 80%。

鼓风机房内设罗茨鼓风机 4 台（3 用 1 备），风量 13m^3/min，风压 7mH_2O。

⑥ 综合楼。综合楼为地上式框架结构，占地面积 478.7m^2，总体尺寸 37.4m×12.8m×3.3m。综合楼内设办公室、中控室、化验室及食堂。采用空气源换热器对综合楼进行供暖，其他处理车间采用电暖片供暖。

（3）运行处理效果

项目总投资为 9340 万元，单位总成本 8.4 元/t，单位经营成本 2.75 元/t。投入运行后出水能够稳定达到北京地标一级 A 的标准。

（4）结论

京标一级 A 标准，出水标准高，北方地区冬季低温条件下，对处理工艺的考验较大，采用 A/A/O-MBR-臭氧活性炭吸附工艺处理乡镇生活污水，出水能够达到京标一级 A 标准，可为该出水标准下的乡镇污水处理厂的设计提供一定参考。

4.1.5.9 混凝沉淀 + 水解酸化 + Bardenpho + MBR + RO 组合工艺处理 TFT-LCD 生产废水[24]

（1）工程概况

液晶显示面板（TFT-LCD）作为目前平板显示的主流产品，其生产工艺会使用多种化学品和清洗剂，在生产取得经济效益的同时也会带来新的环境问题。TFT-LCD 生产工艺中使用的有机溶剂占该类废水中有机物总量的 33%以上。TFT-LCD 生产废水主要来源于液晶显示器生产过程中玻璃基片涂胶前清洗、显影、酸刻、脱膜等多道水洗工序，这些工序会产生各类高浓度废液和含氟含磷的酸性无机废水、低污染清洗水，同时还产生 85%以上以碱性为主的有机废水。由于 TFT-LCD 生产工艺复杂，废水处理难度大，目前大部分企业会对低污染清洗水进行收集，经处理后回用于纯水制备系统。除低污染清洗水之外，企业还会对酸性无机废水和有机废水（统称生产废水）进行收集，但是由于生产废水处理难度较大，收集的生产废水大多会直接经过企业废水站处理后排入市政管网，从而导致大部分生产废水无法得到有效回用。

某电子液晶显示器科技有限公司采用第 8.5 代薄膜晶体管液晶显示器件（TFT-LCD）生产线配套工程。该生产线外排分为 3 股废水，包括酸碱废水（AWW，6800m^3/d）、有机废水（OWW，11200m^3/d）和含氟废水（FWW，6000m^3/d）。

由于 TFT-LCD 生产工艺的不同，生产过程所需投加的化学药品种类和药剂量也会不同，从而导致不同生产工艺排放的废水水质也会存在差异。由于此类废水处理难度较大，为确保处理工艺的有效性及经济性，往往会在生产源头根据废水种类及污染程度进行精细分类，目前此类原水精细分类收集种类可达 20～30 种。本工程案例是根据第 8.5 代 TFT-LCD 生产废水性质以及相应环评要求进行的基本分类。在本工程案例中，根据原水水质特性，最终生产线外排原水归纳为 3 类，包括酸碱废水（AWW）、含氟废水（FWW）和有机废水（OWW）。

酸碱废水主要指 RO 浓缩废水、酸碱再生废水和循环冷却系统排水，主要污染物为酸碱、盐类、阻垢剂等。

含氟废水主要指废气洗涤塔、阵列湿法刻蚀工序等排放的废水，主要污染物为磷酸盐、硝酸盐、氟化物等。

有机废水主要指阵列清洗工序、阵列光刻工序、阵列剥离工序、成盒工程、彩膜显影工序、彩膜清洗工序等排放的废水，主要污染物为乙醇、异丙醇、丙酮、RGB 染料、四甲基氢氧化铵（TMAH）、丙二醇甲醚醋酸酯（PGMEA）、季铵盐等有机化学品。

其中，有机废水和含氟废水经预处理、物化处理、生化处理和深度处理后，出水指标需达到《地表水环境质量标准》（GB 3838—2002）Ⅳ类标准要求，作为冷却塔补水，回用于周边企业，实现区域中水回用。酸碱废水经 pH 值调整处理后，与 RO 浓水混合，尾水排放至市政污水管网。

（2）工艺设计流程及相关参数

工艺流程如图 4-14 所示。

酸碱废水、含氟废水、有机废水原水水质见表 4-16。

本工程案例的出水作为再生水回用，其出水指标按现行国家标准《地表水环境质量标准》（GB 3838—2002）中的Ⅳ类标准执行，见表 4-17。

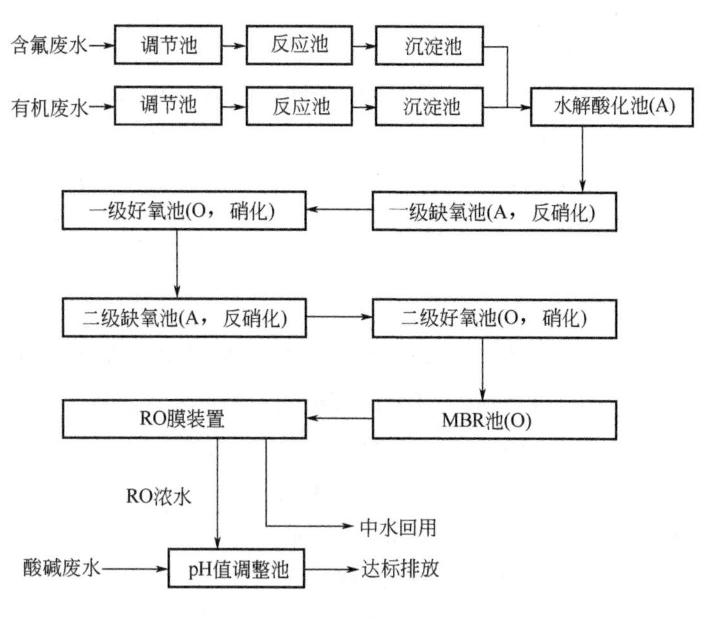

图 4-14 废水处理工艺流程

表 4-16 废水原水水质

项目	FWW	OWW	AWW
pH 值	1.4～2.7（2.2）	1.4～10.5（6.1）	1.9～12.6（7.7）
BOD_5/（mg/L）	＜227.52	＜819.6	—
COD/（mg/L）	＜753.48	＜2000	＜63.6
SS/（mg/L）	＜21.6	＜12	＜68.4
TN/（mg/L）	＜121.32	＜63.6	—
NH_3-N/（mg/L）	＜77.64	＜40.68	—
TP/（mg/L）	＜17.52	—	—
F/（mg/L）	＜71.76	—	—
Cu/（mg/L）	＜7.98	—	—

表 4-17 出水水质指标

水质项目	水质指标
pH 值	6～9
COD/（mg/L）	≤30
BOD_5/（mg/L）	≤6
氨氮（NH_3-N）/（mg/L）	≤1.5
总磷（以 P 计）/（mg/L）	≤0.3
总氮（以 N 计）/（mg/L）	≤1.5
SS/（mg/L）	≤5
氟化物（以 F^- 计）/（mg/L）	≤1.5

1）预处理及物化处理单元

含氟废水调节池，平衡水量，均衡水质。2间，钢筋混凝土结构，有效容积7200m^3，HRT=19.2h，内设一级提升泵3台。

有机废水调节池，平衡水量，均衡水质。3间，钢筋混凝土结构，有效容积7200m^3，HRT=15h，内设一级提升泵3台。

酸碱废水调节池，平衡水量，均衡水质。3间，钢筋混凝土结构，有效容积2400m^3，HRT=8h，内设一级提升泵3台。

应急事故池，储存事故性排污，防止环境污染事故发生，提高环境安全性。3间，钢筋混凝土结构，有效容积8800m^3，HRT=18h，内设应急事故泵2台。

含氟废水反应槽，规格为4200mm×3500mm，数量为4级8间，一、二级共16间，钢筋混凝土结构，有效容积52m^3，HRT=23min/级。

有机废水中和反应池，规格为4200mm×4200mm×4500mm，数量为4级8间，钢筋混凝土结构，有效容积74m^3，HRT=19min/级。

物化处理系统配套智能高效澄清器、反应搅拌器、污泥回流及外排泵、配套仪表等设备。

2）生化处理单元

水解厌氧池，设计规模17200m^3/d，容积负荷N_V=0.8kgBOD/（m^3·d）。规格54000mm×9000mm×7000mm，3间，钢筋混凝土结构，总有效容积7700m^3，HRT=8h；泥水混合动力采用水下搅拌器。为提高废水处理效率，设有单独的污泥回流系统，回流比30%。

一级缺氧脱氮池，规格9000mm×18000mm×6500mm，6间，缺氧池容积V_{AN1}=5100m^3。停留时间HRT_{AN1}=7h，反硝化负荷S_{DNR}=0.02kgNO_3-N/（kgMLVSS·d），设计污泥浓度6500～8000mg/L。

一级好氧池（碳化），规格36000mm×9000mm×6500mm，6间，总有效容积10200m^3。停留时间HRT=14.4h，BOD_5污泥负荷L_S=0.194kgBOD_5/（kgMLVSS·d），污泥浓度6500～8000mg/L。

二级缺氧脱氮池，规格13500mm×9000mm×6500mm，4间，缺氧池容积V_{AN2}=3480m^3。停留时间HRT_{AN2}=4.86h，反硝化负荷S_{DNA}=0.02kgNO_3^--N/（kgMLVSS·d），设计污泥浓度6500～8000mg/L。

二级好氧池（硝化），规格30850mm×9000mm×6500mm，4间，总有效容积8100m^3。水力停留时间HRT=11.34h，BOD_5污泥负荷L_S=0.06kgBOD_5/（kgMLVSS·d），污泥浓度6500～8000mg/L，污泥龄35d（COD负荷），气水比=10∶1。

MBR池，池体规格9000mm×9000mm×6500mm，4间，总有效容积1900m^3。污泥回流比400%；混合液回流比（内回流比）：最大回流比为200%。

生化处理系统配套鼓风机、微孔曝气器、水下搅拌器、一级A/O混合液回流泵、二级A/O混合液回流泵、MBR膜组件、MBR产水泵及反洗泵、配套仪表等设备。

3）废水深度处理单元　MBR出水池，缓冲MBR出水。1间，钢筋混凝土结构，有效容积1200m^3，HRT=2h。

活性炭过滤器（ACF）+RO 膜装置，主要去除残余有机物和硝态氮，满足达标排放要求；同时去除大部分无机盐，并进一步去除胶体、有机物及微生物等。设计规模 17200m^3/d；反渗透膜选用进口抗污染型复合膜，其脱盐率为 97.5%～99.5%；RO 专用压力容器采用玻璃钢材质。反渗透设备 3 套，每套出力 180m^3/h（最大出力 200m^3/h），采用一级两段式运行方式，分段比为 3∶2。原水回收率取 70%。原水处理能力 716.7m^3/h，总产水能力 17200m^3/d。

回用清水池，2 座，钢筋混凝土结构，总有效容积 2400m^3，HRT=2h（前端设置接触时间大于 30min 的接触消毒池）。

监测排放水池，1 座，钢筋混凝土结构，总有效容积 300m^3。

（3）运行处理效果

本工程案例于 2013 年 8 月通过环保验收。系统稳定运行后，出水 COD 为 3.0mg/L，NH_3-N 为 0.26mg/L，TN 为 0.87mg/L，TP 为 0.01mg/L，RO 膜回收率达到 70%，各工艺段出水水质均达到设计要求，出水水质良好，运行效果稳定。2016 年 12 月水质监测数据见表 4-18。

表 4-18　2016 年 12 月水质监测数据

工艺段	pH 值	COD/（mg/L）	NH_3-N/（mg/L）	TP/（mg/L）	TN/（mg/L）
物化处理	8.50	1505.20	28.43	1.28	55.75
水解酸化	6.98	457.00	25.59	0.71	44.65
一级 A/O	6.74	116.00	11.12	0.44	17.25
二级 A/O	6.69	90.00	8.38	0.28	15.62
MBR	6.97	35.00	7.15	0.02	14.91
活性炭过滤器（ACF）	7.07	38.00	7.92	0.02	15.51
RO	6.08	3.00	0.26	0.01	0.87

本工程案例总投资约为 43000 万元，其中建筑工程投资约为 23000 万元，设备投资约为 15000 万元，其他（设计、安装、调试等）约为 5000 万元。

运行费用包括电费、药剂费、人工成本等。该厂废水产量为 24000m^3/d，实际电费约为 2698 万元/（a•m^3），药剂费约为 2895 万元/（a•m^3），人工成本约为 667 万元/（a•m^3），污泥处置费约为 1130 万元/（a•m^3），自来水费约为 26 万元/（a•m^3），综合大修费约为 503 万元/（a•m^3），折旧费（按 20 年折旧考虑）约为 2152 万元/（a•m^3），合计总运行费用约为 20600 万元/年，回用水折合单价约为 16.15 元/m^3。

（4）结论

本工程案例为处理 TFT-LCD 生产企业排放的工业废水，水量波动大，水质成分复杂，处理难度较大；同时作为国内同类废水中首座处理水质要求达到地表水Ⅳ类标准的废水处理厂，也为本项目的设计提出了巨大挑战。实践证明，采用物化+水解酸化+Bardenpho+

MBR+RO 组合工艺处理第 8.5 代 TFT-LCD 生产废水，运行稳定，处理效果好，中水回用率达到 70%，可以为其他同行企业实现 TFT-LCD 生产废水回收利用起到一定的参考作用。

4.2 连续微滤水处理技术

4.2.1 连续微滤技术相关概念、原理及特点

4.2.1.1 连续微滤技术相关概念

连续微滤（continuous microfiltration，CMF）技术，是一种新型的膜分离工艺过程。连续微滤系统是以中空纤维微滤膜为中心处理单元，配以特殊设计的管路、阀门、自清洗单元和自控单元等，通过模块化的结构设计，采用错流过滤方式和间歇式自动清洗（气、水洗工艺）的系统，组合成的一整套封闭连续的膜过滤系统，可达到物理分离的目标。

4.2.1.2 连续微滤技术原理

CMF 技术是一种物理分离过程，是依靠压力为推动力进行过滤的处理技术，过滤后的水具有极好的卫生学指标，处理效果极其稳定可靠。当原水水质不稳定或膜工作一定时间后，膜污染超过它的设定指标时会自动强制冲洗，以保证稳定的产水量和保护膜的使用寿命。

CMF 技术是靠水泵在膜的一侧施加一定的压力，使净水透过膜的过滤方式。CMF 单台设备的膜组件数量 3～112 根。CMF 采用气水联合反洗。一般 18～40min 用压缩空气反冲一次，反冲时压缩空气由中空纤维膜内吹向膜外。USFilter 膜的正常使用寿命大于 5 年。CMF 再生水回用处理方法是利用 0.2μm 或 0.04μm 的过滤屏障，可有效去除 SS、不溶性 COD 及 BOD，还能有效去除细菌，去除率达 99.999%，滤后水质稳定，不受进水水质的影响。CMF 技术基本是一个无药工艺过程[25]。

4.2.1.3 连续微滤技术特点

CMF 技术由微滤膜柱、压缩空气系统和反冲洗系统以及 PLC 自控系统等组成，具有如下独特的特点。

① 设备控制简便，系统自动化控制程度高，可以降低劳动强度和劳动成本及运行费用[26]。

② 占地面积小、结构紧凑，模块化设计可根据用户需求灵活地扩大或缩小。

③ 高抗污染的 PVDF 膜材料，耐氧化，使用寿命长。

④ 独特的在线气水双洗方法，优异的膜通量恢复率。

⑤ 与传统常规方法比，不需投加大量化学药剂，出水中不含化学残留物，安全环保，节省投资，运行费用低廉。

⑥ 可采用氧化性清洗剂进行系统清洗。

⑦ 产水水质高：浊度≤0.5NTU，SDI≤3，悬浮物＜5mg/L。

⑧ 可以作为反渗透的预处理系统，替代传统的絮凝、机械过滤、精滤工艺，可减少设备占地面积，产水水质高并且水质稳定，可以延长反渗透系统的使用寿命。

4.2.2 连续微滤工程应用案例分析

4.2.2.1 CMF系统处理生活污水厂二级出水[27]

（1）工程概况

本试验的原水取自北方地区某城镇生活污水处理厂，该污水处理厂采用SBR工艺处理污水，系统运行稳定，出水达到设计的排放标准（城镇污水厂二级排放标准）。本试验以其二级出水为原水，通过CMF系统进行深度处理，以期达到回用的标准，并以此来考察膜元件在长期工作中的受污染情况。

（2）工艺设计流程及相关参数

本试验的工艺流程如图4-15所示。

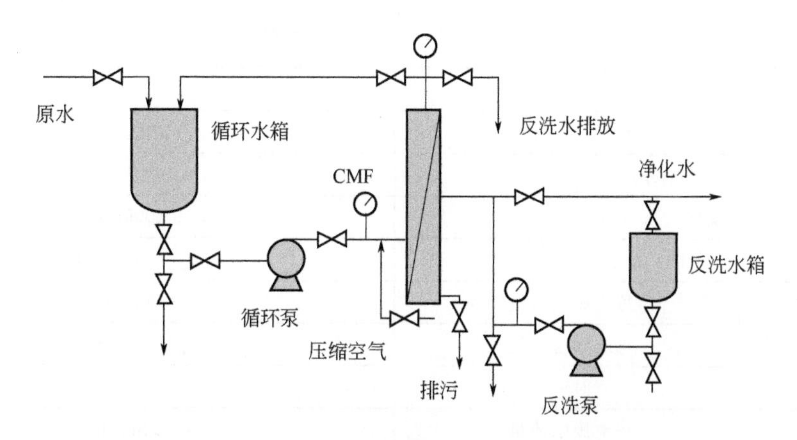

图4-15 连续微滤（CMF）系统工艺流程

SBR出水经过盘式过滤器预过滤去除砂土等大颗粒物后，进入循环水箱。经过循环水泵加压后进入CMF膜柱，经过滤分离出滤过水和浓水，一部分滤过水暂存于反洗水箱中，供给反洗用，其余滤过水进入产品水箱，浓水回流至循环水箱。CMF系统可自动运行，系统由PLC控制，完成过滤、气水双洗、水反冲、排污等过程。

CMF采用的膜组件（膜柱）见图4-16，内装中空纤维膜，膜外径1200μm，内径700μm，膜表面积40m^2。膜材质为PVDF，水由中空纤维外侧向膜内渗透，工作压力范围为40～200kPa。

盘式过滤器：过滤精度100μm，工作压力2.2MPa，工作30min反洗1次，反冲洗时间12s。

CMF系统产水量：6m^3/h。MOFIVB膜组件材料为PVDF，数量3支，膜孔径0.2μm。

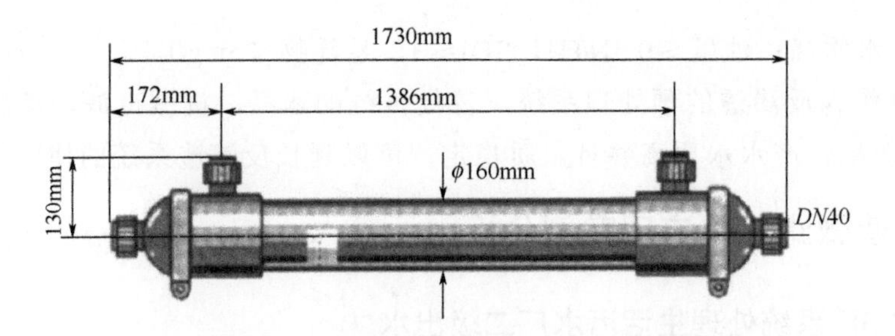

图 4-16　MOF1616 型膜组件尺寸示意

CMF 运行工艺如图 4-17 所示，运行参数见表 4-19。

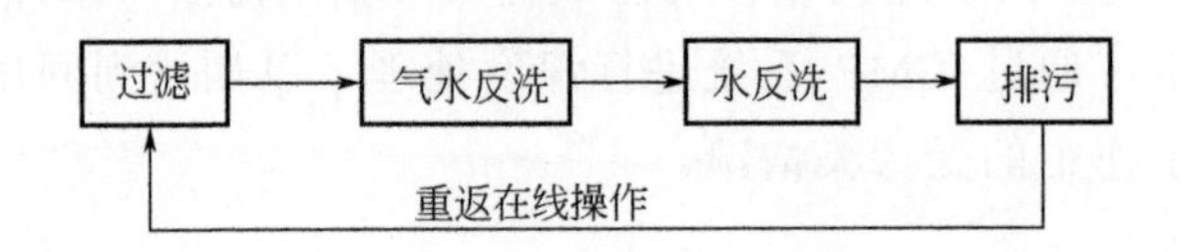

图 4-17　CMF 运行工艺

表 4-19　CMF 系统运行参数

项目		运行参数
运行方式		错流过滤
控制方式		恒流量
每支膜产水量设定		2000L/h
反洗水压力		0.03～0.05MPa
气水反洗	每支膜气流量	$5m^3/h$
	每支膜水流量	$0.4m^3/h$
	时间	35s
水反冲	每支膜水流量	$2.3m^3/h$
	时间	30s
排污时间		25s

（3）运行处理效果

① COD 去除效果。COD 是污水处理中重要的指标，测试结果（见图 4-18）表明，CMF 系统对 COD 的去除率为 24.1%～65.6%，平均去除率在 30%以上，截留率较高。这说明，CMF 系统的产水胶体浓度低，可作为 RO 系统的预处理。

② 水中颗粒物去除效果。试验测试结果表明，CMF 系统产水的 SS 含量均小于 1mg/L 或未检出，说明膜系统能很好地截留悬浮物。此外，颗粒计数也是反应水质好坏的重要指标之一，因此本试验中采用颗粒计数仪对 CMF 系统的运行效果进行了检测分析。

在试验中期，采用颗粒计数仪对 CMF 产水的颗粒数进行了测试。以 2μm 为例，结果显示原水 2μm 颗粒在 16000 个/L 左右。系统运行初期，产水颗粒数接近 50 个/L，在系统运行稳定后，产水 2μm 颗粒数稳定在 40 个/L 以下，说明 CMF 系统运行稳定，对水中颗粒物截留效果明显。

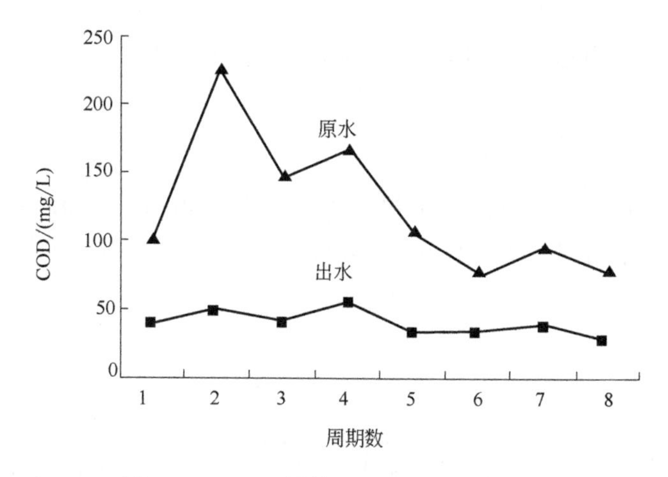

图 4-18 CMF 系统对 COD 的去除效果

③ 浊度去除效果。从试验数据曲线（图 4-19）可看出，膜过滤后的产水具有稳定的浊度值，基本都保持在 0.2NTU 左右，说明 CMF 对于浊度有着较好的去除效果，膜法处理污水厂达标二级排放水可以保证较好的感官性能。

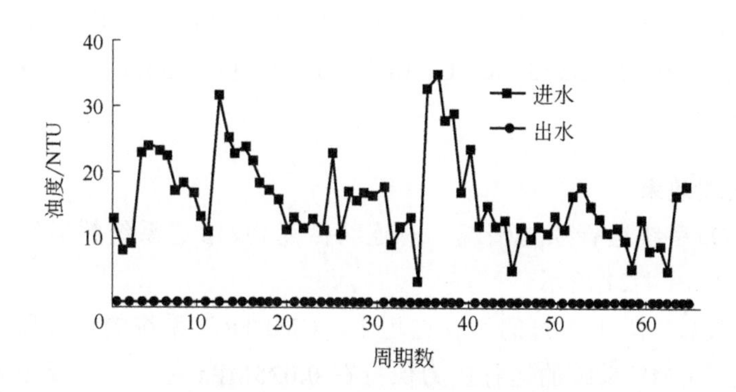

图 4-19 CMF 系统进出水浊度变化

(4) 结论

应用 CMF 系统处理污水厂达标二级排放水能有效去除 SS、浊度，降低水的 COD，可以得到质量较好的产水。连续微滤（CMF）工艺是较成熟的工艺，设备运行稳定，可实现自动运行，维护管理方便。

4.2.2.2 连续微滤+反渗透技术回用印染废水[28]

(1) 工程概况

废水来源于南通某印染企业二沉池出水，该印染企业主要从事短纤、长丝坯布、色织布、绒布以及精、粗毛布的生产与销售，废水主要来源于染色工段，主要成分为COD、BOD_5、色度等，COD的浓度在1200～1800mg/L，色度在300～450PCU。采用水解酸化+接触氧化+砂滤池工艺进行废水处理，经处理出水水质达到膜处理装置的进水要求（pH=6～9，COD≤180mg/L，BOD_5≤25mg/L，SS≤70mg/L）。

（2）工艺设计流程及相关参数

连续微滤（CMF）选用天津膜天膜工程技术有限公司研制的内压式聚偏氟乙烯中空纤维滤膜组件（160mm×1730mm）1根，膜表面积为$40m^2$，CMF运行的工艺流程见图4-20。反渗透膜采用陶氏TW30-4014膜组件，反渗透装置由高压泵、2段RO膜及出水箱组成。

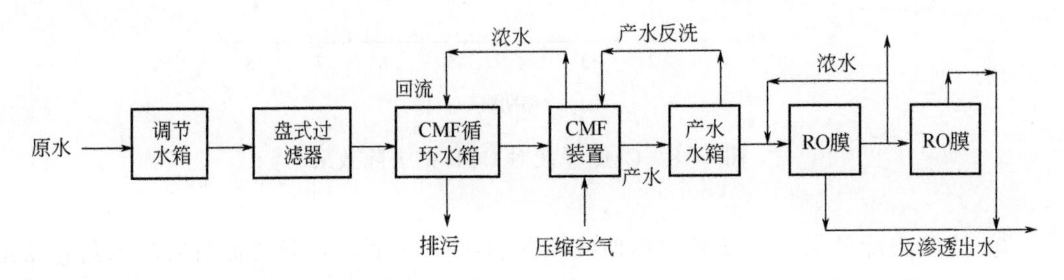

图4-20 连续微滤+反渗透系统的工艺流程

CMF进水为原污水处理系统水解酸化+接触氧化+砂滤池的出水，水质指标为：COD 168.2mg/L，浊度20NTU，SS63.2mg/L，pH值6～9，色度30PCU。RO试验进水为本试验中的连续微滤产水。

（3）运行处理效果

① CMF+RO系统运行压力情况。对连续微滤+反渗透系统的运行压力进行跟踪测定，其变化情况如图4-21所示。

由图4-21可见，在1个月的运行过程中，CMF+RO系统的运行压力变化很小，运行情况十分稳定。CMF系统的运行压力保持在0.035MPa左右，主要因为连续微滤采用了恒流量运行方式；RO系统的运行压力保持在1.1MPa左右。

② CMF+RO系统对COD的去除效果。连续跟踪监测CMF+RO系统对COD的去除效果，CMF+RO系统运行过程中进出水的COD变化情况如图4-22所示。

由图4-22可见，CMF进水的COD值存在较大的波动，通过微滤膜的截留作用，出水的COD值基本稳定在160mg/L上下，保证了连续微滤膜出水水质具有较高的稳定性；RO产水完全满足印染工艺用水标准对COD_{Cr}的要求。

CMF和RO对COD_{Cr}的去除完全依靠物理截留作用，进水COD_{Cr}的浓度高低对CMF产水的COD_{Cr}浓度有直接影响。因此，必须进一步加强印染废水的原预处理工艺，确保其出水的稳定性，以保障深度处理膜系统的安全运行。

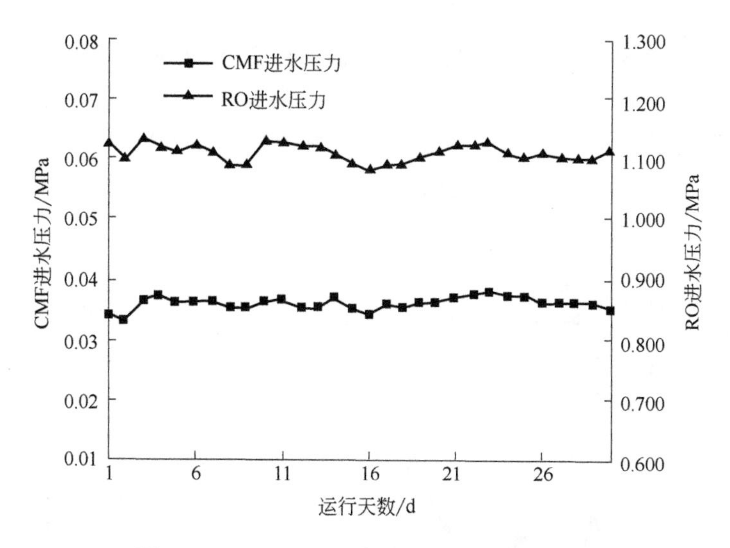

图 4-21　CMF+RO 系统运行压力变化情况

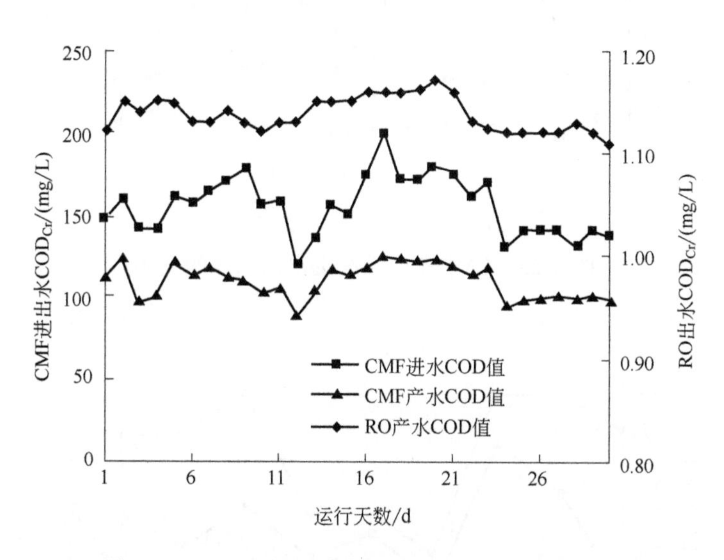

图 4-22　CMF+RO 系统进出水 COD 的变化情况

③ MF+RO 系统对浊度的去除效果。CMF+RO 系统进出水浊度的变化情况如图 4-23 所示。

从图 4-23 可以看出，砂滤处理后的印染废水经过 CMF 系统处理后，浊度大幅度降低，最低 0.15NTU，去除率最高达 97.9%，满足 RO 进水对浊度的要求。RO 产水浊度平均只有 0.11NTU，满足印染工艺用水对浊度的要求。

④ CMF+RO 系统对色度的去除效果。

CMF+RO 系统进出水色度比较如图 4-24 所示。从图 4-24 可以看出，CMF 进水色度较高，过滤后 CMF 产水色度降低到平均 6.6PCU。RO 系统对色度有较好的去除率，RO 产水的色度未检出。反渗透系统对色度的去除效果很好且稳定，原因是产生色度的污染物多数是含有苯环和双键等发色基团的有机物，其分子量大、结构复杂，且空间尺寸较大，而反渗透膜结构致密，化学性质稳定，在压力驱动下反渗透膜只能通过溶剂分子和相对分子质量较小的溶质分子和离子，故反渗透膜能高效地截留有机物。此外，这些带有发色基团的有机物的物理化学参数（如极性参数、非极性参数、Hammet数或 Taft 数等）会增大其与膜材料之间的排斥力使分离度增加，故反渗透工艺能较彻底地脱除色度。

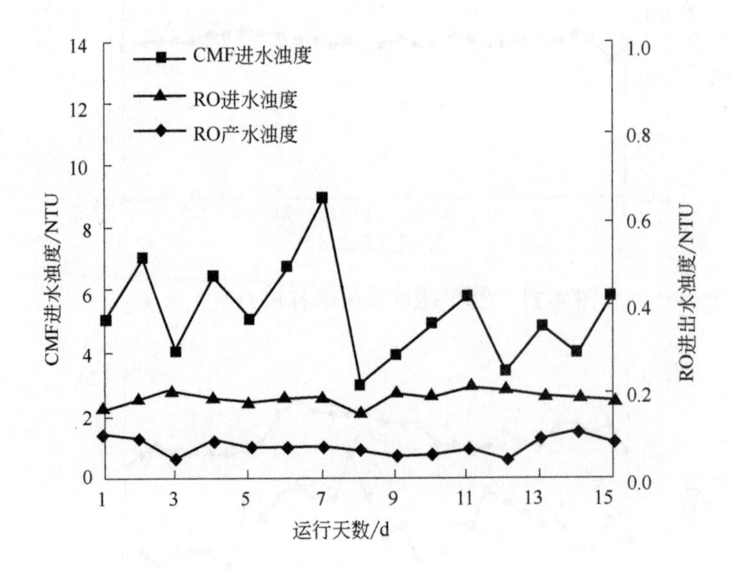

图 4-23　CMF+RO 系统进出水浊度的变化

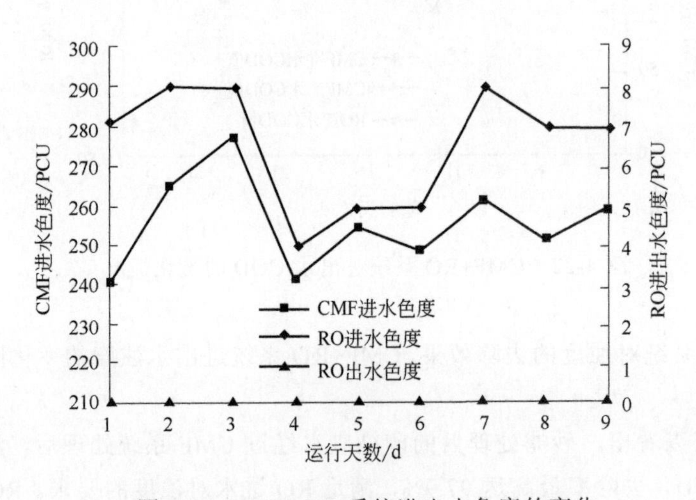

图 4-24　CMF+RO 系统进出水色度的变化

⑤ CMF+RO 系统出水电导率变化。为考察 CMF+RO 系统对电导率的影响，对 CMF+RO 系统进出水水质的电导率进行跟踪监测，试验结果如图 4-25 所示。

从图 4-25 可以看出，CMF 产水电导率很高，平均为 5256μS/cm，RO 产水电导率平均为 58μS/cm，RO 脱盐率高达 99%。电导率表征物体传导电流的能力，溶液的电导率等于溶液中各种离子电导率之和，因此电导率可以间接衡量溶液中离子的总含量。微滤膜对溶液中溶解的离子是无法截留的，RO 膜则具有非常优秀的脱盐能力，能完全去除水中的二价离子，对水中的一价离子也有很好的去除能力。所以，CMF 系统产水电导率较高，而 RO 系统产水电导率很低。

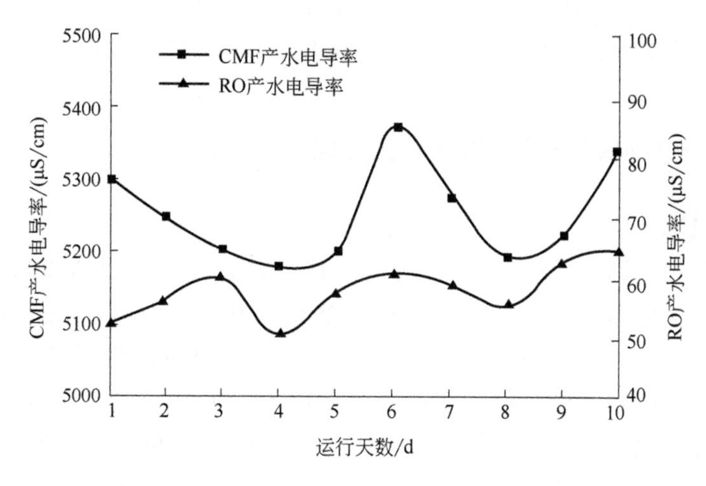

图 4-25　CMF+RO 系统进出水电导率的变化

⑥ 水质量比较。将自来水、预处理水、连续微滤系统产水、反渗透系统产水的水质进行比较，结果见表 4-20。从表 4-20 中可以看出，反渗透对水中的大部分污染物均具有很高的去除率，对于常见的 SO_4^{2-}、Cl^-、Ca^{2+}、Mg^{2+}等常见离子去除率均大于 99%，产水的色度、浊度、COD 等指标无法检测出，产水水质优于自来水水质，完全满足纺织印染工艺的要求。

表 4-20　CMF 产水、RO 产水、自来水水质比较结果

水质指标	CMF 产水含量	RO 产水		自来水含量
		含量	与 CMF 产水相比去除率	
SO_4^{2-}	480mg/L	1.2mg/L	99.7%	35.5mg/L
Cl^-	580mg/L	2.8mg/L	99.5%	19.3mg/L
Ca^{2+}	96mg/L	0.8mg/L	99.2%	120mg/L
硬度	360mg/L	250mg/L	99.3%	160mg/L
COD	130mg/L	未检出	100%	10mg/L
总 Fe	1.2mg/L	未检出	100%	0.04mg/L
总 Mn	0.6mg/L	未检出	100%	＜0.01mg/L
电导率	5200μS/cm	100 μ S/cm	98.1%	240 μ S/cm
浊度	0.1NTU	未检出	100%	0.51NTU
色度	5 倍	未检出	100%	＜5 倍

（4）结论

印染废水二级生化处理后达标的废水，采用连续微滤+反渗透处理工艺，系统运行稳定，出水色度、浊度均未检出，对 COD、盐度的去除率均达 99%以上，出水水质完全满足纺织印染工艺的要求，可回用于印染生产的各工艺环节。

将连续微滤+反渗透系统的产水水质与自来水水质进行比较，产水水质优于自来水水质。为提高印染废水的回用量，降低运行成本，可将 CMF 产水、RO 产水、自来水按照比例混合调配使用。

4.2.2.3 电解-交换吸附-连续微滤深度处理重金属废水[29]

（1）工程概况

豫西某市的钼、钨、锌、镍等有色金属精选、加工工业聚集区，2005 年投资兴建工业聚集区废水集中处理与回用工程，该工程自 2007 年 9 月通过验收，三个月试运行，2007 年 12 月正式投入使用，至 2009 年 7 月期间运行良好，能够达到预期要求。本工程将各企业排出的重金属废水依据企业不同分为 A、B、C、D、E 五类，经监测废水中含有的金属及类金属元素包括砷、镉、铬、钼、镍、铅、锑、锡、硒、锶、铊、锌、钒、铋等，废水中重金属离子的质量浓度为 0.001～52.24mg/L。其中 C 类废水中砷含量最高，达 7.710mg/L，A 类废水中铬含量最高，达 0.819mg/L；D 类废水含重金属种类最复杂。以上五类废水对环境污染危害后果十分严峻。工程目的是对该区废水进行深度处理并回用，最终实现零排放，消除该废水对环境的负面影响。

以废水水质指标实际监测结果的最大值作为本工程设计进水水质，如表 4-21 所列，pH 值为 4.0。

表 4-21 设计进水水质 单位：mg/L

项目	Ag	As	Bi	Cd	Co	Cr	Cu	Mn	Mo	Ni	Pb	Sb
水质指标	0.001	7.710	0.203	0.024	0.008	0.818	0.088	0.056	9.289	0.016	0.012	0.146
项目	Se	Sn	Sr	Ti	Tl	V	Zn	Ca	Fe	Mg	Na	Al
水质指标	52.24	0.017	0.239	0.005	0.337	0.007	0.026	103.7	0.094	135.0	1568	1.254

设计出水水质主要指标参照《污水综合排放标准》一级排放标准的要求并且严于该标准进行设计，如表 4-22 所列，pH 值为 6.0～9.0，色度为 50 倍。

表 4-22 设计出水水质 单位：mg/L

项目	总镉	总铬	总砷	总铅	总镍	总银	总铜	总锌
水质指标	0.005	0.160	0.5	0.005	0.003	0.001	0.001	0.005
项目	总锰	总硒	悬浮物	BOD	COD	氨氮	氟化物	
水质指标	0.001	0.1	70	20	100	15	10	

（2）工艺设计流程及相关参数

根据该工业聚集区企业分散的实际情况和排水水质特性，确定在净化厂内集中对废水进行处理至无害化程度，并回用至各生产企业作为冷却水的补充用水或洗涤用水循环使用，不外排，把环境危害减小至零。因此采用电解-交换吸附-CMF 工艺对该废水进行深度处理，工艺流程如图 4-26 所示。

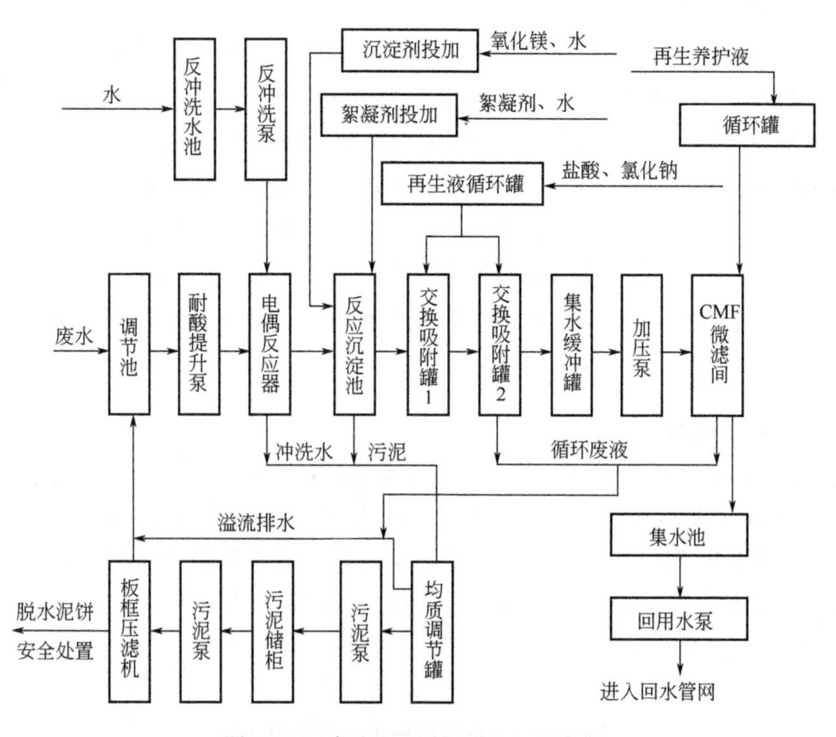

图 4-26 废水处理与回用工艺流程

本工艺设计废水处理与回用水设施主体由调节池、电偶反应器、混凝反应沉淀池、交换吸附罐、CMF 微滤间、回用水泵房和污泥浓缩脱水处理系统等构成。

废水水质经调节池调节后，利用耐酸提升泵打入电偶反应器，电偶反应器是一个底面直径 1.7m、高 7.2m 的柱形金属罐体，里边装有粒径在 5～10mm 范围的废铁屑和木炭填料。

在酸性废水中铁和炭发生微电解反应。新生的 Fe^{2+}是一种强氧化剂，可迅速将其他重金属离子还原。电偶反应器在处理重金属废水时可将 Cr^{6+}近似 100%地还原成 Cr^{3+}，在处理含 As、Zn、Pb 等重金属离子废水时，重金属离子的去除率可达 90%以上。并且 Fe^{2+}替代酸性废水的 H^{+}，可与酸根形成铁盐，从而提高了废水的 pH 值，有利于后续工艺的有效运行。经电偶反应器处理的废水由重力流进入反应沉淀池，一部分金属离子与共沉剂反应，产生胶体物质，分散在反应池中，加入絮凝剂，由絮凝剂的吸附架桥作用使分散的胶体颗粒聚集成大颗粒物质沉淀，可进一步去除一部分金属离子和有机悬浮物。沉淀后的清水利用重力流进入交换吸附阶段，在交换吸附阶段设置两套吸附设备。

腐殖酸树脂吸附交换罐：吸附交换停留时间 0.75h，罐体底面直径 1.8m，高 6.96m，分两层装腐殖酸系树脂填料，填料粒径 2mm，装填孔隙率 33.33%。填料再生周期为 72h，更换周期为 2 年。

钠基斜发沸石吸附交换罐：吸附交换停留时间 0.75h，该罐体尺寸与腐殖酸系树脂吸附交换罐相同，也分两层装填料，钠基斜发沸石的粒径为 2mm，装填孔隙率 25.93%。填料的再生周期为 120h，更换周期为 3 年。

两种吸附交换罐均设两套，一套运行，一套再生。腐殖酸系树脂吸附交换罐采用质量浓度为 0.5mg/L 的硫酸和浓度为 1mol/L 的氯化钠溶液洗脱再生，再生时间为 3h/次，再生液使用量 $12m^3$/次；钠基斜发沸石吸附交换罐采用质量浓度为 0.5mg/L 的盐酸和质量浓度为 1mg/L 的氯化钠溶液洗脱再生，再生时间为 3h/次，再生液使用量 $12m^3$/次。

经过吸附处理过的废水，由重力流进入集水缓冲罐，利用加压泵高压打入 CMF 微滤间，进行深度处理。采用陶瓷管式微滤膜组件，单根膜管长度为 1016mm，外径为 41mm，单根膜面积为 $0.45m^2$，单根膜管通量为 $0.4275m^3/h$，过滤速率为 $0.05m^3/(m^2 \cdot h)$，采用化学清洗再生。

（3）运行处理效果

该工程自 2007 年 9 月通过验收，3 个月试运行，2007 年 12 月正式投入使用，出水水质监测结果如表 4-23 所列，处理后的水质指标符合《污水综合排放标准》。采用深度处理设施对废水进行深度处理，出水水质完全可以满足冷却循环水的补充用水和洗涤水的水质要求，出水基本全部送入区内中水回用管线，最终送入区内各企业回用，回用率达到预期要求。

表 4-23　处理后出水水质监测结果

项目	Cd /（mg/L）	Cr /（mg/L）	As /（mg/L）	Pb /（mg/L）	Ni /（mg/L）	Zn /（mg/L）	Se /（mg/L）	COD /（mg/L）	BOD /（mg/L）	SS /（mg/L）	pH 值
水质指标	0.005	0.165	0.5	0.002	0.003	0.005	0.1	100	20	70	6～9

在试运行阶段对反应沉淀池后和交换吸附罐 2 后采样监测，发现两处水质变化不大，特别是类金属砷和硒的浓度仍然较高，两个交换吸附罐没有完全起到对重金属离子的吸附作用，其原因是：该区域所排废水 pH 值较低，经电偶反应器处理后废水中 H^+仍有大量剩余，在过酸的环境下，钠基斜发沸石和腐殖酸系交换树脂对重金属离子的吸附效率较低，故而两个采样点水质差别不大，影响了整体的排水水质。因此，在进入交换吸附罐 1 之前，应该首先调节 pH 值为 7～8。自正式运行至 2009 年 7 月，系统运行正常。

该区域所排废水中，重金属种类较为复杂，但浓度较低，甚至可满足《污水综合排放标准》的要求，只有类金属砷和硒超标较为严重，考虑到重金属的富集性和中水回用的要求，必须对其进行深度处理，排水水质要求严于《污水综合排放标准》。利用交换吸附的方法处理低浓度重金属废水，效果较差，因此必须借助于化学或物理化学方法来达到处理此类废水的要求。例如，利用电偶反应器，操作简便，处理效果好，后续的交换吸附能够进一步吸附掉电偶反应过程中的反应产物和类金属离子，两者结合是处理此类废水优选的方法。

该工艺设计日处理废水 600m^3，每年运行 300d，设备折旧率为 6.6%。全套设备及辅助费用预计投资需要 667.821 万元，其他费用 112.560 万元（含职工培训费、联合试车费、研究设计费、办公配置费等）。废水处理与回用水设施原辅材料、动力消耗估算为 62.57 万元，估算工程运行总成本为 142.46 万元（折吨水处理成本为 7.91 元/m^3）。

其中废水回用系统设备投资 194.853 万元，按 15 年折旧期，折旧率 6.6%计算，折吨水处理总成本为 0.05 元/m^3；微滤膜清洗液每吨 5000 元，每年需 10t（折吨水处理总成本为 0.28 元/m^3），所以废水回用系统水处理的成本为 0.33 元/m^3。

目前工业用水收费标准为每吨 1.94 元，每吨回用水的成本仅为 0.33 元，每吨水可节约成本 1.61 元，该区域每年可节约成本 28.98 万元，并且能够对水资源充分利用，达到节能减排的目的。

（4）结论

经该工艺处理的废水，出水水质能够达到预期要求，并且完全可以满足冷却循环水的补充用水和洗涤水的水质要求；中水回用系统处理成本低廉，每年可节约成本 28.98 万元，符合节能减排的要求；该工艺对重金属的处理效率高，平均能够达到 90%以上，基本实现零排放；电偶反应器之后废水酸度碱度应调节至 pH 值为 7～8，有利于提高两套吸附设备的吸附效率。

4.3 双膜法水处理技术

4.3.1 双膜法简介

双膜法水处理技术，即超滤[30]与反渗透[31]联合使用的技术俗称，属于膜分离技术的一种，用于污水深度处理回用的工程之中。双膜法是围绕先进的膜科技而提出的全新水处理工艺，可使大部分的工业污水得到回用，它将不同的膜工艺有机地组合在一起，经过合理的深度处理后，出水达到一定的水质标准，满足回用于生产工艺用水的要求。双膜法适用于以分离、浓缩、净化为目的的各种生产工艺中，可使传统意义的“污水处理”转变为“污水回用”，实现真正意义的污水回用[32]。

双膜法技术可以有效去除废水中的悬浮物、微生物、有机物等，最后产水可用作工业生产用水、循环冷却水及生活杂用水等[33]。

4.3.2 双膜法技术特点

双膜法技术同时具备了两种膜处理技术的特点[34]：

① 采用的高分子材料中空纤维膜和抗污染反渗透膜，抗压、抗污染能力强，使用

寿命长；

② 分离能力强，可有效截留微粒、细菌、盐分、有机物、难降解化合物，脱盐率高，出水水质好；

③ 占地面积少；

④ 装置分离简单，易操作、控制、维护，自动化程度高；

⑤ 能耗低，运行成本低；

⑥ 出水水质适用于所有生产工艺[35]。

4.3.3 双膜法工程应用案例分析

4.3.3.1 新加坡樟宜Ⅱ新生水厂项目双膜工艺[36]

（1）工程概况

新加坡国内水资源总量 $6\times10^8m^3$，人均水资源只有 $211m^3$，居世界倒数第二，是全球范围内水资源最为匮乏的国家之一，长期以来不得不依靠进口水资源来解决问题。新加坡政府认识到，淡水对于新加坡人来说，就像人体血管里的血液一样重要，一旦被断，等于国家安全就受到了威胁。所以水的问题在新加坡已经上升到战略的高度，政府对此高度重视。

目前新加坡的用水需求约为每天 $195\times10^4m^3$（1Uk gal=4.54609dm^3），其中居民生活用水占比 45%，工业等其他用水占比 55%。人均综合用水量 350L/（人·d），人均居民生活用水量 143L/（人·d）。根据新加坡相关规划，到 2060 年，新加坡的总需水量将增加 1 倍，其中居民生活用水占比 30%，工业等其他用水占比 70%，人均居民生活用水量进一步降低至 130L/（人·d）。

面对水资源严重匮乏和日益增长的用水需求问题，新加坡政府提出开发四大“国家水喉”计划，即雨水收集（存水）、进口水、新生水和淡化海水。目前新生水和淡化水处理规模已达到 $130\times10^4m^3/d$。未来计划到 2060 年（与马来西亚供水协议到期前一年），新加坡将完全实现水资源的自给自足，即在总人口达到目前 3 倍的情形下，海水淡化和新生水要能够满足水资源需求量的 80%，其中新生水占 55%。

新加坡现有新生水厂总产量超过 $70\times10^4m^3/d$，包括勿洛、克兰芝、乌鲁班丹以及樟宜Ⅰ、Ⅱ期等 5 座水厂。现有和即将建成海水淡化厂总产量达到 $86\times10^4m^3/d$，包括大泉、新泉、大士、滨海东及裕廊岛 5 座水厂（2019 年统计数据）。

我国北控水务于 2014 年在新加坡公用事业局（PUB）的全球公开招标中，中标新加坡樟宜Ⅱ新生水厂 DBOO 项目，并于同年 10月授予合同。该项目设计进水规模约 $30\times10^4m^3/d$，产水规模为 $22.8\times10^4m^3/d$，总系统回收率可达到 75%以上（见图 4-27）。原水为樟宜污水厂出水，经处理后生产新生水，为新加坡提供工业用水和自来水水源补充。项目采用 DBOO 模式，收费运营 25 年。北控水务股权所占比例为 80%，新加坡 UESH 股份比例为 20%。

该项目采用世界先进的污水再生技术——超滤加反渗透的双膜法处理工艺，对污水厂出水进行深度处理，将污水制备成工业用水及饮用水，大大缓解了新加坡供水紧张的局面。

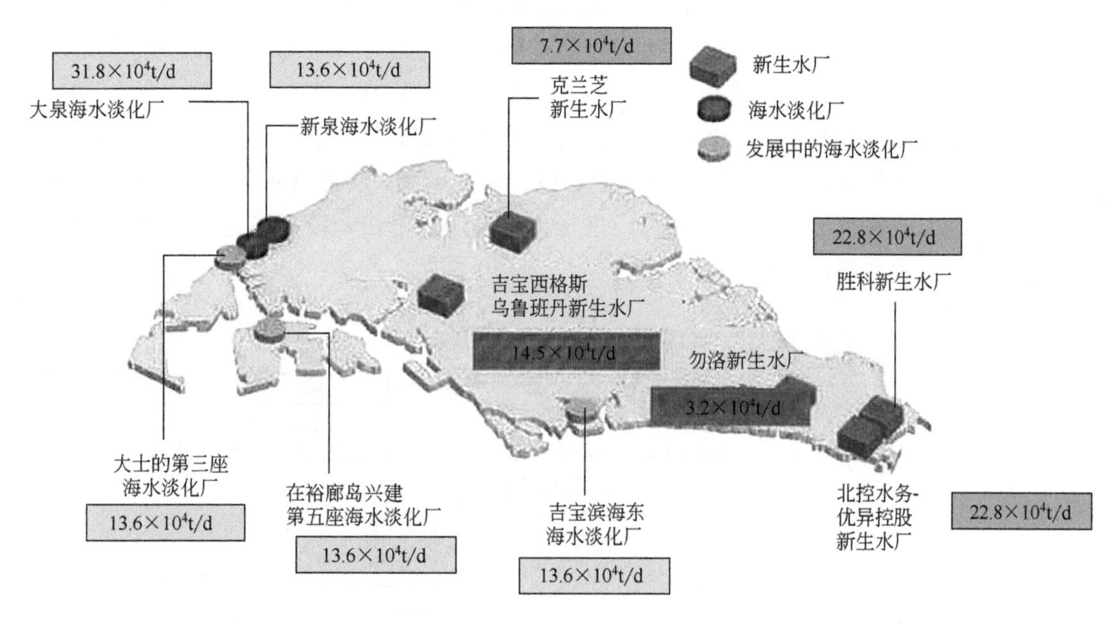

图 4-27 新加坡现有和即将建成的新生水厂和海水淡化厂（2019 年统计数据）

樟宜Ⅱ新生水厂进水水质包括微生物指标、物理指标、化学指标三大类：微生物指标主要有大肠埃希氏菌和异养细菌；物理指标有色度、电导率、浊度等；化学指标包括氨氮、铝、氟化物等。各项指标要求都较高，目前实际出水水质不但满足新生水标准还优于新加坡饮用水标准（见表 4-24）。

表 4-24 樟宜Ⅱ新生水厂部分进出水水质指标参数

参数		进水标准（峰值）	实际进水检测水质（最大）	实际进水检测水质（平均）	新生水出水标准	新加坡饮用水标准	樟宜Ⅱ新生水厂实际出水水质（2018 年 9 月）
微生物指标	大肠埃希氏菌/（CFU/100mL）	—	—	—	＜1	＜1	未检出
	异养细菌/（CFU/mL）	2500000	680000	248125	＜100	—	10
物理指标	色度/度	≤50	—	—	＜5	＜15	＜5
	电导率/（μS/cm）	≤2100	891	636	＜250	—	82
	浊度/NTU	≤25	8	1.8	＜0.2	＜5	0.18
	溶解性总固体/（mg/L）	≤1330	568	389	＜150	—	48
化学指标	氨氮/（mg/L）	≤6	0.63	0.12	＜1	—	0.25
	铝/（mg/L）	≤0.3	0.211	0.093	＜0.1	＜0.1	＜0.001

（2）工艺设计流程及相关参数

本项目采用了超滤、反渗透、UV 杀菌三段工艺（工艺流程如图 4-28 所示）。原水是樟宜污水厂二级生化处理出水，其主要污染物为悬浮颗粒物、有机污染物、溶解性无机物、细菌、病毒等。超滤工艺段主要目的是降低水的浊度，去除水中的悬浮颗粒物、大分子有机物和细菌等。反渗透工艺段采用过滤孔径小于 1nm 的反渗透膜，去除各种小分子无机盐、有机物和病毒。UV 杀菌段进一步杀灭水中残留的致病菌和病毒，最终成品水进入新生水储罐，由新加坡公用事业局进行统一调配。反渗透系统采用一级二段式，一段反渗透的浓水再经过二段反渗透，进一步回收淡水，在一段反渗透和二段反渗透之间增加能量回收装置，达到节能目的。

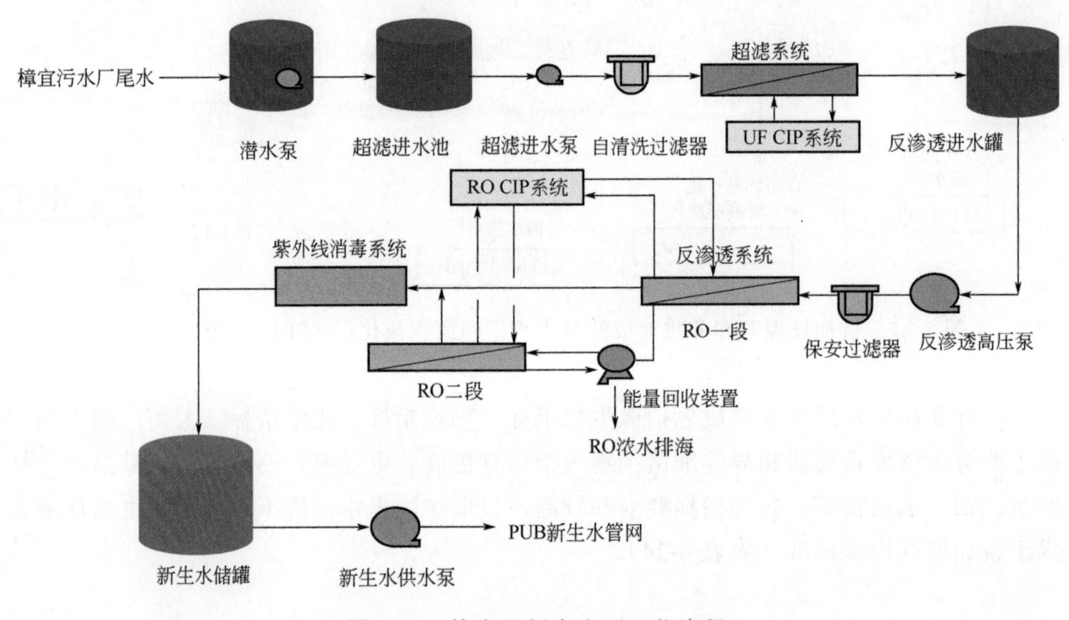

图 4-28 樟宜Ⅱ新生水厂工艺流程

项目相关设计参数介绍如下。

1）预处理单元 形式：自清洗过滤器，自动清洗，清洗周期根据进水水质变化，一般为 2h，全自动运行，自耗水率＜1%。品牌：以色列阿米亚德（Amiad）；过滤精度 500μm。

2）超滤单元 形式：外压式中空纤维膜，过滤周期一般为 0.7h，每天化学反洗一次，1～3 个月化学清洗一次，回收率＞93%。品牌：日本旭化成，型号 UHA620C；膜过滤孔径 0.08μm。

3）反渗透单元。

① 反渗透进水单元。形式：高压进水泵+保安过滤器，高压泵采用多台并联模式，保安过滤器保护反渗透膜避免受到颗粒状杂质损伤。品牌：水泵为凯士比（KSB）。

② 反渗透单元。形式：卷式聚氨酯反渗透膜，连续过滤，启停机时冲洗，1～3 个月化学清洗一次，回收率＞80%，浓水排放入海。品牌：美国海德能，型号 ESPA2MAX。

③ 能量回收系统。形式：能耗回收一般应用于进水压力较高的反渗透系统（如海

水淡化）。在本工程中，反渗透二段浓水通过能量回收装置对二段进水进行增压，每天节约能耗约 4000kW·h。品牌：美国费德科（FEDCO）。

④ 能量回收工艺原理。水力（涡轮）透平式能量回收装置采用离心式原理，由安装叶轮的水泵侧和安装透平转子的透平侧组成，叶轮和透平转子间通过一根中心轴相连接。反渗透装置排出的高压浓水直接冲击涡轮驱动透平转子把压力能转换为机械能（轴功），通过中心轴把机械能传递至水泵侧的叶轮，叶轮再把机械能转换为压力能，对进入反渗透系统的浓水实施增压。

4）消毒单元　形式：管式紫外线消毒。紫外线消毒为安全措施，主要功能是去除可能残存的微生物，最后通过补充氯胺使出水达标。品牌：德国威德高（Wedeco）。

5）成品水单元　形式：消毒后产水进入新生水水罐，然后通过新生水供水泵提升至水库或工业用水点，供水量由新加坡公用事业局（PUB）统一调配。

（3）运行处理效果

经过一定时间的运行，可以观测到樟宜Ⅱ新生水厂的水处理效果达到非常好的水平（如表 4-25 所列）。除基础性水质参数良好外，如药物和个人护理品（PPCPs）、内分泌干扰物（EDCs）、持久性有机污染物（POPs）、消毒副产物（DBPs）等均也有较好的去除效率。樟宜Ⅱ新生水厂具有工艺流程优、出水水质优、自控程度高、设备配置高，以及运行能耗低的“两优、两高、一低”特点。

表 4-25　樟宜Ⅱ新生水厂出水水质情况

水质参数	浊度/NTU	TDS /（mg/L）	Cu /（mg/L）	Al /（mg/L）	NO_3^--N /（mg/L）	Ba /（mg/L）	总硬度 /（mg/L）
新加坡饮用水标准	5	无要求	2	0.1	11	0.7	无要求
实际出水水质	0.02	＜50	＜0.001	＜0.001	2.46	＜0.001	0.12
水质参数	大肠埃希菌 /（CFU/100mL）	“两虫”① /（个/10L）	三卤甲烷比	PPCPs	EDCs	POPs	DBPs
新加坡饮用水标准	＜1	无要求	＜1	无			
实际出水水质	未检出	未检出	＜0.001	去除率 70%～90%			

① “两虫”指贾第鞭毛虫、隐孢子虫。

“两优”分别是工艺流程优和出水水质优。常规脱盐水处理流程中，污水厂二级处理后需要经过混凝、沉淀及过滤后再进入双膜处理单元，而本工程污水厂二级处理尾水直接进入自清洗过滤以及超滤反渗透系统，最终形成成品水。短流程工艺节省占地和投资。新生水出水水质具有浊度非常低、盐分大幅低于饮用水标准等特点。众多周知，新兴污染物在环境中的存在浓度虽低（通常在μg/L 到 ng/L 之间），但是会对生态和人类健康造成很大的负面影响，包括抗药微生物种类和数量的增加、干扰生物体的生殖发育和荷尔蒙的合成、破坏动物的免疫系统等，严重时还会有致癌危险。贾第虫病被列为全世界危害人类健康的 10 种主要寄生虫病之一，隐孢子虫病被列为引起人类最常见的 6 种腹泻疾病之一。新生水工艺对新兴污染物和“两虫”去除效率高，解决了常规饮用水设计工艺对以上污染物去除效果差的弊端，提高了饮用水安全性。

“两高”分别是自控程度高和设备配置高。樟宜Ⅱ新生水厂全厂自动阀门 500 余套，全自动运行；进出水及过程检测仪表齐全，水质异常就会实时报警；PLC 站主机冗余配置，可自动无间歇投入 PLC 站 CPU，并可通过状态显示、通信等方式上传故障信息；环网冗余可以使网络在中断 300ms 之内自行恢复，并可以通过交换机来提醒用户出现的断网现象。完善的防火墙系统能强化安全策略，防止内部信息的外泄；通过利用防火墙对内部网络的划分，可实现内部网、重点网段的隔离，从而限制了局部网络安全问题对全局网络造成的影响。通过以上全流程运行控制体系，全厂仅配备了 15 名运行及管理人员，实现了少人值守的目标。全厂的主要设备、仪表及材料均采用国际知名品牌，保障了水厂连续、安全、高效、稳定运行。

最后是运行能耗低。樟宜Ⅱ新生水厂的总电耗 0.75kW·h/t，其中超滤、反渗透等主工艺能耗约 0.5kW·h/t，成品水提升能耗约 0.25kW·h/t，显著低于国内水平。

（4）结论

樟宜Ⅱ新生水项目采用双膜工艺（超滤+反渗透）进行深度处理，通过国际领先的工艺与自控设计及精细化运营管理，高度完善的自控系统、高效的能量回收系统、高标准的设备配置以及先进的全流程运行控制体系，实现了水厂的少人值守及运行费用的大幅降低；出水水质不但满足新加坡新生水标准而且优于饮用水标准，为新加坡提供了高质量的工业用水和自来水水源补充，是水资源循环利用的典范。

4.3.3.2 MBR+反渗透双膜法处理绍兴某印染企业废水[37]

（1）工程概况

全国各工业行业中，纺织印染行业废水排放总量约 2.408×10^9t，其中印染废水占到总体的 80%。印染废水具有水量大、有机物含量高、水质变化大等特点，属难处理的工业废水之一。随着国家环保力度的加大和排放指标的提高，实现废水回用对本行业的节能减排具有重要意义。而双膜法及其相关集成技术能很大程度上对该种废水进行有效的处理使其达到回用的标准。

绍兴某印染企业主要以棉、麻、人棉、涤棉及其混纺、交织、弹力面料印染加工为主，在生产过程中，排放的废水 COD 高、色度深、碱性强，日排污水量为 3000t。针对该企业的废水特点，设计了以 MBR+RO 双膜工艺处理废水并实现回用，每天回用 1800t。目前进水 pH 值为 9～10，COD≤2g/L，色度≤3000 倍，电导率≤8mS/cm；设计回用水 pH 值为 6.5～8.5，COD＜50mg/L，色度＜15 倍，电导率≤0.5mS/cm。

（2）工艺设计流程及相关参数

通过对进水情况的分析，采用混凝沉淀技术去除不可溶 COD 后，再通过 A/O+MBR 工艺去除溶解性的 COD 及 SS，从而使出水 COD 降低到外排指标以下，最后通过 RO 膜实现中水回用。该系统由预处理系统、生化系统和 RO 系统 3 部分组成，工艺流程如图 4-29 所示。

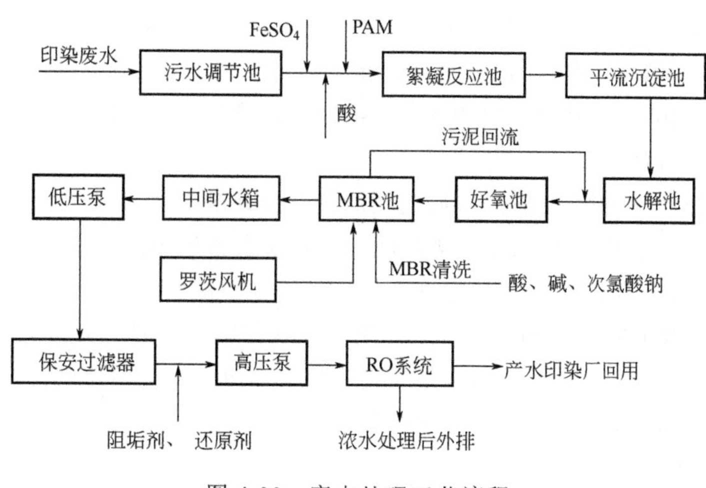

图 4-29 废水处理工艺流程

1）预处理系统　预处理系统由污水调节池、格栅、冷却塔、絮凝反应池、平流沉淀池等组成。

① 污水调节池。为避免水质水量波动对后续工艺造成影响，在进入絮凝反应池前设置调节池。调节池体积 1500m^3，HRT 为 12h，进水端和出水端分别放置机械格栅防止杂质进入工艺段。

② 冷却塔。考虑到印染废水具有较高的温度，而且夏天环境温度高，水温最高时可达 55℃，若不冷却将会对生化系统及膜系统造成冲击，本工程利用冷却塔降低污水温度。冷却塔 2 用 1 备，质量流量 100t/h。

③ 絮凝反应池。采用硫酸亚铁作为絮凝剂，聚丙烯酰胺（PAM）作为助凝剂，通过自动加药系统加入硫酸亚铁后将污水 pH 值调节至 8.5 使产生絮凝反应，再加入 PAM 助沉，絮凝反应时间为 20min，采用 4 个ϕ0.5m×6m 搅拌器，其中 2 个快搅，2 个慢搅，絮凝反应 COD 去除率约为 50%。

④ 平流沉淀池。钢筋混凝土平流沉淀池 1 座，尺寸为 16m×9m×6m，中间设置导流墙，池内安装复合斜板，HRT 为 7h，考虑到斜板 20%的效率，设计表面负荷为 0.7。为方便排泥，沉淀池底部采用锥形结构，每个锥底接一排泥管至池外，排泥管上安装电动阀，通过 PLC 和触摸屏自动控制，排出的泥至污泥浓缩池由压泥机压制成泥饼。

2）生化系统　生化系统由水解池、好氧池及 MBR 池等组成。

① 水解池。1座，尺寸为32m×12m×5.5m，有效水深5m，总有效容积1920m^3，HRT为15.36h，采用推流方式进水，为半地下式钢筋混凝土结构。

② 好氧池。好氧池1座2级，尺寸分别为28m×14m×5.5m和20m×17m×5.5m，有效水深5m，总有效容积3660m^3，HRT为29.28h，为半地下式钢筋混凝土结构。配有700个管式聚塑微孔曝气管和3台罗茨风机，罗茨风机2用1备。

③ MBR池。钢MBR池4座，每座尺寸为3m×4m×3m，3用1备。采用浸入式帘式膜组件，材质为聚偏氟乙烯中空纤维膜。设计进水温度最高40℃、最低5℃，回流体积比3∶1，膜通量10L/（m^2·h），每片膜20m^2，产水时每片膜吹扫气体积流量2m^3/h，使用跨膜压力小于50kPa。抽吸泵开9min、停1min，设计处理水的质量流量为3000t/d，产水浊度小于0.5NTU。

MBR膜清洗分为维护性清洗和恢复性清洗，设计维护性清洗周期4d，维护性清洗有化学反洗和浸泡清洗2种方式。化学反洗是用反洗泵将质量浓度0.2g/L的NaClO溶液从产水端打入膜丝，药液从里到外渗过膜丝使其得到清洗。浸泡清洗是通过清洗泵将质量浓度0.2g/L的NaClO溶液注入膜池，并用空气吹扫膜丝使膜得到清洗。当维护性清洗对于通量恢复效果不明显或者跨膜压差持续升高时需进行恢复性清洗，即使用质量浓度1g/L的NaClO溶液浸泡清洗完后，再使用质量分数1%的柠檬酸或者0.5%的HCl进行浸泡清洗。

配套设备有吹扫风机，功率15kW，空气体积流量625m^3/h，3用1备；抽吸泵，5.5kW，体积流量40m^3/h，4台；正洗清洗泵，功率15kW，体积流量180m^3/h，1台；反洗清洗泵，2.2kW，体积流量50m^3/h，扬程9m，1台；酸加药泵，1.1kW，1台；碱加药泵，1.1kW，1台；次氯酸钠加药泵，1.1kW，1台。

3）RO系统　RO系统由保安过滤器、RO装置及加药系统等组成。

① 保安过滤器。保安过滤器作为RO装置的保护装置，采用2级串联，一级过滤精度5μm，二级过滤精度1μm，根据压差情况更换滤袋。

② RO装置。选择美国某公司的LFC系列低污染的RO膜元件，8in（200mm），材质为芳香族聚酰胺复合材料，有效膜面积37.2m^2，进水隔网0.86mm。该RO系统共1套，设计产水量1800t/d，共27个膜组件，按1级2段方式排列，其中1段18支膜，2段9支膜，每个膜组件6芯装，设计回收率60%。设计RO装置化学清洗周期为1周，采用酸洗和碱洗，根据运行情况进行物理清洗。配套设备有：低压泵，功率18.5kW，体积流量200m^3/h，1台；高压泵，45kW，体积流量65m^3/h，2台。

③ 加药装置。在进入RO装置之前需加阻垢剂和还原剂防止结垢和微生物污染。配套设备有配药桶、加药桶及计量泵，通过PLC自动控制阻垢剂和还原剂的加药量。

（3）运行处理效果

系统通过1年的连续运行，出水水量稳定，水质达到了设计要求，MBR清洗周期为4d，RO清洗周期为1周。以3个月的运行数据为例对运行处理效果进行分析。

1）COD去除效果　系统3个月内对COD的去除效果如图4-30所示。

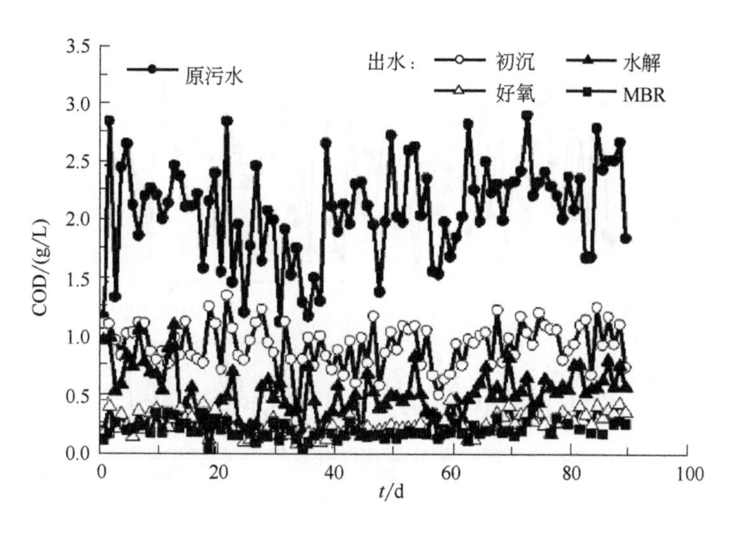

图 4-30　系统对 COD 的去除效果

从图 4-30 可知，进水 COD 波动较大，好氧出水和 MBR 出水 COD 较为稳定，MBR 出水平均 COD 为 225mg/L，RO 产水 COD 稳定在 50mg/L 以下。

2）色度去除效果　系统 3 个月内对色度的去除效果如图 4-31 所示。

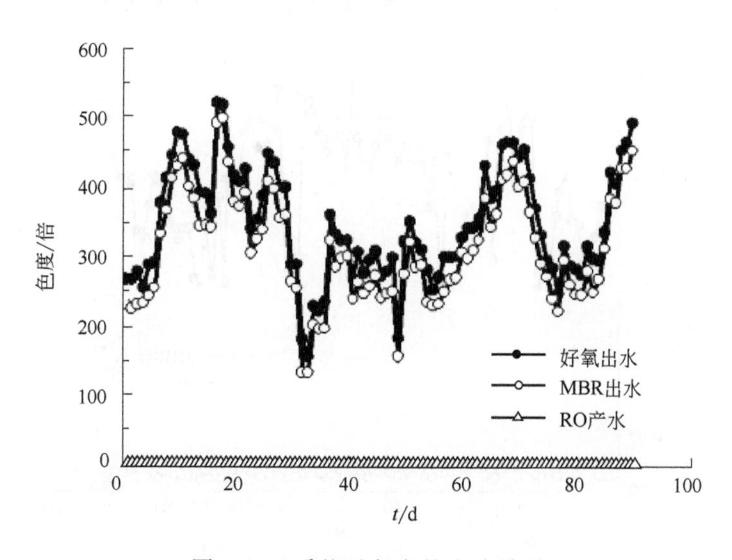

图 4-31　系统对色度的去除效果

从图 4-31 可知，好氧出水色度在 120～520 倍，有较大的波动；MBR 出水色度为 100～500 倍；而 RO 出水色度基本为 0。可见 MBR 对色度的去除效果不明显，超滤膜过滤孔径较大，无法截留小分子色素有机物；而 RO 系统出水色度几乎检测不出，其对色度的去除效果非常明显，说明纳米级的 RO 膜几乎可全部截留小分子色素有机物。

3）浊度去除效果　系统 3 个月内对浊度的去除效果如图 4-32 所示。

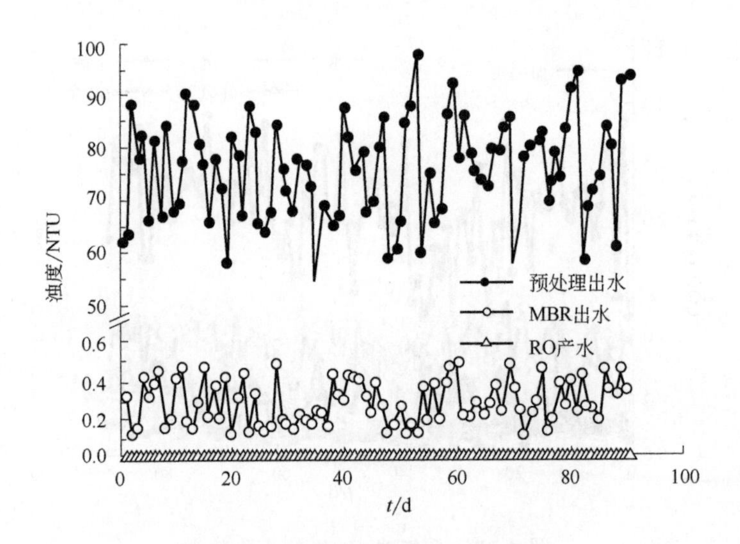

图 4-32　系统对浊度的去除效果

从图 4-32 可知，预处理出水浊度在 50～100NTU，MBR 出水浊度＜0.5NTU，去除效率在 99%以上，RO 出水浊度基本为 0。

4）电导率的变化　系统 3 个月内电导率的变化如图 4-33 所示。

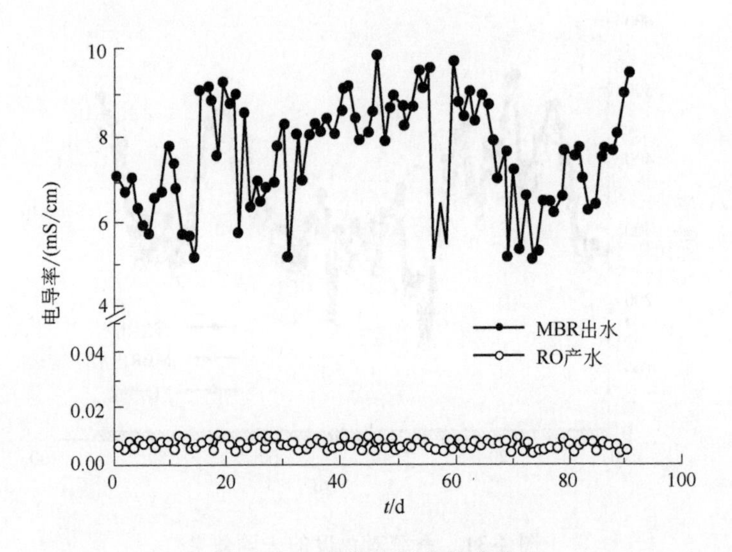

图 4-33　系统电导率的变化

从图 4-33 可知，MBR 出水电导率在 5～10mS/cm，波动较大；而 RO 出水电导率＜0.02mS/cm，即 RO 膜对离子有很好的截留作用。

（4）经济效益分析

该中水回用项目（MBR+RO）总投资 500 万元，设计处理水量 3000t/d，回用 1800t/d，回用率达到 60%，年运行时间按 330d 计算，系统运行的经济效益分析见表 4-26。

企业每年可回收 5.94×10^5t 污水，减排 COD 排放量 1188t，节省水费 136.62万元，效益可观。

表 4-26 经济效益分析

支出费用/（元/m^3）					节水费/（元/m^3）
取水	污水排放	用电	药剂	人工	
1.0	3.5	1.0	0.8	0.4	2.3

（5）结论

该中水回用系统对 COD 的去除率达到了 99%以上，RO 的产水达到了 FZ/T 01107—2011 印染回用水要求，剩余废水达到了 GB 4287—2012 排放要求。

相对常规处理方法，双膜法具有占地面积小、自动化程度高、经济效益显著等特点，该工艺在印染行业具有良好的推广价值。

4.3.3.3 双膜法处理福清某印染废水并回用[38]

（1）工程概况

福清某纺织公司主要生产泳装布及纬编超细的服装面料，印染后整理加工能力达 37116t。生产过程中排放的高浓度废水主要来源于深色布染色时的染色、还原洗、水洗（第 1 道）等工序；低浓度废水来源包括深色布染色、还原洗、第 1 道水洗以外的其他工序，还囊括浅色布染整加工过程产生的生产废水以及生活污水、经过化粪池预沉淀后的生活污水等。根据环评要求，高、低浓度废水需分开处理。企业在建厂之初按环评要求配套建设废水处理站。废水采用“混凝沉淀+CASS”处理工艺处理后达到《纺织染整工业水污染物排放标准》（GB 4287—2012）中规定的直接排放标准。依据福建省生态环境厅文件要求，福建省内漂染行业废水必须达到 55%回用率，对处理达标的废水进行深度处理后回用于生产。为满足这一要求，需要在原有废水处理站的基础上增加一套回用处理系统。该废水总量为 6000m^3/d，其中高浓度废水量为 2400m^3/d，低浓度废水量为 3600m^3/d。本工程设计回用率为 60%，即 3600m^3/d 回用，2400m^3/d 排放。根据企业生化出水水质测定和染色用水水质要求，原污水系统生化出水水质、设计回用水质及园区纳管标准如表 4-27 所列。

表 4-27 原污水系统生化出水水质、设计回用水质及园区纳管标准

项目名称	COD_{Cr} /（mg/L）	BOD_5/（mg/L）	氨氮/（mg/L）	SS/（mg/L）	色度（稀释倍数）/倍	pH 值
高浓度 CASS 池出水	≤60	≤10	≤6	≤100	≤40	7～8
低浓度 CASS 池出水	≤50	≤10	≤3	≤80	≤40	7～8
园区接管标准	≤200	≤50	≤20	≤100	≤80	6～9
回用系统设计出水	≤10	≤3	≤150	≤0.1	≤8	7.0～7.5

（2）工艺设计流程及相关参数

本项目设计的工艺流程如图4-34所示。处理后，高、低浓度废水统一排入中间水池。中间水池提升泵再将综合废水送入一体化净水器中混凝、沉淀、过滤，以去除废水中细小悬浮固体，进一步降低废水的有机物浓度和色度，然后排入超滤原水池。输送泵将废水泵入超滤膜系统处理后的产水进入超滤产水池；部分超滤产水用于超滤系统反洗。超滤产水再由输水泵输送，由高压泵进一步加压后送入反渗透膜进行分离，仅有水透过膜进入回用水池，无机离子和有机污染物被截留，随浓缩液排放。

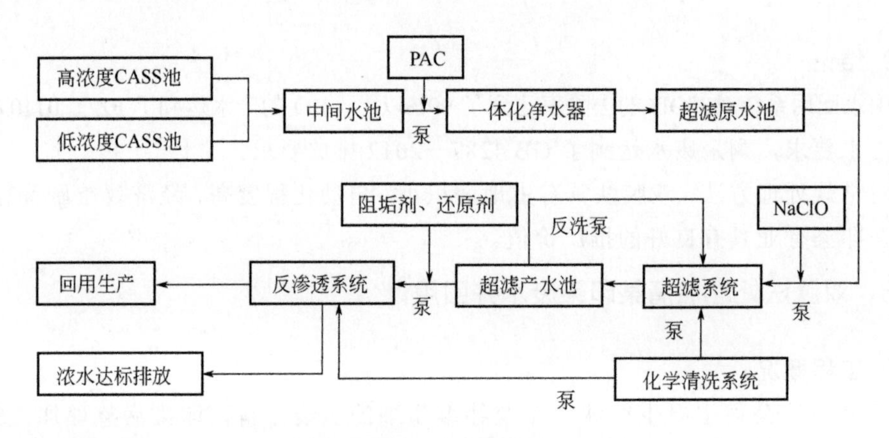

图4-34 工艺流程

化学清洗装置用来对RO膜和超滤膜进行定期化学清洗，以延长RO膜和超滤膜的使用寿命。它由化学清洗箱、清洗水泵和5μm保安过滤器组成，以达到最佳清洗效果。5μm过滤器可截留清洗液的杂质，防止对膜产生新的污染。

中间水池有1座，采用混凝土结构，有效容积为400m³，尺寸为10.0m×10.0m×4.5m（长×宽×高）。停留时间为1.5h。

一体化净水器有4台，采用碳钢衬胶，分为沉淀区和过滤区，每套设备污水设计处理量为80t/h。

超滤原水池有1座，采用混凝土结构，有效容积为1020m³，尺寸为17.0m×15.0m×4.5m（长×宽×高）。停留时间为3.2h。

超滤装置有4台，每台机组有38支膜，采用海南立升中空纤维膜，材质为PVC复合膜，单支膜面积为40m²，设计通量为48L/（m²·h），设计运行压力为0.10～0.15MPa，最大运行压力不得超过0.3MPa，设计膜使用寿命为3～4年。

超滤产水池有1座，采用混凝土结构，有效容积为900m³，尺寸为2.0m×10.0m×5.0m（长×宽×高）。停留时间为3.0h。

RO装置有4台，膜壳采用乐普8040型6芯装膜壳，耐压2068.43kPa，RO膜原件采用美国陶氏BW30FR-365抗污染膜。该元件膜具有面积大、流道宽、不易污堵的特点。采用两段式设计，一段二段排列比为7∶4。每台产水量为40t/h，回收率为60%，设计元件寿命为3～4年。

（3）运行处理效果

高、低浓度生化出水进入中间水池混合后由提升泵泵入一体化净水器，在管道混合器中加入 50mg/L PAC、1mg/L PAM，废水经过混凝反应后进入净水器沉淀区沉淀，上清液经过砂滤池过滤后，出水浊度＜4NTU。

超滤的运行压力控制在 0.10～0.15MPa，错流运行，产水量为 72～75t/h，水的回收率控制在 95%。在进水端持续投加 1～3mg/L NaClO。超滤运行采用 PLC 控制，运行 20～30min，进行一次冲洗程序，冲洗时间 1min。每运行 48h（根据运行情况可适当调整周期）进行一次维护性清洗，在反洗管道中投加 200mg/L NaClO、0.1% NaOH，浸泡 20～30min 后，冲洗 2～3min，便可恢复通量。反渗透进水污染指数（SDI）测定值小于 3，要严格将其控制在 5 以下。在 RO 系统进水中投加 6～9mg/L $NaHSO_3$，将 ORP（氧化还原电位）控制在+200mV 以下，可以保证余氯≤0.1mg/L。在 RO 系统进水中投加 3～5mg/L 阻垢剂，可以缓解 Ca^{2+}、Mg^{2+}在膜表面结垢，延迟对膜造成污堵。

表 4-28 所列为 RO 系统出水水质与软化系统出水水质的对比。

表 4-28 RO 系统出水水质与软化系统出水水质对比

污染物	COD_{Cr}/（mg/L）	硬度/（mg/L）	电导率/（mS/m）	浊度/NTU	色度（稀释倍数）/倍	pH 值
RO 系统产水	≤10	≤2	≤10	≤0.1	无	7.0～7.5
RO 浓水出水	≤100	≤20	≤70	≤10	≤75	7.0～7.5
软化系统出水	≤15	≤3	≤45	≤2	无	6.5～7.5

本回用工程处理量为 6000m³/d，回用率为 60%，RO 产水总成本费用为 2.5 元/t，主要由人工费、电费、药剂费和膜更换费用组成。企业原有软化系统的原水取自闽江，经过一体化净水器混凝净化后进入软化器软化，总的成本费用为 3.0 元/t。RO 软化水成本比软化系统软化水节约 0.5 元/t，而且减少了污水的排放，真正做到了节能减排。

（4）结论

本工程 RO 系统出水水质优于企业软化系统出水水质，完全可以回用于企业染色生产。RO 浓水出水水质也达到了《纺织染整工业水污染物排放标准》（GB 4287—2012）中规定的间接排放标准。本工程设计回用率为 60%，高于环保要求的 55%，大大减少了污水的排放量，节约了水资源。另外，RO 软化成本要小于原有软化系统制水成本，为企业的可持续发展提供了有利条件。从实际运行情况来看，混凝沉淀-CASS-一体化净水器-超滤-RO 组合工艺处理该印染废水，无论是从技术上还是从运行费用上都是可行的。

4.3.3.4 双膜法深度处理焦化废水的中试研究[39]

焦化废水中含有挥发酚、萘、联苯、吡啶等多种难降解有机化合物以及大量的铵盐、硫化物、氰化物等无机化合物，成分极其复杂，环境危害大，处理难度高。目前，普遍采用 A/O、A^2/O 等厌氧与好氧相结合的生物处理工艺去除焦化废水中的主要污染物，出水水质可符合相关排放标准。若焦化废水经处理后能满足《循环冷却水用再生水水质标准》（HG/T 3923—2007）的要求，将其回用作循环冷却水补充水是减少焦化废水污染及节约水资源的最有效途径，但焦化废水的含盐量较高，其 TDS 一般在 2000～4000mg/L，为了实现这一目标，需要对焦化废水进行脱盐处理。而以“超滤+反渗透”为核心的双膜法深度处理焦化废水的效果及技术可行性令人期待。

（1）工程概况

中试在某焦化厂焦化废水处理站现场进行，进水为焦化厂生化处理系统出水，试验期间的水质如下：pH 值为 4.5～8（均值为 6.8），温度为 22.4～34.9℃（均值为 27℃），浊度为 21.78～263NTU（均值为 72.31NTU），色度为 96～474 倍（均值为 224 倍），COD 为 65.36～288.7mg/L（均值为 139.3mg/L），UV_{254} 为 0.676～1.665cm^{-1}（均值为 1.106cm^{-1}），氨氮为 1.26～70.35mg/L（均值为 38.68mg/L），总铁为 0.31～22.79mg/L（均值为 12.95mg/L），TDS 为 1420～2750mg/L（均值为 2275mg/L），总硬度为 330～609mg/L（均值为 373mg/L），碱度为 4.37～155.2mg/L（均值为 60.18mg/L），氯离子为 381～802mg/L（均值为 490mg/L），硫酸根为 360～729mg/L（均值为 564mg/L），锰离子为 0.07～0.15mg/L（均值为 0.11mg/L）。

（2）工艺设计流程及相关参数

中试工艺流程包括预处理系统、超滤系统和反渗透系统三部分，具体见图 4-35。

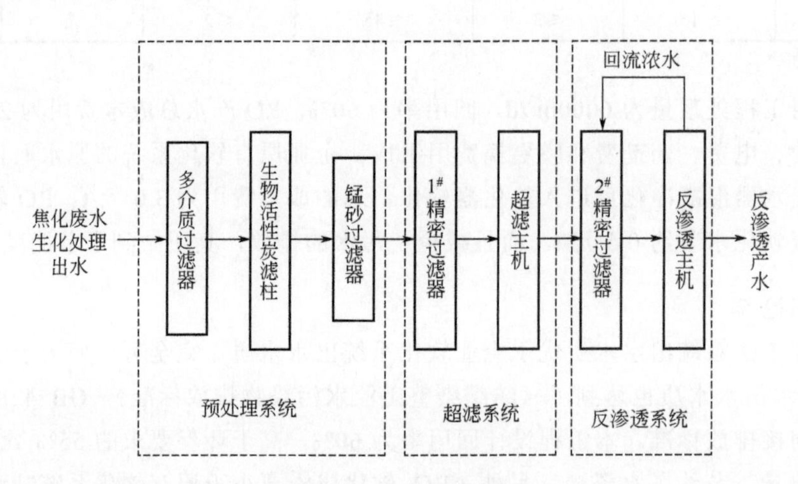

图 4-35 中试工艺流程

中试系统的进水量为 0.5m^3/h，多介质过滤器、生物活性炭滤柱、锰砂过滤器的滤速分别约为 2.5m/h、4m/h、4m/h。超滤系统采用中空纤维内压式超滤膜 1 支，膜面积为 10m^2。反渗透系统采用芳香族聚酰胺复合膜 2 支，单支膜面积为 7m^2，水回收率为 60%～65%，回流浓水流量为 1m^3/h，浓水排放量为 0.12～0.16m^3/h。该中试系统已连续运行了多年。

（3）运行处理效果

① 预处理系统对焦化废水的处理效果。中试工艺中预处理系统的主要作用是去除焦化废水生化处理出水中的浊度（或 SS）、非溶解性及部分溶解性 COD、色度、铁离子等，以有效保护后续的双膜系统。预处理系统的运行效果见表 4-29。

表 4-29　预处理系统对焦化废水的处理效果

项目	浊度/NTU	总铁/（mg/L）	COD/（mg/L）	UV_{254}/cm^{-1}	色度/倍	氨氮/（mg/L）
平均进水	72.31	12.95	139.3	1.106	224	38.68
平均出水	1.52	0.34	74.37	0.898	158	34.33

由表 4-29 可见，中试预处理系统对浊度和总铁的去除效果明显，平均去除率分别为 97.90%、97.37%。溶解性铁与亚铁离子经过生物活性炭滤柱和锰砂过滤器时，生物活性炭滤柱中的铁细菌可促使 Fe^{2+}转化成 Fe^{3+}，并引起催化氧化作用，存在化学、物理和生物等多重作用。另外，预处理系统对 COD 的平均去除率达到了 46.62%，一方面，预处理系统可通过过滤作用去除非溶解性有机物；另一方面，生物活性炭滤柱的吸附、生物降解协同作用可有效去除部分溶解性有机物。预处理系统对 UV_{254}、色度、氨氮等也有一定的去除效果，平均去除率分别为 18.81%、29.50%、11.25%。

② 超滤系统对焦化废水的处理效果。超滤膜的主要作用是进一步去除焦化废水的浊度，降低 SDI，确保 SDI 符合反渗透系统的进水要求。超滤系统对焦化废水的处理效果见表 4-30。可见，超滤系统对浊度的平均去除率为 73.68%，出水浊度平均值为 0.40NTU，去除效果明显。两年多的运行过程中，超滤系统出水 SDI 值在 2.1～4.3 之间波动，平均值为 3.32，满足反渗透膜的进水要求。另外，超滤系统对 COD 的去除率仅为 10.31%，这是因为经预处理系统处理后，废水中的有机物多为溶解性有机物，超滤膜对其截留作用非常有限。出水总铁、色度、UV_{254}、氨氮与进水相比无明显变化，去除率较低。

表 4-30　超滤系统对焦化废水的处理效果

项目	浊度/NTU	总铁/（mg/L）	COD/（mg/L）	UV_{254}/cm^{-1}	色度/倍	氨氮/（mg/L）
平均进水	1.52	0.34	74.37	0.898	158	34.33
平均出水	0.40	0.28	66.70	0.881	156	31.16

③ 反渗透系统对焦化废水的处理效果。反渗透系统对焦化废水的深度处理效果如表 4-31 所列。

表 4-31　反渗透系统对焦化废水的处理效果

项目	浊度/NTU	色度/倍	UV_{254}/cm^{-1}	COD/（mg/L）	氨氮/（mg/L）	TDS/（mg/L）
平均进水	0.40	156	0.881	66.70	31.16	2.275
平均出水	0.02	2	0.003	4.45	1.45	55

续表

项目	总铁/（mg/L）	总硬度/（mg/L）	硫酸根/（mg/L）	氯离子/（mg/L）	碱度/（mg/L）
平均进水	0.28	373	564	490	60.18
平均出水	ND	2.77	ND	15.52	16.68

注：ND表示低于检测限。

由表4-31可见，反渗透系统对浊度、色度、UV_{254}、COD、氨氮、TDS、总硬度等均有明显的去除效果，平均去除率分别为99.98%、98.68%、99.71%、93.33%、95.74%、97.58%、99.26%，出水的各项指标均优于《循环冷却水用再生水水质标准》（HG/T 3923—2007）。

④ 双膜法对焦化废水的总体处理效果。中试系统连续运行了两年半以上，取得了良好的处理效果，整个系统对COD、氨氮、浊度、UV_{254}、色度、TDS和总铁的总去除率分别为96.81%、96.25%、100%、99.73%、98.89%、97.58%、100%，出水水质完全达到了《循环冷却水用再生水水质标准》（HG/T 3923—2007）的要求。另外，RO膜的使用寿命也经受住了考验，第一次清洗是在运行3个月后，以后一般3～6个月清洗一次，连续运行两年半后RO膜仍能正常产水。

（4）结论

采用以“超滤+反渗透”为核心的双膜法深度处理焦化废水，在中试规模长期连续运行条件下取得了理想的处理效果。针对焦化废水生化出水水质复杂、含盐量高、总铁含量高等特点，在双膜法前采取适当的预处理措施是非常必要的。预处理系统对浊度、总铁和COD有很好的去除作用，可有效保护后续的超滤膜和反渗透膜；超滤可有效降低SDI，去除浊度及胶体有机物，确保废水水质满足反渗透膜的进水要求；反渗透膜可很好地去除TDS和总硬度，同时对COD、氨氮等也有较好的分离效果，可确保最终出水水质达到《循环冷却水用再生水水质标准》（HG/T 3923—2007）的要求。

4.4 其他排水工艺膜技术案例分析

除了上述MBR技术、连续微滤技术以及双膜法技术外，还有一些其他种类的膜处理技术会用于排水工艺并发挥着极大作用。在此列举部分其他排水工艺膜技术案例，如利用均相淡化电渗析方法处理高氯废水、利用ZW浸没式中空纤维膜系统处理奥运场所废水、利用膜蒸馏技术及系统处理脱硫废水等，供读者参考。

4.4.1 均相淡化电渗析处理高氯废水工程[40]

（1）工程概况

某有色金属矿山企业位于我国西北地区，每天产生16000～18000m^3矿坑疏干水，受当地地质条件影响，该废水盐分和硬度较高，其中氯离子浓度5000～9000mg/L，总硬度 3000～4500mg/L。因为水量较大，企业不能完全回用，需要部分排放，但排放部分氯离子必须低于当地政府水务局规定的排入总排干沟水体纳污能力氯离子的要求 600mg/L。因此，必须新建废水处理系统对该疏干水进行处理。

本项目进水水质通过对 2014～2016 年水样检测数据统计分析后确定，排放出水满足当地政府要求和相关标准，具体指标如表 4-32 所列。

表 4-32 进出水水质要求

水质项目	氯离子/（mg/L）	总硬度/（mg/L）	pH 值
进水浓度	≤9000	≤4500	6～9
出水浓度	≤600	—	6～9

（2）工艺设计流程及相关参数

根据表 4-32 可知，本项目主要是对废水中氯离子（盐分）进行分离脱除，优先采用膜技术来实现，同时需克服高硬度对膜系统带来的困难。针对以上性质，对超滤+反渗透、超滤+纳滤+反渗透、高精度过滤+均相淡化电渗析膜组合工艺进行比选，其特点对比如表 4-33 所列。通过三种组合工艺特点对比，本项目选用高精度过滤+均相膜电渗析法进行设计。

表 4-33 高盐废水的三种处理工艺特点对比

技术比选内容	UF+RO 法	UF+NF+RO 法	高精度过滤+均相淡化 ED 法
工艺原理	通过加药软化+树脂软化，确保后续 RO 膜系统中不产生钙镁沉淀，流程包括均质+混凝沉淀+砂滤+UF+树脂软化+RO	采用纳滤对高价离子的截留特性，保证后续 RO 膜系统中不产生钙镁沉淀，流程包括均质+混凝沉淀+砂滤+UF+NF+RO	采用淡化 ED 进行脱盐，ED 淡水达标排放，流程包括均质+混凝沉淀+砂滤+高精度过滤器+均向淡化 ED
适用范围	总硬度较低，且含有相当的碱度	总硬度较低，NF 浓缩过程中钙镁沉淀不发生	高盐分、高硬度的场合尤其适用
投资成本	处理工艺链长，投资成本高	处理工艺链适中，投资成本适中	处理工艺链短，投资成本低
运行成本	加药成本高；高盐分体系中，RO 系统电耗高；故本工艺运行成本最高，＞8 元/t	在高盐分体系中，NF 系统和 RO 系统高压泵扬程高，系统总电耗高；故本工艺运行成本适中，＞3 元/t	在高盐分体系中，电渗析迁盐效率高，采用进口均相膜后，膜面电阻大幅降低，能够有效地控制电耗，故本工艺运行成本最低，＜2.5 元/t

本项目设计工艺流程如图 4-36 所示。

工艺流程说明：矿坑中疏干水用泵送到地面以后，先进入分配池达到消力、缓冲的目的，然后自流进入预处理系统，通过“混凝-絮凝-沉降分离-砂滤”，使原水中 SS 得到大幅度降低，再采用高精度过滤器进一步脱除微小颗粒物，使其能够满足电渗析系统进水要求，最后进入均相淡化电渗析系统，实现废水中氯离子的浓缩分离，浓水返回选矿系统，淡水则在达到设计要求后回用或者外排。

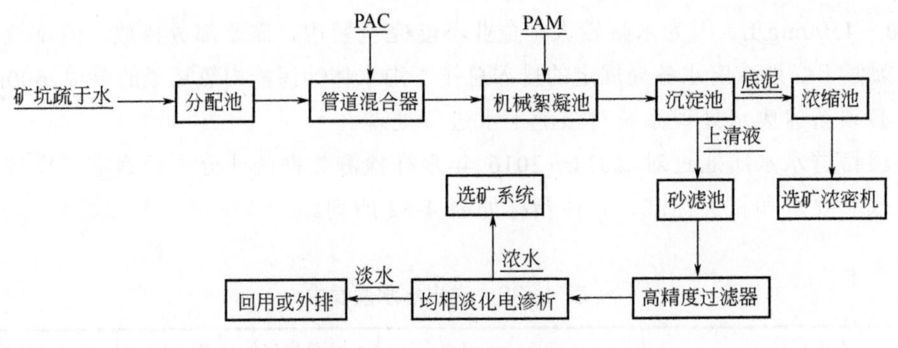

图 4-36 设计工艺流程

(3) 运行处理效果

项目安装调试正常以后，对主要控制指标氯离子和总硬度进行了一段时间跟踪分析，相关数据如图 4-37 所示。

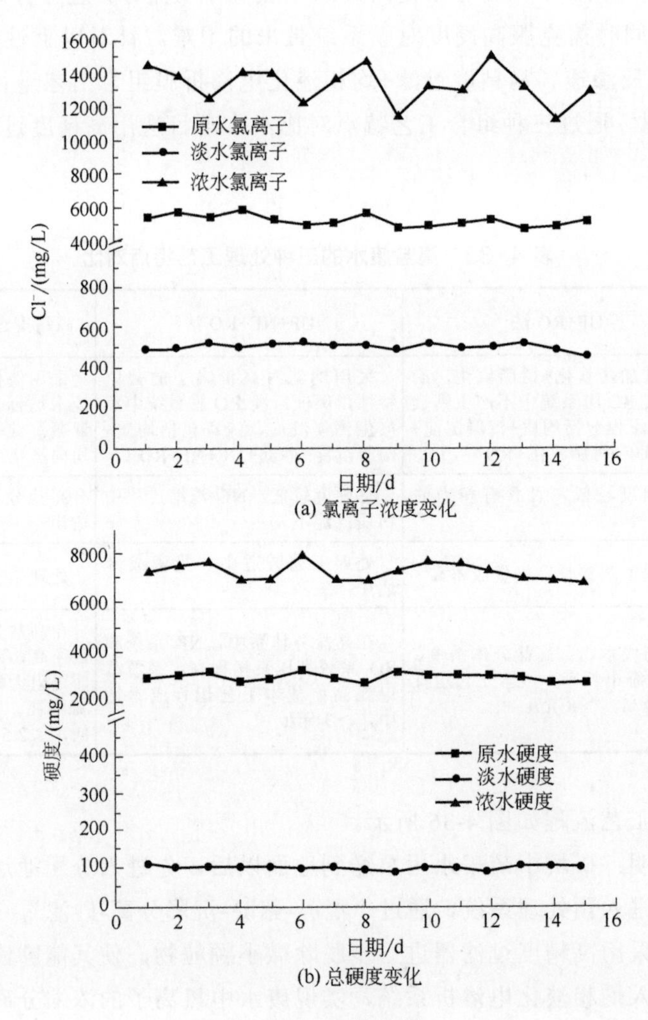

图 4-37 运行效果

从图 4-37 可以看出，数据跟踪期间，疏干水原水氯离子浓度在 5000～6000mg/L 之间波动，总硬度在 3000mg/L 左右波动。通过均相淡化电渗析工艺处理以后，淡水中氯离子浓度稳定控制在 500mg/L 左右，完全满足设计要求，淡水中硬度则降低至 100mg/L 左右，氯离子和总硬度分离率分别达到 90%和 97%以上，浓缩分离效果优越。

（4）结论

① 本项目连续稳定运行结果表明，均相淡化电渗析对该高氯废水处理效果优越，完全能够满足设计的氯离子出水要求（600mg/L）。

② 优化工艺参数下，本项目产水率稳定保持在 70%以上，吨水综合运行成本约 2.3 元，经济性较好。

③ 均相淡化电渗析膜寿命较长，且不受废水中总硬度的影响，运行与再生维护方便，在处理高盐、高硬度废水方面有明显优势，推广前景广阔。

4.4.2 奥运清河膜法系统应用工程[41]

（1）工程概况

清河再生水厂是北京市为 2008 年奥运会规划的规模为 8×10^4t/d、高品质的再生水厂。该项目已于 2006 年 8 月建成，目前系统运行稳定，产水完全符合国家中水回用标准。其再生水直接回用于奥运公园景观水体，每年可节约清洁水源 $3\times10^7m^3$，从而可缓解北京日益严重的缺水问题并改善和提升奥运村的形象。

（2）工艺设计流程及相关参数

清河再生水厂采用了新一代 ZW1000V3 膜元件、膜箱和新的膜集成工艺。关键系统主要包括 0.5mm 细格栅、ZW1000 膜系统、全自动在线膜清洗系统、在线絮凝剂添加系统、活性炭滤床、臭氧系统，最终出水经 ClO_2 消毒后送到奥运湖。图 4-38 给出了整体处理工艺过程。

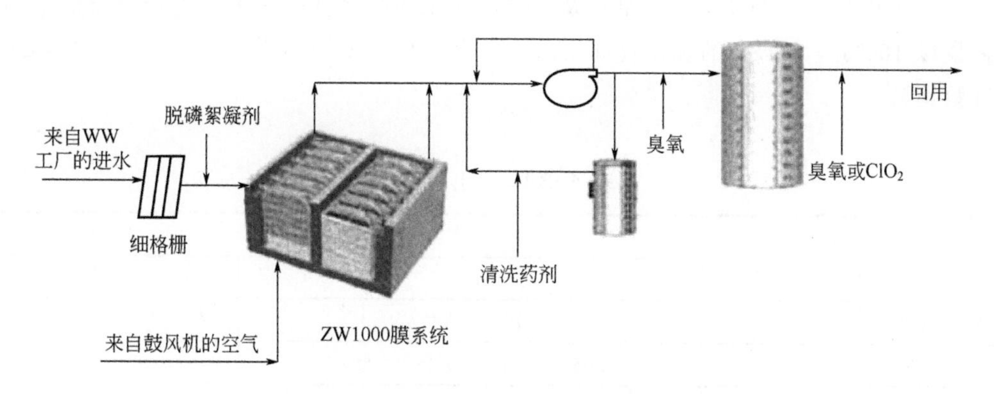

图 4-38 清河再生水系统工艺流程示意

基于设计要求和进出水变化特性，同时兼顾其他因素，对膜系统进行全面优化设计，具体内容介绍如下。

① ZW1000膜系统设计采用了优化的膜运行控制系统和膜池全排空模式（见图4-39）。膜系统含有6个膜列，每个膜列含9个ZW1000膜箱，每个膜箱含有60个膜元件。在任何一列膜处于清洗或维修状态下，膜系统都可100%满足80000m^3/d的供水量。

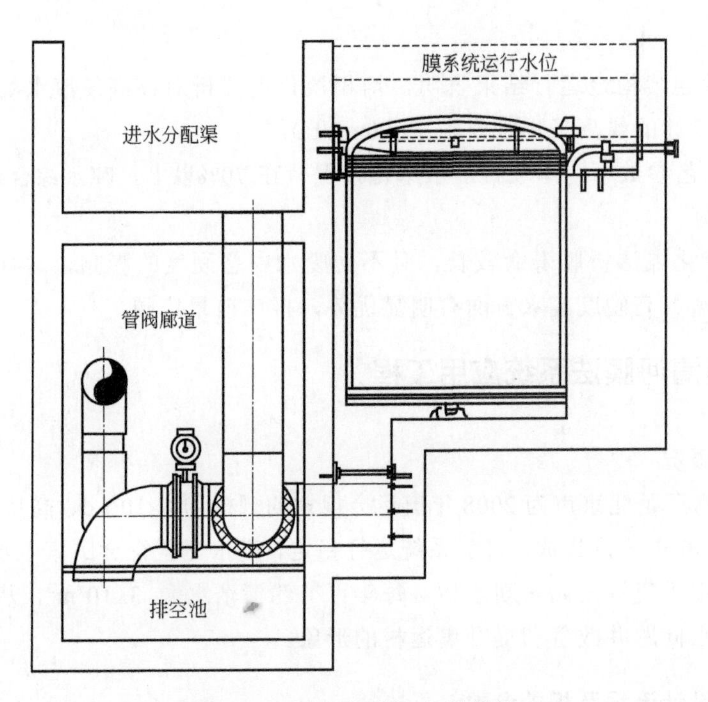

图4-39 近一代膜池布局设计

② ZW1000膜和通量的选择。优化的膜系统的运行净通量不超过30L/（m^2·h），即时运行通量不超过40L/（m^2·h），运行膜压不超过-80kPa。

③ 可进行模式Ⅱ的全自动在线清洗。必要时，还可自动在线在膜池前添加絮凝剂以去除进水中总磷（TP）。当添加絮凝剂时，优化的膜运行控制系统可控制膜池中TSS负荷量以100%满足TSS的优化设计要求。不会明显对膜增加不可逆污堵（见表4-34中运行数据）。

表4-34 进出水特性

参数	设计	实际运行	
		进水	出水
TSS/（mg/L）	＜20	＜10（最大值）	ND
浊度/NTU	＜2	2.05（最大值），1.35（均值）	0.38（均值）
COD/（mg/L）	＜50	48（最大值），37（均值）	26.5（均值）
TP/（mg/L）	＜1	2.76（最大值），0.77（均值）	0.62（均值）
回收率/%	＞90		92.5（均值）

（3）运行处理效果

图 4-40 显示了流量变化对水总回收率的影响。

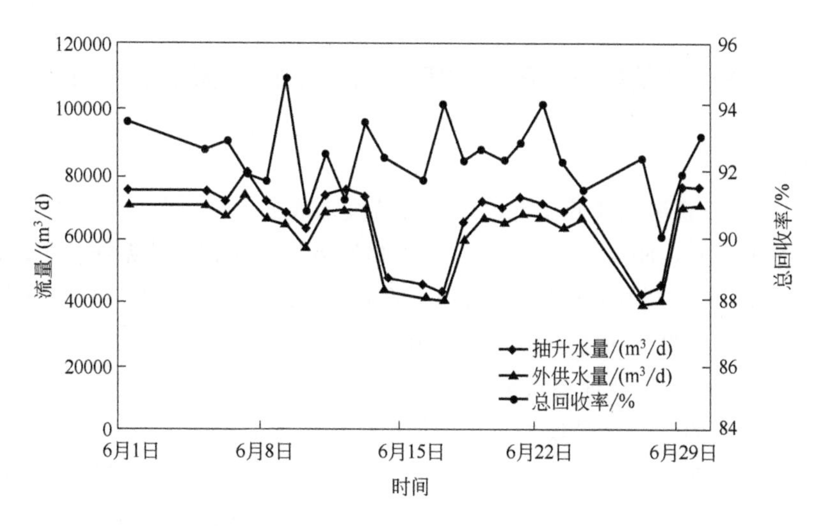

图 4-40　进出水流量对总回收率的影响

清河膜系统的进水来自清河污水生物处理厂的二级优质出水。

膜系统于 2006 年 8 月调试，从 2006 年 11 月开始正常运行，运行超过了 20 个月。截至 2008 年 6 月 30 日，在设计产水量（$80000m^3/d$）和设计回收率（90%）条件下，平均 TMP 位于-15～-10kPa 的范围内，低于正常设计 TMP。运行结果证明：

① 在优化设计条件下，运行引起的膜污堵是可恢复的。这也同时表明配置有自动在线清洗的优化膜系统性能可靠，膜的使用寿命能被明显延长。而且在低 TMP 运行条件下，能耗和药耗相对减少。

② 在不超过最大流量条件下，优化膜系统可耐受进水流量大幅变化，并可保持高的总水回收率（平均＞90%的设计值），其运行 TMP 受进水流量大幅变化的影响小且稳定。

③ 即使进水浊度较低（＜2NTU），ZW 膜系统对浊度去除效率也高于 60%，在大多数情况下，可以接近 80%的去除率。相比来说，传统的多介质过滤器去除浊度的效率要低得多。在这样的浊度去除水平下，膜系统的出水从外观来看已经非常接近自来水。

④ ZW 膜可以有效地脱除胶体、色度、COD。COD 脱除率在 20%～30%，可明显改善下游诸如臭氧和碳过滤的处理效率。

（4）结论

膜系统包含两个关键要素：膜元件和系统集成优化。清河再生水厂的成功运行再一次证明了膜的质量和通量、系统集成优化和降低污堵是决定膜系统整体性能的三个最关键因素。经过优化的 ZW 浸没式中空纤维膜系统可在稳定的低 TMP（-15～-10kPa）、低污堵速率下长期可靠运行，从而可延长膜的有效使用寿命，明显降低生命周期总成本。

即使进水 TSS、COD 极低，优化的 ZW 膜系统也能获得高达 80%的浊度去除率、20%～30%的 COD 去除率，从而极大地改善了下游臭氧和碳过滤等的处理效率，降低了高级废水再生系统的总体成本，使出水能可靠地满足各种废水再生和再利用的目的。

4.4.3 膜蒸馏技术及其系统在三河电厂脱硫废水零排放处理中的中试试验[42]

（1）工程概况

电厂石灰石-石膏湿法脱硫工艺产生的脱硫废水成分十分复杂，含有 Na^+、K^+、Ca^{2+}、Mg^{2+}、Cl^-、SO_4^{2-}、F^-、NO_3^-、重金属以及悬浮物等多种污染物，结垢性和腐蚀性都极强。目前采用的常规三联箱絮凝沉淀工艺只能去除其中的悬浮物和绝大部分的重金属离子，对于其中的可溶性盐并无去除作用。随着国家环保制度的逐步加强以及水资源的严重缺乏，国家对企业污废水的处理要求也越来越严格。响应国家废水零排放处理的发展趋势，新引入的带 MVR 的蒸发结晶技术虽然可将经过常规絮凝沉淀工艺处理后的脱硫废水做到废水零排放，且在电和蒸汽差价相对较大的情况下也可大大降低传统蒸发结晶法的很大一部分运行成本，但是该法仍然存在易结垢、易腐蚀、运行成本和投资成本均很高的问题。

位于河北省三河市某发电厂有限公司同样也面临上述脱硫废水处理的难题。经过对上述问题多方调研和考察，该公司认为采用废水处理领域具有突破性的膜蒸馏技术处理脱硫废水是可行的方案，不仅可以降低设备结垢和腐蚀的风险，而且可以进一步降低脱硫废水“零排放”处理的费用。但是由于目前膜蒸馏技术在电厂脱硫废水处理中并无应用案例，故为了验证膜蒸馏技术在脱硫废水处理中应用的可行性和经济性，以及为了能够更好、更有针对性地设计采用膜蒸馏技术处理脱硫废水的方案，特从欧洲引进了一台 0.5t/h 产水量的膜蒸馏中试设备，并经与另一发电厂有限公司协定，依托该厂的平台进行膜蒸馏技术处理脱硫废水的中试试验。

（2）中试工艺设计流程及相关参数

本次中试试验采用的是减压辅助的气隙式多效膜蒸馏系统，系统采用平板式的 PTFE 膜。本系统是国内首个将膜蒸馏技术应用于脱硫废水处理领域的中试装置，工艺示意如图 4-41 所示。

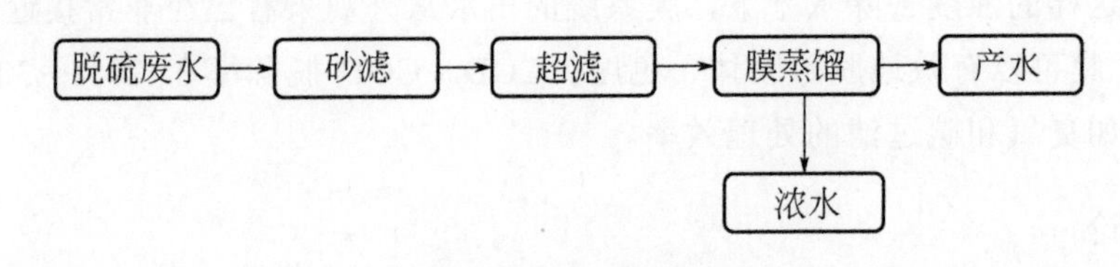

图 4-41 工艺示意

由于采用的水源为未经过任何处理的直接来自脱硫塔的脱硫废水，悬浮物含量较高（水质表中的悬浮物含量是经过厂方初步自然沉淀过后的数值），故为了保护膜蒸馏系统，在进入膜蒸馏系统前设置了砂滤器和超滤系统，以保证进入膜蒸馏系统的脱硫废水中悬浮物含量不至过高。本次中试未对脱硫废水进行软化处理，也未加任何阻垢剂，只在产水量降低的时候对系统进行自来水冲洗和酸洗。

中试系统进水，即某发电厂有限公司脱硫废水水质如表4-35所列。

表4-35　某发电厂有限公司脱硫废水水质

序号	项目	指标
1	pH值	7.72
2	电导率/（μS/cm）	49700
3	全固体/（mg/L）	35300
4	溶解固体/（mg/L）	35000
5	钾/（mg/L）	522
6	钠/（mg/L）	3690
7	铵盐/（mg/L）	506
8	硝酸盐（以N计）/（mg/L）	1220
9	亚硝酸盐（以N计）/（mg/L）	2.04
10	氯化物/（mg/L）	7350
11	硫酸盐/（mg/L）	12200
12	氟化物/（mg/L）	96.6
13	氰化物/（mg/L）	0.521
14	悬浮物/（mg/L）	267
15	浊度/NTU	139
16	氨氮/（mg/L）	398
17	钙/（mg/L）	728
18	镁/（mg/L）	4510
19	重碳酸盐/（mg/L）	198
20	总酸度（以$CaCO_3$计）/（mg/L）	110
21	总硬度（以$CaCO_3$计）/（mg/L）	20600
22	非碳酸盐硬度（以$CaCO_3$计）/（mg/L）	20500
23	碳酸盐硬度（以$CaCO_3$计）/（mg/L）	162
24	全硅（以SiO_2计）/（mg/L）	196
25	活性硅（以SiO_2计）/（mg/L）	164
26	非活性硅（以SiO_2计）/（mg/L）	32
27	BOD_5/（mg/L）	75.2
28	COD/（mg/L）	674
29	动植物油/（mg/L）	0.07

续表

序号	项目	指标
30	阴离子表面活性剂/(mg/L)	1.64
31	磷酸盐/(mg/L)	0.59
32	溶解氧/(mg/L)	6.8
33	三价铁/(mg/L)	0.26
34	铝/(mg/L)	0.45
35	钡/(mg/L)	0.154
36	锶/(mg/L)	1.54
37	锌/(mg/L)	0.273
38	砷/(mg/L)	0.0012
39	铜/(mg/L)	0.07
40	镍/(mg/L)	0.31

（3）运行处理效果

① 产水量随进料温度的变化。图 4-42 中的曲线图为中试试验过程中随机选取的其中一组脱硫废水运行数据经过简单处理得到的。由图 4-42 可以看出，当进量温度由 54℃逐渐上升到 75℃的时候，产水量随着温度的升高而升高，且当温度由 58℃上升到 72℃左右的时候产水量上升速度较快。当进料温度达到 68℃时，产水量可以达到 400L/h 以上；当温度上升到 75℃时，产水量可以达到 500L/h。整个中试过程中，自来水作为进水时的系统产水回收率最高可以达到 98.99%，脱硫废水作为进水时的系统产水回收率最高可以达到 88%，稳定运行时的产水回收率一般可以维持在 70%～80%之间。

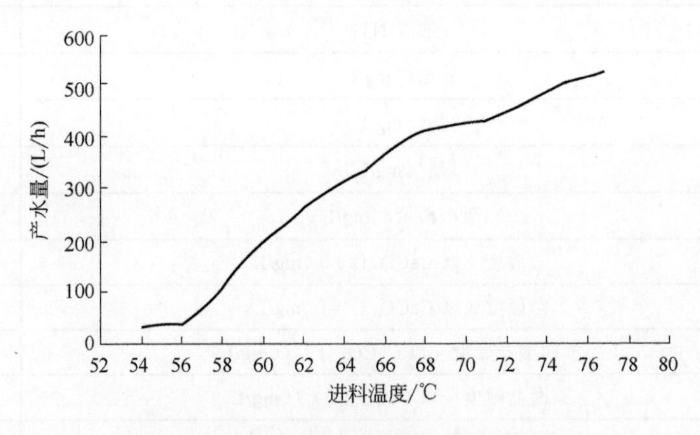

图 4-42　产水量随进料温度的变化曲线

② 产水量随运行时间的变化。图 4-43 为随机选取的一组脱硫废水进水时的产水量随运行时间的变化曲线。由图 4-43 可以看出，随着运行时间的延长，系统产水量会有所降低，运行 4h 左右时系统产水量约降低 100L/h。当产水量降低时，采用盐酸清洗可以恢复系统的产水量。

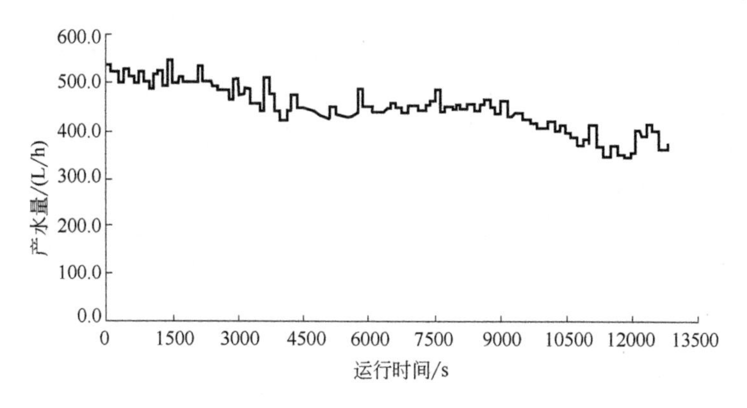

图 4-43 产水量随运行时间的变化曲线

③ 产水电导率随运行时间的变化。图 4-44 为分别抽取的一组酸洗前、后脱硫废水进水时系统产水的电导率数据。由图 4-44 可以看出，系统安装好未经过酸洗时系统产水的电导率相对较低，一般在 10～20μS/cm；但是当第一次酸洗之后，电导率升高，稳定运行时基本在 80μS/cm 左右。说明酸洗对膜蒸馏系统的产水电导率有影响。

自来水作为进水时的系统产水电导率最低可以达到 0～2μS/cm，稳定运行数据基本可以维持在 10μS/cm 以内；脱硫废水作为进水时的系统产水电导率最低可以达到 12μS/cm。由于酸洗采用的是盐酸，对产水电导率略有影响，酸洗后稳定运行时产水的电导率一般维持在 80μS/cm 左右。脱硫废水作为进水时的产水电导率较自来水作为进水时的产水电导率高主要是由脱硫废水中的铵盐导致的。

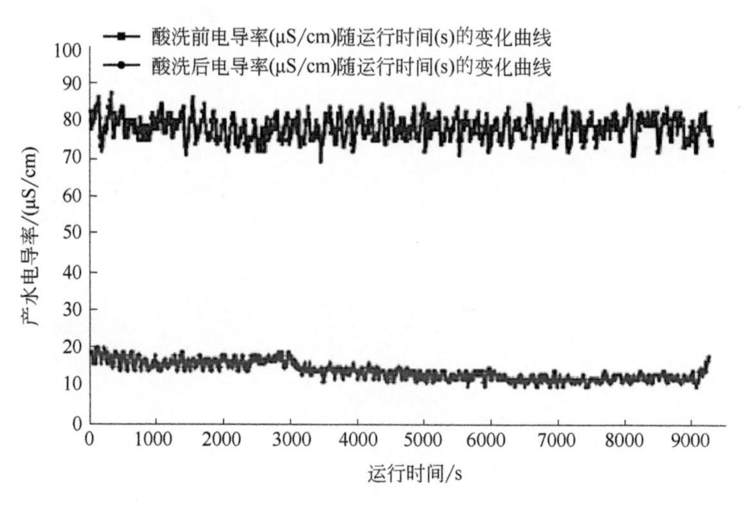

图 4-44 产水电导率随运行时间的变化

(4) 结论

① 膜蒸馏系统应用在脱硫废水处理领域是可行的，且随着进料温度的升高，膜蒸馏系统的产水量有上升的趋势，进料温度保持在 69～80℃之间较好。当有合适温度的余热可以利用时，膜蒸馏系统在能耗上更有优势。

② 脱硫废水进入膜蒸馏系统前可以不进行软化处理，只需去除其中的悬浮物即可，这可以大大降低脱硫废水处理的投资和运行费用。

③ 当膜蒸馏系统产水量降低时，采用盐酸清洗是有效果的，但是采用盐酸清洗后，产水的电导率会有所升高。

④ 废水含盐量较低时一次性通过膜蒸馏系统很难做到接近饱和的浓度，保守设计，建议采用浓缩液循环的方式逐步实现浓缩至接近饱和的浓度。

[1] 李先晶．常见污水处理工艺及其设施的运营研究［J］．低碳世界，2021，11（02）：30-31．

[2] Jin Lingyun，Zhang Guangming，Tian Huifang．Current state of sewage treatment in China［J］．Water Research，2014，66：85-98．

[3] 李诚，袁令统，柏昕然，等．污水再生利用工程实例［J］．供水技术，2020，14（03）：47-50，54．

[4] 王磊．城市污水处理的主要工艺及发展趋势［J］．绿色科技，2020（16）：82-84．

[5] 莫晓媛，邢立焕，夏芸．城市污水处理工艺探究［J］．环境与发展，2020，32（09）：82-83．

[6] 张仁鹏．膜生物反应技术在环境工程污水处理中的应用探析［J］．科技风，2021（05）：136-137．

[7] Li P，Liu L，Wu J，et al．Identify driving forces of MBR applications in China［J］．Science of the Total Environment，2019，647：627-638．

[8] Zhang J，Xiao K，Huang X．Full-scale MBR applications for leachate treatment in China：Practical，technical，and economic features［J］．Journal of Hazardous Materials，2020，389：122-138．

[9] Sartor M，Kaschek M，Mavrov V．Feasibility study for evaluating the client application of membrane bioreactor（MBR）technology for decentralised municipal wastewater treatment in Vietnam［J］．Desalination，2007，224（1-3）：172-177．

[10] 刘建伟．污水生物处理新技术［M］．北京：中国建材工业出版社，2016：110-118．

[11] Krzeminski P，Leverette L，Malamis S，et al．Membrane bioreactors A review on recent developments in energy reduction，fouling control，novel configurations，LCA and market prospect［J］．Journal of Membrane Science，2017，527207-227．

[12] Judd S，Judd C．膜生物反应器：水和污水处理的原理与应用［M］．陈福泰，黄霞，译．北京：科学出版社，2009：9-13，44-47．

[13] 张景丽，曹占平．中药废水处理工程［J］．工业水处理，2011，31（06）：87-88．

[14] 王荣昌，任玉丽．MABR反应器的应用技术与发展［J］．化工管理，2020（36）：122-123．

[15] 张景丽，曹占平，张宏伟．污泥龄对膜生物反应器性能的影响［J］．环境科学，2008（10）：2788-2793．

[16] 谢静．UASB+MBR工艺处理屠宰污水工程案例［J］．环境科学与管理，2020，45（10）：109-113．

[17] 于玉彬，林兴，贾云．MBR工艺处理典型榨菜废水的工程案例［J］．环境科技，2019，32（01）：40-43．

[18] 杨明，飞光兴，徐天买，等．膜生物反应器（MBR）工艺处理烟草废水的试验研究［J］．稀有金属与硬质合金，2020，48（01）：80-84．

[19] 李丽，苏凤，张兴．MBR+两级DTRO系统处理垃圾渗滤液工程案例分析研究［J］．环境科学与管理，2014，39（09）：120-124．

[20] 谢志生．某生活垃圾焚烧厂渗滤液处理工程案例［J］．化工设计通讯，2019，45（05）：237，260．

[21] 俞沈晶，唐志鹏，张亚超，等．MBR+臭氧组合工艺处理印染废水案例分析［J］．中

国给水排水，2019，35（08）：104-107.
[22] 高术波．多级 AO+MBR 工艺在污水厂提标改造中的应用——以北京某污水厂为例[J]．净水技术，2020，39（08）：28-31.
[23] 何伟．延庆某京标 A 出水标准污水处理厂工程案例[J]．江西化工，2020（02）：57-59.
[24] 于鲲，张海军，李锦生．混凝沉淀+水解酸化+Bardenpho+MBR+RO 组合工艺处理 TFT-LCD 生产废水[J]．给水排水，2017，53（03）：68-73.
[25] 佚名．天津膜天连续微滤系统用于城市污水处理[J]．建设科技，2008（19）：54-55.
[26] 梁钊堂．印染废水微滤-反渗透工艺深度处理研究[J]．科学技术创新，2019（29）：191-192.
[27] 杨胜武，马世虎，顾军农．CMF 系统处理生活污水厂二级出水[J]．膜科学与技术，2009，29（03）：61-65.
[28] 张云，陈建标，杨柳俊．连续微滤+反渗透技术在印染废水回用中的研究[J]．长江科学院院报，2013，30（11）：24-27.
[29] 杨世鹏，王国峰，郑重．电解-交换吸附-CMF 微滤深度处理重金属废水[J]．水处理技术，2009，35（07）：107-110.
[30] 汤颖，蒋乔峰，刘智强．双膜法深度处理生活污水厂尾水中试研究[J]．清洗世界，2019，35（07）：22-23.
[31] 天津膜天膜科技有限公司．“双膜法”在市政污水处理应用案例介绍[J]．给水排水动态，2009（06）：14-15.
[32] Wang Jinlong，Tang Xiaobin，Xu Yifan，et al. Hybrid UF/NF process treating secondary effluent of wastewater treatment plants for potable water reuse：Adsorption vs. coagulation for removal improvements and membrane fouling alleviation [J]. Environmental Research，2020，188：109833.
[33] Qin J J，Wai M N，Oo M H，et al. Feasibility study for reclamation of a secondary treated sewage effluent mainly from industrial sources using a dual membrane process [J]. Separation and Purification Technology，2005，50（3）：380-387.
[34] 李涛宏．外置式 MBR+NF/RO 工艺对垃圾渗滤液处理工程案例研究[D]．长沙：湖南农业大学，2015.
[35] 李和林．双膜法技术在城镇污水再生回用工程中的应用[J]．中国资源综合利用，2020，38（05）：174-177.
[36] 张宝林．北控水务全面揭示新加坡樟宜Ⅱ新生水厂项目双膜工艺[EB/OL]．中国膜工业协会，2019-01-03.
[37] 郭海林，周宇松，李亮，等．MBR+反渗透双膜法处理印染废水及其回用工程实例[J]．水处理技术，2016，42（03）：132-135.
[38] 林世华．印染废水双膜法处理回用工程实例[J]．中国资源综合利用，2020，38（11）：189-191.
[39] 阮燕霞，魏宏斌，任国栋，等．双膜法深度处理焦化废水的中试研究[J]．中国给水排水，2014，30（17）：82-84.
[40] 闫虎祥，高宝钗．均相淡化电渗析处理高氯废水的工程化案例[J]．资源节约与环保，

2019（01）：61，64.

[41] 毛华中，金庆西. 浸没式膜系统的设计与优化——奥运清河膜法再生水系统应用案例[J]. 中国建设信息（水工业市场），2008（09）：24-29.

[42] 徐光平，李竹梅，王建强，等. 膜蒸馏技术在电厂脱硫废水处理领域的中试应用[J]. 广东化工，2018，45（05）：184-186.

第5章

非常规水资源化膜集成技术及应用

5.1 海水淡化技术

5.1.1 海水淡化发展现状

由于人口增长、城市化、气候变化和生活方式转变等因素，淡水资源的压力有所加剧。目前，21亿人无法获得安全的饮用水。到2030年，严重的水资源短缺可能会使全球7亿人流离失所。对水、粮食和能源安全的错综复杂的依赖使得淡水对经济增长和繁荣更加重要。解决缺水问题的一些战略旨在通过修改定价和/或实施节约做法来减少需求。然而，这一缓解方法在受到严重影响的地区几乎无法提供解决方案。相比之下，海水淡化技术使人们能够利用丰富的海水和/或咸水储备，以满足日益增长的需求。

目前海水淡化技术可分为热能驱动技术和膜技术两大类。膜技术主要为反渗透（RO）和电渗析（ED）[1-4]，具有低能耗、低环境影响和操作性强等特点，近年来被广泛应用。另外，膜蒸馏（MD）[5]作为热能驱动与膜技术的结合技术，具有可利用海水余热或工业废热驱动海水淡化的优点。膜蒸馏是一种热驱动的膜过程，是一种独特的海水淡化过程。MD拥有比传统热能淡化技术更多的优势。MD能够在较低的温度下脱盐，需要较少的热量。与传统的热过程相比，膜蒸馏依赖于紧凑、模块化的系统设计。在中东地区已成规模运行的海水淡化厂主要采用多级闪蒸（MSF）和多效蒸馏（MED）技术，而位于大洋洲的澳大利亚，其海水淡化厂多采用RO技术[6]。

截至2018年，全球海水淡化技术中RO产水量占总产水量的65%，其次分别是MSF产水量占21%，MED产水量占7%，ED等其他技术产水量总占比约为7%。《2018—2023年中国海水淡化产业深度调研与投资战略规划分析报告》[7]指出在我国海水淡化中，RO产水量占总产水量的65%，MED产水量占34%，MSF与ED产水量占1%，RO技术占主导地位。从利用场景来讲，反渗透将成为沿海干旱地区供水的主要技术，新型膜材料的研发可促进反渗透技术的进一步发展[6]。

近年来，海水淡化技术得到高速发展，产业化规模逐步扩大。据国际水务情报海水淡化市场数据库统计，全世界已有约 1.8 万个海水淡化厂，遍布 150 多个国家，每年产水量约为 380×10^8t，是 2008 年产量的两倍多[8]，年增长率达 8%，可解决 2 亿多人的用水问题，预计到 2030 年将增长到 540×10^8t/a。以沙特阿拉伯、阿联酋、科威特、卡塔尔和巴林 5 国为代表的中东地区是海水淡化技术的主要应用地区，其海水淡化装置总产水量占全球总产水量的 44.3%。全球最大的海水淡化厂，沙特阿拉伯的 RASAI-Khair 海水淡化厂，采用热法耦合技术（MSF+RO），产水量可达 103.5×10^4t/d。非洲规模最大的阿尔及利亚马格塔（Magtaa）海水淡化厂产水量达到 50×10^4t/d。澳大利亚维多利亚海水淡化厂产水量 46.7×10^4t/d。近年来，一些内陆国家（如哈萨克斯坦）也在积极发展海水淡化技术[6]。市政和工业是全球海水淡化的主要应用领域。市政使用占比 60%，产能 5114×10^4t/d；其次为工业 34%，灌溉 2%，旅游业 2%，军用 1%等。在现有的海水淡化技术中，基于膜的海水淡化技术由于其结构紧凑、模块化、能耗低等优点，在多级闪蒸（MSF）和多效蒸馏（MED）等传统热力系统中得到了广泛的应用。就全球装机容量而言，压力驱动的反渗透（RO）占据了海水淡化市场的主导地位。然而，在海湾地区因其海水盐度和温度与世界其他地区相差很大，反渗透的增长速度较慢。反渗透膜容易受到污染，海湾地区恶劣的海水条件加剧了膜的污染倾向。此外，作为海水淡化副产品获得的盐水的盐度可能高达 200000mg/L。这就需要进一步研究淡水生产的可持续和节能方法。

中国淡水资源总量为 2.8×10^{12}t，占世界第 6 位，而人均水资源量仅为世界人均水平的 1/4，排在第 88 位。因此积极开发利用海水资源，采取有效措施提高淡水资源量具有重要的战略意义。中国自 1958 年开始研究海水淡化，并于 1975 年着手研制中大型海水淡化装置，现已建成投用的大规模海水淡化工程包括天津北疆电厂海水淡化工程一期（20×10^4t/d）、青岛百发海水淡化工程（10×10^4t/d）、天津大港新泉海水淡化工程（10×10^4t/d）、河北国华沧电黄骅电厂海水淡化工程（5.75×10^4t/d）、曹妃甸工业园区海水淡化工程一期（5×10^4t/d）等。中国海水淡化工程主要分布在沿海重度缺水地区，如天津、舟山、青岛、大连等沿海城市。我国海水淡化应用主要以反渗透和低温多效蒸馏技术为主。我国海水淡化主要用在工业领域，其次用在市政领域。我国海水淡化所产生的淡化水 64%用于工业领域，其中 36%用于电力，12.5%用于石油和化工，9.8%用于钢铁，其余 5.7%用于其他高耗水工业领域；市政供水规模相对较小，占海水淡化总规模的 36%[6]。

根据《2019 年全国海水利用报告》[9]统计，截至 2019 年年底全国现有海水淡化工程 115 个，工程规模 1573760t/d。其中，2019 年全国新建成海水淡化工程 17 个，工程规模 399055t/d，分布在辽宁、河北、山东、江苏和浙江，主要满足沿海城市石化、钢铁、核电、火电等行业用水需求。全国现有万吨级及以上海水淡化工程 37 个，工程规模 1403848t/d；千吨级及以上、万吨级以下海水淡化工程 42 个，工程规模 162522t/d；千吨级以下海水淡化工程 36 个，工程规模 7390t/d。2019 年全国新建成海水淡化工程最大规模为 180000t/d。截至 2019 年年底，全国沿海 9 个省市的海水淡化工程规模见表 5-1。

表 5-1 海水淡化工程分布的省市和规模

省份	规模/（t/d）
辽宁	118654
天津	306000
河北	303540
山东	326094
江苏	5010
浙江	407756
福建	11000
广东	85120
海南	10586

北部海洋经济圈工业用海水淡化工程所占比例较高，集中在辽宁、天津、河北、山东的电力、钢铁、石化等高耗水行业，市政供水用海水淡化工程主要在天津和青岛；东部海洋经济圈海岛市政供水用海水淡化工程所占比例较高，集中在浙江嵊泗、岱山、普陀等海岛地区，工业用海水淡化工程分布在浙江的石化、电力等高耗水行业；南部海洋经济圈工业用海水淡化工程集中在广东的钢铁、电力等高耗水行业，市政供水用海水淡化工程则主要在福建、海南的海岛地区。

截至 2019 年年底全国海水淡化工程技术应用情况分布如图 5-1 所示。

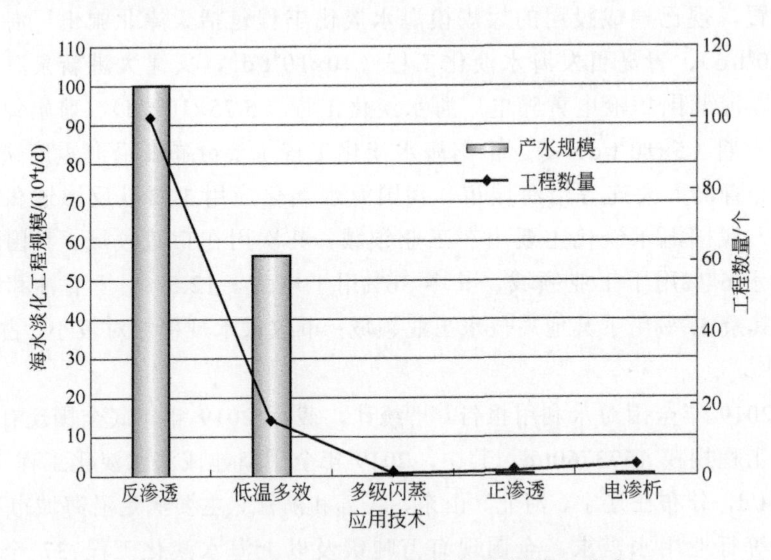

图 5-1 全国海水淡化工程技术应用情况分布

5.1.2 膜技术在海水淡化中的应用

5.1.2.1 吉布提盐业化工公司的反渗透淡化工程[10]

系统原水为浓海水，其水质成分如表 5-2 所列。

表 5-2 水质情况

序号	检测项目	检测结果
1	pH 值	7.34
2	氯离子/（g/L）	31.4
3	钠离子/（g/L）	17.1
4	钾离子/（mg/L）	717
5	碳酸氢根离子/（mg/L）	67.2
6	钙离子/（mg/L）	1590
7	镁离子/（g/L）	1.57
8	硫酸根离子/（g/L）	2.49
9	硼/（mg/L）	6.90
10	溴离子/（mg/L）	119.4
11	硝酸根离子/（mg/L）	24.88
12	溶解性总固体/（g/L）	54.87
13	浊度/NTU	1.10
14	硅酸盐/（mg/L）	27.0
15	化学需氧量/（mg/L）	0.17
16	氟化物/（mg/L）	0.78
17	锶/（mg/L）	25.2
18	钡/（mg/L）	0.13

原水来自吉布提阿萨勒湖，原水钙镁含量较高，永久硬度达 11000mg/L 以上，考虑系统安全可靠稳定运行，本系统设计过程采用加药预处理及降低反渗透回收率的方法确保最大程度降低结垢的发生。反渗透产水用于施工建设，对产水中氯离子要求较为严格，不得高于 200mg/L。进水含盐量高达 54g/L，现场温度高达 40℃，单级反渗透产水水质不达标，需经二级反渗透进行二级处理。由于建设工程所在地无电力供应，电力来源于柴油机发电，能源供给较为紧缺，反渗透系统配置了能量回收设备以降低系统能耗。控制系统配置了完善的手动、自动程序，可实现无人值守。

利用取水泵将原水提升至原水箱，原水经原水箱缓冲后，经原水泵加压进入多介质过滤器中，去除海水中大部分的悬浮物、颗粒物、泥沙等。原水含盐量与硬度较高，脱盐单元设置二级反渗透系统。

海水经混凝沉淀去除钙镁离子后，加压进入多介质过滤器以去除水中悬浮物，过滤后的水存储于中间水箱。经中间水泵后分成两股，一股进入到高压泵，经高压泵加压后进入一级反渗透膜组内；另一股进入能量回收装置，利用反渗透浓海水的余压进行加压，再由增压泵加压后进入反渗透膜组中。经过一级反渗透处理的产水存储于一级产水箱，由于一级产水氯离子含量高于业主方要求，因此一级产水经二级反渗透做进一步脱盐处理。工艺流程及各工艺阶段的水量如图 5-2 所示。

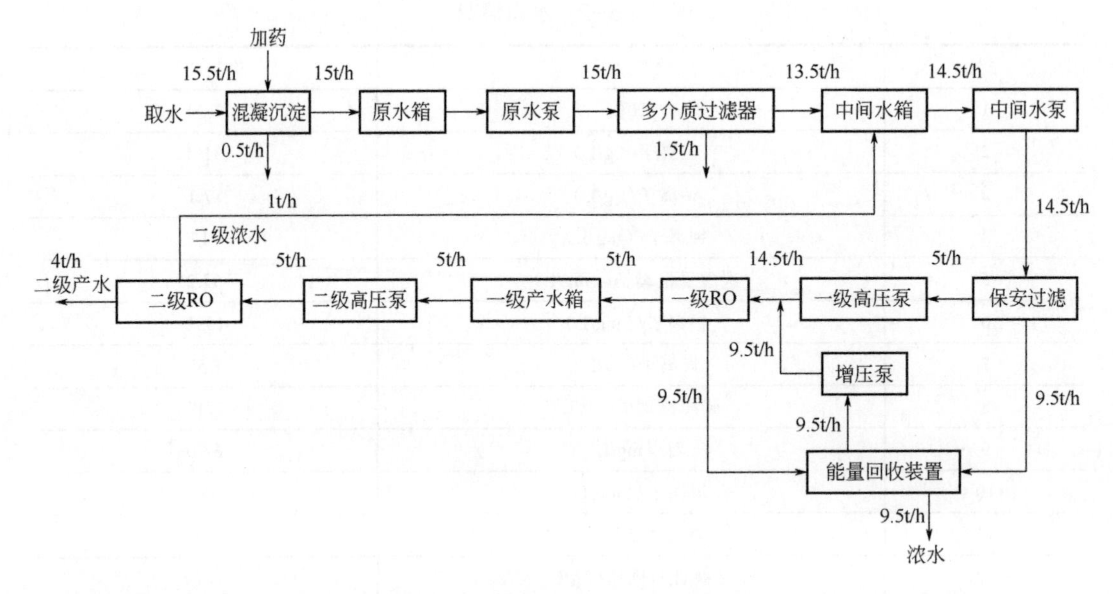

图 5-2　工艺流程及各工艺段的水量

预处理系统由二级预处理组成。药剂软化为一级预处理，多介质过滤为二级预处理。海水由取水泵取至混凝沉淀池，在混凝沉淀池中投加软化药剂以去除原水中大部分钙镁离子，产水经原水泵加压后进入多介质过滤系统。反渗透（RO）系统要求进水 SDI＜3，经由二级预处理可满足要求。

反渗透系统是核心脱盐设备，根据水质特点及业主对产水水质要求，本工程采用二级反渗透进行处理。项目建设地点电力由采油发电机供应，因此本项目中采用高脱盐率、低能耗的反渗透膜组件。一级反渗透膜回收率 35%，脱盐率≥99%，采用 12 支 SW30HRLE-400 膜元件，置于 2 个压力容器中，一级一段排列，一支膜壳中安装 6 支膜元件，水通量为 11.22L/（m^2·h）；二级反渗透回收率 80%，脱盐率≥96%，采用 18 支 BW30-4040 膜元件，置于 3 支压力容器中，一支膜壳中安装 6 支膜元件，通量为 30.67L/（m^2·h）。

反渗透海水淡化工程最核心的部分是高压系统和脱盐单元。高压系统为工程的“心脏”提供动力保障，直接决定工程的运行状况，为了尽可能降低系统动力消耗，反渗透系统中高压泵采用 Donfoss 柱塞式高压泵，规格型号为 APP6.5，效率高达 90%以上；此外，系统采用能量回收装置对反渗透浓水余压进行回收利用。

加药系统包含 4 个加药点，即软化剂、杀生剂、还原剂、阻垢剂加药点。

① 软化剂加药点：为降低原水中钙镁离子硬度，降低反渗透膜淡化过程中结垢的可能性，需向原水中投加软化药剂，本项目设计投加碳酸钠，使钙镁离子含量降低至标准海水钙镁离子浓度水平（35000mg/L）。

② 杀生剂加药点：项目所在地吉布提阿萨勒盐湖，水温 35℃以上，生物繁殖较迅速，为预防微生物滋生对反渗透膜的污堵，需要向原水中投加杀生剂，本工程设计投加杀生剂为 10%（质量分数）食品级次氯酸钠，浓度为 1～2mg/L，投加位置位于多介质过滤器进口处。

③ 还原剂加药点：反渗透膜材质为聚酰胺复合膜，对余氯极为敏感，为防止过量余氯进入反渗透系统对反渗透膜造成氧化破坏，在原水进入反渗透膜前需要投加还原剂去除原水中残留的余氯，本工程投加食品级亚硫酸氢钠，浓度为 2～4mg/L。

④ 阻垢剂加药点：为了防止反渗透膜钙镁离子结垢，原水在进入反渗透膜之前需投加反渗透膜专用阻垢剂，本项目中投加美国进口专用反渗透阻垢剂（PWT），浓度为 5mg/L。此外，本系统设计回收率（35%）低于常规反渗透淡化工程（45%），以防止难溶性碳酸盐和硫酸盐在膜组件的浓水侧析出结垢。

化学清洗水泵兼作反渗透停机保护用冲洗水泵。当反渗透系统停机或化学清洗过程完毕后，用反渗透产水自动冲洗膜内和管道中的浓水，使膜完全浸泡在淡水中，置换系统内的浓盐水，可防止系统腐蚀和膜的自然渗透造成的损坏，同时还可防止再次运行时加入的药剂形成亚稳态在膜上沉淀，冲洗还可以带走部分污垢，形成对膜和装置的有效保养。

表 5-3 所列为本工程产水情况。

表 5-3　产水情况

水质指标	数值
钙离子浓度/（mg/L）	0.016
钠离子浓度/（mg/L）	3.4
氯离子浓度/（mg/L）	9.0
硼浓度/（mg/L）	0.931
镁离子浓度/（mg/L）	0.013
溴离子浓度/（mg/L）	2.28
硅酸盐浓度/（mg/L）	0.10
pH 值	6.05

应项目水质特点及业主方对产水水质要求，本淡化系统采用二级反渗透进行脱盐淡化，一级设计回收率 35%，二级设计回收率 80%。预处理工艺选择“药剂软化＋多介质过滤”，软化能够降低结垢离子含量，避免反渗透淡化过程中结垢的发生；多介质过滤可有效降低颗粒物、悬浮物含量，满足 RO 进水 SDI＜3 的要求。节能方面，系统设计过程中采用高脱盐、低能耗的反渗透膜组件。

5.1.2.2 小钦岛海水淡化工程[11]

小钦岛位于胶东、辽东半岛之间，距长岛县城北 40km，为长岛县最小的乡，岛陆面积 1.14km^2，海岸线长 6.44km，下辖一个行政村，人口 1000 人。目前岛上淡水供应主要依靠雨水收集、苦咸水淡化和船运淡水。

原海水为小钦岛附近海水，浊度为 3～5NTU，由国家海水及苦咸水利用产品质量监督检验中心出具的水质检测报告显示，小钦岛附近海域水质参数为：pH7.19，电导率 4.41×10^4μS/cm，溶解性总固体含量 30.03g/L，钙离子含量 433mg/L，镁离子含量 842mg/L，氯化物含量 16.7g/L，硫化物含量 2.70g/L。

整个海水淡化系统的平稳运行和产水水质是由原海水取水、海水预处理、反渗透、后处理、化学清洗、连续监控、基于多年经验的工艺优化以及有效的系统维护等众多因素保证的。系统工艺流程见图 5-3。

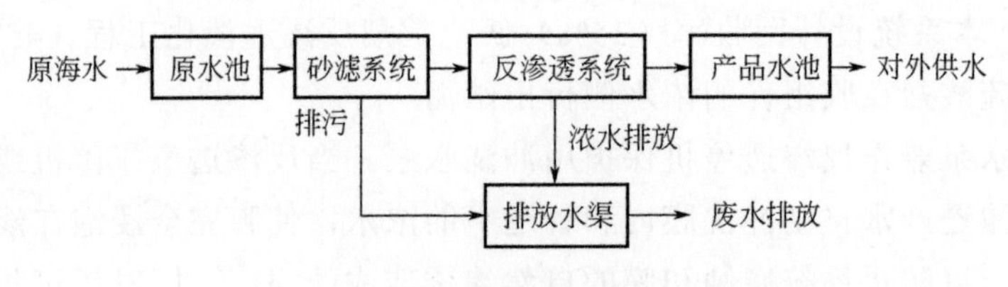

图 5-3　系统工艺流程

系统主体部分采用反渗透技术，反渗透回收率不小于 40%，脱盐率不小于 99.2%，产水能力 100m^3/d，产品水水质符合《生活饮用水卫生标准》（GB 5749—2006）规定。系统采用自动控制，一键自动运行，自动模式故障时可以手动操作。同时能量回收装置在一定程度上降低了海水淡化的运行成本。

海水取水是海水淡化工程建设的重要部分，与系统稳定运行及淡化成本有很大关系。海水取水方式大致可分为海滩井取水、深海取水、浅海取水三大类，海滩井取水水质最好。小钦岛海岸地貌为海积地貌，主要以砾石滩为主，渗水性高，附近海域海流较强，且冬季盛行东北风，大浪出现较多，有利于海滩截留物质的冲刷。浅海开放式取水易受风浪侵袭与海中杂物及微生物的污堵，同时小钦岛海岸具有天然的海滩井取水优势，因此工程采用在海滩打沙滩井的方式作为原海水的取水方案。这种方式可以利用天然海滩的过滤作用使原海水中的颗粒物质被海滩截留，过滤后的海水浊度低、水质好、季节气候对水温影响小，从一定程度上降低了海水预处理成本。

由于小钦岛附近海域海水浊度较低，预处理设计采用“杀生剂+两级砂滤+还原剂+阻垢剂+保安过滤”方式进行初步预处理，以满足反渗透膜处理的进水要求。工程设计预处理系统原海水处理量为 10.5m^3/h，处理后的海水作为反渗透系统的进水。

预处理具体方式介绍如下：原水泵将水池内原海水输送至砂滤系统，同时通过投加杀生剂进行杀生处理。砂滤系统填充精制石英砂，滤速设计为 10m/h，能够去除原水中的悬浮物及黏胶质颗粒，降低水的浊度。原海水过滤后经过还原剂与阻垢剂处理进入保安过滤器，保安过滤器拦截粒径低至5μm的微粒，确保反渗透膜的安全。同时，砂滤系统设计了冲洗功能，通过切换砂滤系统上的阀门组进行设备的正冲与反洗。由于砂滤的作用是过滤海水中的胶质与悬浮物，因此在长时间运行后，在滤料中会残留较多杂质，通过正冲与反洗可有效去除罐内残留杂质，降低系统运行压力，确保经过过滤的海水能满足反渗透膜进水要求。

反渗透系统为整个海水淡化系统的主体部分，其主要作用在于脱盐。工程将高压泵、增压泵及能量回收装置、反渗透膜组作为反渗透系统的主体部分。反渗透设计进水温度为15℃，进水pH值为7.19，进水流量为$10.5m^3/h$，产水流量为$4.2m^3/h$，产水回收率为40%，运行压力为4.51MPa，平均水通量为12.5L/（m^2•h），膜使用年限3年，每年水通量衰减率5%。

反渗透膜在水处理工程的实际应用中应根据原水水质需要和应用条件选择。目前，反渗透膜的生产厂家主要为美国和日本的一些公司，包括低压高脱盐率膜、超低压膜、海水膜、高脱盐率海水膜、抗污染膜等。针对小钦岛附近海域的海水特点，设计采用大流量海水淡化8040反渗透膜元件，具体性能参数和应用数据：产水量为$1.42m^3/h$，脱盐率最低99.7%，最大运行压力为8.27MPa，进水pH值范围为3～10，最大进水浊度为1.0NTU，最大进水SDI_{15}为5.0，最大进水流量为$17m^3/h$，脱硼率为92%。膜组件采用3支3芯，一级两段2串1方式排列。

后处理主要是在产水管路上通过投加消毒剂NaClO对产品水进行消毒，以使产水水质符合饮用水标准。由于产品水池为地下水池，位于淡化站附近，故产品水主要以自流方式进入产品水池，再由池内潜水泵将水泵送至岛上供水系统。

反渗透系统运行时，悬浮物质、溶解物质以及微生物繁殖等都会造成膜元件污染。污染物的累积情况可以通过日常数据记录中的操作压力、压差、脱盐率变化等参数得知。膜元件受到污染时，需通过清洗来恢复膜元件的性能。系统设置化学清洗装置1套，其中包括清洗水箱1台，清洗水泵1台，清洗保安过滤器1台。清洗水箱采用PE水箱，容积为$1m^3$。清洗水泵采用进口立式离心泵，流量为$12m^3/h$，扬程为25m。清洗保安过滤器采用大流量滤芯，处理量为$12m^3/h$，过滤精度为5μm。

工程产水量为$100m^3/d$，由国家海水及苦咸水利用产品质量监督检验中心出具的产水水质检测报告数据显示，产品水水质为：pH6.40，电导率183.3μS/cm，溶解性总固体0.090g/L，钙离子＜2.0mg/L，镁离子＜2.0mg/L，氯化物51.78mg/L，硫化物＜0.5mg/L。产水水质满足《生活饮用水卫生标准》（GB 5749—2006）的规定，岛上淡水供应已基本满足居民用水需求。

5.1.2.3 以色列Ashkelon海水淡化项目[12]

Ashkelon海水淡化厂位于以色列南部地区，每年为南部城市提供$1\times10^8m^3$的饮用水，相当于以色列生活用水总量的15%。

海水淡化厂包括膜海水淡化单元和海水提升、浓盐水排放、原水预处理和产水后处理等设施。先进的反渗透技术和一流的能量回收系统的应用，降低了Ashkelon海水淡化厂的运营成本，其水处理成本为 0.53 美元/m^3，为同类工艺吨水成本最低。

工艺流程介绍如下。

Ashkelon 海水淡化项目的处理工艺包括 5 个主要部分，工艺流程如图 5-4 所示。

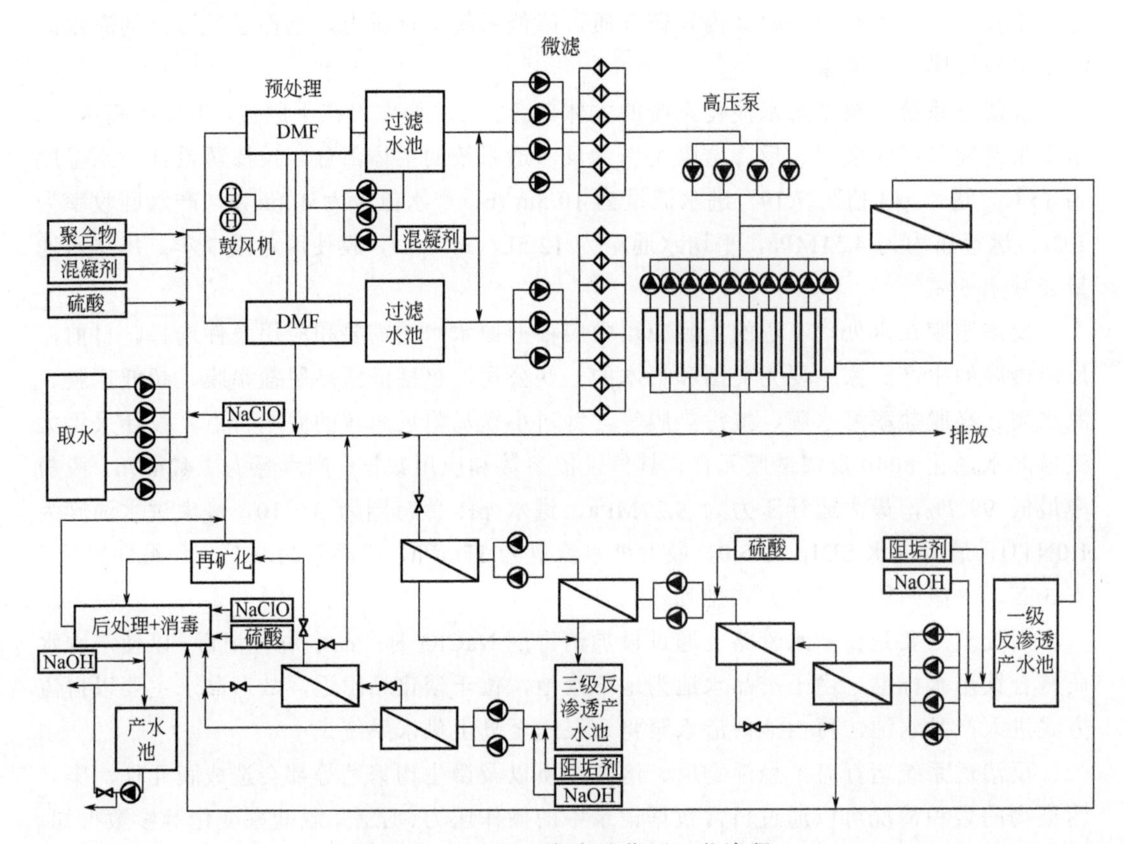

图 5-4 Ashkelon 海水淡化厂工艺流程

考虑到工厂选址的限制和处理量的规模，选用了敞开、浸没式的取水装置，包括 3 条平行的高密度聚乙烯管道（管径为 *DN*1600，长度为 1km），以保证取水的安全。聚乙烯管道便于清洁，对海洋生物的生长具有一定的抑制作用。

进水泵站配有 5 台流量为 35000m^3/h 的立式泵，通过两根管线将海水送到预处理设施，每根管线对应着 20 个双层滤料重力滤池。过滤前添加化学药剂，并通过静态混合器混合。在预处理阶段采用硫酸亚铁作为混凝剂，硫酸作为 pH 值调节剂，以便在预处理阶段有效地降低 SDI 值。此外，还安装有其他化学药剂投加设备（冲击加氯、聚合物），以便在海水水质恶化时使用。

重力滤池通过石英砂和无烟煤介质实现过滤，滤速为 8m/h。这种慢滤速、长停留时间以及避免形成短流的配水和集水系统保证了过滤的高效率。即使在暴雨的浊度情况下，用这种方式过滤的海水也满足后续处理的要求。这些滤池每两天自动反冲洗一次。微孔过滤器构成第二级过滤，也是膜处理之前的最后一道安全屏障。

反渗透系统所需的进水压力为 7MPa，是最为耗能的一个部分，因此任何可以减少能耗的措施都可以优化产水的成本。能量回收装置（ERD）的引入为降低能耗提供了可能。该装置对排放浓水中能量回收率可达 96%。ERD 装置大大降低了吨水能耗，同传统工艺相比，吨水能耗可降低 35%左右。

过滤后的海水经过高压泵流向反渗透设备，这些设备与先进的双工作交换能量回收（DWEER）设施联系在一起。高压泵和能量回收设备可以各自独立运行，这有助于提高系统的灵活性和效率。考虑到出水水质要求（氯化物<20mg/L，硼<0.4mg/L），海水淡化由四个阶段组成。

第一阶段是传统的海水反渗透系统，回收率约为 45%。部分渗透水的盐浓度（尤其是硼的浓度）低于整个渗透水的浓度，可以直接与其他阶段的渗透水混合。

经过第一阶段处理后的渗透水进入第二阶段，采用高 pH 值，提高膜对硼的去除率，此阶段的回收率为 85%，在这个阶段处理的渗透水成为最终水的一部分。

经过第二阶段处理后的浓盐水进入第三处理阶段，主要是对第二阶段处理的浓盐水进行软化，在低 pH 值下回收率为 85%。由于处于酸化环境，因此在高回收率和高浓度时也不必担心膜表面上会结垢。但是由于 pH 值低，硼去除率很低，部分硼会随渗透水进入下一阶段。因此在这个阶段形成的渗透水还不能被视作成品水，而必须经过第四阶段的处理。

第四阶段的回收率达到 90%。在这个阶段采用高 pH 值，以便去除浓水中的硼。经过第四阶段处理后的水可以与成品水混合。

海水淡化设施由第一阶段的 32 个反渗透装置、第二阶段的 8 个装置、第三阶段的 2 个装置和第四阶段的 2 个装置组成。该设施共采用 25600 支海水膜和 15100 支苦咸水膜。最终采用了 DOW（陶氏）公司的 Filmtec 膜用于反渗透处理。

经过多阶段反渗透系统的处理，去除了细菌、病毒和硼，出水硼和氯化物含量已经符合要求，采用石灰进行的后处理使碱度、硬度和 pH 值满足饮用水质标准，具体数据如表 5-4 所列。

表 5-4　产水水质

项目	海水水质	产水保证值	产水水质（经过后处理）
TDS/（mg/L）	40679	300	180～200
氯/（mg/L）	22599	20	10～15
钠/（mg/L）	12200	40	6～10
硼/（mg/L）	≤5.3	0.4	0.2～0.3
pH 值	8.1	7.5～8.5	8～8.5

构成海水淡化厂的两个部分中每个都配有 3 个高压泵，组成 1 个泵送中心，将海水通过共用管线送往各个反渗透装置，另有 1 台泵作为备用。40 个 DWEER 装置构成一个能量回收中心，该中心收集来自各个反渗透装置的加压浓盐水，将能量传输给海水，并通过共用进水管泵送至各个反渗透装置。这种方法有助于提高各个系统的效率。泵的效

率是速度和流量的函数，效率高的泵转速和流量都很高。

由于 Ashkelon 项目的规模效应，以及近年来反渗透膜价格的降低、ERD 系统对能量有效的回收和运营者对运营成本的合理控制，本项目的吨水成本被控制在较低的水平，约为 0.53 美元/m^3。

5.1.2.4 中试规模 UF-NF-SWRO 集成系统 [13]

利用中试规模的 UF-NF-SWRO 集成系统，于 2011 年 5～6 月在中国黄海青岛胶州湾进行了膜结垢评价试验。原始海水水质如表 5-5 所列。容量为 $5m^3/d$ 的中试装置由 UF 系统、NF 系统和 SWRO 系统组成。如图 5-5 所示，首先原海水通过砂滤器用潜水泵泵入超滤系统，然后用 0.7～2.0MPa 的高压泵将超滤滤液泵入 RO 系统。在 NF-SWRO 集成系统运行期间，将 NF 软化水以 4.4MPa 的压力送入 SWRO 装置。

表 5-5 胶州湾未经处理海水的水质

参数	数值	参数	数值
浊度/NTU	8～40	K^+/（mg/L）	363～405
SDI_{15}	＞6	Na^+/（mg/L）	9260～11451
TDS/（mg/L）	31527～35562	Ca^{2+}/（mg/L）	372～419
铁和铝氧化物/（μg/L）	8～10	Cl^-/（mg/L）	17500～19565
总硬度/（mg/L）	3190～3480	SO_4^{2-}/（mg/L）	2100～2396
Mg^{2+}/（mg/L）	1150～1325	HCO_3^-/（mg/L）	118～139

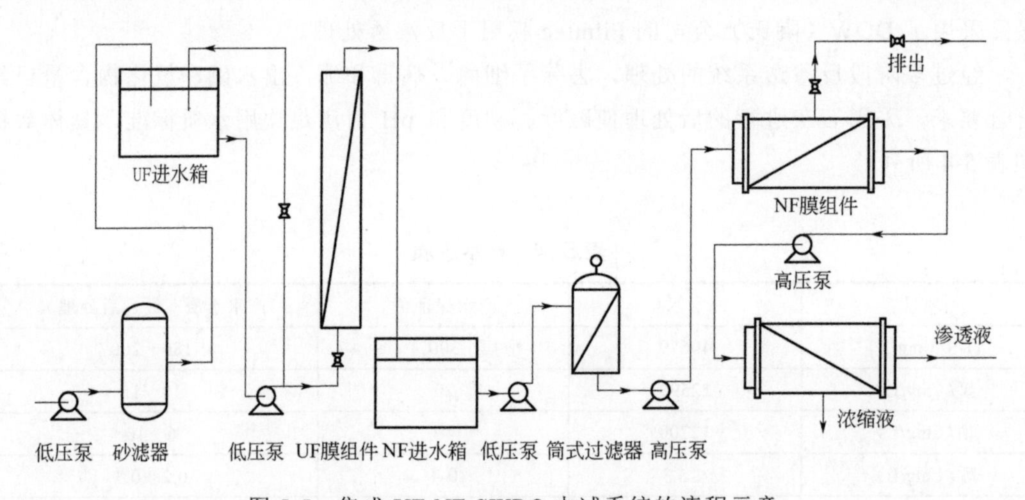

图 5-5 集成 UF-NF-SWRO 中试系统的流程示意

在进口恒流速度为 0.05m/s 的恒定条件下进行 NF 试验，NF 模块的渗透液和浓缩液不回流，进料液中不添加酸和抗凝剂。所有 NF 膜的操作条件保持在（16±1）℃的温度和（7.8±0.1）的 pH 值条件下。将 NF 渗透回收率扩大到 20%、25%、30%和 35%。

每次中试持续至少 2h 达到稳定状态，然后对 NF 和 SWRO 模块的渗透液、保留液和进水样品进行采样。在每次采样之前，排放至少 1L 溶液后采样 2L 并记录超滤组件、NF 组件和 SWRO 组件的压力、温度、pH 值、给水流量、保留液和渗透液等操作参数。每次取样后，用 SWRO 水以 0.072m/s 的恒流速度冲洗 NF 膜 3 次，冲洗 20min，去除膜表面的杂质。通过调节高压泵的频率和浓缩液的流量，将 NF 渗透回收率调整到另一个一定值进行中试。在试验过程中，NF 和 SWRO 模块的压降低于 0.05MPa。

试验用膜包括一个紧密的超滤膜（HF-1500，Lanlu）、一个超低压纳滤膜（ESNA3，Hydranautics）和一个 SWRO 膜（SW30，DowFilmtec）。超滤膜组件 HF-1500 的分子切割量为 20000，可去除原海水中的悬浮固体和大分子量有机物，超滤滤液的水质如表 5-6 所列。

表 5-6　供给纳滤膜的水质

回收率（R_{NF}）/%	纳滤膜进水中的浓度/（mg/L）							
	Ca^{2+}	HCO_3^-	Mg^{2+}	SO_4^{2-}	CO_3^{2-}	Na^+	K^+	Cl^-
10	401	135	1255	2250	0.6	10836	393	18717
15	375	131	1172	2102	0.58	10151	368	17534
20	409	137	1280	2294	0.62	10997	399	18994
25	402	139	1259	2256	0.61	10828	393	18703
30	408	137	1277	2289	0.62	10971	398	18951
35	409	138	1279	2292	0.61	10828	393	18703

ESNA3 膜是一种超低压纳滤膜，对二价离子具有较高的选择性。根据以往的研究，ESNA3 膜的离子选择性在 3.9～4.8 之间，高于其他商用纳滤膜，这使其可能对海水进行软化处理。该纳滤膜可以在相当低的进料压力下实现高通量、高渗透率的回收，可降低能耗和运行成本。SW30 膜对盐的截留率较高，是一种适用的 SWRO 膜。HF-1500 超滤膜、ESNA3 膜和 SW30 膜的纯水通量分别为 2419L/（m^2 • h • MPa）、53.5L/（m^2 • h • MPa）和 12.3L/（m^2 • h • MPa）。

在不同的 NF 回收率运行中，NF 渗透通量随操作时间的变化而变化，如图 5-6 所示。试验数据表明，当操作时间超过 80min 时，NF 膜渗透性基本稳定。R_{NF} 和 NF 通量随着 NF 模块工作压力的增加而增加。随着 NF 操作压力的增加，SWRO 通量也略有增加，因为 NF 渗透液（RO 进料）中的 TDS 随着操作压力的降低而降低。NF 渗滤液 pH 值（7.8～8.1）比进水（约 7.7）显著增加。在 SWRO 阶段，进水和渗透液的 pH 值均接近 7.5，在试验范围内没有观察到明显差异。

未经处理的海水的电导率在 42.6～45.7mS/cm 之间，表明沿海表层海水的盐度随潮汐的变化有轻微的波动。对于 NF-SWRO-IMS 系统，随着 R_{NF} 的增加，NF 保留液的电导率增加，NF 渗透液的盐度普遍降低。结果表明，NF 模块的排盐率由 10.9%提高到 13.0%，R_{NF} 由 10%提高到 30%。这可能是由于这些运行之间的操作压力不同。

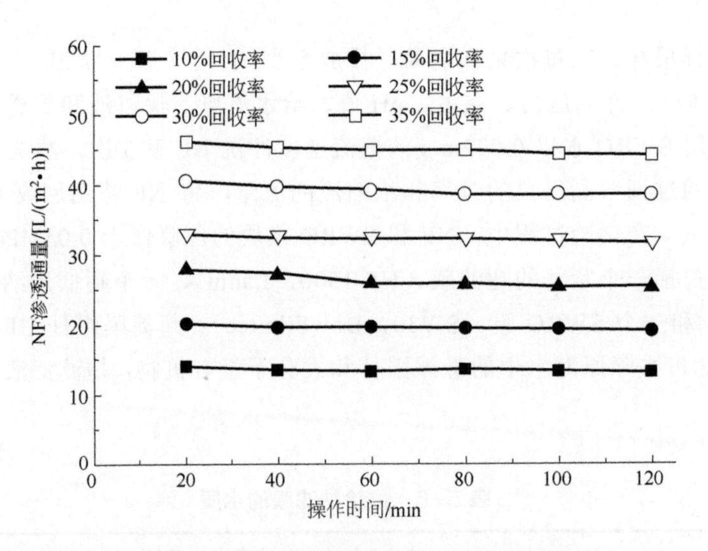

图 5-6 NF 渗透通量随运行时间的变化趋势

从图 5-7 可以看出，R_{NF} 的增加导致 Ca^{2+} 和 Mg^{2+} 等二价阳离子的截留率增加，特别是当 R_{NF} 小于 25%时，阳离子的截留率有明显的增加趋势。然而，R_{NF} 对二价阴离子（SO_4^{2-} 和 CO_3^{2-}）的截留率变化不大。

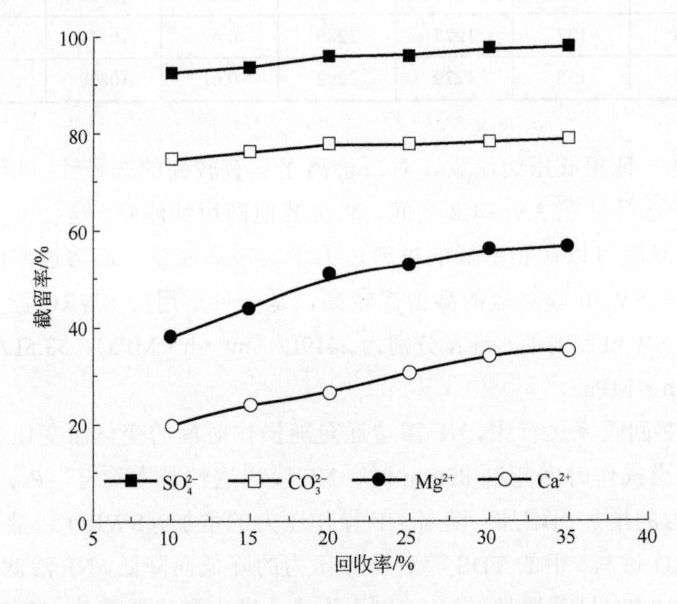

图 5-7 R_{NF} 对 NF 模块截留二价离子的影响

图 5-8 清楚地表明，当 R_{NF} 由 10%增加到 35%时，渗透液中的总硬度由 1960mg/L 降低到 1650mg/L。总硬度的去除率随 R_{NF} 的增加而提高。随着 R_{NF} 的增加，SWRO 盐水的总硬度略有下降，与 NF 渗透的硬度相似，远低于 NF 给水的硬度，这意味着 RO 盐水可以在没有结垢问题的情况下进一步浓缩。结果表明，疏松 NF 模块对盐的截留率仅为 10%左右，

而对硫酸盐的截留率高于95%；当 R_{NF} 小于 35%时，NF 膜表面无法形成碳酸钙结垢。采用超低压高选择性 NF 膜元件对 UF-NF-SWRO 集成膜系统进行海水软化处理是可行的。

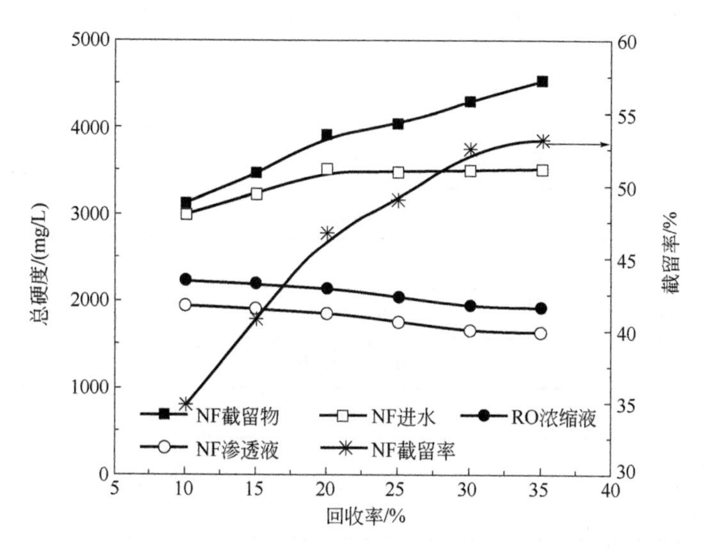

图 5-8　进水和渗透液的总硬度和截留率随 NF 回收率的变化趋势

5.1.2.5　海水反渗透（SWRO）-压力延迟渗透（PRO）混合系统[14]

压力延迟渗透（PRO）被认为是一种潜在的收获盐度梯度能量（或渗透能量）的技术。SWRO-PRO 混合系统是实施 PRO 技术解决海水淡化相关问题的可行方法之一。然而，在试点规模上尝试的工作相对较少。

本案设计、建造和运营了一个 SWRO-PRO 中试工厂，其产水量为 240m^3/d。该工厂运行了 2 年以上以确认其长期运行能力。这项研究的原创性在于，这是少数关于大规模 SWRO-PRO 试点的研究。试验在两个地点进行。第一个地点（称为 A 站点）位于南海附近。这个地点有取水设施，可以供应海水。试验的第一阶段在这里进行了大约 600d。由于没有污染淡水的连续来源，第一阶段测试的目的是评估使用没有任何结垢潜力的给水（SWRO 渗透液）的 PRO 性能。在第一阶段测试之后，试点工厂转移到另一个地点（称为 B 站点），那里有一个沿海地区城市废水处理厂。这一地点有海水和处理过的废水。因此，第二阶段的测试目的是使用实际废水研究 PRO 的性能。第二阶段的试点测试已进行了约 250d。SWRO-PRO 两个站点进行试点测试的总结见表 5-7。

表 5-7　两个站点进行试点测试的总结

项目	A 站点	B 站点
特征	渔业科学研究设施	沿海地区污水处理厂
不同种水的来源	海水	海水及处理废水
试验目标	利用 SWRO 渗透液评价 PRO 性能（无结垢条件下）	用实际废水演示 PRO 性能（结垢条件下）

在第一阶段，用于 PRO 工艺的给水是 SWRO 渗透液。在第二阶段，废水处理厂出水为改性 LudzackEttinger（MLE）和膜生物反应器（MBR）工艺处理的出水，作为 PRO 工艺的给水，水质特征见表 5-8。该试点工厂的生产能力为 240m³/d。温度传感器被放置在每个罐子里来监测温度，各设备技术规格见表 5-9。

表 5-8 海水和再生废水的水质特征

参数	海水	再生废水
pH 值	8.0	6.70
浊度/NTU	0.1～10	1.50
TDS/（mg/L）	30000～33000	1960
TN/（mg/L）	0.146	17.90
TP/（mg/L）	0.026	0.73
TOC/（mg/L）	2～4	6.01

表 5-9 设备技术规格

<table>
<tr><td rowspan="2">项目</td><td colspan="3">SWRO 系统</td><td colspan="3">PRO 系统</td></tr>
<tr><td>UF</td><td>SWRO</td><td>1stPX</td><td>UF</td><td>PRO</td><td>2ndPX</td></tr>
<tr><td>制造商</td><td>Dow</td><td>Dow</td><td>ERI</td><td>Dow</td><td>Toray</td><td>ERI</td></tr>
<tr><td rowspan="3">设计细节</td><td>压力型</td><td>8in</td><td>PX70</td><td>压力型</td><td>CSM-PRO-4</td><td>PX90</td></tr>
<tr><td>77m²/模块</td><td rowspan="2">流量：14.5 L/（m²·h）</td><td rowspan="2">效率：95%～97%</td><td rowspan="2">77m²/模块
流量：40～80L/（m²·h）</td><td rowspan="2">8in</td><td rowspan="2">效率：80%～90%</td></tr>
<tr><td>流量：50 L/（m²·h）</td></tr>
</table>

PRO 模块由韩国东丽化学公司生产，为直径 8in、长度 40in 的膜组件，膜面积为 18m²，具有聚酰胺活性层。膜制造商提供了 PRO 膜的透水性（A）、溶质渗透性（B）和结构参数（S），分别为 1.97L/（m³·h·bar）、0.619L/（m²·h）和 0.713mm。图 5-9 为本研究中使用的 SWRO-PRO 混合系统中试装置示意。

海水从储罐中供应给 UF 工艺进行预处理，然后经过第二能量回收装置（ERD）转移高压（HP）泵或第一能量回收装置后面的高压泵。反渗透膜产生淡水，其浓水进入第一排水管，将水压转移到海水中。在此之后，盐水被加压，并提供给 PRO 膜。同时，废水处理厂出水经超滤预处理后也被送入 PRO 膜。由渗透压差异产生的机械能随后通过第二排水设施被输送到海水中。为了衡量中试装置的运行情况，每分钟收集一次运行数据，并将日平均值绘制成图表。表 5-10 总结了 A 站点和 B 站点的试验装置的运行情况。

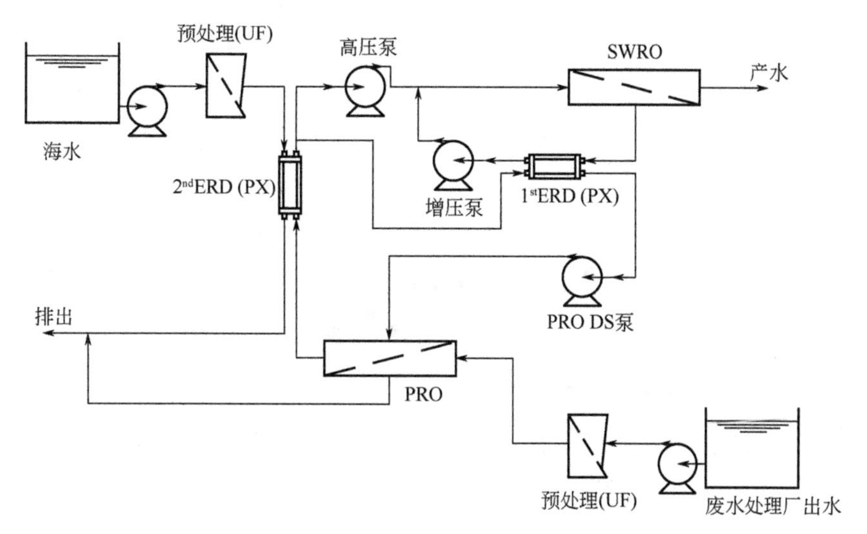

图 5-9　SWRO-PRO 中试装置示意

表 5-10　中试装置运行情况总结

项目	A 站点	B 站点
平均海水进流流量/（m^3/h）	18.9	17.5
SWRO 回收率/%	50	50
平均盐水流速/（m^3/h）	9.9	8.9
平均盐水 TDS/（mg/L）	57800	62000
平均 PRO 流速/（m^3/h）	4.3	3.0
进水类型	SWRO 渗透液	商业污水厂再生废水
温度/℃	15.6（平均），4.4（最小），28.4（最大）	14.0（平均），6.4（最小），19.6（最大）

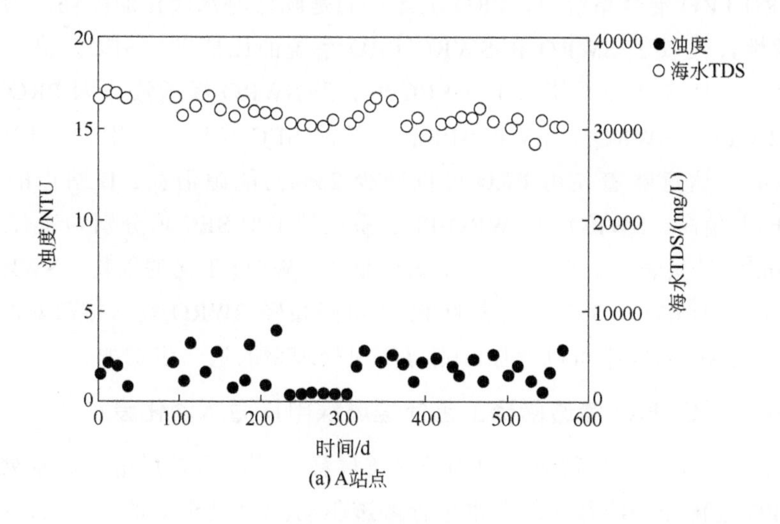

(a) A站点

图 5-10

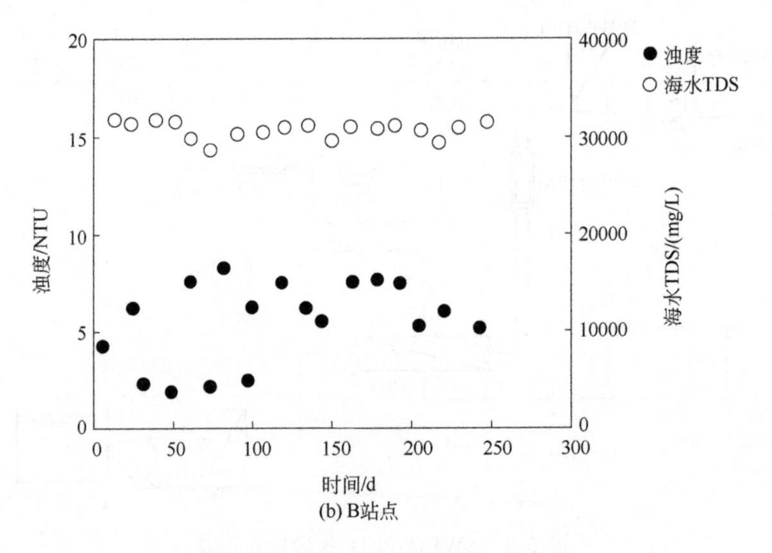

图 5-10 海水中浊度和 TDS 的变化

试验期间海水质量的变化如图 5-10 所示。在 A 站［图 5-10（a)］及 B 站［图 5-10（b)］海水的 TDS 相似。这两个站点的浊度不同，试验期间 A 站海水浊度小于 5NTU，B 站海水浊度为 1～8NTU。浊度对 SWRO-PRO 的操作没有显著影响，因为海水经过 UF 后，预处理海水浊度小于 0.1NTU。

SWRO 操作结果如图 5-11 所示。反渗透水处理工艺的预计处理能力为 240m^3/d，由于进水 TDS、温度以及膜污染等运行条件的变化，在运行过程中渗透流量出现了波动。在 A 站，通量的平均值为 15.8L/（m^2·h），标准差为 0.66L/（m^2·h)。在 B 站，通量的平均值和标准差分别为 14.9L/（m^2·h）和 0.83L/（m^2·h)，B 站点的平均通量略低于 A 站点，但差别不大。采用超滤预处理后，两个站点的 SWRO 性能相似。

在 SWRO-PRO 混合系统中，PRO 工艺目的是降低海水淡化的能耗。为了评价 PRO 工艺的有效性，比较了 SWRO 和 SWRO-PRO 系统的比能耗（SEC）值。根据中试装置的总能耗，包括预处理系统，计算 SEC 值。当 SWRO 渗透液作为 PRO 过程的进料时［图 5-12（a)］，SWRO 和 SWRO-PRO 系统的 SEC 平均值分别为 4.17kW·h/m^3 和 3.13kW·h/m^3。这意味着使用 PRO 可以减少 25%的能源消耗。B 站点的能源消耗量［图 5-12（b)］稍高。SWRO 和 SWRO-PRO 系统的平均 SEC 值分别为 4.42kW·h/m^3 和 3.58kW·h/m^3。结果表明，使用 PRO 显著降低了 SWRO 工艺的能耗。SWRO-PRO 系统中盐水的处理率为 63%～78%，这表明 PRO 可能减轻 SWRO 盐水排放对海洋环境的不利影响。如果 PRO 回收率可以增加，则可实现处理率的进一步增加。

5.1.2.6 采用 FO-RO 渗透稀释工艺处理燃煤电厂海水淡化废水[15]

采用正渗透（FO）和反渗透（RO）渗透稀释工艺，将燃煤电厂废水处理与海水淡化相结合。FO 是由作为冷却水的海水进行渗透驱动。FO 处理后的废水用海水进行稀释，再经 RO 进一步处理。在试运行 5 个月期间，系统地评价了 FO 和 RO 水通量、污垢行为和可逆性以及能耗的季节变化。

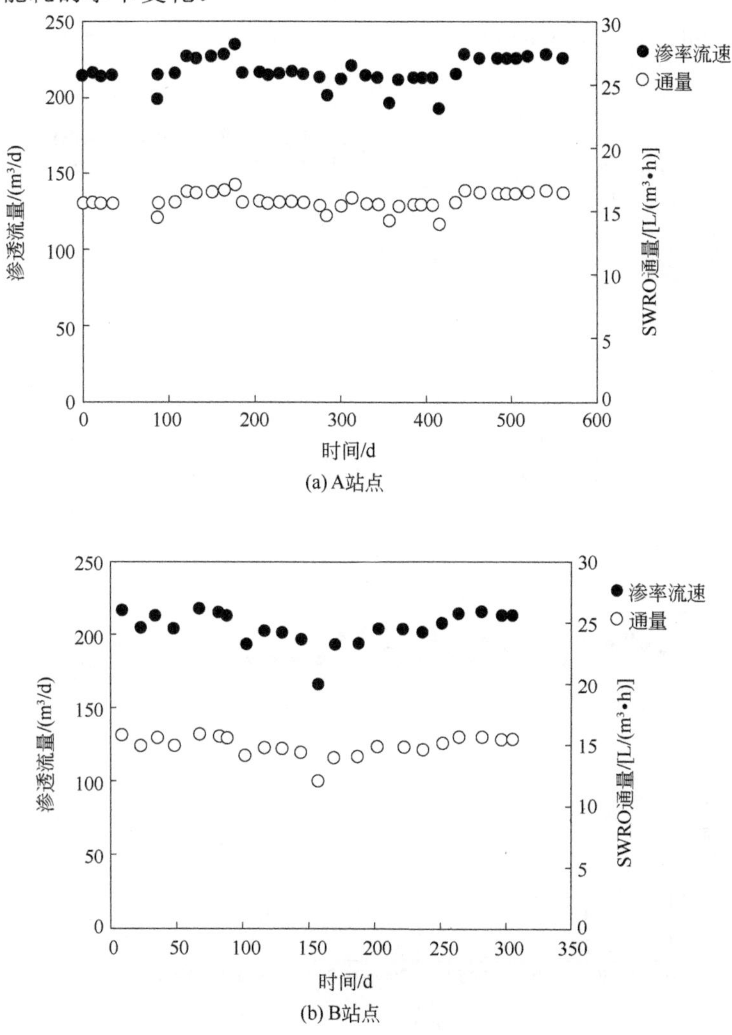

图 5-11　在 SWRO-PRO 中试装置中，A 站点和 B 站点 SWRO 通量随时间的变化

本研究的主要目的是在中试规模基础上研究 FO-RO 渗透稀释工艺的性能。该工艺通过 FO 膜将现有的废水回收和海水淡化结合起来，使其更具可持续性。对某大型燃煤电厂废水二次出水（SE）的中试运行过程中的季节性水通量变化、结垢可逆性和能耗进行了评价。作为冷却水的海水（SW）用于提取溶液，然后进一步处理以进行 RO 脱盐。进行了全面的膜解剖，以阐明在这一试点操作中所经历的污染机制。

为了研究工艺未来的可行性，采用双屏障 FO-RO 结构在中试和实验室规模上处理燃煤电厂的废水。FO 系统中采用的平板 FO 膜为带有嵌入式聚酯网作为支撑的 PA 活性层（PFO-100，Hayward，CA，美国）。FO 系统中的给水是采用顺序间歇反应器（SBR）的废水处理厂（韩国 Samcheok 燃煤发电厂）的出水，而提取液取自东海（37°10′51.5″N，129°20′34.3″E）。在预处理系统中选择 0.04μm 超滤（UF）膜（HMS1023，HuvisWater，

Korea)，为 RO 系统提供稳定可靠的给水。在 RO 系统中也使用了一种商用 SW30HR-380 膜，由 Dow Filmtec 提供。FO-RO 试点工厂的总体能力设计为 21.8m^3/d。

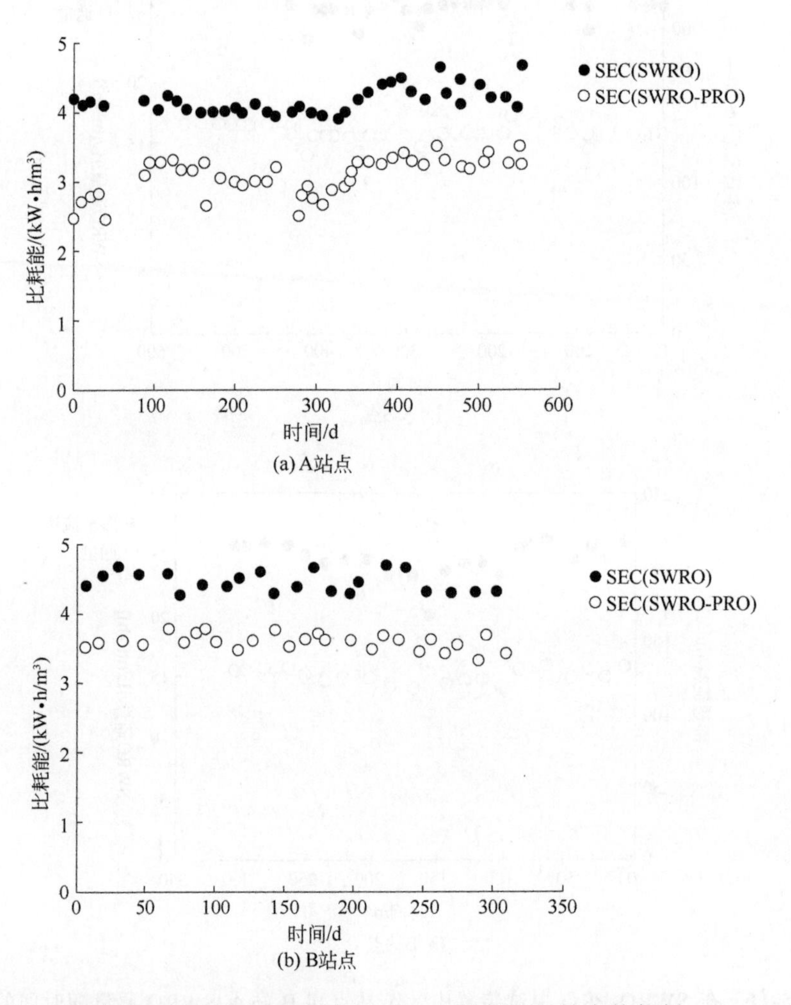

(a) A站点

(b) B站点

图 5-12　SWRO-PRO 试点工厂 A 站点和 B 站点的能耗

将发电厂废水回收与海水淡化相结合如图 5-13 所示，FO-RO 渗透稀释和传统 SWRO 两种不同的膜工艺进行中试规模试验。在 FO 系统中，PAFO 膜的四个组件并联安装。在 FO-RO 和 SWRO 系统中，均包含 SW30HR-380 RO 膜，三个组件串联安装。每个 FO 系统的膜面积、传递泵施加的压力和渗透水回收率分别固定在 7m^2、2bar 和 40%。每个 FO 系统的进料溶液流量和提取液流量分别为 1.21m^3/h 和 1.17m^3/h。RO 系统中膜面积和压力分别为 35m^2 和 60bar。在 FO-RO 和 SWRO 系统中，由于 RO 给水的渗透压不同，渗透水回收率分别固定在 55%和 35%。连续运行 5 个月以上，对水通量、污垢可逆性、溶解有机物渗透（DOM）、渗透水质量，以及能耗进行了长期评价。在试点研究中，输送泵（施加压力：2bar）和高压泵（施加压力：60bar）分别为变速泵（NH200PS-Z-3J，PAN WORLD CO.，日本）和无密封设计隔膜泵（E-Plus 泵，HYOSUNG，韩国）。

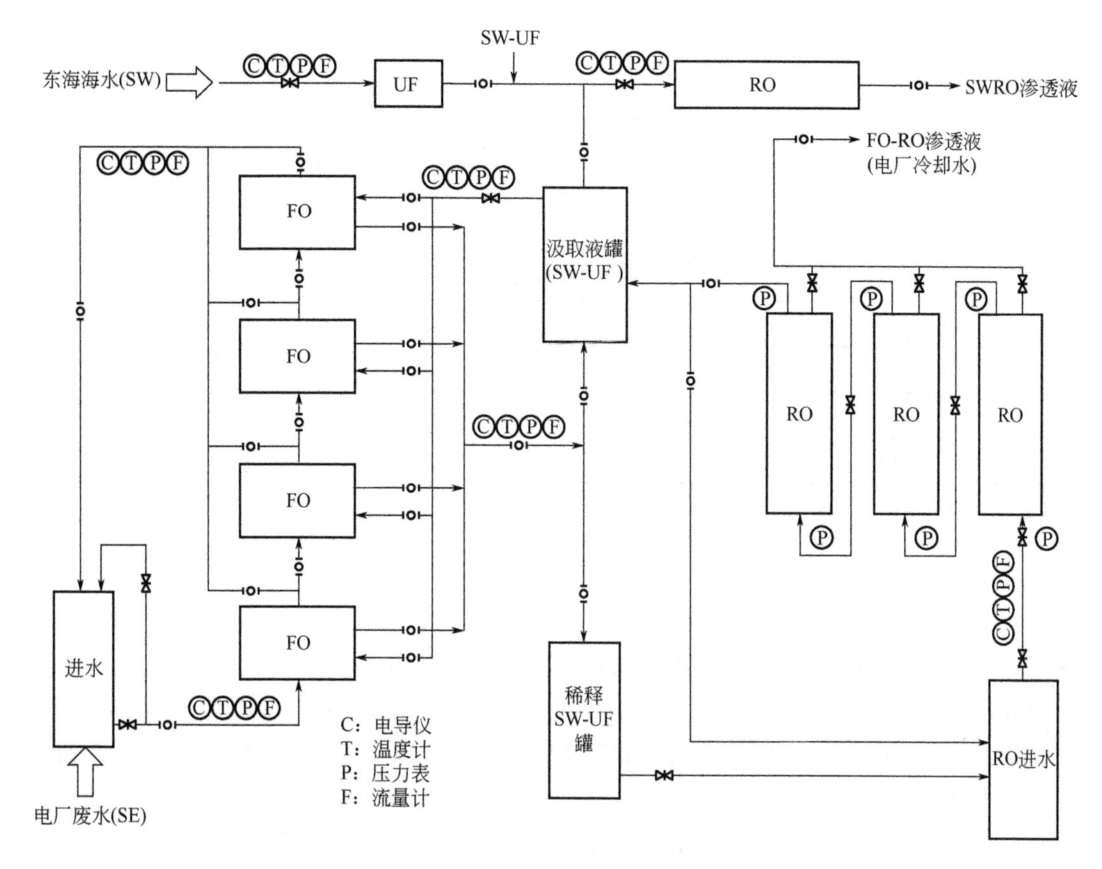

图 5-13　发电厂废水回收和海水淡化一体化 FO-RO 渗透稀释工艺示意

表 5-11 给出了污水厂二级出水的主要水质参数。具体来说，TDS 为（350±14）mg/L，可以通过 FO 膜与海水产生足够的渗透压梯度。另外，TOC 为（4.9±0.7）mg/L，低于韩国典型的常规污水处理厂出水浓度（7.4±0.1）mg/L。

表 5-11　在燃煤电厂 SE 和 SW（n=3）中测量的主要成分和水质参数

项目	浓度	
	污水厂二级出水	海水
pH 值	7.1±0.1	8.1±0.1
TDS/（mg/L）	350±14	31954±253
浊度/NTU	4.1±0.7	2.1±0.5
TSS/（mg/L）	10±0.5	3.9±0.5
NO_3^-/（mg/L）	37.3±15.4	20±5
TOC	4.9±0.7	3.5±0.2
SUVA①/[L/（mg·m）]	2.4±0.1	1.46±0.1
Ca/（mg/L）	33.1±3.1	460±15

续表

项目	浓度	
	污水厂二级出水	海水
Mg/（mg/L）	10.3±1.0	1540±22
Na/（mg/L）	54.5±3.6	10810±120
Sr/（mg/L）	0.20±0.02	30±2
Ba/（mg/L）	0.06±0.02	2±1
Si/（mg/L）	10.6±1.1	1±0.5
B/（mg/L）	0.08±0.04	2±1
Fe/（mg/L）	40±5	30±3

① 比紫外吸收率（SUV）是UV与DOC的比率。

FO-RO试验结果表明，由于污染控制简单、能耗低、最终出水水质好，电厂废水处理可持续运行。由于燃煤电厂废水的有机污染，FO水通量下降，通过物理清洗很容易恢复。综合FO-RO稀释工艺能够通过FO处理废水降低RO污垢电位，将SDI值降低到1.5±0.1。FO应用受到限制，主要是由于缺乏理想的能产生高渗压并易于回收的提取液。对于独立的单FO工艺，回收渗透液需要额外的能量，从而抵消了FO工艺能耗低的优点。本试验是一个FO-RO稀释过程，它将废水回收与海水淡化结合起来，在这种结构中废水首先通过FO处理，利用海水作为提取液，能耗更低。渗透稀释的海水被随后的反渗透系统处理，反渗透操作的压力要低得多。减少能源消耗和环境影响，这一过程有望大大提高废水回收和海水淡化的可持续性。这种FO-RO渗透稀释过程预计将成功地用于位于沿海地区并使用海水作为冷却水的发电厂。

5.1.3 总结

目前全球海水淡化技术中RO产水量占总产水量的65%，在未来较长时期内仍然是海水淡化的主流工艺技术。而各种新兴的海水淡化技术普遍能耗降低，但可靠性和稳定性均有待提高，需要进一步研究。海水淡化中的能量回收是目前的热点研究方向。盐度梯度能量是一种新兴的、未开发的可再生能源，在过去十年中引起了人们的关注。淡水和海水的混合产生了大量的能量，可以获得盐度梯度能量，全球各地河流和海洋之间的渗透势代表着1600～2000TW·h的能量潜力，相当于世界能源消耗量的约1%[14]。在海水淡化中如何利用盐度梯度能量将是一个重要的研究和应用方向。

5.2 市政污水资源化

5.2.1 市政污水资源化发展现状

随着城市化和工业化的发展，越来越多的国家和城市面临着日益严重的资源型缺水和水质型缺水问题。为了解决水资源供需紧张的问题，部分国家将城市污水处理厂二级出水进一步处理后用于市政杂用、地下回用、农业灌溉和工业回用等。

国外在再生水利用方面具有典型性与代表性的国家有以色列、美国、日本、澳大利亚和新加坡等。中东地区是开展污水再生利用最为广泛的区域，其中以色列是在污水再生利用方面最具特色的国家，也是世界上再生水利用率最高的国家之一。其他中东国家如科威特和卡塔尔也很重视再生水回用，回用率超过供水总量的10%。美国城镇污水处理设施已经非常完善，城市二级污水处理厂的普及率已达到了100%，再生水在美国已经作为一种合法的替代水源，成为城镇水资源的重要组成部分，被广泛用于农业灌溉、工业用水及地下回用等。在企业用水方面，城市污水主要回用于循环冷却水，如亚利桑那凤凰城的回用水用于帕罗韦德电站，加利福尼亚的回用水用于伯班利电厂和格兰得尔电厂等。日本早在1962年就开始了污水处理再生利用工作，20世纪90年代初日本在全国范围内对污水再生利用的可行性进行了深入研究，在严重缺水地区大力推广污水再生利用技术。在1991年，日本明确将污水再生利用技术作为最主要的研究内容加以资助，在新型脱氮除磷技术、膜生物反应器技术和膜分离技术等方面取得了较大进展，建立起了以濑户内海地区为首的许多“水再生工厂”。再生水主要用于河道景观和工业领域。

我国的污水再生利用起步较晚，但由于近年来城镇缺水严重，各地政府均加快了再生水利用课题的研究和实施工作。1985年北京市环境保护科学研究所在所内建设实施了国内第一项再生水回用工程。自此之后，我国北京、天津、青岛和大连等缺水城市相继开展了城镇再生水回用试验研究和工程建设。

北京再生水回用发展较快，根据《北京城市总体规划（2016—2035年）》的要求，2020年北京全市的再生水用量将达到$12\times10^8m^3$的规模，中心城区约为$8\times10^8m^3$，利用对象为市政、工业、城市绿化、河湖景观、农业5个方面。

青岛再生水回用项目始于海泊河污水处理厂，近几年又逐步开发了类似的再生水回用项目，同时总体规划了再生水管网，使城市再生水供水能力由$4\times10^4m^3/d$逐步提高到$2\times10^5m^3/d$。青岛市主要将再生水回用于城市绿化、景观、道路清洁和工业等。

天津也在再生水回用方面发展较快，已经投产的天津经济技术开发区再生水回用项目，再生水日处理规模为$2.15\times10^6m^3$。天津纪庄子污水处理厂升级改造再生水利用主要为城市杂用、工业、观赏性景观3个方向。

目前许多城市污水处理厂没有对污水实行资源化。当前，城市用水量增长与水资源短缺的矛盾突出，水环境污染的问题日益严重，这也必成为制约城市经济社会可持续发展的瓶颈。因此，如何合理有效地对污水资源进行综合利用，最大限度地发挥污水这种特殊水资源的作用，生产出高品质的再生水，已成为解决城市水资源短缺、水环境污染问题的关键。

5.2.2 应用案例分析

5.2.2.1 北京经济技术开发区市政污水回用[16]

（1）开发区污水处理现状及高品质再生水工程简介

开发区金源经开污水厂于 2001 年和 2006 年分 2 期建设，总处理能力为 5×10^4t/d；东区污水厂于 2008 年和 2010 年分 2 期建设，总处理能力为 5×10^4t/d。2 座污水厂都采用 SBR 作为处理的主工艺。经开污水厂主要服务于开发区核心区域，服务面积约为 19.3km^2；东区污水厂主要服务于开发区河西区和路东区，服务面积约为 25.9km^2。

从 2007 年开始，开发区先后建设了 2 座高品质再生水厂，即经开再生水厂和东区再生水厂。经开再生水厂一期工程于 2008 年建成，处理能力为 2×10^4t/d，主要服务于开发区核心区域；东区再生水厂为重点项目京东方八代线的配套工程，一期于 2011 年建成投产，二期于 2012 年建成投产，目前东区再生水厂处理能力为 4×10^4t/d，主要服务于开发区路东区域。

东区再生水厂主要采用 MF+RO 深度处理工艺，处理后的出水直接回用于工业企业。

（2）工艺流程及主要处理单元简介

工艺主要处理单元介绍。东区再生水生产工艺流程如图 5-14 所示。

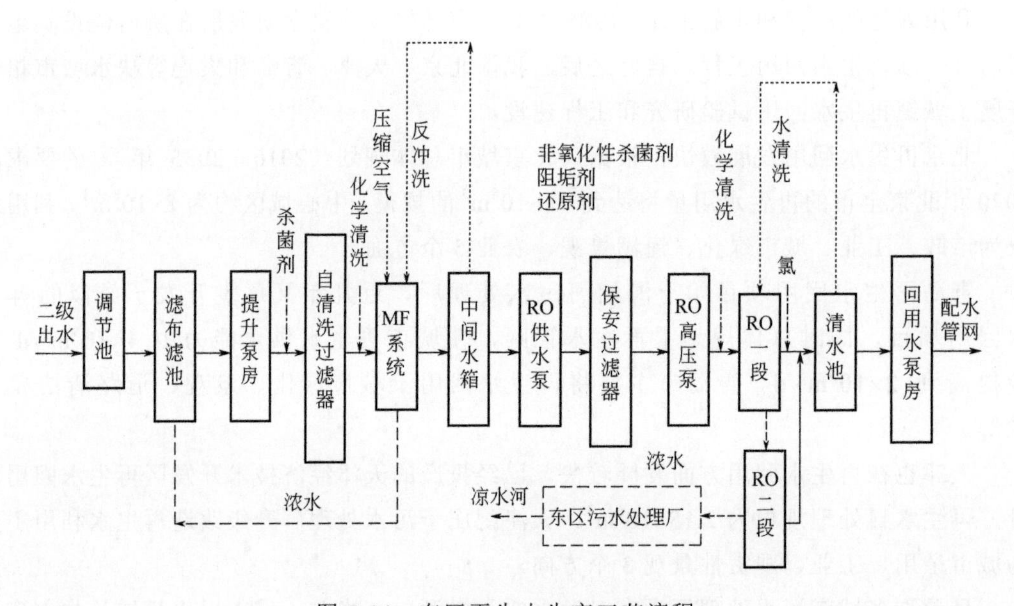

图 5-14　东区再生水生产工艺流程

① 进水调节池。东区再生水厂原水为小红门污水厂出水，经供水管道输送至东区再生水厂，并分别进入 2 座调节池，当调节池液位高于 4.85m 时，原水通过溢水堰进入调节池出水集水井，再通过 *DN*800mm 管道进入滤布滤池。当小红门污水厂来水不足、不稳定或停水时，可以启动调节池提升泵强制将原水从调节池抽至集水井，以保证后续

工艺设备连续运行。

② 滤布滤池。调节池出水进入滤布滤池，滤布滤池产水溢流进入提升泵房吸水井，由滤布滤池提升泵提升后，经自清洗过滤器送入微滤系统。滤布滤池过滤精度为10μm，可以可靠地截除悬浮物、细小颗粒等物质，有效降低过滤水中的悬浮物（SS）值。

③ 自清洗过滤器。滤布滤池出水进入自清洗过滤器再次过滤，自清洗过滤器过滤精度为200μm，其主要目的为拦截水中可能残留的杂质，保证微滤膜不受机械伤害。

④ MF系统。通过对微滤膜施加压力，以驱动对水的过滤，其去除机制为“筛除”原理。微滤膜过滤可有效地去除水中的悬浮物和胶体物质。

⑤ 中间水箱。微滤产水进入中间水箱，中间水箱在微滤和反渗透系统中间，主要起到储水和调蓄的作用，以保证反渗透系统的稳定供水。

⑥ RO系统。反渗透作为高品质再生水生产的核心部件，其原理是原水在足够的操作压力下，通过渗透膜对水中离子进行分离，进而去除水中的离子、有机物及微细悬浮物（细菌、胶体微粒），以达到净化水的目的。

（3）MF+RO双膜法工艺处理效果

由于东区再生水厂主要为京东方八代线和康宁二期供水，两家企业都属于电子制造行业，故水质要求较高，主要设计进水、设计出水、污染物去除率及实际出水水质如表5-12所列。通过表5-12对比可以看出，采用MF+RO的双膜法处理工艺对小红门污水厂二级出水进行处理后的出水，化学需氧量（COD_{Cr}）、五日生化需氧量（BOD_5）、SS、总磷（TP）及粪大肠菌群数等多项水质指标去除率均达到了90%以上，这些污染物的去除主要依靠微滤膜和反渗透膜的双重截留、分离作用。出水水质达到或高于预期的设计水质，满足了高品质再生水指标的要求。

表5-12　设计进出水水质及实际出水水质

项目	设计进水水质	设计出水水质	去除率/%	实际出水水质
COD/（mg/L）	≤100	＜15	85	未检出（＜5）
BOD/（mg/L）	≤10	＜3	70	未检出（＜5）
SS/（mg/L）	≤30	＜1	97	未检出（＜4）
NH_3-N（以N计）/（mg/L）	≤5	＜2.5	50	0.3
TN（以N计）/（mg/L）	≤15	＜5	67	2.2
TP（以P计）/（mg/L）	≤5	＜0.5	90	0.02
TDS/（mg/L）	1000	＜150	85	32
pH值	≤8	6～8	—	7.3
浊度/NTU	—	＜0.1	—	＜0.5
色度/倍	≤30	＜5	83	—
电导率/（mS/m）	—	＜20	—	12

伴随着工业总产值的增加，能耗和水耗也不断增加，为应对水资源紧缺和环境之间的矛盾，落实把开发区打造成为水资源示范区的目标，开发区于2007年开始先后建成2座高品质再生水厂。2012年2座再生水厂全年共生产高品质再生水956×10^4t，是2011年的2倍，约占开发区2012年总供水量的35%，大大降低了开发区工业企业生产用新水的使用量，提高了污水的回用量。以京东方八代线为例，京东方八代线是全区使用再生水量最大的企业，目前每日用水量约为2×10^4t，开发区工业用水价格为每吨6.21元，高品质再生水的价格为5.11元/吨，以这2个数字分别计算，每使用1t再生水就可以节约1.11元，如每天使用2×10^4t就可节约2.22万元，全年可节约用水费用810.3万元。企业使用再生水不但低碳环保，同时还可获得巨大的经济效益，可谓一举两得。

（4）结论

北京经济技术开发区再生水厂使用双膜工艺对城市污水进行深度处理，处理后的高品质再生水直接回用于区内企业，其作为北京市首家专业从事市政污水再生处理及回用的水厂，同时也是国内第一家出产高品质工业用再生水并直接回用于工业企业的高端再生水的生产工厂，实现了区域内市政污水的循环使用。高品质再生水厂的建成，不仅可以缓解开发区的供水紧张，也保护了开发区的周边生态环境，同时大大提升了社会形象，也可以大幅提高使用再生水企业的经济效益。同时开发区的节水示范工程将成为国家工业节水示范区规划成果的一个典范，在我国缺水城市具有广泛的推广应用前景。因此对开发区的污水进行再生回用，可以为全国的工业节水工作树立榜样，进一步增强开发区的知名度。

5.2.2.2 天津某市政污水处理厂污水回用工程[17]

天津市某污水厂设计处理规模为$3\times10^4m^3/d$，采用A^2/O+纤维转盘过滤工艺，出水水质执行《城镇污水处理厂污染物排放标准》（GB 18918—2002）的一级A标准。根据与该污水处理厂再生水回用对象的沟通协调，最终确定再生水一期回用规模为$2\times10^4m^3/d$。对于该污水厂一级A标准出水水质，很多指标优于该项目回用对象对再生水的水质要求，只有Cl^-指标不在一级A约束范围内且不能满足回用水的水质要求，需进一步处理。最终确定采用双膜法进行处理，产水规模为$0.5\times10^4m^3/d$，与未经双膜法处理的水（$1.5\times10^4m^3/d$）混合后，Cl^-平均浓度可满足回用对象的标准要求，且再生水规模可达到$2\times10^4m^3/d$。

双膜法工艺设计：污水处理厂一级A出水通过管道重力流至毗邻污水厂的再生水车间，通过超滤进水泵提升后进入100μm自清洗过滤器过滤去除大颗粒物质。预处理后的原水在超滤装置中进行过滤，超滤产水SDI低至3以下。超滤产水进入中间水池作为RO原水，由RO增压泵进行提升，投加还原剂、阻垢剂后，再经过5μm的RO保安过滤器过滤，然后送入高压泵的吸入口，经过高压泵加压后进入反渗透装置进行处理，反渗透产水进入再生水池后作为高品质水回用。其中，超滤反洗排水流回污水处理厂再次处理，以提高水的重复利用系数。具体工艺流程如图5-15所示。

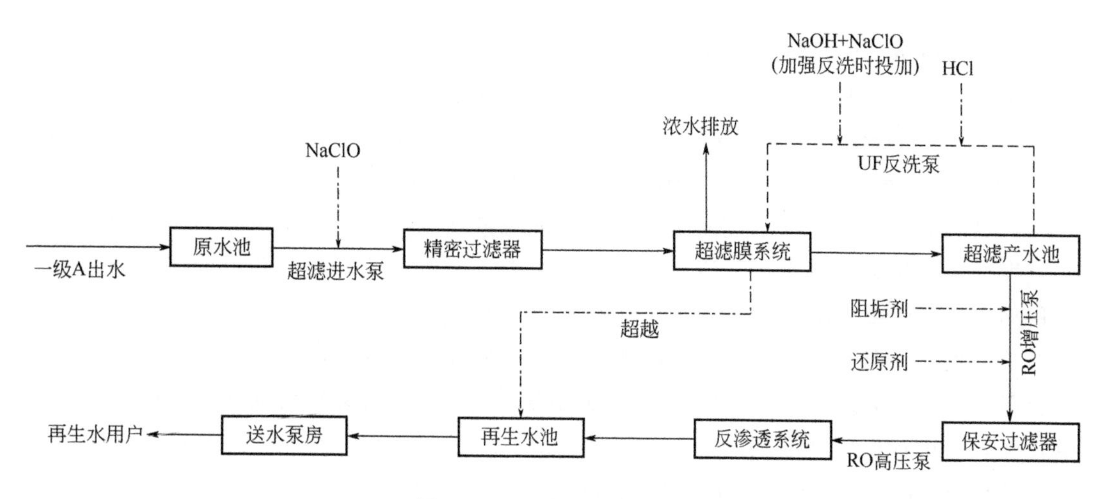

图 5-15　再生水工艺流程

（1）超滤（UF）工艺

超滤系统按照处理量 $7.2\times10^3m^3/d$ 设计，共设置 3 组，每组膜过滤装置由 56 支膜组件组成。每组产水量为 $93m^3/h$（20℃时），水的回收率＞90%，最大进水压力为 0.15MPa，出水污染指数（SDI）＜3。膜元件采用中空纤维 PVDF 外压式超滤膜，膜丝孔径为 0.02μm，单支膜表面积为 $40m^2$，设计通量为 50～60L/（$m^2\cdot h$），立式安装。

为了拦截原水中大颗粒物，避免膜丝被划伤，在原水进入超滤系统前，安装精度为 100μm 的自清洗过滤器；同时为了防止膜系统内滋生细菌，在超滤膜进水前端投加 NaClO。在超滤膜运行方式上，为了在膜表面形成较大的剪切力，使膜不易堵塞和更便于清洗，有效降低膜的污染，超滤的运行可采用错流过滤的模式。系统运行 20～60min 后，进行在线气、水双洗，来自压缩空气系统的压缩空气通过中空纤维膜丝的进水侧表面进行清洗，利用气水混合液的强力湍动，来松懈并冲走膜表面在过滤过程中形成的污染物。每支膜的气洗流量为 $2.5\sim5.0m^3/h$，反洗水量为 $0.3\sim1.0m^3/h$，空气从膜组件底部进入，沿超滤膜表面形成紊流，上升气擦洗膜纤维的外侧，利用气水混合液的强力湍动，松懈并冲走膜表面在过滤过程中形成的污染物，气水联合反洗用水量小，保证了超滤系统回收率。同时根据膜污染的情况，可在反洗水中投加一定浓度的清洗药剂加强反洗，一般每 12h 进行一次碱（NaClO+NaOH）加强洗，每 36h 进行一次酸（HCl）加强洗。

根据系统实际运行情况确定超滤膜是否进行化学清洗，清洗周期根据原水水质而定，一般大于 30d。化学清洗采用 NaClO+NaOH 和 HCl，清洗时间一般为 6h（循环 30min，浸泡 150min，重复操作不少于 2 次），清洗后化洗液回流至化洗箱中，备用。之后对超滤膜组件进行顺冲、反洗，即可继续投入运行。

（2）反渗透（RO）工艺

反渗透系统按照处理量 $7\times10^3m^3/d$ 设计，回收率为 72%，共设计 3 组，每组膜过滤装置由 90 支膜组件组成，膜组件分别安装在 15 根压力容器内，按 10∶5 排列。反渗透膜组件采用东丽 TML20-400 聚酰胺材质的膜元件，每根反渗透膜柱的直径为 200mm，长度为 1016mm，有效膜面积为 $37m^2$，标准脱盐率为 99.7%，透过水量 w 为 $38.6m^3/d$。

反渗透系统的主要作用是将 UF 过滤的水进行脱盐处理，由反渗透进水泵、5μm 保安过滤器、高压泵、反渗透膜组件及反渗透低压冲洗、化洗装置组成。在高压泵前后安装高压开关，在产水、浓水管道上装有气动阀，并配备监控仪表及操作系统，可保证系统的安全运行。

经过预处理的合格原水进入压力容器内的反渗透膜组件后分成两路。一路透过反渗透膜表面经收集管道集中后，流入产水管，再汇入再生水池。另一路沿反渗透膜表面平行移动并逐渐浓缩，在这些浓缩的水流中包含了大量的盐分，还有胶体、有机物和细菌、病毒等微生物，此部分水由另一组收集管道集中后通往浓水管，排入厂区排水系统。为防止污染物在膜表面沉积，对膜元件造成污染，反渗透系统每次启动和停机时，均会对膜元件表面进行低压冲洗。

过高的余氯含量会对 RO 膜造成永久性损坏，为满足反渗透复合膜进水余氯＜0.1mg/L 的要求，根据超滤出水余氯含量，该系统设置还原剂（$NaHSO_3$）投加装置，以中和水中余氯等氧化性成分，防止其损坏反渗透膜元件。在反渗透浓水端，尤其是反渗透压力容器中最后一根膜元件的浓水侧容易发生硫酸盐、碳酸盐以及 Ca^{2+}、Mg^{2+}的化学结垢，堵塞膜元件，使得膜系统产水量降低，因此该系统还设置了阻垢剂投加装置。

反渗透膜经过长期运行后，会积累某些难以冲洗的污垢，如有机物、无机盐结垢等，造成反渗透膜性能下降，这类污垢必须使用化学药品进行清洗才能去除，以恢复反渗透膜的性能。反渗透膜的化学清洗周期根据进水情况和反渗透运行情况设置，应根据污染物种类有针对性地进行化学清洗，清洗周期不宜大于 3 个月。

（3）双膜工艺特点

双膜法就是运用超滤膜和反渗透膜的分离特性对各种污水、中水进行处理，以满足人们的要求，其主要特点是：

① 模块式设计，可根据实际用水量在一定范围内灵活调节产水量，易于增容；

② 双膜法工艺流程简单，占地面积小，采用并联运行的方式，每套可以独立运行；

③ 自动化控制水准高，采用先进的 PLC 控制，维护简单易行，运行管理方便，维护人员少；

④ 双膜法工艺对原水水质变化的适应性较强，其严谨的过程机制和可靠的在线监测及控制手段可有效保障再生水的安全性、卫生性及稳定性；

⑤ 双膜法工艺中需投加的化学药剂远少于传统再生水生产工艺，对环境的影响小。

（4）双膜法系统运行状况

经过系统调试，该污水厂再生水工艺设备运行基本稳定，出水水质达到并优于设计水质要求，并且出水水质波动性小。原污水厂一级 A 标准出水浊度一般≤2NTU，超滤产水浊度稳定在 0.01～0.04NTU，且 SDI≤3，完全能够满足反渗透的进水要求。反渗透进水电导率稳定在 2480μS/cm 左右，产水电导率＜15μS/cm，脱盐率大于 99%，说明反渗透产水水质也达到了设计要求。UF 系统对浊度的去除效果见图 5-16，RO 系统对电导率的去除效果见图 5-17。

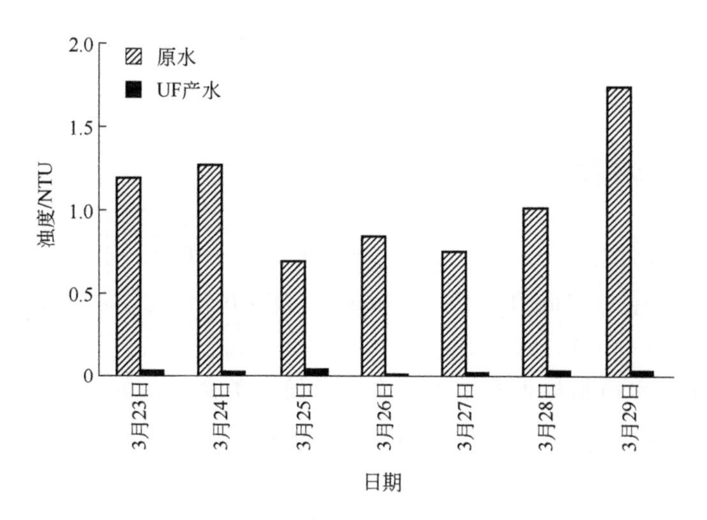

图 5-16 UF 系统对浊度的去除效果

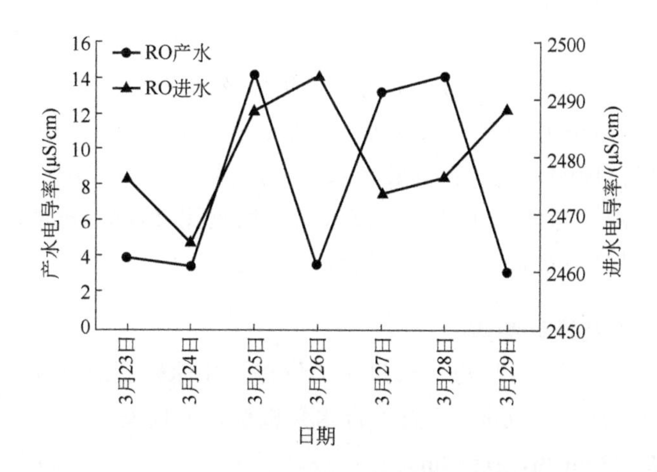

图 5-17 RO 系统进水和出水的电导率

由图 5-16 和图 5-17 可知，双膜法系统出水水质达标，超滤能起到预处理的效果，在很大程度上降低了进水浊度，保证了反渗透系统的正常运行，经双膜法工艺深度处理后，产水完全能满足回用对象的再生水标准要求。

（5）结论

该项目采用双膜法工艺（超滤+反渗透）对该污水厂一级 A 标准出水进行深度处理并回用，运行结果表明，污水的回收率、脱盐率均能达到设计要求。工艺系统简单可靠，运行安全灵活，药剂消耗量及运行费用低，大大降低了污染物排放量。因此，双膜法工艺用于该污水厂的再生水回用工程是合理、安全和经济的，可达到节约资源、降低成本的目的。

5.2.2.3 浸没式超滤-反渗透工艺应用于市政污水回用系统的选择与设计[18]

江阴滨江污水处理厂处理规模 $10\times10^4 m^3/d$，主要接纳滨江开发区内的工业企业废水及生活污水，工业废水占比 80%，以纺织印染废水居多，出水执行一级 A 标准。为实现污水再利用及响应节水型城市的要求，决定实施滨江污水厂中水回用工程，总产水规模 $2.0\times10^4m^3/d$，近期实施 $1.0\times10^4m^3/d$。

（1）水质及工艺流程

1）水质水样

中水厂进水采用滨江污水厂出水，主要指标符合一级 A 标准。实际工程监测水质 COD＜50mg/L，NH_3-N＜5mg/L，TN＜15mg/L，TP＜0.5mg/L，总硬度＜600mg/L，总碱度＜450mg/L，电导率＜8×10^3μS/cm。

中水工程出水水质指标根据电子类企业及纺织类企业对回用水水质的综合要求确定，控制的主要水质参数为：电导率≤200μS/cm。

2）工艺设计

结合进出水水质特点，设计选择超滤+反渗透的“双膜法”工艺，针对超滤工艺的选择，方案对压力式膜与浸没式膜进行了对比。

① 压力式膜：过流通道窄，预处理要求高；抗污能力差；压力过滤（0.03～0.3MPa），能耗高；膜寿命较短；安装在压力容器内，连接件及阀门多；占地面积大。

② 浸没式膜：过流通道宽，预处理要求低；抗污能力强；低压真空抽吸（0.02～0.03MPa），能耗低；膜寿命较长；安装在水池中，连接件及阀门少；占地面积小。

本工程选择浸没式超滤，工艺流程及水量平衡见图 5-18。自清洗过滤器自耗水率 0.5%，超滤系统回收率 90%，反渗透系统回收率 70%。

（2）主要构筑物及设计参数

① 提升泵房。滨江污水厂出水通过重力管进入中水厂提升泵房。提升泵房平面尺寸为 12m×15m，有效水深 3.0m。设置 6 台水泵机位，近期安装 3 台，2 用 1 备，2 台变频。单台参数：Q=335m^3/h，H=32m。

② 中水车间。中水车间平面尺寸 54m×21m，超滤膜池部分高度 10m，其他部分高度 6m。车间内设置自清洗过滤器、超滤膜池、RO 反渗透装置，以及配套的水泵、风机、清洗加药系统等。超滤产水泵、反冲洗泵、化学清洗泵尽量靠近膜池，其余按功能分区布置，保证中水车间安静整洁。

③ 自清洗过滤器。为防止损害膜寿命的较大或锋利的颗粒物进入膜池，保证系统可靠运行，设置了 3 台自清洗过滤器，过滤精度 0.5mm，单台最大流量 Q=350m^3/h，1 台备用。

④ 超滤膜池。超滤膜池共 4 格，采用 ZW1000 膜元件。单格膜池平面尺寸为 2.95m×2.5m，有效水深 3.0m，与反洗水池、化学清洗水池合建。反洗水池容积 15m^3，化学清洗水池容积 30m^3。膜材料 PVDF，设计平均进水量 16000m^3/d，膜孔径 0.02μm，设计膜通量 28.5L/（m^2・h）（4 列运行），膜元件表面积 41.8m^2。反洗方式为气水混合反洗，截留分子量约 150000，过滤周期 41.05min，预期膜寿命 8 年，产水周期内反洗时间 4.05min，膜池列数 4 列，化学反洗时间 30min/d，每个膜池安装膜箱数 3 个，每月恢复性清洗时间 6h，每个膜箱安装膜片 42 片（最多可安装 60 片），水回收率≥90%。

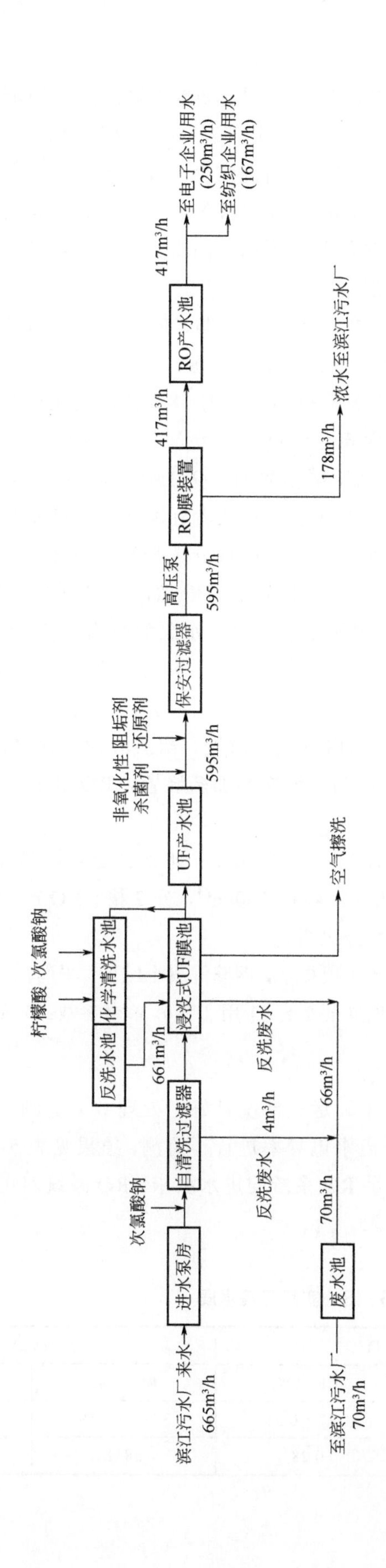

图 5-18 工艺流程及水量平衡

运行过程中通过反洗（水反洗和空气擦洗）可以有效地去除膜表面的固体物质，有助于保持跨膜压差（TMP）值及延长清洗周期，降低平均能耗。在反洗过程中不使用化学药品。

化学反洗是指反洗过程中投加次氯酸钠，清洗浓度为 200mg/L，膜丝浸没在清洗液中约 15min，完成清洗后清洗液通过 NaOH 和亚硫酸氢钠中和后排放。在线恢复性清洗是一种当膜透过率低于正常运行范围时的强度更高的清洗方式。一般采用 500mg/L 的次氯酸钠或 2×10^3mg/L 的柠檬酸来浸泡膜丝。

⑤ 反渗透系统。反渗透系统包括 5μm 保安过滤器、RO 高压泵、RO 膜装置、膜清洗系统等。采用 BW30-400/34i 膜元件。RO 系统共 4 套，2 套共用一个机架，单套产水量为 105m^3/h。膜材料为聚氨酯，压力容器排列方式为 18∶10，膜元件有效面积 37m^2，设计通量 16.8L/（$m^2\cdot h$），压力容器内膜元件数量 6 支，稳定脱盐率 99.5%，单套压力容器数量 28 个，回收率≥70%。RO 高压泵参数为：Q=150m^3/h，H=130m，N=90kW，变频控制。当 RO 装置进水和浓水压差上升了 15%或者标准状态下产水量下降了 10%以上时，应考虑采取化学清洗措施，可根据污染物的成分选择酸洗或碱洗。

⑥ 供水泵。供水泵与超滤进水泵、RO 冲洗泵、UF 擦洗风机等统一布置在水泵间。供水泵设置 2 套水泵系统，1 套供给电子企业用户，水泵参数为：Q=250m^3/h，H=11m（2 台，1 台备用，1 台变频）。另一套供给纺织企业用户，水泵参数为：Q=167m^3/h，H=36m（2 台，1 台备用，1 台变频）。

⑦ 加药及其他辅助系统。中水车间内设置柠檬酸、次氯酸钠储存罐，V=8m^3。清洗加药间内设置柠檬酸、次氯酸钠、阻垢剂、还原剂加药装置，RO 清洗装置。另布置空压机室、配电室等。

⑧ 超滤产水池及 RO 产水池。超滤产水池与 RO 产水池合建，钢筋混凝土结构，超滤产水池有效容积 500m^3，RO 产水池有效容积 1000m^3，分 2 格。RO 产水池上设置除碳器 2 台，单台设计流量 210m^3/h，配套鼓风机。

⑨ 废水池。废水池接纳中水车间各工段排水，钢筋混凝土结构，平面尺寸为 12m×9.6m，有效水深 2.0m。设置 3 台水泵机位，近期安装 2 台（1 用 1 备）。单台参数：Q=82m^3/h，H=12m。

（3）运行效果及经济效益分析

该工程自 2012 年 11 月试运行以来，运行情况良好，处理效果达到了设计要求。主要对超滤的进出水浊度及反渗透的进出水电导率进行了监测，结果见表 5-13。结果表明，超滤系统出水浊度非常稳定，完全满足 RO 系统的进水要求。RO 系统对电导率的平均去除率为 98.9%，满足工业企业用水要求。

表 5-13 实际工程水质

参数	浊度/NTU		电导率/（μS/cm）	
	UF 进水	UF 出水	RO 进水	RO 出水
范围	0.93～7.47	0.17～0.51	3720～6959	30～99.8
平均值	3.25	0.28	5841	65.4

（4）结论

浸没式超滤-反渗透工艺应用于大规模市政污水厂中水回用，出水能达到工业用水回用要求，工艺流程简单，运行稳定，具有较好的应用推广价值。

5.2.2.4 卡斯泰尔普拉特亚达罗（西班牙东北部）污水处理再生厂[19]

MBR-RO/NF 中试装置安装在卡斯泰尔普拉特亚达罗（西班牙东北部）污水处理厂的设施内。本污水处理厂处理城市污水的能力为 $3.5\times10^4m^3/d$，相当于 17.5×10^4 人污水当量。工厂采用格栅和 $2.26m^3$ 的 MBR，MBR 安装在污水厂出口处，内置总表面积为 $8m^2$ 的浸没式平板膜，膜孔尺寸为 0.4μm。RO 系统由变频驱动（VFD）控制的高压泵和一个 4in×40in 膜元件组成。膜元件选用了 Filmtec NF90 膜和 Hydranautics ESPA2RO 膜。这两种膜表面都带有负电荷并具有疏水性，两者之间的主要差异是分子量切割量（MWCO）（ESPA2 100g/mol，NF90 200g/mol），分子量切割量会影响膜对盐的截留和膜的渗透性能。

中试装置运行时，SRT 保持 30d，膜通量保持 19L/（$m^2\cdot h$）。在好氧池中，溶解氧浓度低于 0.5mg/L 时，硝化菌的活性变差，最佳溶解氧浓度为 0.5mg/L；NH_4^+可稳定地保持小于 1mg/L。

纳滤和反渗透两种膜采用浓缩液内循环到膜的进料中，以提高系统回收率。VFD 和精确的浓缩液阀使系统保持在设定的渗透流量 135L/h 时，有恒定平均渗透通量。两者均以 75%的系统回收率（Q_p/Q_s）和 18L/（$m^2\cdot h$）的膜通量运行。膜通量变化范围通常在 16.8～21L/（$m^2\cdot h$）之间。

MBR 对镇痛剂对乙酰氨基酚的去除率很高。在试验期间，进水中的浓度最高，在 18～74μg/L 之间。MBR 可降解部分药物，反渗透膜在不同工艺条件下几乎可将其完全去除（>99%）。在相同的平均渗透通量［18L/（$m^2\cdot h$）］下，NF 膜对所有药物及其代谢物的去除率也都很高（>90%），但低于反渗透膜。当 NF90 膜的通量增加到 30L/（$m^2\cdot h$）时［当在 18L/（$m^2\cdot h$）的进料压力下仍低于 RO 膜］，膜的性能提高，对乙酰氨基酚的截留率达到 98%。

选择使用反渗透膜还是使用紧密的纳滤膜在很大程度上取决于再利用应用和排放限制设置。膜类型（截留分子量和表面形貌）、RO/NF 工艺参数（膜回收率和平均渗透通量）和膜条件对药物（PhACs）的去除有显著影响。因此，尽管本研究显示了两种不同类型膜的实际去除率，但上述参数实际上都会影响给定工艺的去除效率。例如，就对乙酰氨基酚及其代谢物和转化产物（TPs）而言，如果渗透水中的浓度需满足低于 20ng/L，那么使用类似本研究中的致密 NF 膜在获得相同水量时泵功率将减少近一半。如果需要较低浓度（即低于 5ng/L），则需要 RO 膜。增加 NF 膜的通量将降低至接近 RO 膜获得的浓度，但需要与 RO 膜系统类似的高压泵，并且膜污染可能会增加，因此在保守通量下继续使用 RO 膜是有意义的。

5.2.2.5 韩国 Gimcheon City 污水处理厂加压 MF-RO 中试系统[20]

韩国 Gimcheon City 污水处理厂加压 MF-RO 中试系统进水为标准活性污泥系统三级

出水，MF和RO膜组合系统可生产高质量渗透水，工艺流程见图5-19。

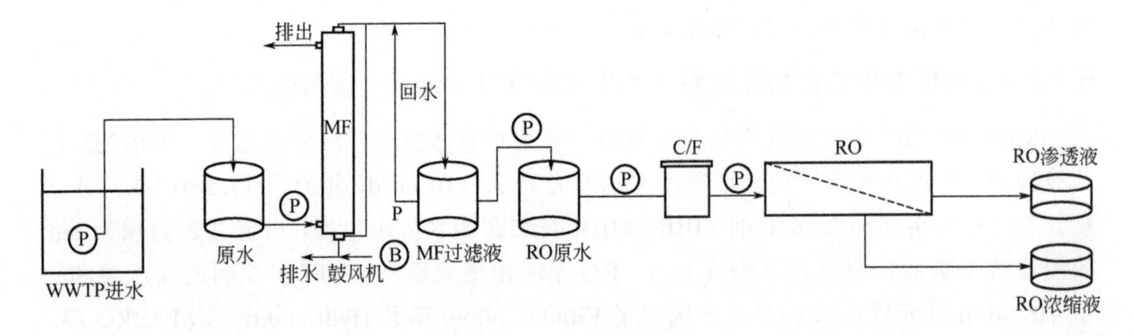

图5-19　中试系统工艺流程

微滤中试系统由韩国的Data公司提供。MF膜为外压式，采用死端恒流模式过滤。MF膜系统的过滤、反冲洗、曝气、排水和供水时间分别是1050s、60s、30s、140s、40s。RO中试膜系统有2个压力容器，每个压力容器装2个膜元件。膜元件（型号：RE4040-Fen）由Woongjin化学有限公司提供。RO进水pH值约为7.7，采用错流式模式过滤，回收率为67%。

三级出水不经任何处理，直接进入MF膜系统，MF能保证RO的进水水质，MF单元的回收率为90%，RO单元的回收率为67%，整个系统的回收率为60%。整个系统通过远程计算机系统控制实现完全自动化，能稳定获得高品质的出水。

5.2.3 总结

城市污水资源化最关键的是将污水处理厂升级为再生水厂，以使污水再生后回用。污水处理厂二级处理之后，常采用物化方法处理水中悬浮污染物和难降解污染物，并进一步去除二级出水中的氮和磷，目前可应用的主要传统技术包括混凝、沉淀、过滤、加氯或紫外线消毒、臭氧氧化等。膜处理法是通过膜分离技术把污水中的污染物分离出去，达到提高水质的效果。应用较多的膜处理技术有微滤（MF）、超滤（UF）、纳滤（NF）、反渗透（RO）等。超滤用于代替传统的砂过滤工艺，具有更高的效率和更小的占地面积。纳滤可用于去除某些特殊污染物。反渗透可以脱盐和去除其他微量污染物。膜技术因为经济、安全、可靠，且技术不断进步，膜价格不断下降，成为污水再生的主要处理技术之一。

膜处理技术的关键应用优势决定了其在市政污水处理实践中的关键地位。受技术工艺、管理模式、人为操作等方面要素的影响，膜处理技术在实际应用过程中依旧存在着诸多缺陷与不足。因此，技术人员应从市政污水处理的客观实际出发，充分遵循膜处理技术的基本应用规律，创新思维理念，充分挖掘市政污水厂的处理潜力，切实优化市政污水处理总体成效，从系统整体角度出发简化应用流程，为促进城市经济社会高质量发展奠定基础，为社会经济实现未来长远可持续发展保驾护航。

5.3 雨水综合利用技术

5.3.1 雨水综合利用发展现状

初期雨水溶解了空气中大量酸性气体、汽车尾气及工厂废气等污染性气体，降落地面后，又冲刷沥青油毡屋面、沥青混凝土路面、雨水管渠中存积的污水污泥及垃圾等，使得初期雨水中含有大量的有机物、病原体、重金属、油脂及悬浮固体等污染物质。因此，初期雨水污染较严重。近年来，初期雨水造成的径流污染问题受到越来越多的关注。

初期雨水具有以下特点：a. 水量变化大；b. 污染物含量变化较大；c. 可生化性差。上海市对雨水水质监测表明，初期 20min 雨水污染非常严重。北京市对城区 1998～2003 年不同月份屋面和路面径流水质的大量数据分析表明，城区屋面、道路雨水径流污染都较严重，其初期雨水的污染程度通常超过城市污水。随着城市的发展，城市面源污染负荷加大，污染的初期雨水进入河道是造成河流污染的主要原因之一，为保证城市河流原本脆弱的景观生态，实施区域污染初雨收集处理是污染减排的基本工程措施。洁净的符合利用要求的雨水是雨水综合利用的基础和最基本条件。因此，无论是从控制水环境污染还是雨水综合利用的角度出发，初期雨水都应进行处理。

处理后回用根据《城市污水再生利用　城市杂用水水质》（GB/T 18920—2020）中关于杂用水用途的规定和《建筑中水设计规范》（GB 50336—2018）中外水外用的原则，初期雨水处理后适合用于道路清扫和城市绿化。因降雨多发生在夏季，此时道路清扫和城市绿化需水量也最大，作为城市杂用水或其补充可实现雨水资源化利用。

5.3.2 应用案例分析

5.3.2.1 铜冶炼企业生产厂区初期雨水处理工程[21]

某新建铜冶炼厂年产 20×10^4t 铜，其生产厂区中制酸区域等重污染区域设有初期雨水收集设施，在生产厂区雨水总排口处设有 1 座初期雨水收集池，单次降雨有效收集容积为 $1.2\times10^4m^3$，初期雨水处理周期按 3d 计，初期雨水处理规模为 $4\times10^3m^3/d$，初期雨水水质根据降雨强度、厂区污染情况等呈现一定波动，具体见表 5-14。

表 5-14　初期雨水污染物浓度　　单位：mg/L（pH 值除外）

pH 值	Cu^{2+}	总 As	Pb^{2+}	Zn^{2+}	Cd^{2+}
6～7	0.4～3.0	0.1～1.1	0.02～1.5	0.2～2.2	0.02～0.25

工艺出水水质要求满足《铜、镍、钴工业污染物排放标准》（GB 25467—2010）中的排放浓度限值，具体见表 5-15。

表 5-15　工艺出水水质标准　　　　单位：mg/L（pH 值除外）

pH 值	Cu^{2+}	总 As	Pb^{2+}	Zn^{2+}	Cd^{2+}
6～9	≤0.5	≤0.5	≤1	≤2	≤0.1

初期雨水由水泵加压送至 pH 值调整池，池内加入 NaOH 溶液进行充分搅拌反应，其投加量由中和槽出口处的 pH 计自动控制，调整池出口处溶液 pH 设定值为 7～8。pH 值调整后溶液自流至重金属捕集剂反应池，同时加入重金属捕集剂（其量与水中重金属浓度成正比）进行充分搅拌反应，再自流至絮凝反应池，在池内投加一定量的聚合氯化铝及 PAM 进行絮凝反应。反应后溶液自流至中间水池，由泵送至膜液体过滤器进行固液分离，上清液达标外排或者回用。

膜液体过滤器反洗水排至集泥池，由于工艺排泥量少本工程不独立设污泥脱水工序，污泥由水泵送至厂区工业污水处理站进行脱水处置。处理工艺流程见图 5-20。

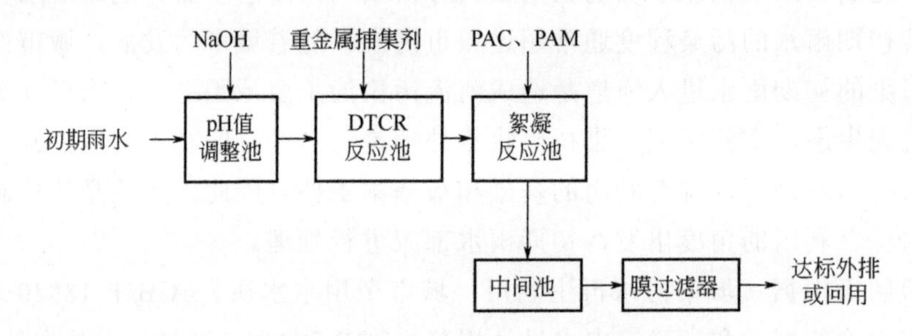

图 5-20　初期雨水处理工艺流程

工艺采用高分子有机捕集剂与废水中的多种金属离子发生螯合反应，生成稳定且难溶于水的金属螯合物，并通过微滤膜高效的固液分离能力达到去除废水中重金属离子的方法，克服了传统化学处理法的不足，沉淀物稳定性高且量少，经处理后出水中重金属含量远低于采用传统工艺出水，工艺不增加出水硬度且浊度较低，有利于工业回用。

（1）主要设施及参数

① pH 值调整池。用于调节废水 pH 值。地上钢筋混凝土结构，设计尺寸为 3.6m×3.6m×4m（有效水深为 3.25m），水力停留时间约为 15min，池内置反应搅拌机 1 台，功率为 22kW。

② DTCR（重金属捕集剂）反应池。用于重金属捕集剂与水中重金属离子反应。地上钢筋混凝土结构，设计尺寸为 3.6m×3.6m×4m（有效水深为 3.20m），水力停留时间约为 15min，池内置反应搅拌机 1 台，功率为 22kW。该池与 pH 值调整池合建。

③ 絮凝反应池。用于絮凝反应。地上钢筋混凝土结构，设计尺寸为 3.6m×3.6m×4m（有效水深为 3.15m），水力停留时间约为 15min，池内置反应搅拌机 1 台，功率为 22kW。该池与 DTCR 反应池合建。

④ 中间水池。便于废水提升。采用钢筋混凝土结构，矩形水池，尺寸为 6.0m×11.0m×

3.5m（有效水深为 3.0m），水力停留时间约为 60min，外设 150FUH-26S 型工程塑料泵 2 台，1 用 1 备。

⑤ 膜液体过滤器。采用 4 台膜液体过滤器，设计尺寸为ϕ2116mm×3375mm。单台膜液体过滤器参数为：处理能力≥36m^3/h，过滤膜通量为 0.6～0.8m^3/（m^2·h），过滤精度为 0.5～1.0μm。

⑥ 加药间（含高低压配电室、值班控制室）。砖混结构，设计尺寸为 18m×9m，内设储药区、重金属捕集剂加药装置、PAC 加药装置、PAM 加药装置、吊车等设施。高低压配电室、值班控制室与加药间合建。

（2）工艺运行效果及成本分析

工艺运行前对收集池内的初期雨水进行主要污染物（即重金属离子）浓度分析，通过水质分析结果来确定重金属捕集剂的最佳投加量及反应 pH 值，进而确定 PAC 及 PAM 的最佳投加量，以达到既满足出水水质要求，又能控制处理成本的目的。

所有药剂均采用溶液投加，其中重金属捕集剂溶液及 PAC 溶液配制浓度为 10%，PAM 溶液配制浓度为 1‰，NaOH 溶液配制浓度为 10%，NaOH 投加量与 pH 值调整池出口 pH 值连锁，控制 pH 值为 7～8，其他药剂投加量主要根据雨水中的重金属离子浓度确定。运行期间主要的运行参数见表 5-16。

表 5-16　主要工艺参数

pH 值	DTCR/（mg/L）	PAC/（mg/L）	PAM/（mg/L）	膜反洗压损值/mH_2O
7～8	10～30	30～50	2～5	0.5

注：1mH_2O=9806.65Pa。

另外，工艺操作中还需定期对膜过滤器进行化学清洗，以实际运行天数计，约 15d 清洗一次，能较好地恢复其因堵塞导致的膜通量的衰减。从出水水质（详见表 5-17）数据上看，工艺运行效果良好，重金属离子浓度远低于《铜、镍、钴工业污染物排放标准》（GB 25467—2010）中的浓度限值（表 5-15）。

表 5-17　出水水质　　单位：mg/L（pH 值除外）

pH 值	Cu^{2+}	总 As	Pb^{2+}	Zn^{2+}	Cd^{2+}
7～8	0.05～0.2	0.1～0.2	0.01～0.5	0.1～0.5	0.02～0.05

工艺运行主要成本包括药剂费用、电费、膜化学清洗及更换费用，折算后初期雨水处理成本为 0.8～1.5 元/t，相对于传统的石灰铁盐工艺具有明显的优势。

（3）问题及分析

目前重金属捕集剂种类较多，工艺运行时宜采用多种重金属捕集剂进行技术经济比选。

合理地确定膜过滤器的化学清洗时间，清洗周期过长容易加速膜通量的不可恢复的衰减，过短又将增加工艺运行成本及操作量。

由于工艺采用间歇运行，工艺在较长时间不运行的情况下，要放空膜过滤器以防止膜生物污染的发生。

应对每次收集的雨水均进行水质分析，根据分析结果来确定最佳工艺参数，例如各药剂加药量等。

（4）结论

采用“重金属捕集+絮凝+膜过滤”工艺处理铜冶炼厂区初期雨水，系统运行稳定，管理操作方便，出水重金属离子浓度远低于《铜、镍、钴工业污染物排放标准》（GB 25467—2010）中的排放浓度限值，实践证明该工艺可用于处理铜冶炼企业厂区初期雨水，在技术及经济方面具有一定优势。

5.3.2.2 国家体育场“鸟巢”的雨洪综合利用工程[22]

如图 5-21 所示，国家体育场“鸟巢”的雨洪综合利用工程是国内大型公共建筑第一个雨洪利用系统，也是一个规模庞大的世界级雨洪综合利用系统，24h 不间断运转，可以将赛场及周边区域的雨水收集，净化后，提供给场馆使用。每年可回收总量约 $6.7\times10^4m^3$ 的雨水用于场馆绿化、清洗用水等。该工程应用了美国的纳滤膜技术，凝聚了当前全球水处理技术科技领域的最高成就，也展示了北京奥运所秉承的追求人与自然协调发展的生态文明观。

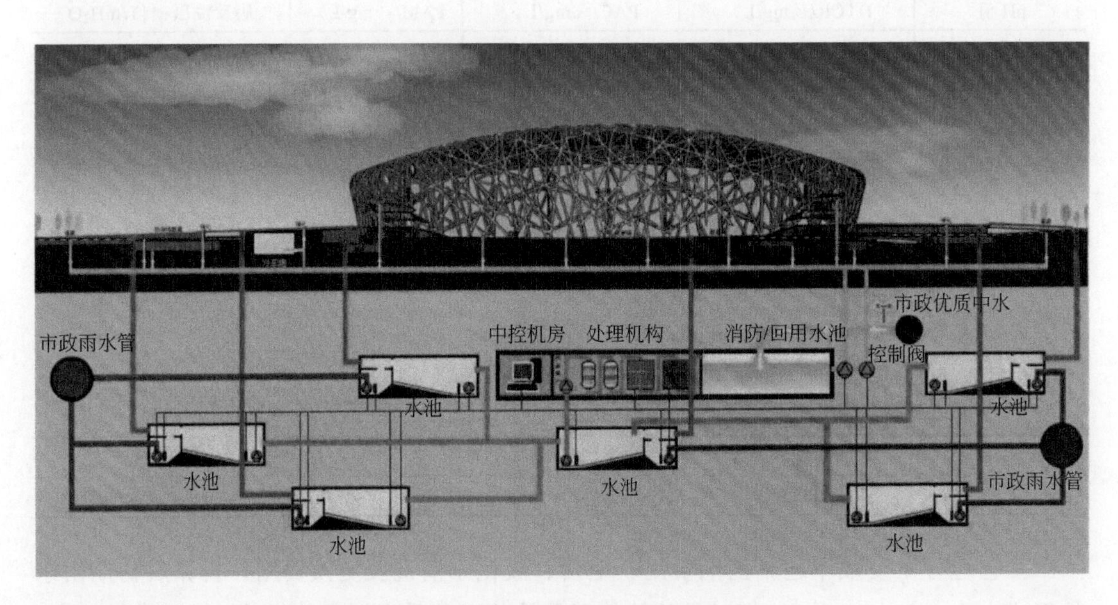

图 5-21 “鸟巢”雨洪综合利用工程示意

“鸟巢”雨洪综合利用工程的面积相当于 6 个足球场，整个系统的雨水收集面积达 $22hm^2$，年回收利用总量约 $6.7\times10^4m^3$，净产水量为 $2000m^3/d$。遍布于场馆及周边绿地的收集引流系统可以将雨水汇集至 6 座地下蓄水池中，其最大储水能力高达 $12000m^3$。据有关部门评估，北京年平均降水量为 630mm，城区每年的雨水利用潜力达到 $1\times10^8m^3$。由此估算，“鸟巢”蓄水池每年可以填满 16 次。经净化处理后的“雨水”可用于场馆绿化、赛场用水、空调冷却、道路和汽车清洗，以及洗手间冲洗等，且水质远高于国内中水回用标准。

回收后的水资源能否实现真正的“高效回用”，其关键在于净化。“鸟巢”雨洪综合利用工程的核心净化技术应用了奥运全球合作伙伴美国 GE 公司的解决方案——纳滤膜技术。系统收集的雨水将经过砂滤、超滤、纳滤三重净化步骤，方能投入回用。砂滤可去除水中的悬浮物、胶体等污染物；超滤则以小孔径膜技术滤去水中的细菌和大分子物质；纳滤则是用纳滤膜对双重净化过的水进一步处理，以达到城市杂用水水质标准。

“鸟巢”周边草木成荫，百余株常绿乔木、数千株落叶乔木和灌木、近 $80000m^2$ 的草坪时常需要灌溉维护。在北京一个人均水资源占有量不足 $300m^3$ 的水资源稀缺城市，既要为这些绿色植物“解渴”，实现和谐生态，又要兼顾水资源节约，这使得奥运主会场的设计者们一度面临着前所未有的挑战，而雨洪综合利用工程从根本上解决了这一难题。系统配备了中控机房，借助先进的计算机系统来监测和控制雨水收集、处理及供水的各个环节。通过对雨水资源的有效收集、净化和回用，该系统每年节约的水资源足以注满一座 9m 高的足球场，因而可确保“鸟巢”70%的用水来自回用水，其中 23%则由雨洪综合利用工程提供。

作为膜技术在中国大型公共建筑领域的首个应用案例，“鸟巢”雨洪综合利用工程无疑为国内城市未来的水资源回收利用工作提供了鉴益。

5.4 工业水回用技术

5.4.1 工业水资源化背景

工业废水是指工业生产过程中产生的废水和废液，其中含有随水流失的工业生产用料、中间产物、副产品以及生产过程中产生的污染物。在当前工业体系中，水在加工、冷却、洗涤、净化等方面的作用都是不可取代的。社会兴茂繁荣，现代化进程也在不断推进，用水量的急剧增加与水资源的有限储量形成矛盾，水资源危机已经成为新时代的一个广受关注的全球性问题。大量的水经过工业生产利用后转化为大量工业废水排出，在污染水环境的同时也浪费了大量的水资源。水环境污染令水资源短缺危机更加恶化。工业废水种类繁多，成分复杂。按工业企业的产品和加工对象分类，工业废水可分为冶金废水、造纸废水、炼焦煤气废水、金属酸洗废水、化学肥料废水、纺织印染废水、染料废水、制革废水、农药废水、电站废水等。随着工业的迅速发展，废水的种类和数量迅猛增加，对水体的污染也日趋广泛和严重，威胁着人类的健康和安全。因此，对于保护环境来说，工业废水的处理比城市污水的处理更为重要。

由于工业生产废水通常常具有水质复杂高毒量少的特点，不同企业废水远距离输送混合后集中处理，不仅需要庞大的管网体系和资金投入，不同废水的混合还将加大后续处理难度。而且随着严格水资源管理制度工作的推进，水资源使用成本不断提高，很多企业对于废水原位处理回用提出了迫切要求。废水回用技术不仅可以减少各类污染水对水生态环境的污染，还能降低工业用水成本，减少排污费用开支，放缓用水的紧张局面。膜技术在纺织印染废水[23]、中药废水、电厂废水、乙二醇废水处理回用实例，说明工业废水回用技术的发展与普及具有明显的社会效益、环境效益与经济效益。因此，推行工业废水回用技术是我国进行生态文明建设、实现中华儿女向往的“中国梦”必须重点加以解决的重要课题。废水回用项目的实施与推广，能让我国在日益严峻的“水资源争夺战”中占得先机。

5.4.2 应用案例分析

5.4.2.1 超滤-反渗透处理染整废水并回用工程实例[24]

佛山大塘工业园区每家印染纺织企业的废水均集中排入污水处理厂，废水总量可达 $6\times10^4m^3/d$。本工程设计处理水量 $6\times10^4m^3/d$，设计回用水量 $4\times10^4m^3/d$。分两期建设，其中一期设计处理水量 $3\times10^4m^3/d$，设计回用水量 $2\times10^4m^3/d$。佛山大塘污水处理厂引进了深度处理设施，采用臭氧预氧化结合双膜法，再利用臭氧后处理的方法保证浓水达标排放。经过臭氧预氧化后设计进膜的废水水质及中水用作工业用水水源的水质标准见表 5-18。

表 5-18 废水水质及排放标准

项目	COD/（mg/L）	BOD/（mg/L）	SS/（mg/L）	电导率/（μS/cm）	pH 值	色度/倍
进水水质	90	20	30	2130	6～9	≤70
排放标准	≤10	0	≤0.5	≤120	6～8	≤5

（1）废水处理工艺

① 原工艺流程。处理前的废水经初次絮凝沉淀处理，除去可絮凝沉淀的固形物；然后经纯氧曝气活性污泥处理，通过微生物分解废水中的有机物；再经二次絮凝沉淀处理，通过化学药品将分解的有机物絮凝沉淀后除去；处理后的废水经二沉池排出。经原工艺处理后排放的废水经常有返色现象困扰，排放的废水量较大。

② 改造后的回用工艺。改造后的回用工艺流程如图 5-22 所示。

经过臭氧氧化后的水，会有较多的沉淀物，通过超滤预处理后，才能进入反渗透系统，以保证保安滤器的安全运行。超滤作为废水预处理工艺已经在印染废水回用项目中广泛应用，在有臭氧杀菌的前处理后，采用耐氧化性好的 PVDF 膜比较安全。超滤的运行模式为自动运行，维护简单，易控制好产水量、反洗水量和反洗水压等关键技术参数。超滤的反洗水回至二沉池再循环处理，保证系统的回收率。超滤产水进入反渗透系统，脱除水中的可溶性盐分、胶体、有机物质等，反渗透产水进入回用水池回用。反渗透浓水经臭氧氧化处理后达标排放。

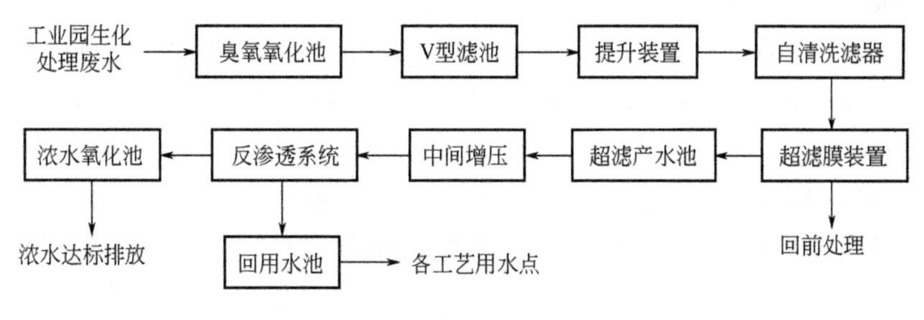

图 5-22　膜法回用工艺流程

（2）改造后工艺分析

① 预处理工艺：生化处理+臭氧氧化+V 型滤池。

根据本项目进水水质特点和出水水质要求，废水在原有用物化+生化处理工艺后，增加臭氧氧化工艺，满足脱色及有效降解 COD 的功能。由于采用的超滤+反渗透的深度处理工艺，仅仅起到了分离的功能，过高的 COD、悬浮物和色度等指标均会造成浓水相当难达标排放，所以在双膜处理前采取了对色度比较有效的臭氧氧化法，它不仅不会增加废水 TDS 盐总量，而且对 COD 也有 50%左右的去除率，并对多数的微生物可有效抑制，对铁锰等影响膜运行的氧化物也能起到去除功能，再经过 V 型滤池过滤后，可去除氧化后的残留悬浮物及金属氧化物等，从而为双膜工艺提供比较理想的进水条件。

臭氧处理工艺的作用：臭氧的氧化性优越在于它没有额外增加物质和污泥量，不会提高废水中的总盐分；臭氧脱色效果比较好，它不像硫酸亚铁那样会随着时间的变化而返色；臭氧的投加不仅有利于脱色，还能去除约 50%的 COD，保证进膜的废水水质，并有利于浓水达标排放；臭氧对反渗透回用水还有杀菌消毒的功能，有利于生活回用。

V 型滤池的作用：由于工业园区内有许多纺织印染企业，废水中轻质的悬浮物较多，仅靠二沉池很难使悬浮物指标达到进膜的要求，选择砂过滤的形式可确保将絮凝物截留下来，且通过有效的气水反洗可保证通过水量，保证大型系统的进水稳定性尤其重要。经过 V 型滤器过滤后，其悬浮物得到了较好的控制，SS 质量浓度可以从 30mg/L 降低到 15mg/L 左右。

② 双膜法工艺：自清洗滤器+超滤+反渗透系统。

$3\times10^4m^3/d$ 的自清洗滤器系统配 3 台 ϕ600mm 直径的滤器，单台的处理水量 $500m^3/h$，过滤精度为 100μm，占地约 $48m^2$。过滤器设定全自动运行，可确保连续出水，系统压损小，产水量大，性能稳定，适用于大型系统。高速和彻底的反洗，只需 10～15s 即可完成，反洗耗水量低于过滤水量的 1%。

超滤是双膜法工艺的关键技术，它不仅出水稳定、反洗效果好、设备重量轻、占地面积小，而且运行维护简单。根据本项目回用水水质要求，项目中水回用系统拟采用中空外压式超滤膜作为工业园区综合废水反渗透膜预处理。外压式超滤膜可以采用辅助气擦洗，而内压式的中空超滤膜需要严格的进水条件，因此对于进水相对变化较大的综合废水，该工程采用外压式中空超滤膜。

超滤装置采用错流过滤、气水反洗的全自动连续运行方式。装置设计处理量 1200m³/h，共设置 10 台超滤装置。PVDF 膜运行压力 0.6～1.2kgf/cm²（1kgf/cm²=98.0665Pa），单台净产水 120m³/h，循环水量约 160m³/h。反洗水量为 240～300m³/h，每台超滤装置运行约 30min 或 20min 反洗 40～60s，按 20min 反洗 1 次计，反洗泵需 12h 开，则一天共需自耗水约 2880m³，相当于自耗水量为 120m³/h，加上实际每小时供后续用水的产水量保证 1200m³/h，超滤产水量需满足 1320m³/h。系统运行为 PLC 自动控制，易恢复，有高且稳定的透水量，使用寿命已经有 3 年。

反渗透系统包括保安滤器、反渗透主机（膜过滤部分）和系统清洗部分。设计的目的在于针对要求的产水量和产水水质，尽可能地降低系统运行压力，提高系统回收率，降低系统污染速度，从而延长系统清洗周期，降低清洗频率，提高系统的长期稳定性，降低清洗维护费用。高压泵根据单套反渗透装置 168m³/h 的产水量计算，在 25℃时 RO 装置进水量约为 240m³/h，操作压力为 1.15MPa。5 套反渗透装置选用卧式多级高压泵 5 台，单台流量为 240m³/h，扬程 115m，功率 110kW，均配上变频器。

反渗透膜元件为国产低压抗污染反渗透膜元件。

③ 浓水后处理：生化处理+二沉池+臭氧杀菌。

反渗透的浓水不建议再循环回原水池，以避免过多的盐分积累，影响回用水质和水量。在浓水后处理中，可通过加药沉淀再氧化的方式使其达标排放。即先经过生化调节池、二沉池再经臭氧氧化降低色度和 COD，确保浓废水达到排放要求后再直排。后处理阶段的臭氧用量比较少。

（3）运行效果

超滤系统于 2012 年初投入运行，超滤的操作压力 0.06～0.1MPa，20～30min 反洗 1 次，按气擦洗→上反洗→下反洗→正洗的顺序运行。超滤运行 2 个月后运行压力上升至 0.1～0.15MPa，超滤加强洗每天 1 次，加 300mg/L 以上的次氯酸钠杀菌。超滤膜平均两个月采用酸洗和碱洗 1 次，清洗恢复较理想，运行效果见表 5-19。本工程有 2 种超滤膜对比，PVDF 超滤膜运行压力低，出水效果明显好于 PP 膜。超滤膜出水其浊度约 0.1NTU，污染指数小于 4。

表 5-19 各工艺段出水水质

项目	COD/（mg/L）	BOD_5/（mg/L）	SS/（mg/L）	电导率/（μS/cm）	pH 值	色度/倍
原水	90	20	30	2130	6～9	≤70
预处理	84	19	24	1744	7.70	60
UF 出水	55	6.9	0～1	595	7.56	50
RO 出水	2～10	0	0	20～35	7.55	0

反渗透的运行清洗维护约 1～2 个月 1 次，由于调试过程中快冲洗不到位，造成膜

有机物和生物污染严重，综合的污染导致膜压差上升很快，只靠快冲洗已经无法降低压差值，约 1.5 个月就需要化学清洗。因此采取有效的碱洗配方，将压差降低一半，能恢复接近刚调试阶段的数值。但由于进水有机杂质和微生物较多，一段压差仍在短时间内上升，大多情况下约为 0.25MPa。在工艺运行中作了调整，加大了次氯酸钠用量，在关机前加入非氧化性杀菌剂用于对反渗透膜的杀菌，同时在段间增加了一段反向快冲洗功能，以降低一段压差上升过快的问题。

反渗透刚开始运行时，由于用户进水水质有波动，保安滤袋破损短路时，系统中过多的絮凝物杂质直接进入膜流道，造成一段膜压差上升很快，约运行了 2 个月压差升至 0.35～0.4MPa，采用碱洗才有效果，表明有机污染比较明显。反渗透膜处理系统出水水质通常测的主要是电导率值，平均在 100μS/cm 左右，其色度值基本为 0，pH 值控制在 6～7，COD≤10mg/L，ρ（铁）≤0.1mg/L，硬度低于 5mg/L，可作为软化水用。

至 2012 年 4 月该工程一期 30000m^3/d 改造已全部完成，回用系统投入运行已有 2 年多。建成运行后所排放出来的水水质达到了广东省一级排放标准，其反渗透产水作为锅炉用水，远远好于原工业园内所供的自来水的标准。

超滤+反渗透系统双膜法工艺 Ca^{2+}、Mg^{2+}、COD、SS 和色度的去除率均在 85%以上，处理染整废水的效果较好，出水水质完全满足再生水用作工业用水水源的水质标准。反渗透的浓水经过臭氧后氧化处理后，运行 COD 控制在 50～80mg/L，色度也非常好地控制在 2 以下，其他指标均满足排放要求。

（4）效益分析

原工业园区花在脱色上的成本为 1～2 元/t，由于盐分没有脱除仍无法回用。经改造后回用系统可保证后续浓水的 COD 仍能达标排放，污水处理总运行成本约 3 元/m^3。其中膜处理部分运行成本仅为 1.2 元/m^3，清洗所用的药剂主要是酸碱，费用极低，折算到每吨处理费用中约占 1%，而主要的化学药剂是阻垢剂。物化和生化前处理费用约为 1.2 元/m^3，前后臭氧氧化工艺费用约为 0.6 元/m^3，所有计算都是针对污水处理量来折算的。由于该工业园区的电费只需 0.6 元/（kW·h），而膜的更换成本由于应用了国产双膜，其膜的更换成本约为 0.30 元/m^3，膜部分的电耗约 0.5 元/m^3，如果在电费较高的工业园区，膜运行成本也能控制在 1.5 元/m^3 以内。经过反渗透处理的污水，不但变得很纯净，还可回收纺织印染厂排水中的余热，回用水温度也比河水高，水温一般为 35～40℃，而一般的自来水温度较低（15～20℃）。纺织印染企业要耗费大量蒸汽将染整水加热到 90℃以上，而 1t 水每升高 10℃，就需要花费成本 2 元。各工厂每天排出的 30000m^3 污水经膜法回用 20000m^3，单热的循环利用其经济效益就十分可观。该污水处理厂的淤泥也循环利用，淤泥经高压压滤后，干度可达 60%，将其送至电厂掺加在煤中可作为燃料用。3t 压干的淤泥相当于 1t 煤炭。

30000m^3/d 处理量的污水处理厂每天需要运行成本为 9 万元，而减少废水排放量、中水回用又可节约自来水费用和蒸汽费用。对工业园区来说每天仍有上万元的净效益。废水经过处理并回用后，每年可减少可观的污染物排放量，如 COD 量约 600t/a，减轻了对周边水环境的影响。

本项目自2011年5月开始建设，于2011年年底一期$3×10^4m^3/d$的污水回用系统安装完毕，2012年初正式交付使用，系统的回用水运行成本控制在1.8元/m^3以内，膜车间布置合理美观，占地省，自动化管理，运行可靠。近一半的水供给锅炉用水，相比较于河水从20℃提高至回用水35℃，回收的热能节约的煤耗相当于每吨回用水产生3元的热能效益。

5.4.2.2 CASS-浸没式超滤-反渗透在针织印染废水回用处理中的应用[25]

常州某针织印染企业主要生产高档针织面料，原有一套（一期）处理能力为$4000m^3/d$的废水处理工艺，其中回用系统处理能力为$1100m^3/d$。为响应政府号召，减少污染物排放，根据企业发展需要，新增一套（二期）印染废水处理系统，废水处理能力$2000m^3/d$，其中回用系统处理能力为$1100m^3/d$。二期完工后，总废水处理能力达到$6000m^3/d$，其$2200m^3/d$达到车间生产回用水标准。企业目前实际废水量$5500m^3/d$，车间出水水质见表5-20，外排接管指标COD_{Cr}≤500mg/L。

表5-20 车间出水水质

项目	pH值	色度/倍	COD/（mg/L）	BOD_5/（mg/L）	悬浮物/（mg/L）
指标限值	6～10	700	1000	300	300

深度处理进水水质要求pH值为6～10，色度为80倍，COD_{Cr}为100mg/L，设计回用水水质指标参考《纺织染整工业废水治理工程技术规范》（HJ 471—2009）染色回用水质标准，见表5-21。

表5-21 设计回用水水质指标限值

项目	pH值	色度/倍	COD/（mg/L）	SS/（mg/L）	总硬度/（mg/L）	铁锰离子/（mg/L）	透明度/cm	余氯/（mg/L）	电导率/（μS/cm）
指标限值	6.5～8.5	10	20	10	20	0.1	30	0.1	原水的10%

（1）工艺流程及主要构筑物

1）一期工艺流程运行情况分析

① 一期工艺二级处理流程运行情况。一般认为，BOD_5/COD_{Cr}值<0.3的废水为难生物降解废水，>0.3的废水为可生物降解废水，BOD_5/COD_{cr}值越大，废水可生化性越好。该企业废水的BOD_5/COD_{Cr}值为0.3，介于分界点，可生化性不高。原有一期工程中，二级处理工艺流程为"调节池+初沉池+水解酸化池+生物接触氧化池+二沉池"，二沉池出水至回用处理工艺。对于"水解酸化池+生物接触氧化池"组合，水解酸化提高了印染废水可生化性，生物接触氧化法兼有活性污泥法与生物膜法的优点。一期工艺自2013年建成后，运行良好，但也出现了其他研究者运行该工艺时发现的一些共性问题。如李

金梅[26]发现，生物接触氧化法在处理不当时会产生污泥膨胀现象；程可红等[27]发现反应器内溶解氧质量浓度至 1.0～1.5mg/L 时，会出现丝状菌膨胀。该企业废水工艺运行时发现，随着有机负荷的升高，针状填料上生物膜增厚，氧传递效率下降，影响出水水质，并发现了丝状菌膨胀问题。

② 一期工艺回用处理流程运行情况。一期工程中，回用处理工艺流程为“气浮池+气浮出水池+砂滤、炭滤、精滤+管式超滤+超滤出水池+反渗透装置+回用水池”。对于“砂滤、炭滤、精滤+管式超滤”组合，砂滤常用于二级处理后的深度处理，截留水中大分子固体颗粒和胶体；炭滤用于除臭、脱色、脱氯，进一步去除有机物等，提高超滤进水水质；超滤膜利用压力去除水中大分子物质。

回用处理工艺在运行时，砂滤、炭滤出水进入管式超滤后，超滤系统在经过反复自动清洗时会发现，水中微小悬浮物易造成超滤膜堵塞且难以清除，使出水率变低，水损耗增大。

2）二期工艺流程

针对一期工程运行时发现的问题，二期工程对工艺作了针对性调整，把“水解酸化池+生物接触氧化池”组合调整为“完全混合式活性污泥池”，“砂滤、炭滤、精滤+管式超滤”组合调整为“浸没式超滤装置”。二级处理与回用处理工艺见图 5-23，圆圈部分为与一期工程不同之处。原一期工艺见论文《纺织印染废水处理中的异味气体控制工程实例》[28]。

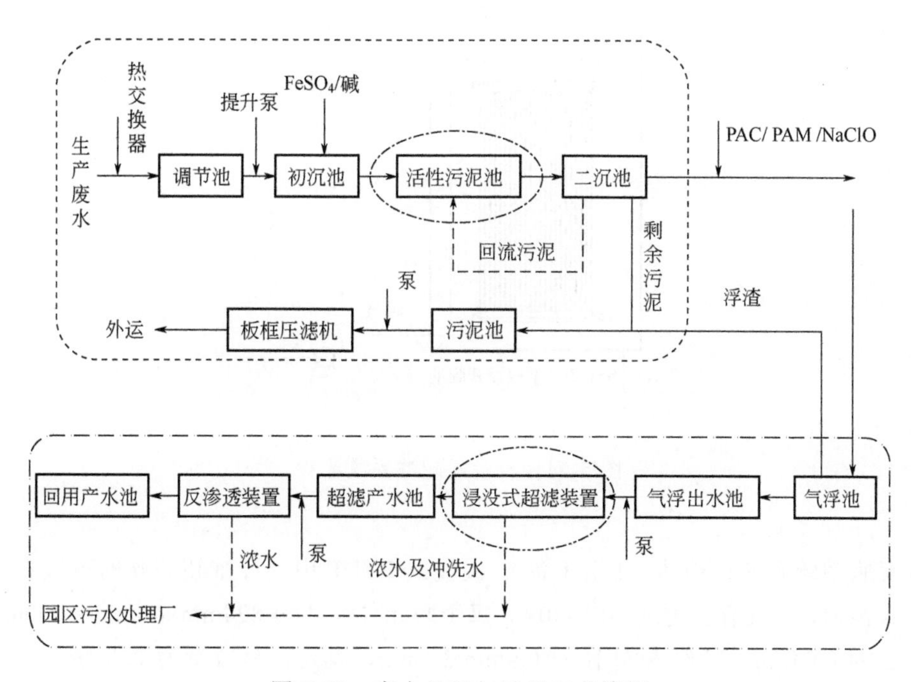

图 5-23 废水处理与回用工艺流程

-·-·-·-·- 二级处理改变处；-·-·-·-·- 回用处理改变处；

- - - - - - 二级处理工艺；– – – – – 回用处理工艺

一期工程采用“水解酸化池+生物接触氧化池”组合去除有机物，二期工程改为活性污泥池，利用大量能适应较高浓度污染物的微生物种群，在好氧条件下分解水中的有机物，微生物利用有机物完成自身生长的同时，去除部分磷和氮。考虑到企业废水 BOD_5/COD_{Cr} 值为 0.3，可生化性不高，采取延时曝气活性污泥法，曝气时间为 24h，废水混合过程为完全混合式，负荷率常小于 0.1kgBOD/（kg 污泥・d）。池中大量混合污泥能快速吸附废水中有机物，延时方式使污泥中微生物有足够时间逐步分解被吸附的有机物。该方法代谢时间更长，产生的剩余污泥量更少，可减少频繁的排泥操作，运行、管理更简便。活性污泥池采用钢筋混凝土结构，单个池子尺寸过大会增加池壁压力，考虑到安全性和空间安排等因素，池子分设 2 座，单座池子外形尺寸为 ϕ 13.5m×7.5m，总有效容积为 $2000m^3$，总停留时间设计为 24h。

二期超滤系统由原先的管式超滤系统改为浸没式超滤系统。浸没式超滤系统的能耗低于其他超滤系统，更易与传统工艺相结合。浸没式超滤系统的超滤膜可浸入所需处理水中，占地面积省，是膜法水处理的研究应用热点。二期超滤采用厢式自清洗超滤装置形式，所用超滤膜为增强型聚偏氟乙烯（PVDF）中空纤维，系统通过抽吸泵（产水泵）在中空纤维膜内形成负压，待处理水因负压形成动力，净水通过超滤膜微孔进入中空纤维内部通道，汇集至产水管，通过抽吸泵进入出水池，超滤产生的外排水回流至调节池。超滤系统流程见图 5-24。

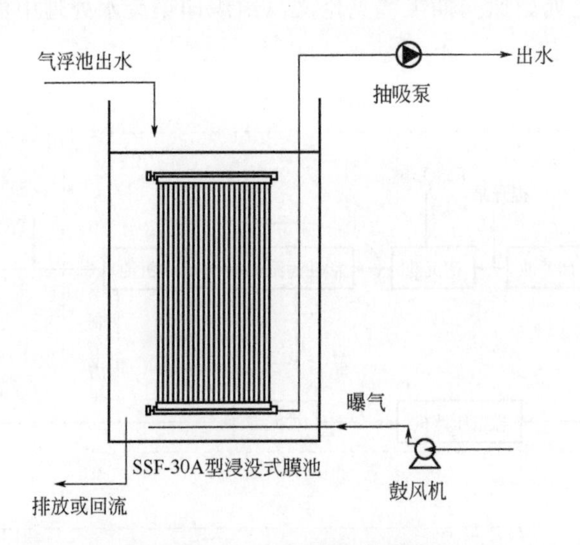

图 5-24　浸没式超滤系统流程

该套膜系统有 5 个箱体（4 用 1 备），浸没式 PVDF 中空纤维超滤膜的帘式膜组件垂直装于膜池内，膜元件型号为 SSF-30A，每个膜元件尺寸为 824mm×46mm×2200mm，膜平均孔径为 0.04μm，膜丝内/外径为 0.9mm/2.1mm，膜元件总数量为 220 帘，设计膜总面积/有效总面积为 $6600m^2/5280m^2$。集水管材质为 ABS，采取负压抽吸式运行，设计产水运行通量和平均运行通量分别为 19.72L/（m^2・h）和 15.78L/（m^2・h），反洗水量 $92.4m^3/h$，工作温度为 20℃。

（2）一期、二期工艺运行效果比对

二期工艺调试后，实际运行情况良好。车间废水排放后，流入调节池，通过提升泵将废水分别提升至一期和二期处理工艺。因此，运行效果具有一定可比性。在同水质情况下，对一期、二期工艺运行情况进行比对，以判断二期工艺的运行效果。比对对象为两期二级处理进出水（同时比对生化池进出水）和浸没式超滤-反渗透装置进出水。

1）二级处理工艺对废水色度的去除效果

印染过程所用染料和助剂不同，前处理和染色工艺不同，都会影响废水中污染物种类和浓度。印染废水所含的染料、助剂会提高废水色度和有机物浓度。根据回用水水质指标可知，印染用水对回用水水质要求较高，深度处理关键点为降低出水中有机物浓度和色度。在运行检测阶段，废水颜色以棕色、灰色、黄色、蓝色、黑色为主，采用稀释倍数法测定废水色度，色度值介于 160～1280 倍，平均值为 433 倍，颜色种类多、波动大，颜色深。一期、二期工艺在各自初沉池出水后色度去除率分别为 55%和 60%，颜色深浅接近；经过各自生化处理后，二沉池出水色度去除率分别为 82%和 91.5%，废水颜色深度差距增加，说明二期工艺在实际运行过程中，色度去除率更高。每组数据测定时，均由同一人测定，以减少检测人员之间的差异造成的颜色判定误差。

2）二级处理工艺对废水 COD_{Cr} 的去除效果

在印染废水回用工程中，二级处理出水质量的提高，可有效降低后续深度处理设备负荷，延长回用设备寿命，降低回用水处理过程成本。两期二级处理工艺（含生化段）对废水中 COD_{Cr} 去除效果见图 5-25。

处理工艺废水来源于调节池，废水 COD_{Cr} 介于 550～1200mg/L，平均值为 797mg/L。由图 5-25（a）可知，一期、二期二级处理工艺 COD_{Cr} 平均去除率分别为 83%和 90%，标准偏差 σ 分别为 6.5 和 2；由图 5-25（b）可知，一期、二期生化池对废水 COD_{Cr} 平均去除率分别为 79%和 83%，标准偏差 σ 分别为 6.74 和 3.65。因此，二期二级处理工艺运行更稳定，COD_{Cr} 平均去除率更高，稳定性更好。

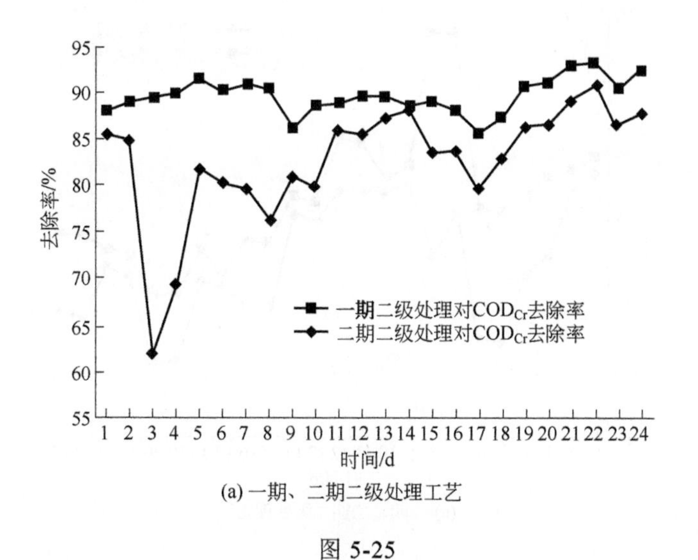

(a) 一期、二期二级处理工艺

图 5-25

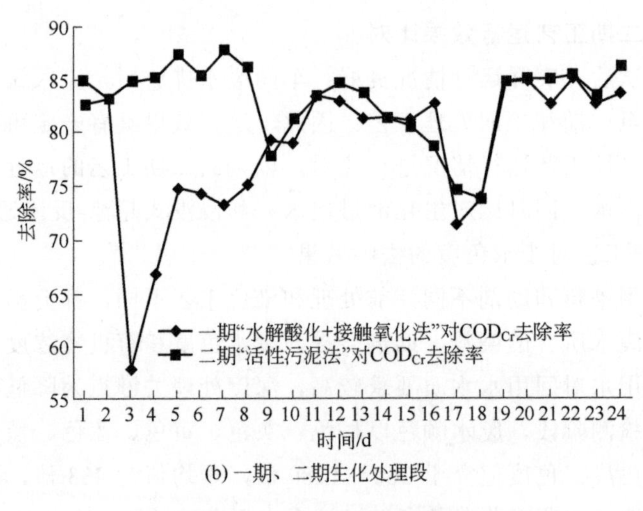

(b) 一期、二期生化处理段

图 5-25　COD_{Cr} 去除率

从实际运行效果看，"完全混合式活性污泥法"优于"水解酸化+接触氧化法"。

一般认为，对于印染行业等产生的生化性差的废水，厌氧-好氧工艺比单纯好氧方法更适合。王昂[29]做过生化性差废水处理的对比试验，发现出现此类研究结果相反的原因主要是，废水中纤维、杂质等随废水进入接触氧化系统后，易附着于填料上，挤压微生物生长空间，使系统处理效果达不到设计要求。

3）二级处理工艺对废水中氨氮的去除效果

微生物在代谢有机物时，除需要碳源外（以 BOD_5 计），还需要氮源、磷源，BOD_5∶N∶P=100∶5∶1，可以满足微生物所需营养比例要求。本研究采用 COD_{Cr} 反映碳源（见图 5-25），采用氨氮反映氮源（见图 5-26），采用总磷反映磷源（见图 5-27）。

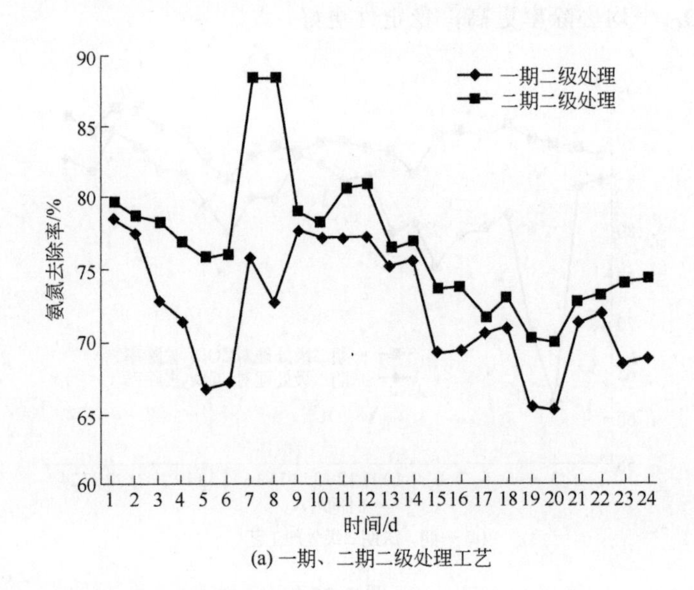

(a) 一期、二期二级处理工艺

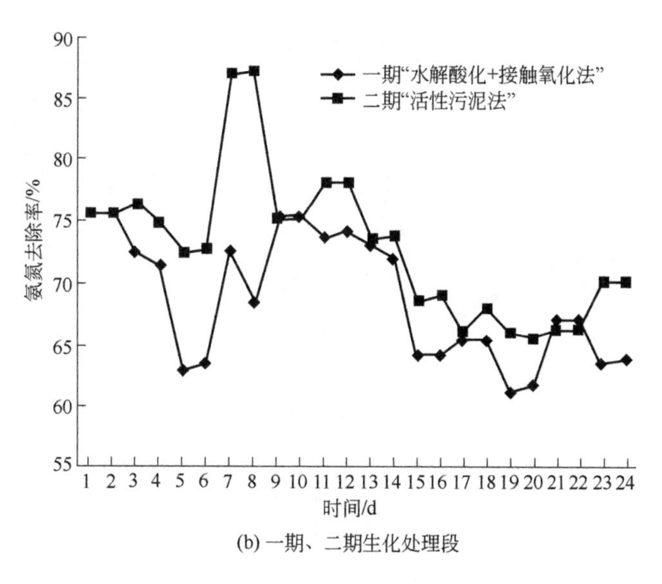

(b) 一期、二期生化处理段

图 5-26 氨氮去除率

调节池废水氨氮质量浓度介于 8～9.5mg/L，平均值为 8.7mg/L。由图 5-26（a）可知，一期、二期二级处理工艺氨氮平均去除率分别为 72%和 77%，标准偏差σ分别为 4.27 和 4.82；由图 5-26（b）可知，一期、二期生化池对废水氨氮平均去除率分别为 69%和 73%，标准偏差σ分别为 5.22 和 5.99。因此，二期二级处理工艺氨氮平均去除率略高，但运行稳定性较一期略低。

4）二级处理工艺对废水总磷的去除效果

见图 5-27，调节池废水总磷质量浓度介于 1.5～4.0mg/L，平均值为 2.17mg/L。由图 5-27（a）可知，一期、二期二级处理工艺总磷平均去除率分别为 64%和 64%，标

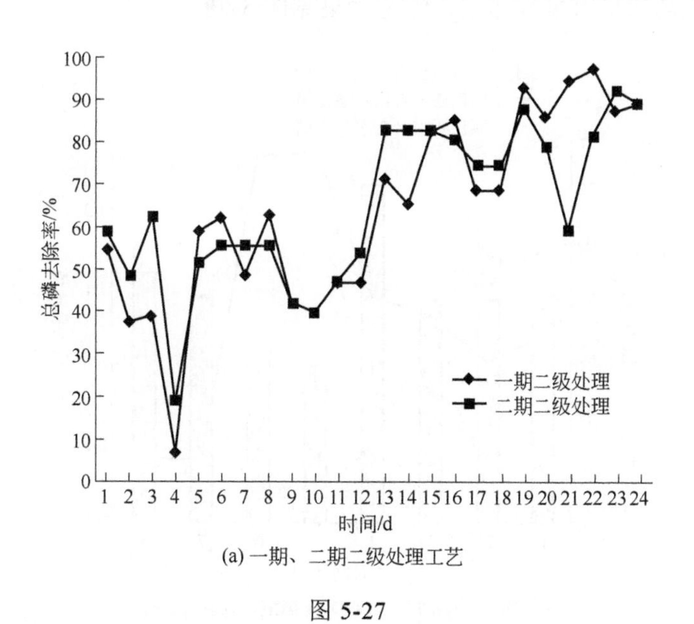

(a) 一期、二期二级处理工艺

图 5-27

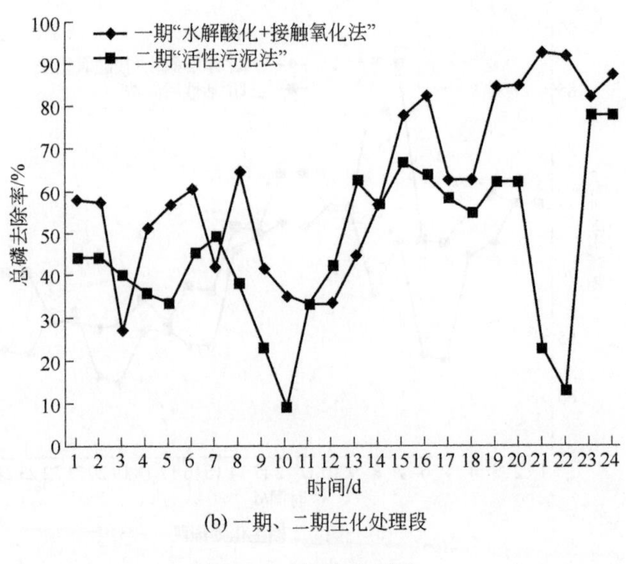

(b) 一期、二期生化处理段

图 5-27　总磷去除率

准偏差σ分别为 22.99 和 18.96；由图 5-27（b）可知，一期、二期生化池对废水总磷平均去除率分别为 61%和 46%，标准偏差σ分别为 20.31 和 18.81。因此，一期、二期二级处理工艺总磷去除率均不高，活性污泥法总磷去除率较低，运行稳定性均较差。主要原因为水解酸化段氧浓度较低，有利于聚磷菌对磷的释放，接触氧化段氧浓度较高，有利于聚磷菌对磷的过量吸收。

5）超滤-反渗透装置污染物去除效果

回用处理系统根据企业生产需要和二级处理出水水质情况来确定是否运行，最后回用水都进入回用产水池备用。为确定两期超滤装置运行状况，有针对性地对一期超滤组合和二期浸没式超滤出水进行测定，测定结果见图 5-28。

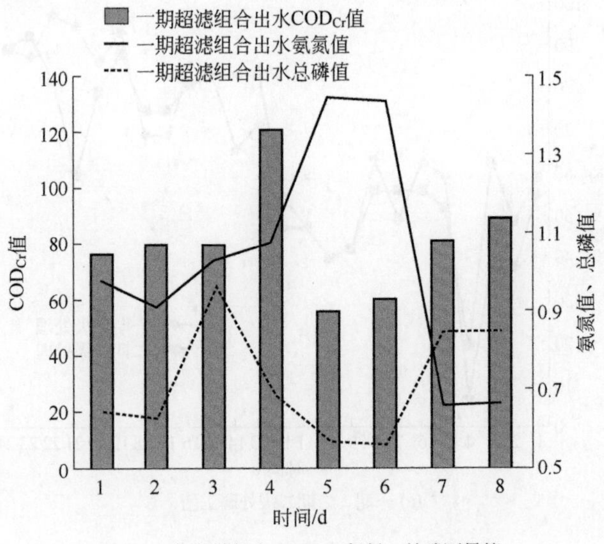

(a) 一期超滤组合COD_{Cr}、氨氮、总磷测量值

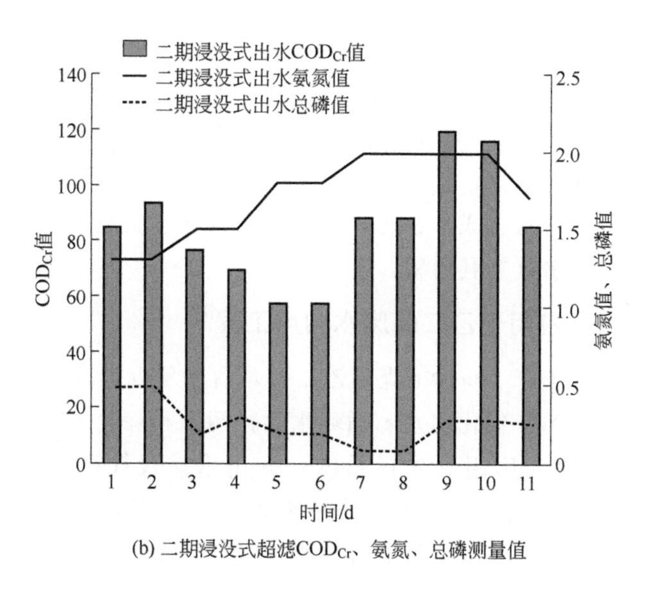

(b) 二期浸没式超滤COD_{Cr}、氨氮、总磷测量值

图 5-28　一期、二期超滤装置出水污染物测量值

从出水 COD_{Cr}、氨氮、总磷测量值看，出水相对稳定，进入超滤产水池的出水可以满足一般回用水要求。若回用于对水质要求较高的生产，需要进一步通过反渗透装置处理。在二期工程运行后，两期的回用出水都能达到回用水要求，因此两期深度处理出水混合进入回用产水池。作为对水质要求较高的生产用水，产水池水质检测数据为：pH 值 6.4～7.5，色度为 0，ρ（COD_{Cr}）为 4.3mg/L，ρ（氨氮）为 0.08mg/L，ρ（TP）为 0.03mg/L，ρ（余氯）为 0.03mg/L，电导率为 17.2μS/cm。

（3）经济效益

在二期工艺运行后，实际运行管理人员未增加，由现有操作人员兼任，因此成本分析主要包括电费和药剂费用。因二期设备为新设备，需用大量药剂进行清洗，因此初期成本核算时，二期成本较高，若仅考虑正常运行所含电费和药剂费，一期、二期成本接近。二期每吨水所用药剂费用见表 5-22。

表 5-22　二期每吨水所用药剂费用

项目	PAC	PAM	还原剂	阻垢剂	酸	碱	次氯酸钠
单价/元	0.2	0.02	0.01	0.08	0.01	0.01	0.03

根据一期、二期所产中水分开核算后，工业用电电费按 0.7 元/（kW·h）计，一期处理成本每吨水为（含药剂费和电费）2.18 元，二期处理成本每吨水为 4.14 元［含药剂费（表 5-22）、电费、新设备清洗药剂费用］，按总产水量核算，每吨水平均为 2.85 元。企业新鲜用水费用为 1.8 元/t，预处理费为 0.5 元/t，污水接园区污水处理厂费用为 4.6 元/t，总用水成本为 6.9 元/t，中水回用可节省生产运行成本。

（4）结语

工程实践表明，该企业二期工程用“完全混合式活性污泥池”代替“水解酸化池+接触氧化池”，二级处理出水 COD_{Cr}、氨氮、总磷等指标达到一期出水水平；用“浸没式超滤装置”代替“砂滤、炭滤、精滤+管式超滤”，中水处理工艺也达到中水回用标准。回用水处理成本与新鲜用水总成本相比，中水回用有利于企业生产运行成本的降低，有利于节省水资源和提高水重复利用率。

5.4.2.3 超滤/反渗透应用于乙二醇废水回用工程[30]

河南某煤化工企业年产 20×10^4t 煤制乙二醇项目采用混凝沉淀+臭氧氧化+曝气生物滤池（BAF）工艺对由 A/O 生化出水、循环水站排污水和除盐水站排水形成的综合废水进行深度处理，出水进入回用水处理系统。回用水站设计进水量 $500m^3/h$，出水量 $300m^3/h$，设计出水水质参考《工业循环冷却水处理设计规范》（GB/T 50050—2017）中再生水水质指标。回用处理主体工艺采用超滤+反渗透。表 5-23 为超滤/反渗透的设计进出水质。

表 5-23 超滤/反渗透设计进出水质

项目	pH 值	COD/（mg/L）	Fe/（mg/L）	游离余氯/（mg/L）	电导率/（μS/cm）	总硬度/（mg/L）
进水	7.0～9.0	50	0.5	0.3	3000	1000
出水	7.0～8.5	≤30	≤0.3	末端 0.1～0.2	≤40	≤250

（1）工艺流程及主要设备

1）工艺流程

反渗透是脱盐系统的核心，对进水水质要求较严格，因此需要对回用水站进水作适当的预处理。根据原水的水质特点，回用水站采用活性炭过滤器+自清洗过滤器+超滤系统+反渗透系统的处理工艺，工艺流程见图 5-29。

2）主要设备

① 活性炭过滤器。活性炭过滤器共设置 6 台，5 用 1 备。单台设计处理能力 $100m^3/h$，正常滤速＜15m/h，设计压力 0.06MPa，最大运行压差 0.1MPa。滤料采用活性炭和石英砂，铺装厚度分别为 1700mm 和 300mm。活性炭比表面积很大，表面布满了孔径小于 2nm 的微孔，具有很强的吸附能力，可以有效去除原水中的悬浮物、颗粒物及胶体等物质，同时对原水中的浊度、色度起到降低作用。该设备可以完全滤除由于絮凝加药所生成的矾花和原水中的颗粒、藻类等。经过活性炭过滤器过滤，可以去除 63%～86%的胶体物质、50%左右的铁以及 47%～60%的有机物，而且降低了反渗透系统给水中的余氯，还可有效控制复合膜微生物污染问题的发生。

在活性炭过滤器前面，配置有杀菌剂（质量分数为 10%的 NaClO）和絮凝剂（PAC）投加装置，以防止微生物的生长、膜污堵，提高系统的处理效果，延长其使用寿命。药剂投加装置均采用电磁隔膜泵（流量 25L/s，压力 1.2MPa），分别配置 2 台，1 用 1 备。

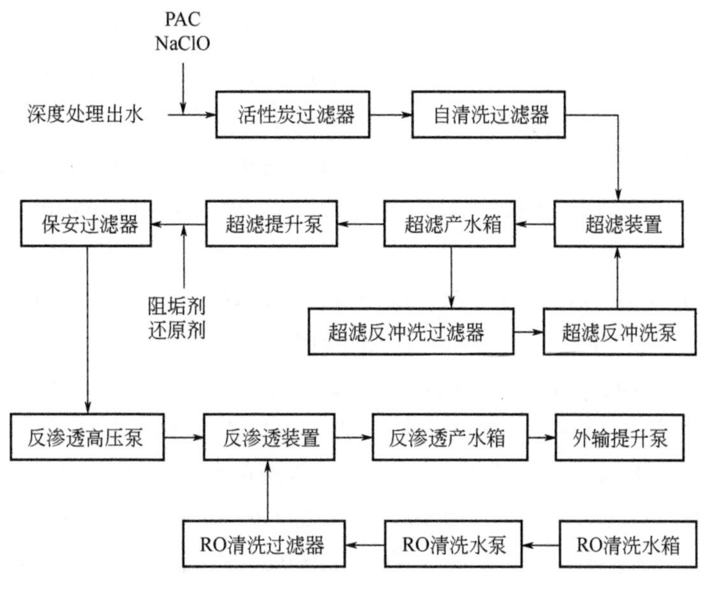

图 5-29　回用水站处理工艺流程

② 自清洗过滤器。在超滤前设置过滤精度为 100μm 的自清洗过滤器，保护超滤膜免受机械性损伤。活性炭过滤器的产水从自清洗过滤器进水口进入后，依次通过粗滤芯组件和细滤网滤除颗粒杂质，清水由出水口排出。过滤过程中，由于杂质的逐渐堆积，在细滤网内外两侧形成压差，当压差达到 0.07MPa 时，过滤器开启自动清洗，整个清洗过程持续约数十秒。自清洗过滤器为立式圆筒式，正常出力 $230m^3/h$，壳体采用 316 不锈钢，滤芯长度 1000mm。

③ 超滤系统。超滤系统用于截留水中的胶体物质、颗粒、细菌、病毒和原生生物等，主要由超滤装置、超滤产水箱、超滤产水泵、化学清洗装置等组成。超滤系统共设置 2 套，每套设计出水量 $234m^3/h$，设计回收率≥90%，SDI≤3（20℃、运行 3 年后）。超滤膜选用 DOW 公司 SFP-2880 型中空纤维膜，材质为 PVDF，每套 60 支，膜面积 $77m^2$，膜通量 60L/（m^2·h），运行方式为外压运行，最大运行压差 0.21MPa。超滤装置在连续运行 60min 后进行 1 次反洗，采用气水联合反洗，反洗系统包括反洗水泵和次氯酸钠加药装置，系统取水来自超滤产水箱。反洗过程：气洗 60s，气洗通量 5～$12m^3/h$；反洗 120s，反洗通量 100～150L/（m^2·h）；正洗 60s，正洗通量 5～$12m^3$/（m^2·h），清除组件内的空气和残留的污染物。配置超滤反洗泵 2 台，流量 $346m^3/h$，扬程 0.25MPa。

④ 反渗透系统。反渗透系统在压力驱动下，利用半渗透膜的选择截留作用，将溶液中的溶质与溶剂分离。反渗透系统是整个脱盐系统的执行机构，其作用是脱除水中的无机盐离子、胶体、有机物及微生物，主要由保安过滤器、反渗透装置、还原剂加药系统、阻垢剂加药系统等组成。

超滤出水进入反渗透系统前，首先通过管式混合器，与阻垢剂、还原剂进行混合反应，以还原多余的氧化剂及进行阻垢稳定处理。此外，反渗透装置前配置2台通过能力为234m^3/h的5μm保安过滤器，以防止大颗粒物进入高压泵或反渗透膜。保安过滤器单台设计运行滤速 10m^3/（m^2·h），滤芯长 1000mm，设计压力 0.6MPa，最大运行压差0.07MPa，外壳采用316不锈钢，内装精度5μm滤袋。在正常工作情况下，滤袋可维持3～4个月左右的使用寿命，当压差大于0.07MPa时更换。反渗透装置共2套，每套设计产水175m^3/h，设计脱盐率≥98%。反渗透膜采用DOW公司BW30-400FR高脱盐率抗污染型卷式复合膜，每套配置264根膜组件，膜面积37m^2/根，膜通量18L/（m^2·h），分别安装在44根FRP压力容器内，按一级两段设置，26∶18排列。反渗透高压泵采用不锈钢材质卧式离心泵（流量200m^3/h，扬程1.50MPa），共配置3台，2用1备。

反渗透膜在长时间运行后，会因污染而出现结构或性能下降。通常当反渗透产水量下降10%或压降增加15%时，需进行化学清洗。反渗透系统化学清洗装置主要由清洗保安过滤器、清洗水箱、清洗水泵等组成。反渗透的化学清洗过程：气洗（30s）→排水（30s）→反洗（120s）→浸泡（10min）→气洗（30s）→排水（30s）→反洗（120s）→正洗（60s）。使用反渗透产水配制成质量分数为0.3%的盐酸溶液清洗，清洗后的清洗液回到清洗水箱。配置反渗透冲洗泵1台，流量200m^3/h，扬程0.4MPa。现阶段反渗透化学清洗周期为1个月。

（2）运行效果

回用水站废水回用处理工程调试完成后，运行半年，各工段运行效果见表5-24。

表5-24 各工段运行效果

项目	回用水站进水	超滤出水	反渗透出水
pH值	8.0～9.0	8.0～9.0	8.0～9.0
COD/（mg/L）	30.0±5.0	2.90±0.94	1.28±0.33
浊度/NTU	1.89±0.54	0.56±0.19	0.48±0.11
Fe/（mg/L）	0.16±0.05	0.09±0.04	0.06±0.03
余氯/（mg/L）	0.17±0.09	0.08±0.02	0.05±0.02
电导率/（μS/cm）	2000±400	1780±200	40±11
SiO_2/（μg/L）	15.08±3.23	12.28±3.61	6.77±3.11
总硬度/（mg/L）	338±23		未检出

煤制乙二醇工业废水污染物成分复杂，且该企业的主要生产原料煤炭来自不同的供应商，使回用水站的进水水质波动较大。实际运行数据显示，使用活性炭过滤器+自清洗过滤器+超滤作为反渗透的预处理，可高效、稳定地去除污染物，反渗透装置的给水中COD约为2.9mg/L，浊度约为0.56NTU，有效控制了膜污堵。反渗透膜的化学清洗周期约为30d。

活性炭可以吸附去除水中余氯，使超滤产水中的余氯降至约 0.08mg/L，满足了反渗透给水中余氯≤0.1mg/L 的要求。反渗透出水电导率约为 40μS/cm，总脱盐率为 98.0%，除盐效果显著。反渗透出水硬度未检出，SiO_2 质量浓度约为 6.77μg/L（去除率约 55%），说明预处理可有效避免反渗透膜及设备结垢（尤其是硅垢）。

（3）成本分析

本项目总投资约 800 万元。运行费用包括：石英砂/活性炭滤料损耗费约 0.30 元/m^3（滤料寿命按 0.5 年计）；电费约 0.98 元/m^3；药剂费用约 1.32 元/m^3；超滤和反渗透膜耗约 0.40 元/m^3（按 3 年使用寿命计）；清洗费用 2000 元/月；人工费按 4 人定员，工资约 4000 元/（月·人）。合计运行成本约 2.95 元/m^3。当地工业用水价格为 3.5 元/m^3，相当于节省运行费用 3958 元/d，经济效益明显。

（4）结论

实际运行结果表明，将活性炭过滤器+自清洗过滤器+超滤+反渗透工艺应用于煤制乙二醇工业废水的回用处理工程切实可行，处理出水水质远远优于再生水水质标准，总体回用率约 60%，脱盐率 98.0%，而且工艺简单，占地面积小，经济效益和社会效益显著。

5.4.2.4 超滤和反渗透技术在电厂中水回用中的应用[31]

火电厂运行耗水量大，排出污水多，中水作为一种水量充足、水质稳定的潜在水资源，可回用于火电厂作为循环冷却水系统的补充水，具有明显的社会价值、经济价值和环境价值。本工程提出预处理+机械过滤+超滤+反渗透技术的工艺设计方案，结合 PLC、组态控制技术，用于新疆某电厂中水回用系统，以期实现该系统的优质、稳定运行，可供相关中水回用系统借鉴。

（1）设计水量与进出水水质

新疆某自备电厂为了节约用水、节能降耗，将电厂废水和生活污水混合作为原水，进行中水回用处理之后用于循环冷却塔的补水，并用于厂区绿化、清洗、灌溉用水。设计处理量 250m^3/h，其进、出水水质设计要求见表 5-25。

表 5-25 设计进出水水质

项目	pH 值	COD /（mg/L）	悬浮物 /（mg/L）	氨氮 /（mg/L）	氯离子 /（mg/L）	总硬度 /（mmoL/L）	电导率 /（μS/cm）
进水	8.3	100	50	25	180	12.8	980
出水	6.0～9.0	20	5	1	5	2.4	30

（2）工艺流程

该电厂中水回用系统由 1 座一体化池、3 套石英砂过滤器、3 套活性炭过滤器、2 套超滤装置、2 套反渗透装置，另加杀菌剂、凝聚剂等加药装置组成。其工艺流程如图 5-30

所示，主要由原水处理、机械过滤、超滤和反渗透等系统组成。

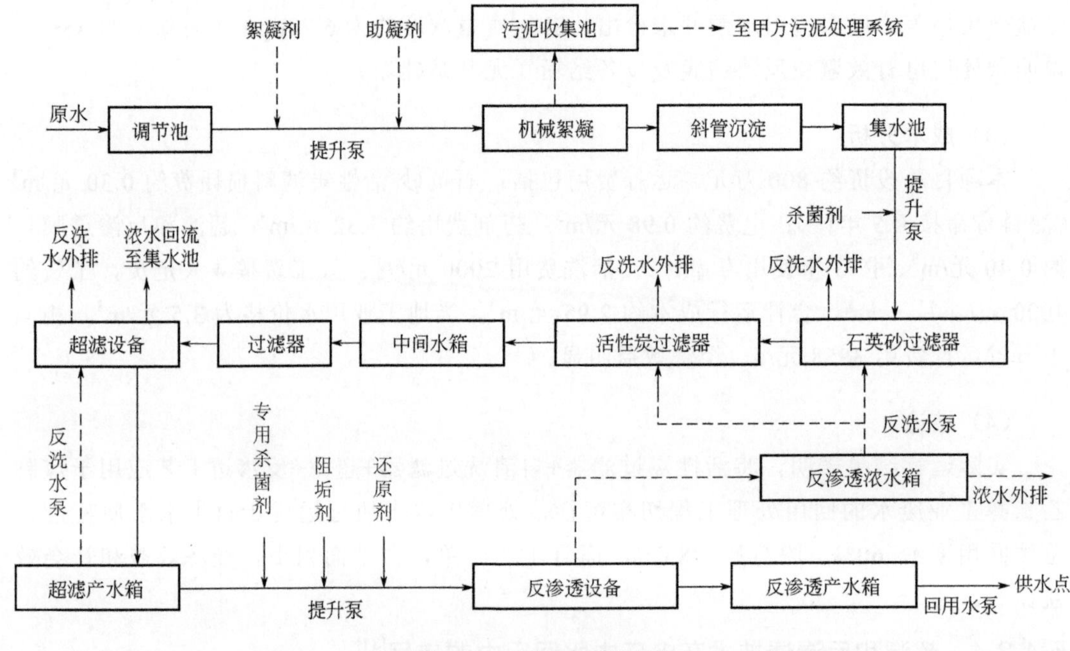

图 5-30 系统工艺流程

① 原水预处理系统。电厂废水、生活污水经充分混合进入调节池，调节池体积 $500m^3$，经调节池提升泵（3 台变频给水泵，$125m^3/h$，2 用 1 备）输送到供水管道，含有药剂（絮凝剂、助凝剂）的原水在管道混合器的作用下充分混合后，进入混凝沉淀池。在混凝沉淀池中，原水中的细小颗粒及浊度在药剂的作用下凝结成矾花，矾花在斜管导流区沉降，沉积下来的污泥在排放阀的作用下排至污泥收集池，经收集池内的污泥外送泵送至污泥处理系统进行处理，生产过程分为进水调节、提升供水、加药混凝、混凝沉淀、出水等阶段。

② 机械过滤系统。原水预处理后进入机械过滤系统，机械过滤系统由石英砂过滤器、活性炭过滤器组成，各有 3 套设备，2 用 1 备，规格均为 $D3000mm \times H3850mm$，设计流速 11m/h，流量 $125m^3/h$。过滤器利用石英砂、活性炭的物理吸附特性，能够快速有效地吸附水中的胶体、色素、金属离子、颗粒悬浮物、有机物等杂质。由于石英砂、活性炭是物理吸附，吸附过量的杂质会造成性能下降，影响水处理的正常工作，在此工艺段设计反冲洗过程，反冲洗强度为 $12L/(s \cdot m^2)$，反洗时间依据过滤器内外压差而定，当内外压差达到 0.06MPa 时，执行反洗过程，生产过程分为过滤反洗、正洗、过滤或待机。

③ 超滤系统。此过程能够除去水中的悬浮物、胶体、浊度以及一些大分子有机物等。系统设计出水为 $2 \times 125m^3/h$，回收率为 90%，采用科氏超滤膜组件，组件数为 36 支，每套超滤设备配备出水为 $130m^3/h$ 的变频给水泵、循环水泵各 2 台，1 用 1 备。反洗设

备配备出水为 180m³/h 的变频反洗泵 2 台，1 用 1 备。应用过程中两组过滤设备并联运行，每组浓缩液单独回流。为了保证超滤膜的膜透过通量，采用气水反冲洗模式，每 45min 清洗 1 次，其生产过程分为正洗、过滤、气擦洗、排水、上反洗、下反洗、正洗、化学清洗等。

④ 反渗透系统。超滤产水箱的水经加入杀菌剂、阻垢剂和还原剂处理后，通过高压泵输送到反渗透系统中，在加压泵压力驱动下，处理水由浓度高的一侧向浓度低的一侧反向迁移。系统设计出水为 2×110m³/h，回收率为 75%，采用陶氏反渗透膜，组件数为 96 支，按 16∶8 一级二段排列。配备出水为 120m³/h 的反渗透变频给水泵 3 台，2 用 1 备，配备出水为 160m³/h 的反渗透高压泵 3 台，2 用 1 备。为了保证反渗透系统的膜通量，系统采用了低压冲洗和化学清洗的方式清洗反渗透膜，生产过程分为低压冲洗、制水、化学清洗等阶段。

（3）运行情况分析

调试和整体调试等过程，出水水质达到设计要求后投入运行。运行 2 年多以来，系统运行稳定可靠，从 2015 年 5 月开始到 2016 年 8 月对进水、集水池控制系统进行单机调试、单元调试，然后对单工艺段出水、中间水池出水、超滤出水、反渗透出水随机进行 10 次跟踪检测，计算平均值，得到处理水水质见表 5-26。由表 5-26 可知，机械过滤对 COD、悬浮物、氨氮、氯离子的过滤效果好，去除率分别达到 75.1%、86.4%、88%、93.8%，对总硬度和盐过滤效果较差。超滤系统对悬浮物过滤效果较好，对 COD 的去除率不足 10%，由于氨氮、氯离子、总硬度、电导率基本以离子的形式存在，超滤对其去除效果不明显。相对于超滤，反渗透对 COD、悬浮物、氨氮、氯离子、总硬度、电导率去除效果显著，去除率分别达到 91%、92%、89%、90%、97%、99.2%。采用超滤和反渗透技术处理后，原水中的 COD、悬浮物、氨氮、氯离子、总硬度、电导率去除率分别达到 97.96%、99.36%、98.8%、99.39%、97.42%、99.56%，各工艺段均达到良好处理效果。最终出水水质可满足《工业循环冷却水处理设计规范》（GB/T 50050—2017）中对再生水水质作为工业用水的要求。

表 5-26 处理水水质

项目	pH 值	COD /（mg/L）	悬浮物 /（mg/L）	氨氮 /（mg/L）	氯离子 /（mg/L）	总硬度/（mmoL/L）	电导率 /（μS/cm）
原水出水	8.3	100	50	25	180	12.8	980.0
集水池出水	7.5	62.25	17.0	12	100.8	11.76	823.2
中间水池出水	7.3	24.9	6.8	3.0	11.09	11.41	600.9
超滤出水	7.3	22.66	3.97	2.76	11.02	10.95	564.8
反渗透出水	7.1	2.04	0.32	0.3	1.1	0.33	4.32

（4）运行成本

分析该工程总投资约为1600万元，土建投资600万元，设备投资约1000万元。系统运行成本主要来自电费、药剂费、人工费、折旧费、检修费用、膜的更换费用等。统计2016年整年运行费用：电费成本为115.16万元；药剂费为72.48万元；人员工资费为36万元；折旧费用为76.8万元；维修费用为32万元；超滤膜更换周期按5年计，反渗透膜更换周期按3年计，膜更换费用为38.31万元；合计370.75万元，折合吨水处理成本为2.1元。

5.4.2.5 造纸废水处理及回用实例[32]

造纸工业是能耗、物耗高，对环境污染严重的行业之一。造纸废水水量大，污染物浓度高，含有大量的木质素及其衍生物，包括纤维素、半纤维素及其他糖类等，其中很大一部分是可溶性难降解的物质。造纸废水中大量纤维具有很大的回收利用价值。造纸工业废水处理技术正在快速发展，"二级生化"技术曾经是造纸工业废水处理达标排放的经典。近年来，随着膜分离技术进步，膜分离技术已成为生活污水和工业废水减污节水的重要手段。

（1）项目简介

南方华升造纸厂废水主要由化学木浆废水、废纸脱墨废水（脱墨方法为浮选法）、纸机白水，以及少量生活污水和其他生产废水组成。该综合废水水质：COD_{Cr}为1500～2100mg/L，SS为540～870mg/L，色度为200～240倍，pH值为6～9。设计处理能力为$4000m^3/d$，要求达到《制浆造纸工业水污染物排放标准》（GB 3544—2008）一级排放标准：$COD_{Cr}\leqslant 100mg/L$，$BOD_5\leqslant 30mg/L$，$SS\leqslant 100mg/L$，pH值为6～9。同时，为了减少对水资源的需求，结合该厂用水的实际情况，要求对一部分出水进行深度处理并回用，回用水量设计为$400m^3/d$。在处理工艺选择上，根据排放要求和回用标准，并结合造纸废水的微细悬浮物含量高、难降解物质含量大的特点，采用了强化物化预处理-A/O（MBR）生物二级处理的工艺，深度处理工艺采用反渗透技术，其中生物二级处理与反渗透深度处理又相对独立。

本工程设计流程为旋转筛网→初沉池→气浮池→A/O（MBR），部分MBR出水进入反渗透系统进行深度处理回用，MBR的其余出水和反渗透浓水混合后排放。该废水的处理工艺流程见图5-31。造纸废水经旋转筛网、初沉池、浅层气浮工艺强化物化处理后，进入A/O反应池，经缺氧、好氧处理后通过MBR膜出水，达标排放。MBR部分出水经反渗透深度处理，进一步去除有机物、色度以及无机盐等污染物进行回用。

（2）主要工艺设计参数

1）旋转筛网和沉淀池

强化预处理主要是针对造纸废水悬浮物含量大的特点进行设计的。废水经调节池混合后自流进集水井，由污水泵提升至旋转筛网，然后进入平流式初沉池。初沉池设计参数：池尺寸为$L\times B\times H=30m\times 6m\times 3.2m$（有效水深2.5m）；设计表面负荷为$0.95m^3/(m^2\cdot h)$；

池出水堰负荷为 28m³/（m²·h）；水力停留时间为 2.7h。

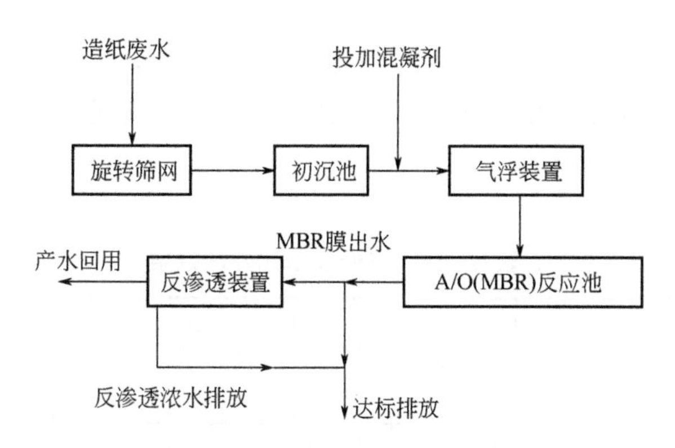

图 5-31 废水处理工艺流程

设计去除率：COD_{Cr} 为 25%，SS 为 50%。初沉池出水再进入高效浅层气浮装置，进一步去除悬浮物。

2）高效浅层气浮装置

为对造纸废水中微细悬浮物进行有效去除，确保 MBR 膜组件的过滤性，该设计工艺采用了先进的高效浅层气浮技术。高效浅层气浮技术是所有溶解空气气浮设备中的一项突破，通过动态进水、静态出水，使得带气絮粒以最快的速度上浮，达到固液分离的目的。高效浅层气浮装置集凝聚、气浮、刮渣、排水、排泥为一体，是一种高效的废水处理装置。混凝剂 PAC 的投加量为 50mg/L；水力停留时间为 3～5min；表面负荷为 220m³/（m²·d）；有效水深约为 0.5m。悬浮物的去除率为 70%。

3）A/O（MBR）生物处理

采用 A/O（MBR）工艺，A/O 池合建，共一座，平面尺寸 20m×50m，A/O（MBR）池设有 5 个廊道，每一廊道长 50m，宽为 3.5m，池深 4m，第一廊道设有搅拌机，第二廊道既设有搅拌机，又有曝气装置，其余的第三、第四和第五廊道设有曝气装置。A 与 O 池的容积比为（1～2）∶（4～3），池宽 3.5m，水力停留时间为 21h。膜组件布置在 O 池的最后一个廊道里。混合液内回流设计为 150%～250%，污泥以混合液的形式排放。

膜组件采用天津膜天膜公司生产的浸没式中空纤维帘式微滤膜组件（1500mm×1790mm），两层布置，总面积 8000m²，孔径 0.1μm。微滤膜材料为亲水性聚醚砜（H-PES）。设计膜通量为 20～25L/（m²·h），出水采用恒通量方式运行，膜的运行方式为出水和停抽时间分别为 10min 和 2min。

4）反渗透装置

反渗透膜采用抗污染的 LFC1-365 型卷式膜，该膜组件过滤面积大，体积小，一期安装一组设备，设备采用一级两段式，3+2 方式排列，共 5 支压力容器，每支压力容器装 6 支膜元件，共 30 支膜元件，每支膜元件的面积为 33.7m²。设计运行压力为 1.0～1.2MPa，设计回收率为 60%～65%。

（3）稳定运行效果和工程验收

1）稳定运行效果

试运行确定运行参数后，于 2007 年 11 月进入正常运行，在正常运行的半年内，MBR 的跨膜压差一直小于 0.05MPa，未进行 MBR 的膜清洗，各处理单元出水水质稳定，出水水质见表 5-27、表 5-28。

表 5-27　各处理单元处理效果

处理单元	COD_{Cr}		SS		色度		浊度	BOD_5	
	出水/（mg/L）	去除率/%	出水/（mg/L）	去除率/%	出水/度	去除率/%	出水/NTU	出水/（mg/L）	去除率/%
初沉池	1063～1470	22～31	278～526	43～49	—	—	—	—	—
气浮装置	648～792	33～45	95～175	49～73	123～185	32～34	—	205～336	—
MBR 反应池	42～65	91～94.6	0	100	45～89	52～67	0.1～0.3	13～19	93～96

从表 5-27 可以看出，各处理单元的处理效率均达到了设计要求，初沉池和气浮对悬浮物的去除率分别为 43%～49%和 49%～73%，很大限度地减轻了纤维素等微细悬浮物对 MBR 膜的污染。生物处理采用缺氧-好氧反应池，出水采用 MBR 膜，形成了较高的污泥浓度，强化了对污染物的去除，对进水中有机物、色度、浊度等的去除起到了良好的作用，从而保证了出水的达标排放。

表 5-28　反渗透产水水质

项目	RO 产水	回用指标
COD_{Cr}/（mg/L）	1.5～5.3（3.5）	10
色度/度	0	5
SS/（mg/L）	0	0.5
电导率/（μS/cm）	52～76（66）	100
浊度/NTU	0	1.0
pH 值	6.7～7.1	6.5～7.5
硬度（以 $CaCO_3$ 计）/（mg/L）	0.53～4.2（1.8）	

注：括号内为均值。

从表 5-28 可以看出，反渗透对硬度的去除率在 99%以上；反渗透出水的电导率为 52～76，均值 66，电导率降低了 98%以上；pH 值在 6.7～7.1 之间。反渗透产水水质符合企业造纸漂洗软水用水标准，且其软化费用大大低于自来水的软化费用。

2）工程验收

在系统稳定运行后，由当地环保检测中心进行了验收监测，水样取出水混合样，每天检测一次，MBR 出水 pH 值为 7.15～7.85，SS、BOD_5、COD_{Cr} 的浓度最大日平均值分别为 0mg/L、18.2mg/L、64.6mg/L，满足《制浆造纸工业水污染物排放标准》（GB 3544—2008）一级排放标准。

3）工程造价与运行费用分析

该造纸废水处理工程总投资额为 935 万元，其中建筑工程 433 万元，工艺设备及安装 288 万元，MBR 膜组件和反渗透膜组件 214 万元。处理每吨造纸废水达到一级排放的运行费用为 1.2 元/m^3（包括电费、人工费、药剂费、膜组件更换费等）。反渗透深度处理的运行费用为 3.5 元/m^3（含 1.2 元/m^3 的 MBR 处理费用）。

（4）工程的经验和体会

① 在初淀池处理后采用浅层气浮处理来强化物化预处理效果，气浮对 COD、SS 的去除率分别达到了 33%～45%和 49%～73%，保证了 A/O 工艺和 MBR 膜系统的正常运行。从实际运行中发现，对于造纸废水来说，预处理对该工艺的稳定运行具有重要作用。

② 针对造纸废水难降解有机物含量高的特点，采用 A/O 处理工艺，通过缺氧段的水解作用，提高了其可生化性，增强了污染物的去除效果；采用 MBR 膜出水取代二沉池出水，增大了混合液污泥浓度，使得出水水质得到了保证，并为深度处理提供了条件。

③ 反渗透深度处理的运行效果和处理费用表明，反渗透可作为造纸废水深度处理的一种重要方法，这对于推广膜技术的应用范围、提高污水回用率、保护环境、提高经济效益具有重要意义。

5.4.2.6 澳大利亚昆士兰州东南部的水循环厂去除全氟辛酸[33]

全氟辛酸（PFOA）作为一种重要的合成氟化物，具有优异的物理化学性能，广泛应用于含氟聚合物材料的制造。然而，PFOA 作为一种持久性有机污染物（POPs），随着其在工业应用中越来越多，在水环境中被发现的情况也越来越多。PFOA 通过食物链破坏水生态系统，影响动植物的健康。PFOA 价格昂贵，回收利用价值很高。Wang Zhe 等[34]采用高通量反渗透膜对 PFOA 的截留性能进行了评价，并设计了多级反渗透工艺对工业生产中的 PFOA 废水进行处理回收，从而可大大减少水和 PFOA 的排放，经济效益明显。

澳大利亚昆士兰州某水循环厂[33]从污水处理厂提取处理过的工业废水，并使用膜工艺和高级氧化来进一步处理，去除全氟辛烷磺酸，以生产高质量的循环水。

水厂的处理包括混凝/絮凝和沉淀，然后是超滤（UF）、反渗透（RO）、高级氧化（H_2O_2+UV）、稳定化和消毒。成品再生水通过管道输送到包括两个电站在内的工业用户，作为工艺用水。如果大坝水位下降到 40%以下，水厂还可以为附近的大坝提供水，用于间接的饮用水再利用。反渗透浓缩液（ROC）或盐水在排放到附近的河流之前要进一步处理以除去营养物质。通常在水厂处理中，反渗透去除的污染物浓度几乎是原来的 7 倍，通常 85%的水通过膜，15%进入 ROC。其工艺流程见图 5-32。去除效果（含 ROC）在图 5-33 中列出。

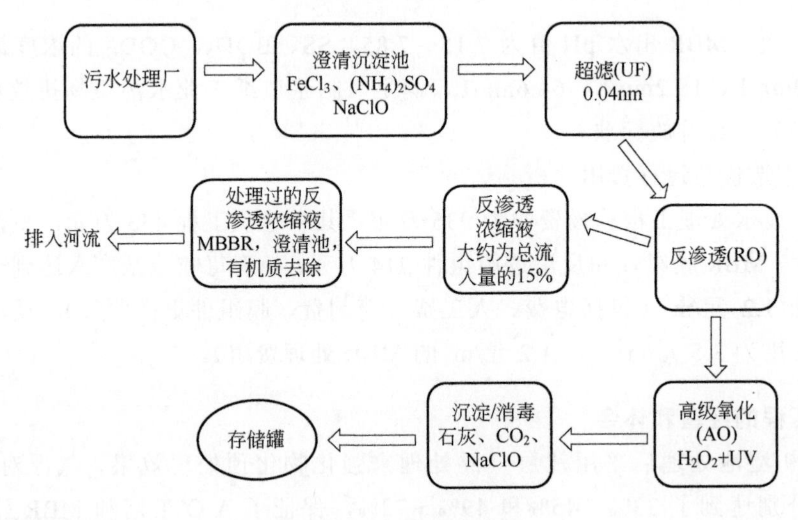

图 5-32　水厂工艺流程

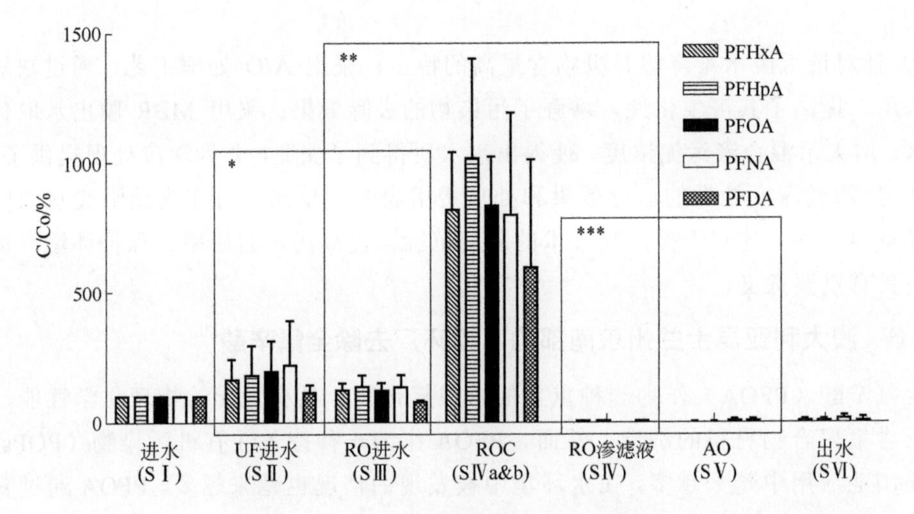

图 5-33　水厂中 PFOA 的去除（C/Co）

C/Co =采样点的浓度/进水中的浓度，使用两个采样周期平均值的平均值，误差柱=标准差，框用于将工艺元件进/出水样分组，以便进行比较；*代表超滤（uF），**代表反渗透（RO），***代表高级氧化

5.4.3　总结

工业废水处理是我国水污染控制的重中之重，随着国家标准对污（废）水深度处理和资源化利用要求的日益提高，水处理膜技术的应用在污（废）水处理工程中可获得良好的水质，从而可提高回用水品质，其未来的发展备受关注。当前，我国已是水处理膜技术应用最广泛的国家之一，膜技术在我国水处理行业的市场前景广阔。水处理膜技术的发展趋势主要有如下 3 个方面。

（1）提升膜材料制造工艺水平

通过科技创新提高膜材料制造工艺水平，研发制造高端膜材料，提高膜产品品质。

热致相分离法制备聚偏氟乙烯中空纤维超滤膜是膜制造工艺的发展方向之一；研发制造高性能化学纤维、超滤级有机物烧结膜、纳滤级陶瓷膜、纳滤级石英膜、纳滤级不锈钢膜和钛金属膜、抗油疏水膜、耐高温耐腐蚀等性能更好的膜材料是重要发展方向。

（2）提高膜性能

① 提高膜产品对工况变化的适应性，降低预处理要求，节省成本；

② 提高膜产品的抗污染性能，包括提高膜的抗微生物繁殖污染性能、抗吸附性污染物（如石油类污染物）堵塞的性能；

③ 提高膜的有效孔径分布率、分离性能和理化稳定性，提高膜通量，降低运行能耗，延长膜使用寿命；

④ 提高膜的机械强度，使膜能耐高压反复清洗，耐生物膜等重物拉伸；

⑤ 研发制造脱盐率高、抗氧化性强、低压力、低能耗和使用寿命长的反渗透膜；

⑥ 研发制造性能优异的复合膜。

（3）提高膜技术应用水平

① 研发应用新型高效的生物法和膜法组合工艺，研发应用高效低耗的膜法浓水处理及资源化利用工艺；

② 拓展各类膜技术在水处理领域中的应用范围，如应用微滤膜除盐及重金属，应用超滤膜分离大分子有机物，应用纳滤膜进行油水分离，用耐高温膜材料去除热水中的固体粒子、盐并回收热能，用耐高浓度酸碱的有机膜回收和处理处置废酸液、废碱液等。

5.5 其他工业水处理技术

5.5.1 应用案例分析

非常规水资源化膜集成技术除了在海水淡化、市政污水资源化、雨水综合利用、工业水资源化等方面的应用，还在特殊工业废水（如高盐工业废水、重金属回收废水、酵母工业废水、电镀废水）处理方面发挥着巨大潜力，涉及超滤、纳滤、反渗透、电渗析、离子交换等多种膜技术，通过配合调节 pH 值、不同的进水方式、物理化学生物方法与多种膜技术组合，实现该类废水的有效处理，还可实现有价值原料的回收。冉子寒等[35]采用化学沉淀与管式超滤膜联用工艺处理焦铜废水取得了良好的效果，有望用于实际工程。

5.5.1.1 高 pH 值运行下高盐工业废水的处理系统

技术依托单位：北京朗新明环保科技有限公司。

适用范围：高盐工业废水。

（1）基本原理

整个系统一直保持在高 pH 值下运行，可以有效避免发生污堵，同时利用弱酸性阳离子交换树脂再生的特性，可节省投资及运行费用。

（2）工艺流程

工艺流程如图 5-34 所示。

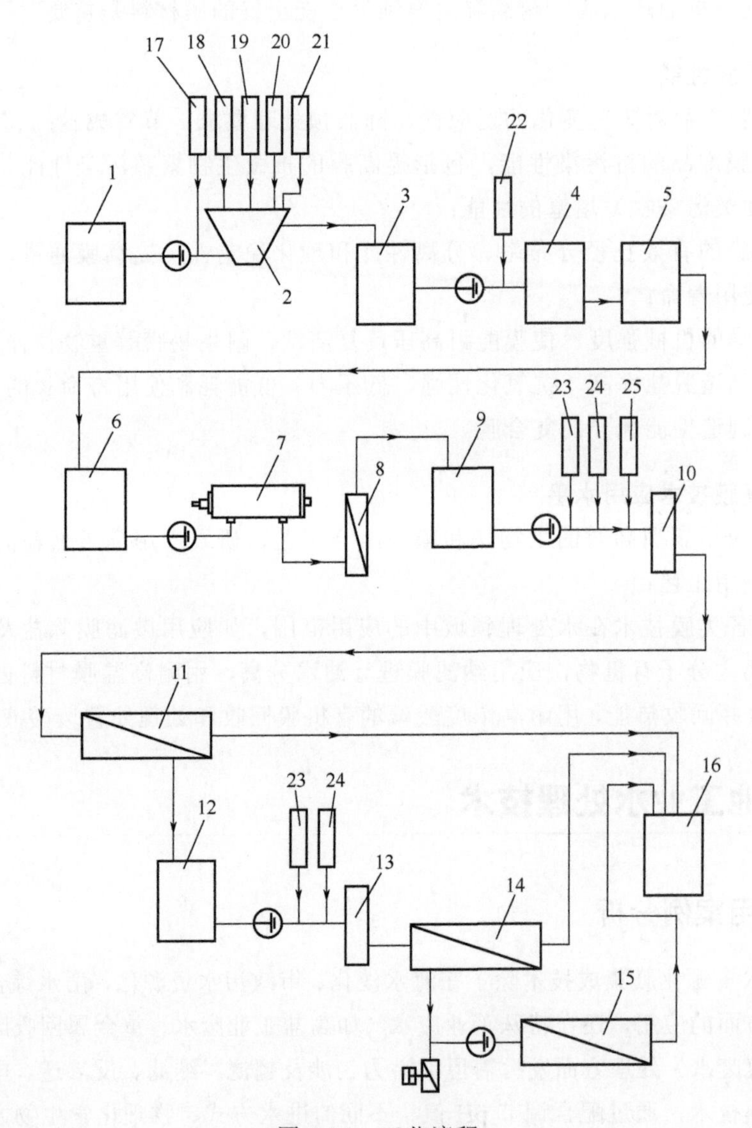

图 5-34 工艺流程

1—原水调节池；2—机械加速澄清池；3—清水池；4—多介质过滤器；5—弱酸阳床；
6—软化水池；7—自清洗过滤器；8—超滤装置；9—超滤出水池；10—一级保安过滤器；
11—一级 RO；12—浓水池；13—二级保安过滤器；14—二级 RO；15—三级 RO；16—预除盐水箱；
17—石灰装置；18—$EeCl_3$ 装置；19—PAM 装置；20—MgO 装置；21—纯碱装置；
22—HCl 装置；23—NA/OH 装置；24—阻垢剂装置；25—还原剂装置

5.5.1.2 基于生物化学处理的高盐工业废水的处理方法

技术依托单位：四川省百麟新能环保科技有限公司。

适用范围：高盐工业废水。

（1）基本原理

废水经过浸没式超滤、电渗析和反渗透处理后，再经生物接触氧化处理，将物理化学法、生物化学法结合起来处理高盐工业废水，经三级脱盐处理，有效去除了废水中的盐分，净化效率高，效果良好。COD为2370mg/L、含盐量为1.2%～1.7%的废水经本方法处理后，出水BOD_5＜30mg/L，COD＜100mg/L，COD去除率达到96%。

（2）工艺流程

将高盐工业废水导入浸没式超滤系统，过滤废水中的胶体和颗粒物；

将经超滤处理的废水导入电渗析系统，对废水进行一级脱盐处理；

将经电渗析处理产生的淡水调节pH值至6.2～6.5，再导入反渗透系统进行二级脱盐处理；

将经反渗透处理后的废水导入生物接触氧化系统，对废水进行三级脱盐处理，去除废水中的COD；

将经生物接触氧化处理的废水导入二沉池进行沉淀。

5.5.1.3 高盐工业废水的膜组合处理工艺

技术依托单位：杭州水处理技术研究开发中心有限公司。

适用范围：高盐工业废水。

（1）基本原理

本工艺合理地分配进入高压反渗透装置和电渗析装置的高盐工业废水的流量并同时进行分离浓缩，相较于其他工艺能耗低，且工程造价及运行成本低。低压反渗透装置将电渗析淡水分离再循环，从而提高回用水的品质及回收率。

（2）工艺流程

工艺流程如图5-35所示。

对高盐工业废水进行软化处理，软化后的高盐工业废水一股进入高压反渗透装置，另一股进入电渗析装置。进入高压反渗透装置的高盐工业废水经反渗透处理之后，淡水作为回用水，浓缩液进入电渗析装置。进入电渗析装置的高盐工业废水经电渗析处理之后，淡水进入低压反渗透装置，浓缩液送至蒸发系统进行盐分回收。进入低压反渗透装置的淡水经反渗透处理之后，淡水作为回用水，浓缩液与软化处理后的高盐工业废水汇合后进入电渗析装置。

5.5.1.4 高盐工业废水的深度处理回用工艺

技术依托单位：北京鑫佰利科技发展有限公司。

适用范围：高盐工业废水。

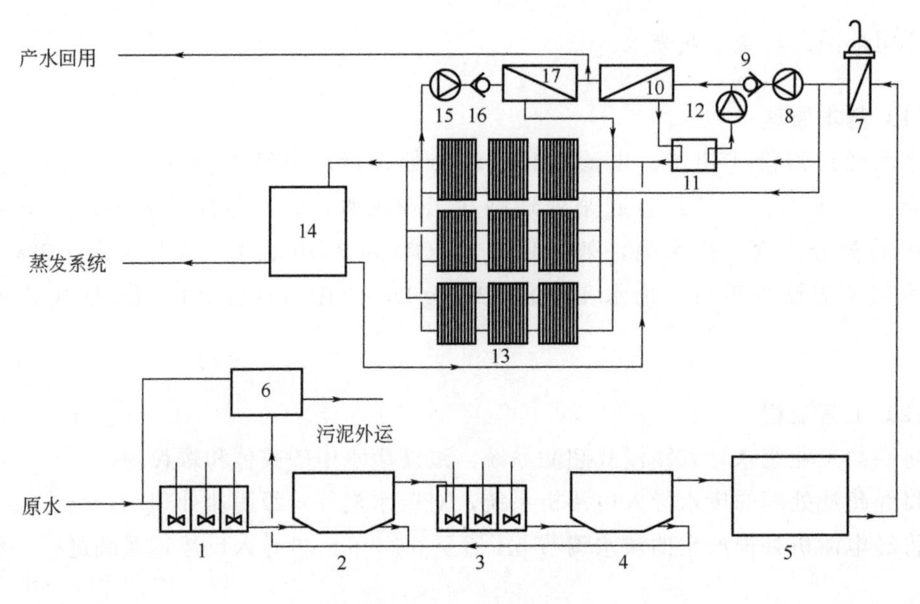

图 5-35　工艺流程

1—一级加药絮凝池；2—一级澄清池；3—二级加药絮凝池；4—二级澄清池；5—清水池；6—压滤机；7—保安过滤器；8—第一高压泵；9—第一止回阀；10—高压反渗透装置；11—能量回收装置；12—第二高压泵；13—电渗析装置；14—浓缩水箱；15—第三高压泵；16—第二止回阀；17—低压反渗透装置

（1）基本原理

本工艺采用组合式设备，有超滤、离子交换软化、一级卷式反渗透、中压平板反渗透、高压平板反渗透、超高压平板反渗透、高压平板纳滤、二级卷式反渗透等设备。经过本工艺处理，工业废水可被浓缩 36～180 倍，结合蒸发结晶设备，可实现工业废水的零排放，并能回收工业废水中的盐，产水经过二级反渗透处理，可实现回用。其优点在于采用组合式工艺，工艺灵活，占地少，投资省，效率高，运行费用低，效果稳定可靠等。

（2）工艺流程

工艺流程如图 5-36 所示。

高盐工业废水首先采用传统的物理、化学、物理化学方法或生物方法进行各种必要的预处理，使 COD 和 BOD 指标达到或接近《污水综合排放标准》。

采用超滤膜中空纤维浸没式膜组件或柱式中空纤维膜组件对工业废水进行预过滤，去除容易造成反渗透膜和纳滤膜污堵的有机胶体、无机胶体和微生物，延长后续反渗透膜和纳滤膜的清洗周期及使用寿命。

采用离子交换系统对反渗透进水进行软化处理，以防止膜结垢。离子交换系统由离子交换柱以及相关的管道及阀门组成，离子交换柱内填装离子交换树脂。离子交换树脂为丙烯酸系弱酸阳离子交换树脂、亚氨基二乙酸型大孔螯合树脂或氨基磷酸型大孔螯合树脂。

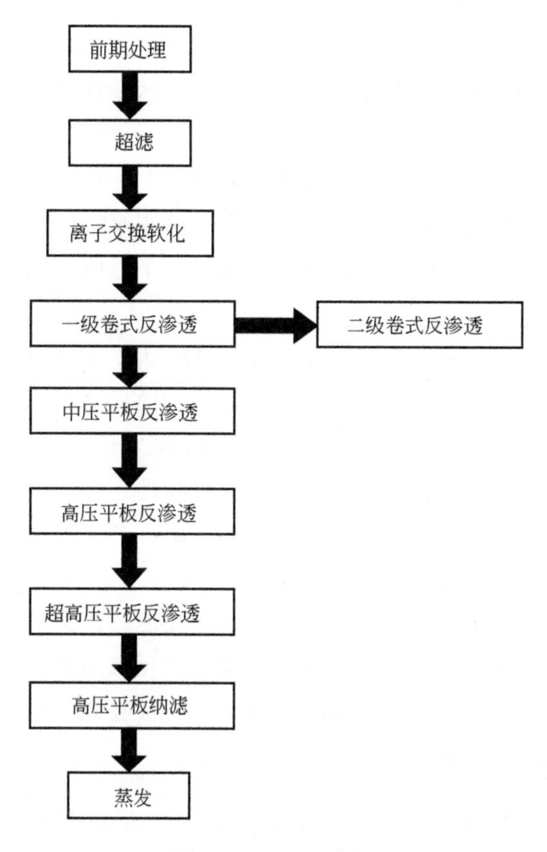

图 5-36　工艺流程

经软化和脱气处理的废水由给水泵加压，经过保安过滤器进入一级卷式反渗透系统，在 1～4MPa 下将其浓缩 3～4 倍。一级卷式反渗透浓水和产水分别收集到一级浓水箱和一级产水箱中，产水达标即回用，不达标则需要进行二级反渗透的处理。一级卷式反渗透使用苦咸水淡化用或海水淡化用卷式反渗透膜组件。

一级卷式反渗透浓水由中压平板反渗透系统的给水泵加压，经保安过滤器进入中压平板反渗透系统，在 4～7MPa 下将其浓缩 3～5 倍；中压平板反渗透产水回流到一级卷式反渗透前的软水箱或一级卷式反渗透产水箱继续处理，中压平板反渗透浓水收集到中压平板反渗透浓水箱进行下一步处理。

中压平板反渗透浓水由高压平板反渗透系统的给水泵加压，经保安过滤器进入高压平板反渗透系统，在 7～12MPa 下将其浓缩 2～3 倍。高压平板反渗透产水回流到一级卷式反渗透前的软水箱继续处理，高压平板反渗透浓水进入高压平板反渗透浓水箱进行下一步处理。

高压平板反渗透浓水由超高压平板反渗透系统的给水泵加压，经保安过滤器进入超高压平板反渗透系统，在 120～200MPa 下将其浓缩 2～3 倍。超高压平板反渗透产水回流到一级卷式反渗透前的软水箱继续处理，超高压平板反渗透浓水相对于原废水浓缩36～180倍后去蒸发结晶系统。

当原废水中多价阴离子硫酸根、磷酸根含量较高，即多价阴离子的浓度与一价阴离子的浓度比＞1时，高压平板反渗透浓水用高压平板纳滤代替超高压平板反渗透进行浓缩，以降低系统的操作压强和运行成本。

高压平板反渗透浓水由高压平板纳滤系统的给水泵加压，经保安过滤器进入高压平板纳滤系统，在70～120MPa下将其浓缩2～3倍。高压平板纳滤产水回流到上一级中压平板反渗透浓水箱继续处理，高压平板纳滤浓水相对于原废水浓缩了36～180倍后去蒸发结晶系统。

经过一次反渗透浓缩处理，废水被浓缩10～180倍，体积缩小到原体积的1/180～1/10。然后采用蒸发结晶的方法对其进行处理，把其中的无机盐、COD等物质变为固体，按固体废物进行处理，从而实现真正的废水零排放。蒸发结晶采用双效或多效蒸发结晶，结晶固体收集包装，冷凝水收集到一级产水箱中继续处理。

一级卷式反渗透产水若达到回用标准，直接回用；若未达到回用标准，则进行二级卷式反渗透处理。

一级卷式反渗透产水由二级卷式反渗透给水泵加压，经保安过滤器，进入二级反渗透系统，在1～3MPa下将其浓缩5～10倍。二级卷式反渗透浓水回流到一级卷式反渗透的前软水箱继续处理，二级卷式反渗透产水收集到二级卷式反渗透产水箱。

5.5.1.5 金属回收废水的回收利用工艺[36]

近年来，金属回收的日益增长对包括越南在内的发展中国家的环境构成了严重威胁。在这些国家，大多数金属回收是由设施和设备不足的农村小规模、家庭级的非正规部门实施的。由于缺乏处理设施，这些非正规金属回收过程产生的废水往往直接排放到环境中。金属回收废水的化学成分可能因金属废物的回收过程和来源而异，然而它们主要由高含量的有毒重金属及类金属组成，包括铬、镉、铜、镍、铅、锌和砷。鉴于这些重金属及类金属的毒性和致癌性，将其从金属回收废水中处理到环境中会引起相当大的环境和健康问题。因此，许多发展中国家特别是越南迫切需要对农村的金属回收废水进行处理，以减轻其对环境和人类健康的不利影响。

此研究以越南Nam Dinh省一个金属回收村的重污染废水为研究对象，进行了小型混凝-絮凝/MF-RO联合处理的实例研究。采用水处理中常用的三种混凝剂，在不调整pH值的情况下对金属回收废水的混凝预处理效果进行了评价，确定了最佳条件。在此基础上，对小型MF-RO工艺中混凝上清液的进一步处理进行了研究。本工作的最终目的是证明小型混凝-絮凝/住宅MF-RO联合工艺处理金属回收废水的技术可行性，以便在越南家庭进行有益的再利用。

（1）项目情况

本研究所用的絮凝-混凝/膜过滤联合装置由家用的RO膜过滤系统和罐式试验装置组成（图5-37）。家用RO系统是从越南卡罗菲当地购买的，包括了微滤（MF）膜模块。

反渗透膜组件（即陶氏膜技术公司™ TW30-1812-50）采用平板聚酰胺薄膜复合膜螺旋卷式结构，MF 膜模块采用中空纤维聚偏二氟乙烯（PVDF）膜，公称孔径 0.2μm。MF 膜模块是 RO 系统的预处理单元。瓶罐试验装置从美国 Velp Inc.购买，罐的体积为 2000mL，可在 50～150r/min 范围内运行，精确度为±1r/min。

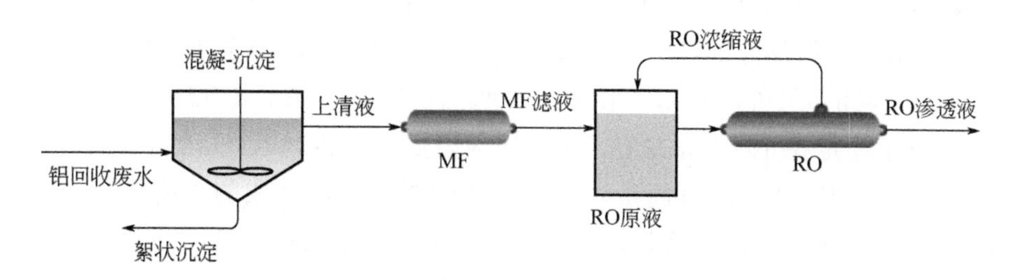

图 5-37　混凝-絮凝/膜过滤组合工艺处理含铝废水回收利用的流程

金属回收废水是从平延村（越南 Nam Dinh 省）一个小型铝回收户的排水管收集的。

（2）工艺运行

进水水质及排放标准见表 5-29。

在上清液膜过滤处理过程中，在反渗透工艺为错流操作时，MF 过程以死端过滤模式运行。MF 工艺的水回收率为 100%。通过调节浓液循环阀，将反渗透工艺的水回收率控制在 50%和 60%。在反渗透过程中，进水流速保持在 1.8L/min（即相当于 0.01m/s 的横流速度），RO 渗透液（即出水）和浓缩液都返回 RO 进料箱，以便 RO 给水的性能保持不变（即用于试验）。如果发生膜污染，则 RO 滤液（即渗透液）流速被用作膜污染的指示物。在 25℃的室温下对上清液进行 MF-RO 过滤处理，并对 MF 和 RO 工艺的滤液进行分析。

表 5-29　进水水质及排放标准

项目	pH 值	COD/（mg/L）	TSS/（mg/L）	Cr（Ⅵ）/（mg/L）	铝/（mg/L）	铅/（mg/L）
进水	11.3	254	250	53.2	548	0.6
排放标准	4.0～9.5	108	72	0.1	—	0.4

1）混凝絮凝单元

用最佳氯化铁投加量 0.2g/L 对废水进行混凝絮凝的处理。混凝处理不仅能有效去除废水中的重金属，而且能有效去除水中的悬浮物和胶体。混凝后，废水中的主要重金属（如铝、铬、锌）去除率约为 95%，TSS 和浊度分别从初始值 250mg/L 和 10.5NTU 降低到 94mg/L 和 2.7NTU，分别降低了 63%和 74%。

2）混凝絮凝后上清液的膜过滤处理

混凝处理后的废水浊度超过 1NTU，超过了渗透过滤过程的浊度阈值。在对混凝上清液进行 RO 处理之前，使用 MF 工艺进行额外的预处理。鉴于其公称孔径为 0.2μm，

MF 膜能够将上清液中的 TSS 和浊度分别从 93.5mg/L 和 2.7NTU 降低至 15.8mg/L 和 0.7NTU。MF 膜对悬浮固体和浊度的去除，可防止 MF 上清液在反渗透过滤中悬浮胶体和有机物造成的膜污染。MF 预处理的上清液表现出相当高的 pH 值（即 pH=10.5）和钙浓度（即 2.4mg/L），因此在高水回收率下，RO 膜易垢。

水的回收率是一个关键的操作参数。当在 4bar 的恒定操作压力下以 50%的受控水回收率运行时，RO 工艺获得了稳定的 8.4L/h 的产水流量［即相当于 18.6L/（m^2 · h）的产水通量］超过 240h。另外，在水回收率为 60%的情况下，在最初 150h 的运行中，获得的工艺产水流量稳定在 10.0L/h 左右，然后逐渐降低（图 5-38）。反渗透过程渗透流量的逐渐下降表明膜污染/结垢，可能是由于膜表面的钙盐沉淀造成的。将工艺水回收率从 50%提高到 60%会导致进料浓缩系数（即钙盐浓度）从 2 倍增加到 2.5 倍。考虑到 MF 滤液中的钙浓度为 2.4mg/L，在水回收率为 60%的情况下，RO 工艺中的钙含量可能超过钙盐的溶解度极限。在较高的水回收率下运行 RO 工艺，促进了浓度极化效应，这是 RO 工艺固有的技术问题。反渗透过程中的浓度极化效应加剧了膜污染/结垢，因为它使膜表面的难溶盐浓度高于散装进料溶液的浓度。

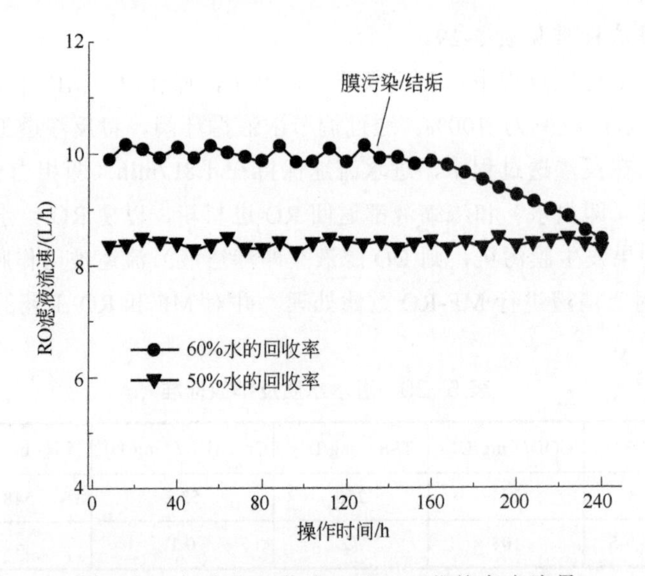

图 5-38　恒定水回收率下 RO 工艺的产水流量

MF 预处理与控制反渗透水回收率能有效地防止反渗透过程中的膜污染。在水回收率为 50%的操作结束时，对反渗透滤液的分析证实了膜对进水中溶解污染物的良好防止作用。反渗透滤液的 TDS 为 31.0mg/L，成分主要为钠盐。所有重金属和有机物在反渗透滤液中都可以忽略不计。Ozaki 等[37]报告了反渗透膜对工业废水中重金属（包括六价铬）的截留率>95%。重金属的高去除率归因于它们的高价和 MF 滤液的高 pH 值（即 pH=10.5）。同样值得注意的是，RO 滤液的 pH 值（7.9）低于 MF 滤液的 pH 值（10.5）。

（3）结论

有效处理含重金属废水对越南金属回收村的可持续社会和经济增长至关重要。目前，越南金属回收村的废水大多直接排放，对环境和人类健康构成极大威胁。这项研究采用小型联合混凝膜过滤工艺，对越南金属回收村的废水进行实验研究。结果表明，混凝-膜过滤联合工艺处理重金属回收废水具有良好的技术可行性。在这种联合处理工艺中，使用氯化亚铁（$FeCl_2$）进行混凝作为微滤（MF）/反渗透（RO）工艺之前的预处理。在优化的条件下，每1000mL废水中添加0.2g $FeCl_2$时，混凝可去除废水中90%以上的重金属（尤其是铝和铬），使废水中的铝和铬浓度分别从548.0mg/L和52.3mg/L降低到32.6mg/L和1.7mg/L。混凝后的废水的MF处理进一步去除了悬浮固体和有机物，使得废水对于随后的反渗透过滤膜污染是安全的。考虑到混凝和膜过滤的有效预处理，RO工艺在控制水回收率为50%的情况下能够有效地将废水处理达到饮用水标准。

5.5.1.6 酵母工业废水中试纳滤系统[38]

在酵母工业中甜菜糖蜜是主要的原料，其含有45%～50%的残糖、15%～20%的非糖有机物、10%～15%的灰分（矿物质）和约20%的水。在酵母发酵过程中，糖蜜中所含的糖是碳和能量的来源。糖蜜中的大部分非糖物质不能被酵母吸收而会被释放，处理废水中这些化合物是酵母生产过程中的主要废物。化学需氧量（COD）高、色度大、总氮浓度高和难生物降解是酵母工业废水的特点。废水中的大部分污染物是由于使用糖蜜作为主要原料造成的。伊朗酵母工业产生两类废水：COD为25000mg/L的浓缩废水，这些废水来自酵母分离器和离心机、旋转真空过滤机等工艺环节；COD约为3000mg/L的稀释废水，这些废水来自地板清洗和设备清洁。浓缩废水首先采用蒸发处理后与稀释废水混合，混合后废水的COD值约为8000mg/L，合并后的废水进入好氧处理环节，好氧处理结束时COD最低约为2000mg/L。在伊朗，每个酵母工厂产生约1000m^3/d的废水。伊朗的大多数酵母工厂已经开发并改进了废水生物处理工艺，以达到排放目标。然而，目前的技术仍然不能满足环境要求，因为COD的总处理效率仅为70%～80%。

（1）工艺简介

两种不同的废水作为纳滤系统的进水：一种是完全生物处理后的废水，COD含量约为2000mg/L；另一种是经蒸发处理的废水，COD含量约为8000mg/L，分别称为稀释废水和浓缩废水（见表5-30）。工艺流程见图5-39。

表5-30 系统的两种进水水质

指标	稀释废水	浓缩废水
pH值	6.5	6.0
COD/（mg/L）	2000±100	8000±220
SS/（mg/L）	43±5	180±15
色度/UH	6400±140	14000±660
电导率/（μS/cm）	3200±110	9880±400

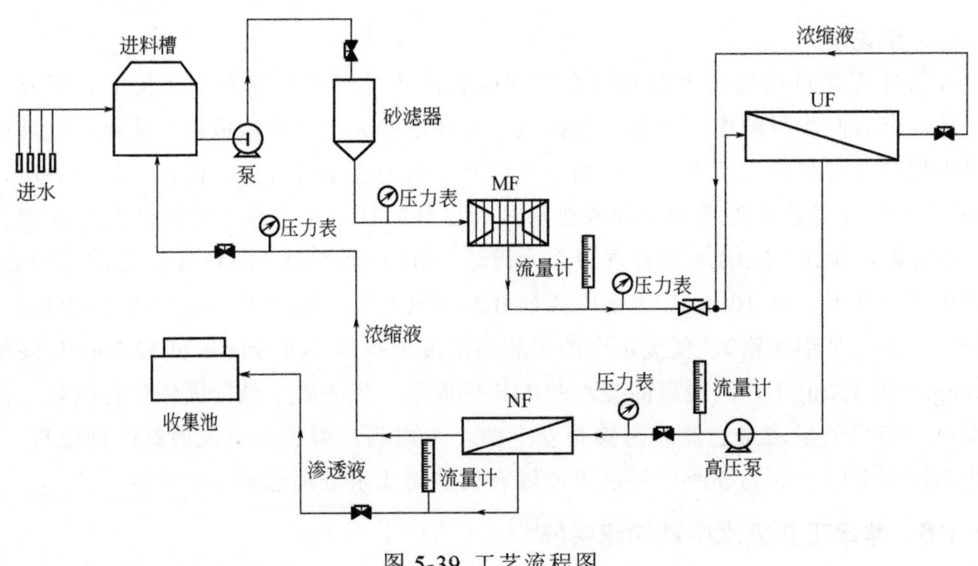

图 5-39 工艺流程图

用于废水预处理的超滤膜（PUF-6040）由中国杭州天创纯水设备有限公司提供，是一种强度高、通量大、抗污染性能好的中空纤维膜。通过超滤去除细小的悬浮物。PUF-6040 的有效膜过滤面积为 $45m^2$。该膜的分子量切割量约为 80000。25℃时，纯水渗透通量为 100［L/（m^2·h·atm)］。最大工作压力和温度分别为 4bar 和 50℃。

中试装置采用了 NE4040-90 纳滤膜组件，该纳滤膜组件购自韩国 CSM。膜组件为卷式膜，过滤面积为 $7.9m^2$。以间苯二胺（TMC/mPDA）和偏苯三甲酰氯在聚砜微球上的界面聚合反应制备了该复合薄膜——无纺聚酯多孔膜背衬。背衬氯化钠和硫酸镁的截留率分别为 85%～95%和 99.5%（制造商提供）。最大游离氯化物浓度为 0.1mg/L。最大工作压力和温度分别为 40bar 和 45℃。允许的工作 pH 值范围为 2～11，最大进料流量和最小流量分别为 $4m^3/h$ 和 $0.91m^3/h$。

（2）工艺运行

1）预处理

由于酵母工业废水中存在悬浮物，为了防止 NF 膜的污染和堵塞，必须对废水进行预处理。选择了砂滤和柱式微滤两个单元对废水进行预处理。砂滤器填充了大、中、细颗粒三种类型的二氧化硅。柱式微滤器中为聚丙烯多孔膜，孔径为 10μm。经过这两个处理后，废水中大部分大颗粒杂质和中颗粒杂质被去除，保证了超滤膜和纳滤膜运行。

2）中试规模纳滤装置运行

如图 5-39 所示，启动系统后，离心泵立即开始运行，废水通过砂滤和柱式微滤预处理设备，去除可能导致超滤膜损伤的大颗粒和中颗粒后进入超滤单元。超滤组件的浓缩液回流至该组件进水，渗透液经高压泵通过纳滤组件。纳滤组件的浓缩液被回收至进料槽，纳滤组件的产水流入出水槽。分别用两个转子流量计测定超滤和纳滤组件的渗透和浓缩液流量。使用了四个压力计指示每个单元的入口和出口压力。系统中设置四个阀门对超滤筒进行反冲洗。过滤 1h 后测定 NF 膜的性能。分别用数字电导仪（AZ86505）和分光光度计（ColorFlex）测定溶液的电导率和颜色。

（3）结果和讨论

纳滤工艺在 15～20bar 的压力范围内有可接受的渗透通量，特别是在处理稀释废水的过程中。如图 5-40 所示，随着跨膜压力的增加，纳滤膜的渗透通量成比例增加。

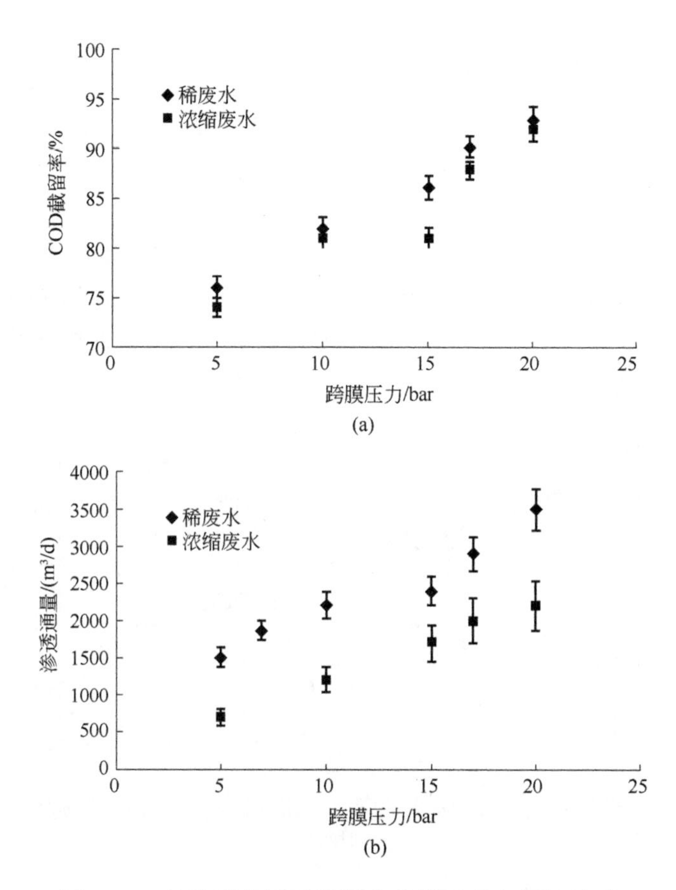

图 5-40 纳滤系统渗透通量和跨膜压力之间的关系

由图 5-40 可知，当跨膜压力从 5bar 增加到 20bar 时，稀废水 COD 截留率为 76%～93%，浓缩废水 COD 截留率为 73%～92%。在最佳条件下，低浓度废水和浓缩废水的 COD 分别降低到 140mg/L 和 640mg/L，因此本实验方案在 COD 降低方面的性能令人满意。图 5-41 为过滤稀和浓缩废水时，压力对颜色去除的影响。当压力从 5bar 增加到 20bar 时，稀废水的脱色率从 90%增加到 98%，浓缩废水的脱色率从 88%增加到 97%。

中试长期运行的效果：在为期 5d 的时间内，在 15bar 和 25℃的连续模式下对中试纳滤系统进行了测试。系统每天运行 12h，然后用清水清洗约 1h。在这个试验中，通过测量渗透通量和 COD 截留率作为时间的函数来确定纳滤性能。

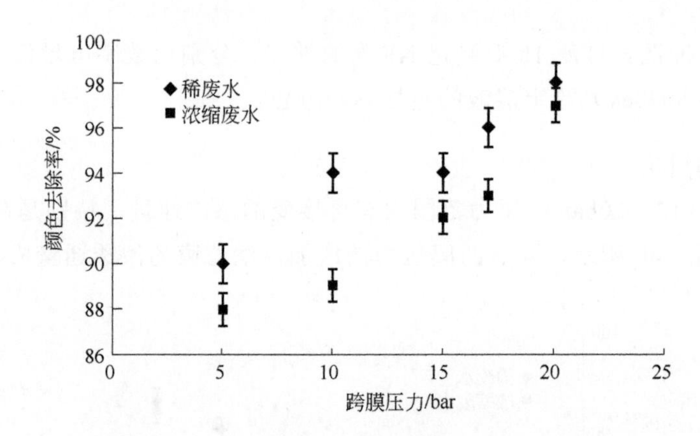

图 5-41　纳滤系统色度去除率与跨膜压力的关系

如图 5-42 所示，中试纳滤系统在废水过滤 60h 后 COD 截留率从 86%提高到 92%；稀废水 COD 由 2000mg/L 下降到 160mg/L，河流排放废水的标准 COD 为 200mg/L，因此，处理后的稀废水最终 COD 远低于伊朗河排放标准。设计的中试纳滤系统，大大降低了 COD、色度和电导率，为酵母工业废水的处理提供了可能。

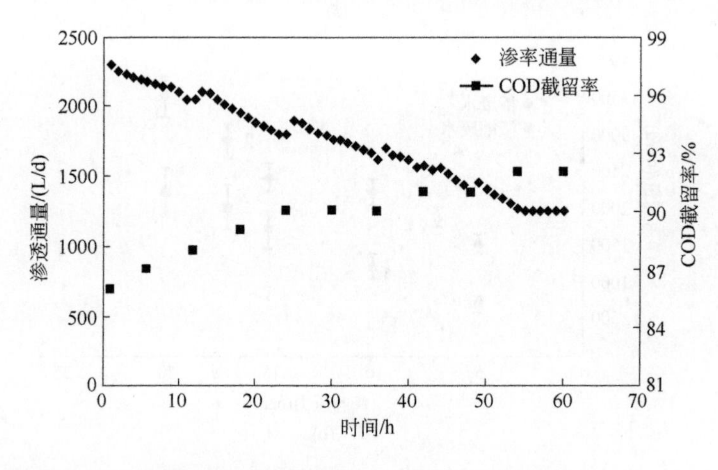

图 5-42　纳滤系统对 COD 的去除效果

（4）结论

采用纳滤（NF）膜法对酵母工业废水进行了中试研究。以两种废水为原料：低浓度废水（COD 2000mg/L）和浓缩废水（COD 8000mg/L），结果表明工艺对 COD 和色度去除效果良好。对稀释废水进行长期纳滤的结果表明，渗透通量由 2300L/d 下降到 1250L/d，COD 截留率由 86%提高到 92%。出水水质以 COD 计低于河流排放标准（200mg/L）。因此，该工艺可用于酵母工业废水的处理。

5.5.1.7　江苏省某大型电子产品公司的电镀废水回用工艺及案例[39]

（1）衡式膜分离-化学沉淀工艺（IBMS-CP）介绍

衡式膜分离-化学沉淀工艺（IBMS-CP）是将纳滤系统嵌入化学沉淀过程中，并使化学沉淀和膜过程交互循环并达到动态平衡的工艺过程（图 5-43）。如图 5-43 所示，在 IBMS-CP 工艺中，经化学沉淀处理的废水，经过多级沉降池去除沉淀后与含有重金属的废水在综合调节池中混合，再进入膜分离单元进行浓缩分离。视回用水质的要求，膜分离单元的透过液，或直接回用，或经进一步处理而回用。而浓缩液则回到化学沉淀单元进入下一个循环处理过程。一般此处的膜分离单元采用纳滤系统，其原因在于：纳滤可以较好地截留浓缩二价和高价重金属离子，同时使一价盐进入透过液，从而避免一价盐在 IBMS-CP 循环过程中的积累。

膜对一价盐的透过率将随其浓度上升而增大，因此在 IBMS-CP 工艺中，进入和透出 IBMS-CP 系统的一价盐将在其到达某浓度时自动达成动态平衡状态，从而使一价盐在表观上“穿过”IBMS-CP 循环。同时，该过程的产水被“软化”，这是 IBMS-CP 工艺的特点，也是其能够运行的关键。另外，由于纳滤过程提高了多价离子的浓度并大幅减少了废水总量，因此将使化学沉淀设备的容量显著减小且反应沉淀过程更迅速、完全。IBMS-CP 工艺是一个使得化学沉淀和膜过程有机结合且相互促进、强化的过程。

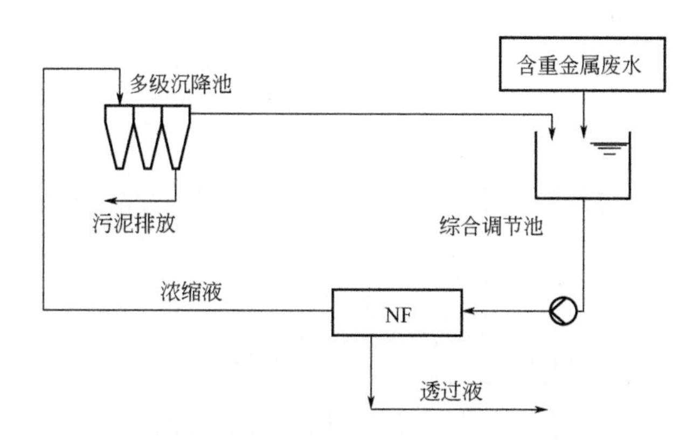

图 5-43　交互平衡式膜分离-化学沉淀工艺流程

（2）工艺运行

江苏省某大型电子产品公司主要从事高性能电声产品的研制、生产和销售，电镀在其制造过程中是最关键的工艺环节。该公司镀件主要为铁质基材，镀种为镀铜、镀镍、镀铬和镀金等，除含氰、含铬废水单独收集外，其余废水（包括地面水）全部收集于同一废水储池，统称铜镍废水。该公司的电镀废水原来以化学法为主进行处理，但由于生产的不规律和产能的扩大，使得原来的处理设施的处理能力渐显不足并几次发生“超标”现象，而排放总量的定额无法增容，促使公司决定以更先进可靠的处理技术，达到废水的“零排放”，实现水的最大程度回用。

1）电镀废水的水质水量及回用水质要求

电镀废水的水质水量见表 5-31，经处理的水全部回用于生产线，用于制造过程工艺用水，其水质为：pH6～7，电导率＜300μS/cm，总重金属质量分数$<0.1\times10^{-6}$，SS$<10\times10^{-6}$。

表 5-31 电镀废水的水质和水量

废水种类	污染类型和浓度（质量分数）/10^{-6}	pH 值	水量/（t/d）
含铬	Cr^{6+}：26	＜3	25
含氰	CN^-、Cu^{2+}和 Ni^{2+}：均为 50	8～10	160
连续电镀	Cu^{2+}和 Ni^{2+}：均为 50	>3	80
铜镍	Cu^{2+}：200；Ni^{2+}：50	＞3	90
酸性	HCl	1	35
合计	—	—	390

2）电镀废水的处理、回用工艺

该项目涉及不同电镀工艺产生的多种废水，根据各种类废水的水质、水量、回用水水质以及无废水外排的要求，设计该项目的处理工艺，其工艺包括：预处理、IBMS-CP、RO 净化浓缩以及浓液蒸发等部分。预处理包括：含氰废水的氧化破氰，含铬废水的还原破铬，各部分废水的汇聚均质和 pH 值初调等部分。该废水的处理工艺流程如图 5-44 所示，各类废水经不同的预处理单元处理后，进入 IBMS-CP 处理，其产水进入两级 RO 系统进一步净化浓缩，RO 产水返回生产线回用，而二级 RO 的浓液由结晶蒸发设备作最终处理。

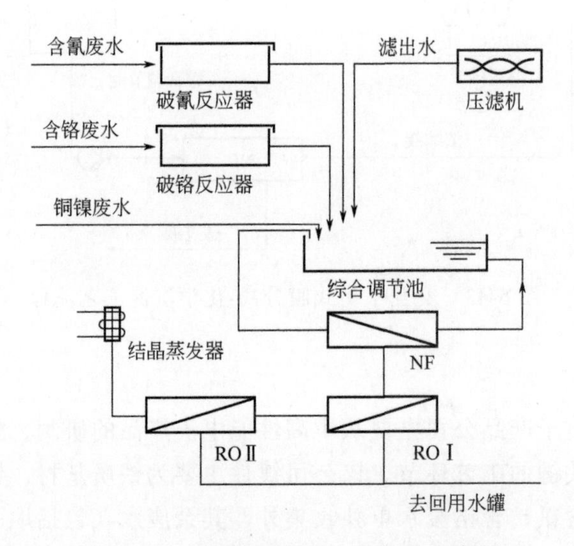

图 5-44 电镀废水处理、回用工艺流程

IBMS-CP 工艺的纳滤膜选用 DL-8040C，该元件具有较高的一价盐透过率，适用于有机物脱盐、废水金属的应用。一级 RO（ROⅠ）系统选用 BW30-400 反渗透元件，该元件具有 99.5%的稳定脱盐率；二级 RO（ROⅡ）系统采用 SW30HRLE-400 海水淡化反渗透元件。IBMS-CP 的纳滤膜系统、两级 RO 系统采用“圣诞树”式二段排布。膜系统均以压差、膜通量和累积运行时间等参数为依据进行化学清洗。上述参数任意一个达到

设定值时，系统将自动给出清洗提示信息与警报，化学清洗用人工方式进行。

（3）运行效果

图 5-45 给出了自设备运行至 2009 年 7 月期间，进水压力与进水电导率之间的关系。进水电导率对纳滤的进水压力影响不显著。纳滤系统的运行压力（进水压力）波动较小，表明该系统运行非常平稳。进水电导率最高达 6100μS/cm，最低为 2020μS/cm，对应的运行压力（进水压力）分别为 $9.2kgf/cm^2$（$1kgf/cm^2$=98.0665kPa）和 $5.9kgf/cm^2$。随着回用水系统投入运行，循环于生产线与处理系统间的水质得到改善，出水的电导率低于 4000μS/cm，远低于原来的 5300μS/cm。纳滤系统对该电镀废水具有相对稳定的脱盐率，且其对总盐的表观截留率随进水含盐量的降低有小幅上升，这与纳滤本身的特性是相符的。对纳滤产水进行重金属检测，检测结果显示，纳滤对废水中的重金属离子的截留率较高，但残余离子仍不能达到回用要求，需要进一步采用 RO 处理。

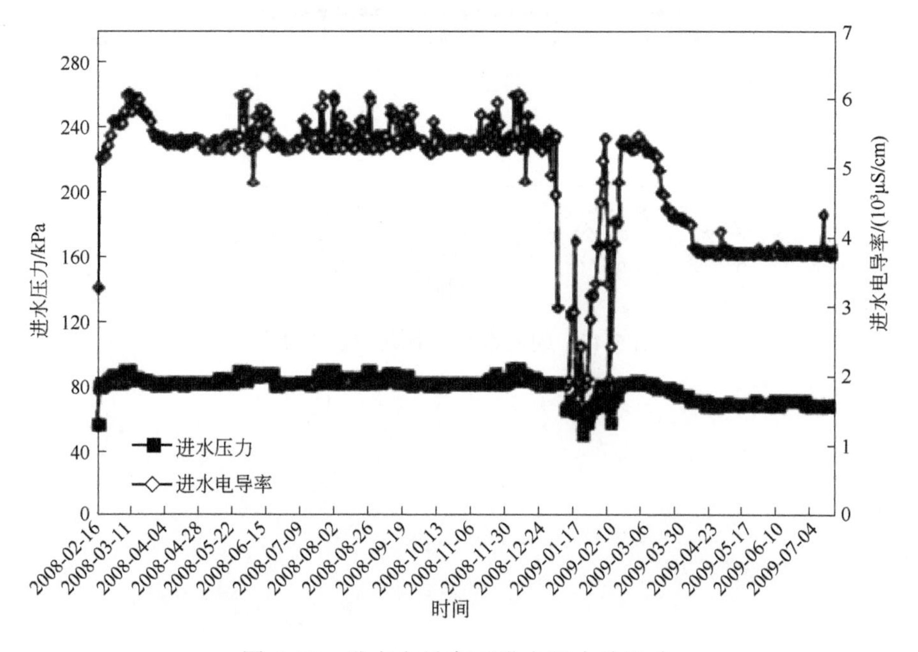

图 5-45　进水电导率对进水压力的影响

图 5-46 所示为纳滤系统运行和经化学清洗前后的系统压差变化。图 5-46 表明，在化学清洗后，系统压差可以恢复到初始状态，该系统的清洗周期约为 3 个月。ROⅠ与 ROⅡ分别运行于 72%～80%与 75%～82%的回收率之间，因此总的系统回收率处于 93%～96%之间，系统运行非常平稳。RO 产水中，重金属含量均低于检测下限。

5.5.2　总结

企业污水远距离输送混合后集中处理，不仅需要庞大的管网体系和资金投入，不同污水的混合还加大后续处理难度。而且随着严水资源管理制度工作的推进，水资源使用成本不断提高，越来越多的企业提出废水原位处理回用的要求。原位处理回用可降低回用水庞大的管网体系和资金投入，减少长距离运输造成回用水的二次污染，还可以实现企业节约用水，回收有高附加值的产品。因此，通过对常规污水处理工艺进行强化或联用，低能耗并且产水效率与出水质量能达到生产标准的新型污水回用技术中膜处理已成为工业水再生利用的主要内容。

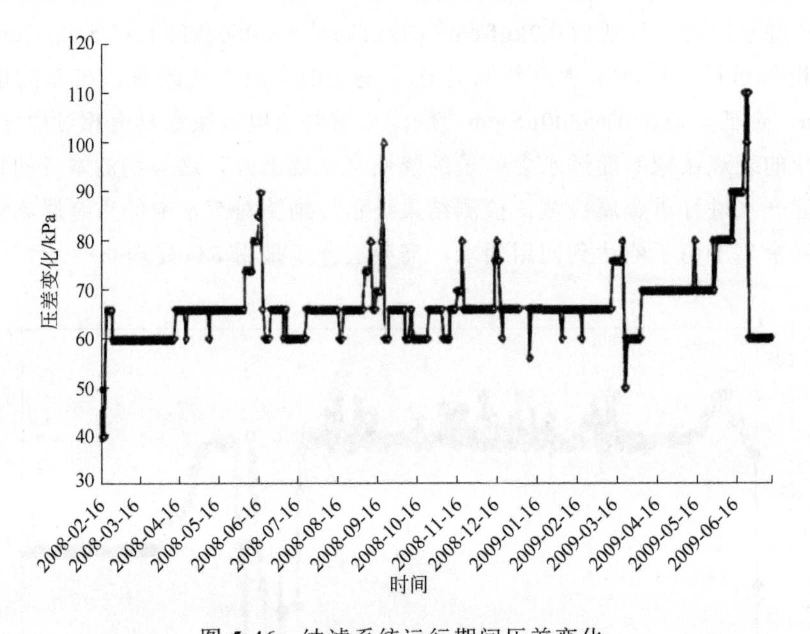

图 5-46　纳滤系统运行期间压差变化

[1] Eveloy V, Rodgers P, Qiu L. Hybrid gas turbine-organic Rankine cycle for seawater desalination by reverse osmosis in a hydrocarbon production facility [J]. Energy Conversion and Management, 2015, 106: 1134-1148.

[2] Gu H, Rahardianto A, Gao L X, et al. Fouling indicators for field monitoring the effectiveness of operational strategies of ultrafiltration as pretreatment for seawater desalination [J]. Desalination, 2018, 431: 86-99.

[3] Jiang S, Li Y, Ladewig B P. A review of reverse osmosis membrane fouling and control strategies [J]. Science of The Total Environment, 2017, 595: 567-583.

[4] Qasem N A A, Qureshi B A, Zubair S M. Improvement in design of electrodialysis desalination plants by considering the Donnan potential [J]. Desalination, 2018, 441: 62-76.

[5] Zhang Y, Peng Y, Ji S, et al. Review of thermal efficiency and heat recycling in membrane distillation processes [J]. Desalination, 2015, 367: 223-239.

[6] 陈超，杨禹，王哲，等．海水淡化与清洁能源协同发展现状与展望 [J]．绿色科技，2019（08）：147-154.

[7] 前瞻产业研究院．2018—2023 年中国海水淡化产业深度调研与投资战略规划分析报告 [R]．2017.

[8] Surwade S P, Smirnov S N, Vlassiouk I V, et al. Water desalination using nanoporous single-layer graphene [J]. Nature Nanotechnology, 2015, 10（5）: 459-464.

[9] 自然资源部战略规划与经济司．2019 年全国海水利用报告 [R]．2020.

[10] 李露，薛喜东，靳少培，等．反渗透淡化工程设计案例分析 [J]．净水技术，2019，38（07）：130-132，135.

[11] 田林，李东洋，王晓丽，等．反渗透技术在小钦岛海水淡化工程中的应用 [J]．工业水处理，2018，38（09）：100-103.

[12] 赵欣，丁明亮，陈晓华，等．反渗透技术在以色列 Ashkelon 海水淡化项目中的应用 [J]．中国给水排水，2010，26（10）：81-84.

[13] Song Y, Gao X, Gao C. Evaluation of scaling potential in a pilot-scale NF-SWRO integrated seawater desalination system [J]. Journal of Membrane Science, 2013, 443: 201-209.

[14] Lee S, Park T, Park Y-G, et al. Toward scale-up of seawater reverse osmosis（SWRO）-pressure retarded osmosis（PRO）hybrid system: A case study of a 240m^3/day pilot plant [J]. Desalination, 2020, 491（1）: 114429.

[15] Choi B G, Zhan M, Shin K, et al. Pilot-scale evaluation of FO-RO osmotic dilution process for treating wastewater from coal-fired power plant integrated with seawater desalination [J]. Journal of Membrane Science, 2017, 540: 78-87.

[16] 张子潇，宋萍．双膜法在北京经济技术开发区市政污水回用中的应用 [J]．北京水务，2014，000（001）：11-14.

[17] 张甜甜，胡建坤，王健，等．双膜法在市政污水处理厂的应用 [J]．供水技术，2014，8（003）：27-30.

[18] 栗文明，罗宏伟，诸宇刚，等．浸没式超滤-反渗透工艺应用于市政污水回用系统的

选择与设计［J］. 水处理技术，2017（07）：137-139.

［19］Mamo J，García-Galán M J，Stefani M，et al. Fate of pharmaceuticals and their transformation products in integrated membrane systems for wastewater reclamation［J］. Chemical Engineering Journal，2018，331：450-461.

［20］Joo S H，Park J M，Lee Y W. Case study on pressured microfiltration and reverse osmosismembrane systems for water reuse［J］. Desalination and Water Treatment，2013，51：5089-5096.

［21］明亮. 铜冶炼企业生产厂区初期雨水处理工程［J］. 河南科技：上半月，2012，000（009）：68-69.

［22］今科. 隐藏在"鸟巢"下的节水秘雨洪综合利用技术助力奥运［J］. 今日科苑 2008，15：17.

［23］张景丽，曹占平. 印染废水处理及回用实例［J］. 给水排水，2007，33（8）：65-67.

［24］王奕阳，杜圣羽，薛立波，等. 超滤-反渗透处理染整废水并回用工程实例［J］. 水处理技术，2015，41（5）：132-135.

［25］孙爱华，刘慧清. 活性污泥-浸没式超滤-反渗透在针织印染废水回用处理中的应用［J］. 印染，2020，2：40-45.

［26］李金梅. 浅析生物接触氧化法发生污泥膨胀的原因及应对措施［J］. 啤酒科技，2014（10）：29.

［27］程可红，马邕文，万金泉，等. 低氧状态下生物膜法废水处理中丝状菌膨胀特性研究［J］. 工业用水与废水，2009，40（02）：42-45.

［28］孙爱华，刘慧清，张春花. 纺织印染废水处理中的异味气体控制工程实例［J］. 印染，2018，44（17）：35-38.

［29］王昂. 水解酸化-接触氧化串联反应器在处理化工废水中的应用［J］. 南阳师范学院学报（自然科学版），2002（04）：58-60.

［30］王琪琨，高健磊，王文豪，等. 超滤/反渗透应用于乙二醇废水回用工程［J］. 工业水处理，2020，40（6）：99-101.

［31］余冬贞. 超滤和反渗透技术在电厂中水回用中的应用［J］. 工业水处理，2017，3（11）：101-105.

［32］张景丽，曹占平. 造纸废水处理及回用实例［J］. 给水排水，2009，35（3）：69-71.

［33］Thompson J，Eaglesham G，Reungoat J，et al. Removal of PFOS，PFOA and other perfluoroalkyl acids at water reclamation plants in South East Queensland Australia［J］. Chemosphere，2011，82（1）：9-17.

［34］Wang Z，Su W，Zhang Y. Reverse osmosis membrane design for reclamation and removal of perfluorooctanoic acid［J］. Desalination and Water Treatment，2021，237：32-36.

［35］冉子寒，张宇峰，顾瑞之，等. "化学沉淀超滤"组合工艺处理焦磷酸盐镀铜废水的研究［J］. 膜科学与技术，2020，40（2）：6-13.

［36］Lan Thu Tran，Anh Tien Do，Tuan Hung Pham，et al. Decentralised，small-scale coagulation-membrane treatment of wastewater from metal recycling villages—A case study from Vietnam［J］. Water Science & Technology，2020，82（10）.

［37］Ozaki H，Sharma K，Saktaywin W. Performance of an ultra-low-pressure reverse osmosis membrane (ULPROM)for separating heavy metal：efects of interference parameters [J]. Desalination，2002，144：287-294.

[38] Rahimpour A，Jahanshahi M，Peyravi M. Development of pilot scale nanofiltration system for yeast industry wastewater treatment [J]. Journal of Environmental Health Science & Engineering，2014，12：55.

[39] 白心平，郝文超，许振良. 电镀废水的纳滤膜处理工艺及案例. 膜科学与技术，2010，30（5）：67-70.

第6章

膜污染与控制技术

6.1 膜污染及其分类

6.1.1 膜污染概念

对于水处理膜来说，膜污染一般是指水中被截留物质（污泥絮体、胶体粒子、溶解性有机物或无机盐类），因膜的机械、物理、化学等相互作用而在膜表面上吸附与沉积，或在膜孔内吸附造成膜孔径变小或堵塞，使水通过膜的阻力增加，过滤性下降，从而使膜通量下降或跨膜压差（transmembrane pressure，TMP）升高的现象。

（1）狭义的膜污染

狭义的膜污染是指在膜过滤过程中，由于原水中的微粒物、胶体粒子或溶质分子，与膜之间存在物理化学作用或机械作用，而在膜表面及膜孔内部吸附或沉积，致使出现膜孔堵塞或变小、膜过滤阻力增大、膜通量不可逆下降等膜水力性能降低的现象，及国际纯粹与应用化学协会（IUPAC）定义的膜污染[1-3]。

（2）广义的膜污染

广义的膜污染除了上述膜孔堵塞和表面沉积，还包括浓差极化[4-7]。

1）膜孔堵塞

污染物结晶沉淀、吸附于膜孔内部，造成膜孔不同程度的堵塞，通常比较难以去除，一般认为是不可逆的。

2）表面沉积

表面沉积指各种污染物在膜表面形成的附着层。附着层包括泥饼层（活性污泥絮体沉积和微生物附着于膜表面形成）、凝胶层（溶解性大分子有机物发生浓差极化，因吸附或过饱和而沉积在膜表面形成）和无机污染层（溶解性无机物因过饱和沉积在膜表面形成）三类。疏松的泥饼层可以通过曝气等水力清洗去除，一般认为是可逆的；但如果膜污染发展到一定程度，泥饼层被压实而变得致密，使反应器本身的曝气作用无法将其进行去除时，则成为不可逆污染。凝胶层和无机污染层需要经过碱洗或酸洗等化学清洗才能去除，一般认为是不可逆的。

3）浓差极化

浓差极化是指由于过滤过程的进行，水的渗透流动使得被截留物质不断在膜表面积累，膜表面的溶质浓度高于料液主体浓度，在膜表面一定厚度层产生稳定的浓度梯度区。浓差极化不太严重时，过滤开始，浓差极化现象也就开始；过滤停止，浓差极化现象也就自然消除。这时，浓差极化现象是可逆的。

6.1.2 膜污染分类

膜污染是膜和污染物在一定条件下相互作用的结果，因此，按污染物的形态、清洗可恢复性、污染物质的性质等膜污染有不同的分类方法。

（1）按污染物的形态分类

分为膜孔堵塞污染、膜表面凝胶层污染、滤饼层污染以及漂浮物缠绕污染等。膜孔堵塞污染主要由混合液中的小分子有机物和无机物质由于吸附等所引起；膜表面凝胶层污染主要由混合液中的大分子有机物质吸附或沉积在膜表面所引起；泥饼层污染主要由颗粒物质在凝胶层上的沉积所引起；漂浮物缠绕污染主要由污水中的纤维状物质（如头发、纸屑等）缠绕中空纤维膜丝所造成。

（2）按污染的清洗可恢复性分类

分为可逆污染（或称为暂时污染）、不可逆污染（或称为长期污染）、不可恢复污染（或称为永久污染）[8]。可逆污染是指通过物理清洗可以去除的污染，一般指膜表面沉积的泥饼层污染，通过强化曝气或水反冲洗等物理手段可以将其去除；不可逆污染是相对于可逆污染而言的，指物理清洗手段不能有效去除的、需要通过化学药剂清洗才能去除的污染，一般指膜表面凝胶层和膜孔堵塞污染；不可恢复污染是指用任何清洗手段都无法去除的污染，直接影响膜的寿命。

（3）按污染物的性质[9-11]分类

按物质大小分，可分为有溶解性小分子及大分子、胶体、颗粒物、漂浮物等；按成分分，可分为有无机物（金属、非金属）、有机物（如多糖、蛋白质、腐殖酸）等；按来源分，有随原污水带入的未降解物质（如油类、难降解有机物等）、微生物代谢产物等。

6.1.3 膜污染模型

膜污染过程通常可以用四种模型进行描述[7,12,13]，如图 6-1 所示。

（1）完全堵塞模型（complete blocking model）

假设膜孔被污染物完全堵塞，造成单位面积膜孔数目减少，每个到达膜的颗粒都参与堵塞，并且颗粒不会重叠，此种情况与一般过滤实际情况不符。

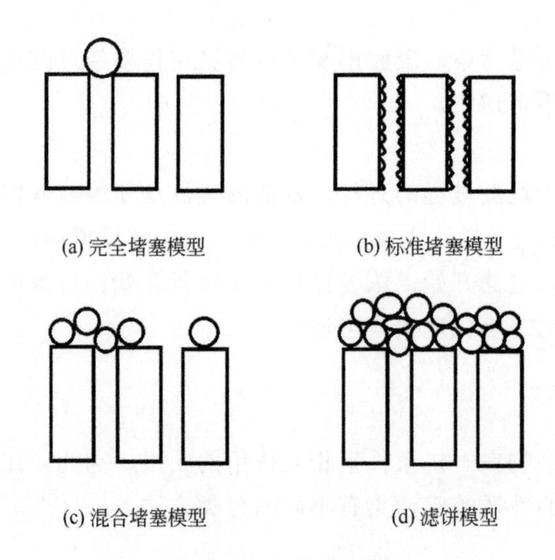

图 6-1 膜污染模型

(2) 标准堵塞模型（standard blocking model）

假设膜孔为相同的圆柱孔，每个到达膜面的颗粒都沉降到内部孔壁上，造成膜孔内部体积的减少，该体积的减少与滤过液体积成正比，因此导致了膜孔体积的迅速下降。该模型适用于过滤早期。

(3) 混合堵塞模型（intermediate blocking model）

假设每个到达膜的颗粒取决于之前到达膜上的颗粒，或沉积在别的颗粒上或参与堵孔。该模型类似于完全堵塞模型，但不受单层堵塞假设的限制，适用于过滤中期。

(4) 滤饼模型（cake filtration model）

假设膜表面和内部已经堵满了颗粒，此时颗粒到达膜面上实际是到达已经堵孔的颗粒之上。该模型适用于描述较大颗粒或污染物在膜表面附着、沉积形成滤饼层污染的情形。

6.1.4 膜污染表征方法

6.1.4.1 直接观察

在任何规模的膜过滤装置运行过程中，将膜丝/膜片/膜组件从反应器中取出之后均可以直接观察其形貌，以判断膜污染状况。根据运行情况的不同，对于膜污染的直接观察主要关注以下几个方面。

① 通常的膜过滤过程均会发生溶解性有机物、胶体所导致的膜孔内污染和膜表面凝胶层污染。膜孔内污染一般无法通过直接观察加以判断，而膜表面凝胶层污染由于会导致膜表面宏观形貌的变化，从而可通过直接观察加以判断。由于该污染层是原料液中溶解性有机物、胶体在膜表面由于浓差极化作用析出并附着于膜表面形成的，因而与洁净膜相比其在宏观形貌和触感上均有通过肉眼可分辨的明显差异。

② 对于中空纤维膜构型的膜组件/膜组器，过滤原料液为污泥混合液时，通常在长期运行过程中会发生污泥在膜表面的积累、附着，从而形成污染层，尤其是在中空纤维膜丝的两端与膜组件密封连接处。这是由于在膜丝两端局部的膜丝装填密度更高，且抖动的自由度更小，曝气造成的冲刷效果相对于膜丝中间部位较差所致的。这样的污染进一步发展，可能导致板结现象。膜丝上的污泥积累污染、板结也是肉眼可识别的。

③ 对于原料液中存在高价金属离子（Ca^{2+}、Mg^{2+}、Al^{3+}、Fe^{2+}等）的情况，在过滤过程中可能会形成结垢污染，污染物的主要成分是这些金属元素的氢氧化物、碳酸盐等。尤其对于 Fe 形成的污染，膜表面的颜色会发生明显变化（呈红色或暗红色）；而对于 Ca、Al 等元素形成的污染，膜表面亦可能形成细小的沉淀物。这类污染在膜表面也可直接观察（或借助光学显微镜观察）。

6.1.4.2 扫描电子显微镜

扫描电子显微镜（scanning electron microscope，SEM）是一种介于透射电镜和光学纤维镜之间的微观形貌观察工具[14-16]。SEM 的工作原理是，利用聚焦得非常细的高能电子束在试样上扫描，激发出各种物理信息，通过对这些信息的接收、放大和成像，获得测试试样的表面形貌。其中所激发的物理信息包括二次电子、俄歇电子、特征 X 射线和连续谱 X 射线、背散射电子、透射电子等。此外，当 SEM 与能谱仪（energy dispersive spectrometer，EDS）配合使用时，可以表征试样表面的元素成分。其原理是，各种元素具有特定的X射线特征波长，特征波长的大小取决于能级跃迁过程中释放出的特征能量。在 SEM 采用高能电子束扫描试样时，可以激发出各种元素的特征 X 射线，通过解析特征 X 射线的能量即可确定试样表面的元素成分。

采用 SEM 观察膜表面形貌结构时，需要先对膜进行简单的预处理，再将其放置于 SEM 的样品台上进行观察。预处理包括干燥、导电处理。这是由于：SEM 的样品室在测试过程中需要保持较高的真空度，以减少空气/水蒸气对电子的散射，以免影响观察结果；膜材料大多不导电，不满足 SEM 的工作原理，在实际操作中常采用冷冻干燥对试样进行干燥处理，采用喷碳、金或铂等对试样进行导电处理。值得注意的是，当需要观测试样表面元素成分时，不可以采用碳作为导电处理材料，因为所喷的碳会对膜材料中的碳产生影响。

SEM 的优点包括：

① 分辨率高，可达几纳米级别；

② 仪器放大倍数范围大且连续可调；

③ 观察样品的景深大、视场大，图像富有立体感，可观察起伏较大的粗糙表面；

④ 样品制备简单；

⑤ 可进行综合分析。

其用于观察膜表面形貌时的缺点包括：

① 样品需要干燥处理，可能会破坏污染层结构；

② 无法观察样品的颜色。

6.1.4.3 原子力显微镜

原子力显微镜（atomic force microscope，AFM）是一种通过检测探针与样品之间的相互作用力来反映样品表面信息的分析工具。探针-样品间相互作用力的测定是原子力显微镜实现其功能的重要条件。原子力显微镜是通过检测微悬臂的形变来反映探针-样品相互作用力的[17]。

在膜污染物表征方面，原子力显微镜通常有两个作用：一是表征膜污染物的三维形貌；二是表征膜表面与膜污染物或膜污染物与膜污染物之间的相互作用力。

原子力显微镜用于膜表面污染物三维形貌分析的操作方法较为简单，主要是计算机软件的操作，如送样、选择工作模式、选择扫描速度等，不同型号的机器具有不同的操作软件。通常情况下，在获得样品表面形貌后，一般会通过操作软件对形貌数据进行处理，进而获得样品表面粗糙度的大小。

当原子力显微镜用于表征膜表面与膜污染物或膜污染物与膜污染物之间的相互作用力时，首先需要制备探针[18,19]。与表征形貌不同，此时使用的微悬臂为无探针微悬臂，探针需要进行特别制备，以便反应膜污染的特性。探针准备好以后，便可开始相互作用力的测定。相互作用力的测定需要在流动池内进行，将探针与膜样品同时置于流动池内，膜样品位于探针以下。当膜样品为干净膜时，得到的结果可反映膜表面与污染物分子之间的相互作用力；当膜样品为污染膜时，得到的结果反映了膜污染物分子之间的相互作用力。

6.1.4.4 共聚焦激光扫描显微镜

共聚焦激光扫描显微镜（confocal laser scanning microscope，CLSM）用于观测膜污染层，具有以下几方面的优势：

① 共聚焦成像，无杂散光信号干扰；

② 激光作为发射光，穿透力强，可看到污染层深层的图像；

③ 在 x、y 和 z 方向扫描，可得到污染层的 3D 图像；

④ 可以与多种荧光探针联用，可用于观测污染层内部的微生物及大分子。

CLSM 与荧光染色联用，可表征膜污染层的以下性质：

① 污染层结构和形貌；

② 污染层孔隙率；

③ 污染层内微生物/大分子物质的组成；

④ 污染层内各成分沿水平方向和垂直方向的空间分布。

CLSM 检测膜污染层的基本步骤：

① 膜污染层样品的制备；

② 污染层的荧光染色；

③ CLSM 观测；

④ 结果分析。

对于污染层的荧光染色，荧光探针的选取至关重要。针对不同的目标物质，应选取合适的荧光探针[20]。

6.2 膜生物反应器膜污染过程特征

6.2.1 MBR 膜污染定义

MBR 的膜污染是指膜与反应器内的污泥混合液中的污染物质相互作用而引起的在膜孔内或膜面吸附、聚集、沉淀等，从而引起膜跨膜压差的升高（恒流模式）或者膜通量的降低（恒压模式）的现象。活性污泥体系中物质众多，包括污泥絮体、胶体物质、溶解性有机物（污水残余基质溶解性微生物产物等）和无机物质，从理论上讲每一部分对膜污染都有贡献。膜污染可以导致频繁的膜清洗，缩短了膜的使用寿命，增加了 MBR 的运行维护费用。此外，MBR 实际工程应用中发现，活性污泥体系中存在着一些膜格栅未能有效拦截的漂浮物（头发、纤维、纸屑等），也可导致 MBR 长期运行过程中被严重污染问题[21,22]。

6.2.2 污染原因及类别

6.2.2.1 MBR 膜污染原因

膜污染物主要分为微生物污染物、有机污染物和无机污染物[23, 24]。

（1）微生物污染物

一般认为微生物污染是导致膜污染的主要原因。其表现形式一种为微生物代谢产生的溶解性或胶体物质在膜过程中吸附于膜表面及孔道内；另一种是细菌吸附在膜表面并增殖形成生物膜。

（2）有机污染物

有机污染物主要有蛋白质、多糖、腐殖质和有机胶体等，它们在氢键、色散力和疏水力相互作用下被吸附在膜表面。

水中自身的溶解性大分子有机物、高分子有机物等微生物可溶性代谢产物通过浓差极化作用可在膜表面形成凝胶层，或被膜内的微孔表面所吸附，从而导致膜孔堵塞。

（3）无机污染物

无机污染物主要是钙、镁、铁、硅等形式的碳酸盐、硫酸盐和硅酸盐的结垢物，最常见的有碳酸钙、硫酸钙和氢氧化钙等。

6.2.2.2 MBR 膜污染分类

根据清洗效果，MBR 膜污染被分为可逆污染、不可逆污染和不可恢复污染三大类，如图 6-2 所示，膜污染随 TMP 的增加而增加。可逆污染可通过反冲洗、膜松弛等物理方法消除，污染物一般为堵塞膜孔或黏附于膜表面的较粗大颗粒物或滤饼层。不可逆污染需要定期采用维持性化学清洗或加强型化学清洗进行清除，污染物一般为黏附性更强的物质。膜污染一旦发生，膜通量不可能完全恢复到初始状态，残留污染为不可恢复污染，其长期积累最终将决定膜的使用寿命[25,26]。

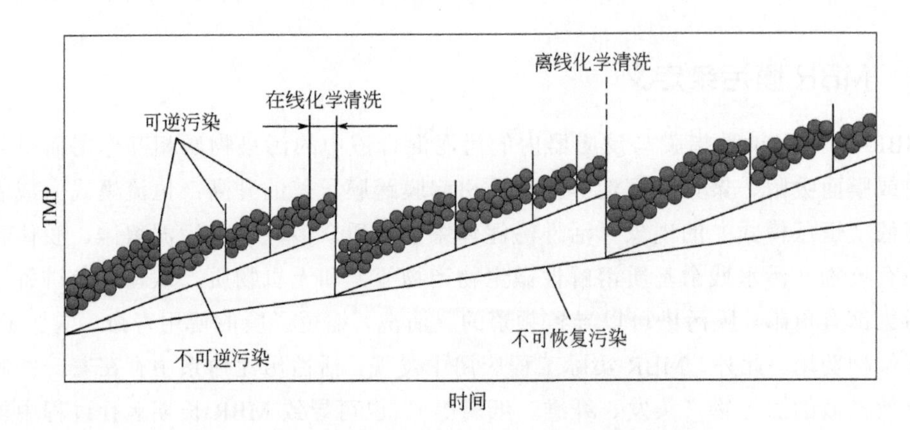

图 6-2　工程运行中各种 MBR 膜污染示意

在操作过程中，膜污染表现为通量下降或跨膜压差（TMP）升高。污染物向膜面迁移速率主要由通量决定，MBR 在恒定通量下操作时 TMP 通常表现为三个变化阶段[1,21,24]。

第一阶段发生在运行初始的几个小时内，膜面与混合液中的胶体、有机物等发生强烈的相互作用，污染方式有黏附、电荷作用、膜孔堵塞等，TMP 快速升高。错流过滤的条件下，细小的生物絮体或胞外聚合物依旧能够依附在膜表面上，而小于膜孔径的物质会在膜孔中吸附，通过浓缩、结晶沉淀和生长繁殖的作用造成膜污染。即使膜通量为 0，混合液中的有机物和胶体也会短时间内在膜表面发生吸附，而在膜面翻转和滑行的一些污泥絮体，最终都脱离进入混合液。有研究表明，该阶段产生的跨膜阻力与膜面流体剪切力无关，而是取决于膜的孔径分布和表面化学特性（特别是疏水性）。大量研究结果表明，MBR 在通量低于某个临界值（又称临界通量）条件下运行时，TMP 增长很快达到一个相对稳定的状态，而产生的污染相对于整个运行过程可忽略。当运行通量高于该值时，稳定状态消失，TMP 将随着运行时间的延长不断攀升，呈现严重污染。

第二阶段为缓慢污染阶段。随着运行时间的推移，在膜面上出现了污泥絮体沉积及胞外聚合物（EPS）、溶解性微生物产物（SMP）、生物胶体等黏性物质累积，并逐步形成滤饼层。就污泥絮体而言，含水率在 98%以上，其孔隙结构相对 MBR 膜较疏松，形成初期对于膜污染阻力贡献并不大。但随着黏性物质通过吸附架桥、网捕等作用吸附在膜表面形成凝胶层后，其对于混合液中污染物的截留性能将明显增强。第二阶段持续的时间与黏性物质的累积速率有关，并随着膜通量增大而缩短。凝胶层的污染不可避免，其带来的主要影响为膜阻力的逐渐上升。在恒流操作过程中主要表现为膜阻力的逐渐上升，在恒压模式下则表现为膜通量的缓慢衰减。对于浸没式 MBR，膜污染分布还会因膜池内气水分布有差异出现不均匀现象。

第三阶段 TMP 发生突跃并导致 MBR 无法继续操作，称为快速污染阶段。第二阶段形成的凝胶层在持续的过滤压差和透水流的作用下，随着污染物的沉积逐渐密实，导致膜污染从量变到质变，混合液中的絮体迅速在膜表面聚集并形成污泥滤饼，TMP 快速上升。

结合 MBR 膜污染的分类可发现，第一阶段 TMP 升高主要是由不可逆污染所致，而可逆污染主要发生于第二阶段。对于可持续的 MBR 操作，力求将第一阶段膜污染限制在一定范围内，尽量延长第二阶段的操作时间，防止第三阶段过早出现。

6.2.3 MBR 膜污染影响因素

影响 MBR 中膜污染的因素有很多，主要可分为膜的固有性质、反应器内混合液性质和膜组件的运行条件等。

6.2.3.1 膜的固有性质

膜的固有性质是指膜材料的物理及化学性能，如表面形态、亲疏水性、膜结构、膜表面的电荷性、膜孔径大小等，它们会不同程度地直接影响膜污染[27-33]。

（1）膜的亲疏水性

由于废水和活性污泥都含有大量有机物质，而亲水性膜可降低膜表面和原水间的界面能，因此亲水性膜一般比疏水性膜耐污染；但亲水性膜抗蛋白质污染的能力较弱。目前，常采用的疏水性膜有聚乙烯、聚砜、聚偏四氟乙烯等；亲水性膜则有芳香聚胺、磺化聚砜、聚丙烯腈等。改变膜的疏水性同时会改变膜的其他性质，如孔径和形态。

（2）膜孔径

膜的孔径大，虽然短期内能够获得较高的膜通量，但是内部吸附会相应增加，易发生孔堵塞，造成不可逆的污染，长期累积会导致阻力的急速增加，造成污染加剧。另外，小孔径的膜截留物质粒径范围广而导致滤层阻力较高，但这种污染是可逆的，在维护清洗时较易去除。因此，对于给定的条件存在最优孔径的膜，一般来说，膜设计的截留粒尺寸与截留的分子量应比要分离的污染物小一个数量级。

（3）膜表面粗糙度

随着膜表面的粗糙度增大，膜的比表面积也相应地增加，从而增加了膜表面对污染物吸附的可能性；但同时也可能增加膜表面的水力扰动程度，阻碍污染物在膜表面的吸附。因此膜表面的粗糙程度对膜通量的影响是上述两种作用的综合表现。同样通过改变膜表面的粗糙度可以改变膜污染的程度。

（4）膜表面电荷性

由于膜表面电荷性与混合液中带电的胶体颗粒及杂质等存在着相吸或排斥的作用，因此通过静电排斥作用来选择与混合液中溶质核电相同的膜材料，可以改善和缓解膜污染，提高膜通量。依此，一般水溶液中的胶体粒子带负电，所以根据同性相斥原理，选用电位为负值的膜材质受污染的可能性相对会减小。

（5）膜结构

根据膜结构可将膜分为对称膜和非对称膜，由于非对称膜表面孔径小于内部孔径，所以污染物质大部分都被截留在表面，不易进入膜孔，易于清洗。因此 MBR 用膜一般常用非对称膜。

6.2.3.2 反应器内混合液性质

生物反应器内混合液的性质包括污泥浓度和黏度、悬浮固体浓度及污泥粒径分布、溶解性有机物等[8,24,31,33-37]。

（1）污泥浓度和黏度

大量研究结果表明，膜通量随着污泥浓度对数值的增加而呈线性减小。污泥黏度的上升造成了膜过滤阻力的迅速升高，当活性污泥浓度过高时混合液黏度上升很快，膜污染速度急剧加快。

（2）悬浮固体浓度及污泥粒径分布

早期研究主要围绕混合液悬浮固体浓度（mixed liquid suspended solids，MLSS）和粒径分布对 MBR 膜污染的影响展开。有研究指出，MLSS 存在一个临界值（15g/L），高于该值会对膜通量产生不利的影响；而浓度较低（＜6g/L）时，提高 MLSS 可降低污染；当 MLSS 为 8～12g/L 时，对膜污染影响不大。

有研究人员就沉积在膜面的不同尺寸的颗粒对膜过滤阻力的影响进行了详尽研究，结果表明粒径为 0.46μm 的颗粒在平板膜（0.2μm）上沉积时，膜过滤阻力仍未出现升高现象。因此，他们认为较大粒子在膜表面上的沉积不会影响膜的过滤特性，只有尺寸与膜孔径相差不多的粒子沉积时才会引起较严重的膜污染。

（3）溶解性有机物

膜的高效截留作用使生物反应器成为一个对微生物来说相对封闭的系统。伴随着污水生物处理过程而产生的部分溶解性微生物产物（soluble microbial products，SMP）有可能被膜所截留在生物反应器中积累，从而对系统的运行特性和微生物代谢特性产生影响。SMP 组成非常复杂，是腐殖质、多糖、蛋白质、核酸、有机酸、抗生素和硫醇等多种物质的混合体。

许多学者发现，分置式 MBR 中循环泵产生的剪切力对污泥絮体有较强的破坏作用，致使污泥絮体释放出大量的 SMP 等溶解性物质，从而增加了膜污染，形成了很大的膜过滤阻力。

研究表明，溶解性物质引起的膜污染几乎形成了 50%的膜过滤阻力。循环泵对污泥絮体的剪切作用破坏了污泥絮体中微生物、无机颗粒和 EPS 之间的相互联系，促使菌胶团解体，释放出 ECP 到上清液中，增加了溶解性物质的浓度。这些溶解性物质之间以及它们与膜材料之间随即发生相互作用，引起膜污染。

同时也发现了膜通量随着溶解性有机物浓度的升高而下降，特别是污泥内源呼吸和细胞解体过程中产生的微生物产物，其中高分子物质的含量比较高，在反应器内容易蓄积，更有可能加剧膜污染。

在一体式 MBR 中，虽然膜面错流流速很小，形成的剪切作用对污泥絮体的破坏作用不大，但溶解性物质有可能受运行条件的影响或因在 MBR 中出现积累而达到较高的浓度，从而对膜污染做出很大的贡献。例如，对不同污泥负荷下膜表面的凝胶层阻力进行考察，就发现 MBR 中溶解性物质的浓度随污泥负荷的增大而升高，从而导致了凝胶层造成的膜过滤阻力的增大。

6.2.3.3 膜组件的运行条件

工艺运行参数与膜污染速度密切相关。对膜污染直接产生影响的运行条件包括膜通量、操作压力、膜面流速和运行温度等[24, 38-40]。

（1）膜通量或操作压力

MBR 有两种操作模式：一种是恒定膜通量变操作压力运行；另一种是恒定操作压力变膜通量运行。

当采用恒定膜通量的操作方式时，膜通量的选择对于膜的长期稳定运行至关重要。对于某一特定的 MBR 系统，存在临界的膜通量，当实际采用的膜通量大于临界值时膜污染加重，膜清洗周期大大缩短。因此得出了临界膜通量的概念如下。

1）狭义临界通量

被定义为是粒子开始在膜表面沉积的膜通量，当膜通量低于此临界值时无粒子沉积。

2）广义临界通量

被定义为膜过滤阻力不随时间明显升高的最大膜通量。此定义以膜过滤阻力不随时间发生明显升高为准则，因此即使发生粒子在膜表面的沉积，但只要膜过滤阻力随时间不发生明显变化，则认为该通量仍小于临界值。

临界膜通量的概念近年来受到了广泛的关注，许多学者的研究都证明了只有把膜通量选择在临界值之下，才能延长膜的运行周期，否则膜会因迅速发生膜污染而停止运行。例如当实际采用的膜通量低于临界膜通量时，膜过滤压力保持平稳且膜污染可逆；反之，膜过滤压力迅速上升而不能趋于稳定，膜污染的可逆性显著下降。膜污染向不可逆方向发展的主要原因之一是在膜过滤时浓差极化层转化成致密的滤饼层；另外，膜通量增加后膜面污染层的结构会发生改变，最终也将造成污泥层和凝胶层的阻力显著增大。如果实际采用的膜通量低于临界膜通量，曝气量的提高可以显著去除污泥层；否则曝气量的提高对污泥层的去除作用不大。临界膜通量随膜面错流流速的增加而线性增长。

同样，当采用恒定操作压力变膜通量运行时，存在一个临界的操作压力，在高于临界操作压力的条件下运行会导致膜迅速污染。临界操作压力随着膜孔径的增加而减小。

（2）膜面错流流速

提高膜表面的水流紊动程度可以有效减少颗粒物质在膜面的沉积，减缓膜污染。

但是膜面错流流速并非越大越好，当膜面错流流速达到一个临界值后，其进一步增加将不会对膜的过滤性能有明显改善。而且，过大的膜面错流流速还有可能因打碎活性污泥絮体而使污泥粒径减小，使上清液中溶解性物质的浓度增加，从而加剧膜污染。

（3）温度

温度对膜的过滤分离过程也有影响。在不同温度下进行活性污泥的过滤试验，温度每升高 1℃可引起膜通量增加 2%，通常认为这是由温度变化引起料液黏度的变化所致的。而有研究表明，提高温度不仅降低了混合液的黏度，而且还改变了膜面上污泥层的厚度和孔径，从而改变了膜的通透性能。但升温耗能，故一般较少使用。

（4）操作方式

针对一体式 MBR，间接抽吸的操作方式可以有效减缓膜污染的发展速度。有试验表明，出水泵开 15min、停 5min 能最经济有效地控制膜污染。

阶段启动也有利于减缓膜的不可逆污染，而逐步提高膜通量到设定值要比直接应用该通量时的膜操作压力低得多。

对恒定膜通量运行和恒定操作压力这两种情况进行比较，认为采用恒定膜通量的操作方式在运行初期能够避免膜面过度污染，更有利于膜的长期稳定运行。

实际工程中，MBR 系统的污水成分相当复杂，而且系统又是处在较高的污泥浓度条件下运行，容易造成膜的污染和通量衰减，甚至还有些不可逆的膜污染直接使膜系统不能正常运行。因此，探索膜污染的成因和机理，并采取各种有效、渐变的手段来控制或减轻膜的污染已成为当前重要的研究课题之一。

6.2.4 控制策略

解决膜污染问题应从影响膜污染的因素方面采取相应的控制措施，包括膜组件的选择与合理优化、改善污泥混合液特性和优化膜分离操作条件。对于已污染的膜采取合适的清洗是恢复膜通量的最好途径。

膜面附着的污染物主要可划分为溶解性有机物和以菌体细胞为代表的固形物质。溶解性有机物主要有两大类：一类是数千分子量的肽类，另一类是数百万分子量的多糖、蛋白质类，它们均来源于微生物的代谢过程。肽类有机物主要吸附于膜的微孔内部，造成膜孔堵塞；多糖、蛋白质类有机物主要吸附于膜表面，形成凝胶层。而固形物质则沉积在膜表面，形成污泥层。

针对造成膜污染的主要物质不同，膜污染的控制方法也会相应发生变化。对于污泥沉积和菌体附着造成的膜面污染，可以通过选择合适的运行条件（如适当的膜通量和足够的膜面液体错流流速）以及采用反冲洗等操作手段进行有效控制。而对于溶解性物质造成的膜孔堵塞和膜面污染，通常物理手段的控制效果不大，则只能通过调整混合液的性质、选择适当的膜组件以及进行膜化学清洗来解决。

6.2.4.1 膜组件的优化与管路设计

膜组件的优化设计包括对膜材质、膜孔径大小、膜的放置方式、膜纤维直径大小等做适当的选择和设计[41-44]。

通过改进膜制备技术，实现膜结构的优化，改变膜的表面特性，可以有效提高膜的抗污染能力。改变膜表面的物理性质，也能够对防治膜污染的发生起到很好的效果。

对于中空纤维膜组件来说，合理设计膜丝长度和膜丝密度，可以有效缓解膜污染。膜丝的排列方式对膜丝污染也会有较大的影响。也有研究者设计了带有旋转装置的膜组件，通过旋转来加强水力扰动作用，极大地延缓了膜污染速度。

生物反应器其他操作条件如曝气管路的组合、反应器结构的设计都会对膜表面沉积层的形成产生影响，设计好合适的结构形式能够很好地减轻膜污染。其中曝气管路是膜组件设计的重要一环。曝气一方面为 MBR 内部微生物提供足够的溶解氧。另一方面主要是对膜表面滤饼层的剪切和吹脱以控制膜污染，进而保持膜通量；同时气泡与膜纤维碰撞产生抖动作用，甚至可使膜纤维之间相互摩擦，加速膜面滤饼层的脱落，利于膜污染的缓解。对于中空纤维膜组件系统，曝气的耗能占运行总耗能的 90%以上。所以选择合适的膜生物反应器运行方式，通过间歇曝气或者反冲洗，可减轻膜污染程度，使系统能够长期稳定的运行。

6.2.4.2 控制活性污泥浓度

污泥浓度对膜过滤效果的影响主要体现在两个方面：一方面，污泥浓度较高时污泥易在膜表面沉积，形成较厚的污泥层，导致过滤阻力增加，膜通量降低；另一方面，当污泥浓度太低时污泥对溶解性有机物的吸附和降解能力减弱，使得混合液中的溶解性有机物浓度增加，从而易被膜表面吸附形成凝胶层，导致过滤阻力增加，膜通量下降。在一定的操作条件下，膜通量基本上与污泥浓度的对数值呈现直线关系。尽管较高的污泥浓度可以提高 MBR 的容积负荷，但膜通量的降低又会限制出水流量，从而影响整个 MBR 的处理能力。因此，MBR 的污泥浓度不宜设置过高，合理的污泥浓度需要在工程运行中通过调试来获得[45-47]。

污泥浓度是 MBR 系统的重要运行参数之一，不仅影响有机物的去除率，还对膜通量产生影响。有研究表明：一定条件下污泥浓度越高，膜通量越低。同时有资料表明，当曝气强度达到气水比为 100∶1，MLSS 由 10g/L 增加到 35g/L 时，MLSS 与膜通量没有明显的相关性；但如果降低曝气强度，MLSS 对膜通量可能产生一定的影响。污泥浓度和曝气强度对膜池中的污泥特性影响较为复杂。为改善污泥特性，在提高生物活性的同时有效控制膜污染，需要确定最佳的污泥浓度。

6.2.4.3 改善污泥混合液特性

MBR 中膜污染的主要来源是活性污泥混合液，因此对活性污泥混合液进行有效处理，改善污泥的可过滤性，是防止膜污染的重要措施之一。目前常用的方法有投加活性炭、化学絮凝、投加填料等，也可以利用生物强化（优势菌）技术，以改善原系统的处理能力，改善膜污染的程度[1,23,48]。

6.2.5 膜清洗

6.2.5.1 膜物理清洗

物理清洗是通过物理机械的冲刷及反冲洗使得膜表面和膜孔内的污染物脱落的过程。物理清洗所需的设备简单，但清洗效果有限，不能彻底清除膜污染。物理清洗主要包括以下几种[49-56]。

（1）水反冲洗

水反冲洗是最简单的方法之一。反冲洗是指在膜出水口施加一个反冲洗压力，使水流反向通过膜，使膜孔轻微膨胀，以去除黏附在膜丝表面的固体颗粒的过程。水反冲洗结束后，膜系统一般需要停歇一段时间，停歇控制是反洗的一个备用选择。停歇模式下，停止产水，在此期间膜表面积累的固体颗粒将通过膜曝气被带走。

反冲洗使得 TMP 处于较低水平，可以保证膜的高透水性；同时能有效降低维护性清洗和恢复性清洗的频率，降低清洗药剂的消耗。采用少量膜过滤水对膜组件进行周期性反冲洗能显著提高膜通量。水反冲洗对膜性能要求较高，为避免损伤膜而导致出水恶化，反冲洗应在低压状态下操作。

（2）曝气擦洗

曝气擦洗是一种强化水流循环作用的物理清洗技术，曝气会形成水和空气的两相流体，气泡尾流在膜表面产生剪切作用。气泡尾流区域的体积和气泡尺寸成正比，当气液呈大气泡流动时，较大的气泡尾流区更有利于抑制膜污染的发展。曝气擦洗对于有机污染初期的膜污染更有效。

有研究表明，大量气泡以较高流速穿过膜组件以及其夹带的水流对膜表面的冲刷作用，使膜表面处于剧烈紊动状态，避免了凝胶层的增厚和堵塞物质的积累，可延长膜清洗周期。同时这种紊动作用还从两个方面减缓了浓差极化现象：一是通过曝气提高水流速度，使其处于紊流状态，让膜表面的高浓度与主流浓度更好地混合；二是对膜表面不断进行清洗，消除已经形成的凝胶层。

（3）超声波清洗

超声波清洗是利用超声波在水中引起剧烈的紊流、气穴和振动而去除膜污染的过程。尤其对于采用一般常规清洗方法难以达到要求及几何形状比较复杂的被清洗物，超声波效果更为明显，如附着生长型 MBR 的污染膜表面黏性较大，常规物理清洗效果较差，采用超声波清洗能使膜通透性恢复约 30%。但由于超声波对于微生物有杀灭作用，其在清洗过程中对活性污泥中微生物的影响也还有待进一步研究。

（4）其他方法

电清洗是在膜上施加电压，使污染颗粒带上电荷来加速清洗过程的一种方法，但该方法尚处于研究阶段。

此外，还有机械刮除、脉冲清洗、脉冲电解机电渗析反冲洗等方法用于清洗污染膜。

6.2.5.2 膜化学清洗

在 MBR 处理污水实际过程中，由于膜的细小孔径很容易被污染物堵塞，仅靠物理清洗很难使膜通量完全恢复，必须借助于化学清洗[23,57-59]。

化学清洗通常是根据膜的污染程度，用酸、碱、络合剂、氧化剂、酶、洗涤剂、表面活性剂等化学清洗剂对膜进行浸泡和清洗。

对于不同的膜污染类型，应采用不同的清洗剂进行清洗，如表 6-1 所列。对于不同材质的膜，应选择不同的化学清洗剂，并防止化学清洗剂对膜造成损坏。

表 6-1 MBR 工艺膜清洗常用化学清洗药剂种类和作用

种类	清洗剂	主要作用	清洗污染物种类
碱性物质	NaOH	水解、增溶	有机物和微生物
氧化剂、杀菌剂	NaCl、H_2O_2、臭氧	氧化降解、杀菌	微生物、蛋白质
酸	草酸、柠檬酸、盐酸	增溶	结垢、金属氧化物
络合剂、表面活性剂	EDTA、洗涤剂	络合、增溶、分散	脂肪、油、蛋白质、微生物
酶制剂	酶清洗剂	降解高分子、增溶	蛋白质、微生物

在正常过滤过程以外，定期化学清洗对保持膜的使用性能也是非常必要的。通过进行不同程度的定期化学清洗，可以减少系统恢复性清洗的频率，让膜能够长期保持最佳状态。

在线化学清洗的原理是：在药剂从膜的一端流向另一端的连续循环过程中，药液与膜的内表面充分接触，杀死并氧化滋生在膜面上的微生物，再使微生物残体和溶液同时从膜内部排出。

在线化学清洗分恢复性清洗、维护性清洗两种方式。

恢复性化学清洗用于在膜严重污堵后恢复膜的透水性。恢复性清洗过程包括加药反洗、化学浸泡。恢复性清洗持续时间较长，采用化学药品浓度较高，清洗频率较低，目的在于恢复膜的透水性。恢复性清洗的主要特点是：a. 启动后自动进行；b. 同时清洗一格膜池中的所有膜箱；c. 要求适合的化学药品浓度。

当清洗结束后，如果需要额外的酸碱中和，则清洗药液需转移到化学清洗池，用硫酸氢钠和氢氧化钠中和，同时采用化学清洗泵作为内循环。在线加药中和，可以采用余氯仪、pH 仪指示中和过程是否完成。

维护性清洗的目的在于保持膜的透水性和延长恢复性清洗周期。维护性清洗采用较低的化学药品浓度和较高的清洗频率，持续时间较短。维护性清洗方式不能完全取代恢复性清洗，而只能是延长恢复性清洗的周期，减少恢复性清洗次数。

维护性清洗通过人机界面设定，并由可编程式逻辑控制器（PLC）自动启动，24h

连续运行。操作时，可以选择每一天进行一格膜列的维护性清洗。当需要进行维护性清洗时，需要清洗的膜列首先完成当前的产水周期，或膜列处于待机状态就可直接开始。维护性清洗的过程是全自动的，并设定在清洗当天中的非高峰流量时段。

在空池情况下，也可以进行维护性清洗。与反洗程序类似，维护性清洗的频率和持续时间可以根据运行条件和污泥特性的变化来进行优化。空池方式具有以下特点：a．膜池排空；b．要求较低的药品浓度；c．操作人员设定频率后可全自动进行。

6.2.5.3 膜清洗案例

工程为污水深度处理，规模为1360m^3/h，系统的来水为污水处理厂二级处理沉淀池的出水，处理工艺为先对来水进行曝气，曝气后的出水进入膜池，经外压式中空超滤膜处理后，出水一部分作为机组循环冷却水，另一部分用于膜的定期反冲洗和化学冲洗。

MBR膜组件共设42个a型膜箱，分布于6个独立运行的膜池中，每个膜池7个膜箱，每个膜箱含有a型膜片44个，每个膜片的表面积为31.6m^2，每个膜池共有308个膜片，6个系列共有1848个膜片。

（1）膜池曝气清洗

膜池系统设7台鼓风机，6用1备。鼓风机向膜箱的底部提供空气以冲刷膜的表面。气流的作用是混合膜池中的处理液，同时防止固形物在膜上聚积。采用循环曝气方式，先在一个膜箱进行曝气，经循环曝气阀，空气以10s间隔循环流到相隔的膜箱膜片上。

（2）反冲洗

设定系统运行的TMP不超过50kPa，超过时需启动反冲洗程序。在反冲洗期间，抽吸泵从超滤出水储存箱中吸取超滤出水，反冲洗水通过超滤总母管引到膜纤维中，反冲洗过程以设定的间隔和持续时间自动进行，每9min左右发生一次，持续时间为55s。

（3）离线化学清洗

1）膜池排水　打开超滤排空管阀门并启动排空泵排水，初次排水可排入回流渠，为了保证排空效果，启动曝气风机，边曝气边排水，液位降至0.5m后停止曝气。

2）当膜池排空后，停排水泵，关闭排空阀门，进入清洗阶段。

3）膜池注水和注入化学药液

① 启动抽吸泵，将反洗水箱水抽入膜池，待液位升至膜池深度的90%左右时停止进水。

② 启动曝气风机，开始曝气。

③ 往膜液投加相关清洗剂，10min后记录药液pH值。

④ 曝气浸泡。每30min开启曝气风机曝气5min，总时间控制在6～10h，清洗过程每1h监测一次药液pH值，当pH值变化大于0.5时需要补充相应清洗剂。

⑤ 膜池排水。曝气浸泡结束，重复步骤①的操作，确保将药剂排至中和废水池，防止药剂进入回流渠回流至生物曝气池杀伤微生物。

⑥ 膜池注水备用。当液位升至3m时停止进水，10min后超滤返回到清洗备用状态，

在装置返回到制水工况后，运行人员应记录通量、膜透性等值，与清洗前的参数值进行比较。如果清洗未见效，可重复上述的清洗过程，或进一步分析污堵原因，以便采用更有效的化学清洗药剂。

表 6-2 列举了几种化学清洗液参数控制。

表 6-2　化学清洗液参数控制

药剂名称	用途	清洗药剂浓度/（mg/L）	药剂流速/（L/min）	pH 控制值
NaClO	消毒剂、杀菌剂、有机物清洗剂	250	0.1	—
NaOH	有机物和胶体物质清洗剂	100	7.4	10.5
柠檬酸	无机物清洗剂	2000	6.6	2.5～3.5
2,2-二溴-3-氰基丙酰胺	消毒剂、杀菌剂、灭藻剂、黏泥剥离剂	100	11.1	2.5～3.5

6.3　连续微滤膜污染

连续微滤技术（CMF）是以中空纤维微滤膜为核心，辅以 PLC、清洗单元及管路阀门构成的以压力为推动力的连续过滤系统。连续微滤是膜过滤的新技术，它消除了全量死端过滤方式存在的弊端，从而使微滤膜分离工艺的效率和实用性大大提高，完全满足长期稳定运行的要求，是一种极有前途的过滤方式[60-62]。

6.3.1　连续微滤膜污染的影响因素

（1）进水细菌浓度对微滤膜通量及膜阻力的影响

细菌浓度是影响膜通量的一个重要因素。随着进水细菌浓度升高，细菌颗粒与微滤膜碰撞和沉积的概率提高，从而影响膜通量的变化。有研究表明，膜通量下降速率表现为先快后慢的趋势，前期沉降的细菌对微滤膜通量的影响更大，这也凸显了预防细菌在微滤膜表面初期沉积的重要性。

在错流过滤的初期，细菌对膜污染的机理接近标准堵塞模型，该过程持续时间较短。随后随着沉降细菌颗粒的增多，膜堵塞模型逐渐转变为滤饼模型，表明此时细菌颗粒在膜界面逐渐沉降形成滤饼。

（2）跨膜压差对细菌颗粒沉积的影响

跨膜压差是膜分离技术的重要参数，是影响膜通量的关键因素。增大跨膜压差能够提高膜通量，同时也会加剧有机物、颗粒等在膜表面的沉积，加速膜污染的形成。

随着操作压力的增大，滤饼层阻力呈现出线性增加的趋势，表明细菌滤饼层的可压缩性随着跨膜压差的增大而规律性地减小。滤饼结构随着压力的增大而更加致密，导致出水更难透过滤饼层。随着滤饼层比阻的逐渐增大，膜通量的下降速率愈加缓慢。

（3）错流速度对细菌颗粒沉积的影响

错流速度的变化将改变膜表面的水流剪切力，从而影响细菌在膜上的沉降和累积过程。与死端过滤相比错流过滤能有效减缓膜污染，但有研究表明在5～20cm/s的速度范围内提升错流过滤速度缓解膜污染的效果是十分有限的，这可能是因为细菌在膜表面形成污染层后，由于细菌与滤饼层之间有较强的相互吸引作用，能够抵抗膜表面的水力剪切力而难以被冲刷作用去除。

6.3.2 控制方法

微滤过程中存在的膜污染现象，使膜的渗透通量及截留率等性能发生改变，膜的使用寿命缩短，极大地影响了微滤技术的实际应用。因此，分析膜污染的原因，以及采取相应的清洗措施和防治对策，使膜性能得到部分或完全恢复十分必要[63]。

表6-3列出了几种主要污染物及相应控制对策。

表6-3 微滤过程中的主要污染物及相应控制对策[64-66]

污染物种类	膜污染性质	控制策略
肽	膜孔堵塞	选用孔径合适、开孔率高、亲水性的膜，或采用化学清洗
糖类、表面活性剂	凝胶层	限制进水浓度，或采用化学清洗
蛋白质	凝胶层	调整pH值和盐度，选择亲水性、开孔率高的膜，或采用化学清洗
生物膜的生长	凝胶层	选择合适孔径的亲水性膜或采用化学清洗
微生物的沉积	污泥层	水动力学控制（如错流、反冲洗、采用低于临界值的膜通量等）

微滤膜材料通常疏水性较强，在水介质过滤中容易吸附污染物发生膜污染，导致过滤通量急剧衰减，且分离特征发生变化，因此需要对膜材料进行亲水改性。微滤膜的亲水改性主要有亲水改性剂共混、表面涂覆、表面接枝三种途径[67-73]。

亲水改性剂，例如两性离子聚合物、两亲性接枝共聚物聚砜-*g*-聚氨基葡萄糖（Psf-*g*-PNMG）等，与微滤膜材料按一定比例共混通过相转化方式制膜，在一定程度上提高了膜材料的亲水性，改善了微滤膜材料的抗污性能。

微滤膜表面亲水改性的另一常用方法为表面涂覆，即在不破坏膜本体结构和性质前提下，改善膜表面的亲水性、黏结性、生物相容性和抗污染性能。通常通过氢键、交联等作用方式，在膜表面涂覆一层亲水性物质，如壳聚糖、多巴胺、水凝胶等，形成亲水层，增大膜通量，减少膜污染。但是这种方法形成的涂层不稳定，随着运行时间的延长，涂覆层易脱落，降低膜工作效率。

相对于表面涂覆，表面接枝技术形成的亲水层更加稳定，主要包括辐射接枝、热诱导接枝等方法。膜表面辐射接枝通常采用紫外线辐射、γ射线辐射、电子束等方式，使膜表面聚合物分子链产生自由基活性位点，从而使功能性单体进行接枝反应，形成亲水复合层，在一定程度上改善膜的抗污染性和分离选择性。该方法由于对膜表面的破坏程度较大、所需设备昂贵、操作步骤复杂等问题而受到限制。相比之下，水溶液热诱导接枝技术实施起来更为方便，即在引发剂环境下将亲水性单体（包括胺类、两性离子类等）接枝在膜表面，该方法得到的亲水层更加均匀且稳定性更高。

6.3.3 膜清洗

膜污染是由于膜表面截留、沉积的菌类、胶体物质、无机盐等造成的。为了防止和降低膜污染，过去人们采用滤过水定期反洗、海绵球膜表面擦洗、压缩空气反洗等物理方法进行清洗。连续微滤膜技术中常用反向渗透清洗，如当膜表面的污染、操作压力达到一定限度时阀门自动反转实现膜装置的自动反洗，或按预定压力或时间自动进行反洗[60,61,63,74-78]。

国外 MEMCOR CMF 系统利用高压压缩空气对滤膜进行反冲洗，在中空纤维膜内侧施加压缩空气，使中空纤维膜内侧的液体在压缩空气的驱动下，透过膜除去中空纤维膜外表面上附着的悬浮物。反冲压力为 600kPa，反冲时间 1～2min。该方法可以保证反洗液的透过液速以实现高效反洗。由于膜表面的污染，膜透水通量下降，使反向清洗效率较低，特别是对于膜外壁沉积黏附的污染物不易去除。当膜污染超过其设定指标时就会自动强制进行冲洗，以保护膜的使用寿命。

国产 CMF 设备采用的是一种气水反洗工艺。在清洗过程中，反洗液由中空纤维膜内向外进行反向渗透清洗，反洗压力为 50～80kPa。在膜组件的内腔鼓入低压压缩空气，压缩空气在纤维外壁与膜组件壳体之间对纤维膜的外壁进行空气震荡和气泡擦洗，抖落或冲掉中空纤维外表面上附着的污染物，从而达到清洗中空纤维膜的目的。这种方法对中空纤维外壁沉积物去除效果较好，但对膜孔隙内的污染物去除作用不大，清洗效率仍不高。

使用中空纤维微孔膜去除浓缩水中悬浮物时，污染物截留在中空纤维膜的外表面和膜孔中。因此，通过用高于中空纤维膜孔的始泡点压力的高压空气扩展膜孔，可使高压空气从中空纤维内腔透出实现透膜清洗，以除去中空纤维膜表面和膜孔中沉积的所有被截留的污染固体，是一种很有效的清洗方法。但这种方法对外压中空纤维膜的内部耐压性能提出了更高的要求，而且不适用于膜孔径在 0.1μm 以下的微孔膜。

以上这些物理的方法只能短时恢复膜性能，对于长期使用的情况，膜通量维持效果不好。即随着膜过滤的进行，膜表面的沉积物逐渐从物理吸附向化学吸附转变，单纯采用物理清洗的方法不能有效去除膜表面的污染物，及保持膜通量的长期稳定。在反洗水中加入化学药剂，可分解膜表面吸附的污染物，使膜表面的污染物沉积程度减到最小，提高对膜表面附着物的分解、洗净效果，从而保持膜透过通量的长期稳定。常用的药剂有次氯酸钠（10～50mg/L）、过氧化氢、臭氧（0.1～30mL/L）、氢氧化钠（pH10～13）、二氧化氯（10～20mg/L）、乙二胺四乙酸钠（质量分数 0.05%～2.0%）、盐酸、柠檬酸（pH2～4）、表面活性剂等水溶液或其混合液。如在原水中投加臭氧，再用气流振荡的方法对膜进行清洗，即利用臭氧对膜表面吸附的有机物的降解作用，使膜在过滤的同时实现自清洗，再利用气流振荡使膜表面附着的污染物脱落，可取得很好的清洗效果，维持膜的高过滤速度。

6.3.4 清洗案例

天津开发区泰达新水源一厂建立规模为 $2\times10^4 m^3/d$ 的 CMF 中水回用示范工程，对城市污水经生化处理后的二沉池出水进行处理，以去除细菌和悬浮物等杂质。工艺流程见图 6-3。

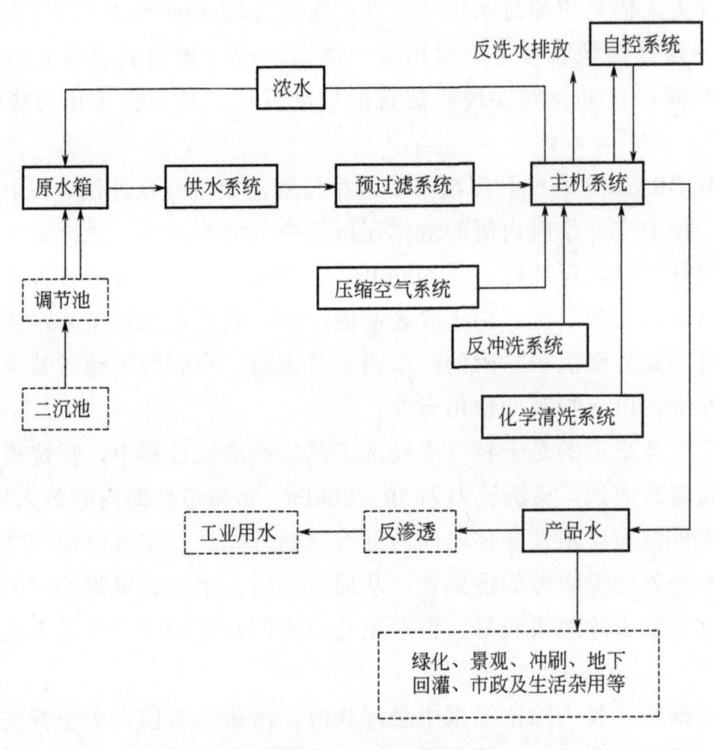

图 6-3　工艺流程

（1）反冲洗系统

反冲洗系统由反洗泵、加药泵及相应管路、阀门组成。其作用是在膜组件污染后对其进行在线气水清洗，保证膜组件正常、高效运行。反冲洗过程包括气水双洗、大流量反冲、排污等。在反洗过程中加入化学药品，可有效洗脱膜表面的各种污染物。

（2）压缩空气系统

压缩空气系统包括空气压缩机、空气储罐及相应管路阀门等，主要是为系统的气动阀门提供动力，在反洗过程中提供压缩空气，提高清洗效果。

（3）化学清洗系统

化学清洗系统包括酸洗泵、碱洗泵及相应管路阀门等，其作用是当 CMF 系统污染较为严重时，投加药剂对系统进行有效的清洗。

6.4 纳滤膜污染

在众多膜分离过程中，纳滤分离过程一般被认为是分子级别的分离过程，适用于染料、抗生素、氨基酸等小分子有机物的分离。纳滤过程起始于20世纪80年代中后期，是一种新型的压力驱动的无相变的物理分离过程。纳滤膜的半径一般认为在0.5～2.0nm，介于超滤膜、反渗透膜孔径之间，因而早期纳滤膜也被称为疏松反渗透膜。目前，商品化纳滤膜材料仍然以聚芳香酰胺与聚哌嗪酰胺为主，其渗透通量低，易污染。欲进一步扩宽纳滤膜应用领域，增加膜的渗透通量、耐污染性是极其必要的[7,79-88]。

6.4.1 纳滤膜污染的影响因素

膜孔堵塞、浓差极化、表面沉积都是纳滤膜被污染的重要因素。

（1）膜孔堵塞

在膜污染的起始阶段，一些比膜孔径小的颗粒会随着溶液流进入膜孔中，并吸附在膜孔中，并造成膜孔堵塞，使其他颗粒很难再透过。随着过滤进行，更多微粒被阻碍在膜面上，其最终在膜表面形成滤饼层，使膜通量在很大程度上降低并逐渐趋于稳定。此种污染属于膜孔堵塞造成的膜污染，介于可逆污染与不可逆污染之间。

（2）浓差极化

膜的污染与浓差极化息息相关。浓差极化是因为膜的选择透过性造成膜面主体浓度高于待测料液中主体浓度的现象。浓差极化使膜表面产生特定的浓度层，随着过滤的进行，膜面逐渐出现浓度梯度区域，浓差极化现象不断加深，从而加速了膜污染过程。一旦停止过滤，浓差极化现象逐渐减弱至消除，膜通量逐步恢复到起始状态。因此认为浓差极化所造成的膜污染是一种可逆状态的污染。

（3）表面沉积

膜污染还包括表面沉积，即料液中的主体溶质在膜表面形成沉积层，一般包括有机凝胶层和无机结垢层。有机凝胶层是溶液中的大分子有机物（如蛋白质、藻类代谢物）因发生浓差极化或者是因吸附作用沉积在膜表面所形成的；无机结构层是指无机沉淀物（如碳酸盐、硫酸盐等）由于沉积作用在膜表面形成无机结垢，并长期形成了不可逆的污染。

6.4.2 控制方法

控制纳滤过程污染的方法大体可分为4种。

① 膜材料改性。针对膜材料本身而言，亲水性表面对有机类物质吸附性小，利于改善膜的抗污染性能。因此，通过亲水改性来增加膜材料的耐污染性能是近年来的研究

重点。

② 优化操作条件、改变操作方式也可以有效缓解污染的形成。增加膜的表面流速有利于消除浓差极化，从而达到防治膜污染的目的。

③ 进水前处理，通过改变物料的酸碱度来控制膜的污染。改变物料的酸碱度可以改变膜与原料的荷电行为，从而减少污染物的沉积。

④ 膜材料改性、前处理和优化操作条件，只能减缓膜污染过程，而实际运行中膜污染是不可避免的。为解决实际运行的膜污染问题，必须要选择合适的清洗技术对污染的膜进行清洗，以便恢复膜通量。

下面将针对纳滤膜改性和膜清洗重点介绍。

6.4.3 膜改性

按改性目的，针对纳滤膜的改性主要包括亲水改性和抗生物污染改性。

（1）亲水改性

亲水改性是提高纳滤膜表面的亲水性，以降低其与污染物之间的黏附力，从而起到抗污染的作用。一般来说，纳滤膜亲水改性是在膜表面涂覆或者接枝一层亲水性聚合物，以提高膜表面亲水性和降低粗糙度，从而提高膜的抗污染性能。

（2）抗生物污染改性

抗菌改性是提高纳滤膜抗生物污染的重要手段。早期研究往往是在膜内部或者表面掺杂各种抗菌剂，如杀菌剂、抗生素、季铵盐化合物、银等。在使用过程中掺杂的抗菌剂释放出来或者与细菌接触，来达到抗菌的目的。银离子具有广谱杀菌性，细菌毒性小，广泛应用于各种材料中作为抗菌剂。将Ag纳米颗粒沉积在商品化NF90纳滤膜表面，在纳滤膜长期运行过程中，Ag纳米粒子缓慢释放，使改性纳滤膜具有长期的抗菌性能。通过掺杂和涂覆将抗菌剂负载在膜内部和表面，往往存在抗菌剂泄露等问题，为了解决这一问题，开发具有抗菌性的界面聚合单体一步法制备出抗菌性纳滤膜，这对抗菌纳滤膜的长期稳定性具有重要意义。例如，以聚乙烯亚胺为水相单体，环磷腈为有机相单体，通过界面聚合的方法制备出新型抗菌纳滤膜。因为聚乙烯亚胺和环磷腈都具有抗菌性，制备出的纳滤膜不仅具有较高的分离性能，而且具有优异的抗菌性[89-92]。

6.4.4 膜清洗

6.4.4.1 清洗依据

清洗时机主要依据以下参数的变化来选择：

① 在正常给水压力下，产水量较正常值下降10%～15%；

② 为维持正常产水量，经温度校正后的给水压力增加10%～15%；

③ 产水水质降低10%～15%，透盐率增加10%～15%；

④ 系统各段之间压差明显增加。

以上标准的基准条件，可考虑取自系统经过最初 48h 运行时的纳滤膜的性能。但如果进水温度降低，膜元件产水量也会下降，这是正常现象并非纳滤膜的污染所致的。预处理失效、压力控制失常或回收率的增加也将会导致产水量的下降或透盐率的增加。当观察到系统出现问题时，此时膜元件可能并不需要清洗，应该首先考虑这类原因。

6.4.4.2 清洗方法

合理的清洗方法能有效去除各类污染物，维持和恢复膜性能，延长膜的寿命。常用的清洗方法有物理清洗与化学清洗。物理清洗包括冲洗、气-液脉冲、超声波清洗等方法。化学清洗时针对使用环境可能引入的污染物采用化学试剂进行清洗，包括酸洗、碱洗、表面活性剂清洗、氧化剂清洗、螯合剂清洗等手段。生物清洗包括生物活性清洗剂清洗、酶制剂清洗。常见纳滤膜清洗方法见表 6-4。

表 6-4 常见纳滤膜清洗方法

清洗方法		作用原理
物理清洗	冲洗	利用正渗透原理，使膜出水侧的水在渗透压作用下逆向回流，带走或溶解膜表面或者膜孔内的污染物质，达到清洗膜污染、恢复膜通量的目的
	气-液脉冲	适用于膜污染初期。往膜过滤装置间隙通入高压气体，使形成气-液脉冲，气体脉冲使膜上的孔道膨胀，从而使污染物能被水冲走
	超声波清洗	超声波在水中传递接触到污染界面时，在接触点受到压缩后立即对接触点及其周围产生极强的冲击作用，附着在膜表面的污染物被剥离，同时在超声波的作用下快速扩散
化学清洗	酸碱清洗	酸洗是采取降低 pH 值的措施来促进无机离子形成的沉淀溶解的方法；碱洗一般是用一定 pH 值的 NaOH 溶液清洗
	表面活性剂清洗	表面活性剂清洗常用十二烷基硫酸钠（SDS）、吐温 80、聚乙二醇辛基苯基醚（Triton X-100）等。但有些阴离子型和非离子型表面活性剂能与膜反应造成新的污染，因此该法在应用中应根据纳滤膜的材质、结构慎重选用
	氧化剂清洗	利用强氧化性去除有机物，常用的清洗剂有高锰酸钾、双氧水等，适用于膜孔内和膜表面有机物沉积
	螯合剂清洗	与无机离子形成具有较大溶解度的络合物，主要清洗剂为 EDTA，主要用于膜孔内和膜表面能与络合物作用的物质
生物清洗	生物活性清洗剂清洗	类似于化学清洗方法，使用清洗剂清洗，所不同的是此类清洗剂具有生物活性
	酶制剂清洗	在对蛋白质体系的混合物膜分离过程中可以切断蛋白链

6.4.4.3 清洗案例

（1）工程概况

中国平煤神马集团开封东大化工有限公司采用 350kg/h 膜法除硝装置用于除去盐水中的硫酸根离子，此膜法除硝装置已使用 9 年，自从 2014 年加入该公司生产的液体亚硫酸钠后，运行 6 个月膜元件即出现了异常，膜单元一段循环泵出口压力高达 3.5MPa，渗透液出口压力高达 3.3MPa，富硝盐水出口压力高达 3.1MPa，生产盐水量只有 $25m^3/h$，严重影响生产。经过分析发现纳滤膜被污染，需要停车清洗纳滤膜。

化学清洗方案：采用柠檬酸加 EDTA-4Na 复合清洗方法，药剂及清洗条件如表 6-5 所列。

表 6-5 清洗使用药剂及清洗条件

化学清洗剂	清洗条件
无水柠檬酸	pH 值：2.0～3.0 温度：25～35℃
EDTA-4Na，0.1%NaOH	pH 值：11.0～12.0 温度：25～35℃

（2）清洗过程

1）酸洗程序

① 膜单元系统停车后先用纯水冲洗大约 20min，把膜管中的淡盐水置换干净、放置。

② 先往清洗液槽 A 中打入纯水，把罐清洗干净。清洗干净后往清洗液槽 B 中打入纯水，同时打开蒸汽阀门对纯水进行加热，纯水在半罐处停纯水阀门，用温度计测量纯水温度，温度控制在 30℃，往清洗液槽中加入 2 袋（25kg/袋）柠檬酸，配制 2%的柠檬酸（质量分数），用氨水回调，打开清洗泵和回流阀进行循环混合 10min，搅拌均匀，保证柠檬酸完全溶解，用 pH 试纸检测控制 pH 值在 2.0～3.0 以内。

③ 打开清洗系统所有阀门，确认阀门位置正确。缓慢打开进入膜元件的清洗总阀门，同时缓慢关小回流阀，使清洗液进入膜系统。

④ 循环清洗液最初 10%～15%打开排污阀放掉，排掉后关闭排污阀门。

⑤ 调节清洗泵的出口阀和回流阀，进行低速循环 15min；然后逐渐关小回流阀，进行中速循环 15min；关闭回流阀，进行高速循环 30min。在整个清洗工程中检测清洗液温度和 pH 值。确保罐清洗液的液位，注意各阀门的开关状态，切忌阀门状态错误，导致清洗液减少，影响清洗效果。

⑥ 循环结束后，关闭清洗泵，对系统进行浸泡 1h。浸泡 1h 结束后，清洗液放到清洗液储槽 A 中。

⑦ 酸洗结束后，用纯水冲洗反渗透膜大约 20min，用 pH 试纸检测为中性，冲洗结束。

2）碱洗程序

① 提前先往清洗液槽 B 中打入纯水，先把罐清洗干净。清洗干净后往清洗液槽 B 中打入纯水，同时打开蒸汽阀门对纯水进行加热，纯水在半罐处停纯水阀门，用温度计测量纯水温度，温度控制在 25～35℃，最好控制在 30℃。往清洗液槽中加入 2 袋（25kg/袋）EDTA-4Na，配制 1%的 EDTA-4Na（质量分数），用 0.1%NaOH 回调，打开清洗泵和回流阀进行循环混合，搅拌均匀，保证 EDTA-4Na 完全溶解，用 pH 试纸检测控制 pH 值在 11.0～12.0。

② 打开清洗系统所有阀门，确认阀门位置正确。缓慢打开进入膜元件的阀门，同

时缓慢关小回流阀，使清洗液进入膜系统。

③ 循环清洗液最初10%～15%通过排污阀放掉，排掉后关闭排污阀门。

④ 调节清洗泵的出口阀和回流阀，进行低速循环15min；然后逐渐关小回流阀，进行中速循环 15min；关闭回流阀，进行高速循环 30min。在整个清洗工程中检测清洗液温度。确保罐清洗液的液位，注意各个阀门的开关状态，切忌阀门状态错误，导致清洗液减少，影响清洗效果。

⑤ 循环结束后，关闭清洗泵，对系统进行浸泡1h。

⑥ 浸泡结束后，重复步骤⑤，碱洗结束。

⑦ 清洗液放到清洗液槽 A 中。酸洗后的弱酸清洗液与碱洗后的弱碱清洗液混合均匀至中性，用pH试纸检测显示为中性时，再外排，这样可做到环保零排放。

⑧ 碱洗结束后，用纯水冲洗反渗透膜约20min，从膜组件排气管用pH试纸检测为中性，冲洗结束，关闭冲洗总阀。

⑨ 酸洗、碱洗结束后，关停清洗泵膜清洗系统的所有阀门，打开膜过滤系统所有阀门，切回膜过滤状态，进行膜法除硝。

（3）工艺参数及要点

① 用化学清洗剂清洗时，最初的10%～15%清洗液排至地沟，不要循环返至清洗液槽内。

② 低压化学清洗液温度25～35℃，温度越高清洗效果越好。

③ 检查监控循环过程中槽中pH值、温度。

④ 采用浸泡方法，浸泡时间可根据清洗液的情况控制在 2h，但浸泡时要控制浸泡的温度和pH值。

⑤ 更换清洗液前必须用去离子水彻底冲干净，才能进行另一种清洗液清洗。

⑥ 所有清洗液必须是不含游离氯的去离子水。

⑦ 高流量的冲洗都以每支膜管压差＜0.35MPa为限。

（4）清洗前后效果对比

① 进膜系统盐水处理量为25m^3/h时膜系统运行参数对比，数据见表6-6。

表6-6 膜系统运行参数对比

项目	清洗前	清洗后
一段压力/MPa	3.5	1.9
二段压力/MPa	3.3	1.8
三段压力/MPa	3.1	1.7
高压泵频率/Hz	48	28
SO_4^{2-}/（g/L）	1.5～2.5	0.9～1.75

② 高压泵频率为 35Hz 时，运行参数对比，数据见表 6-7。

表 6-7 运行参数对比

项目	清洗前	清洗后
盐水流量/（m^3/h）	20	37
一段压力/MPa	3.5	1.8
一段压力/MPa	3.3	1.7
一段压力/MPa	3.0	1.6
SO_4^{2-}/（g/L）	1.5～2.5	0.9～1.75

从表 6-6、表 6-7 中可知，采用柠檬酸和 EDTA-4Na 复合清洗方法，能很好地恢复纳滤膜膜元件性能。在生产相同流量的情况下，清洗前泵压力高，频率高，泵负荷大，长期运行影响泵的寿命，电耗大；清洗后，系统运行压力下降，泵阻力减小，使用寿命延长，电耗降低，可以保持膜系统持续稳定运行。

6.5 反渗透膜污染

随着我国工业的不断发展，工业污水废水量与日俱增，反渗透水处理技术的应用越来越广泛。反渗透膜的分离原理为利用半透膜的选择透过性，溶剂在压力差为推动力作用下克服渗透压通过膜孔，而使溶质分子被膜孔截留，从而实现物料的分离[5,93-104]。

反渗透膜常因系统进水中存在的水合金属氧化物、含钙沉淀物、有机物及微生物等难溶污染物质，使得膜表面结垢被污染，降低反渗透膜的通量，从而造成系统运行压力增加和产水水质下降。

反渗透膜污染主要包括有机物、胶体及颗粒的污染，系统结垢的污染，以及细菌等微生物的污染。

6.5.1 有机物、胶体及颗粒的污染

反渗透进水中有机物和胶体的来源有相当大的差异，通常包括细菌、黏土、硅胶体和铁的腐蚀产物。

胶体和颗粒污赌可严重影响反渗透元件的性能，主要表现为：a. 膜压降升高；b. 产水量降低；c. 须增加压力克服通量下降，从而消耗额外电能；d. 不可逆凝胶层将会增加化学清洗的难度。

解决方法：a. 使用各类预处理设备（如过滤器、超滤设备、保安过滤器等）；b. 加适量的絮凝剂改善预处理效果，保证进膜水质；c. 一旦出现了污染，应及时采取措施进行清洗。

6.5.2 系统结垢的污染

反渗透系统中的结垢主要是由于原水中的离子被浓缩后，难溶性盐在浓水侧变成过饱和状态在膜上析出。结垢的主要成分有碳酸钙、硫酸钙、硫酸钡、硫酸锶、氟化钙、硅垢等。

结垢污堵可严重地影响反渗透元件的性能，主要表现为：a. 膜压降升高；b. 产水量降低；c. 脱盐率降低；d. 提高压力克服通量下降消耗额外电能；e. 频繁化学清洗增加物料成本及造成膜性能衰减；f. 严重时将导致系统停机。

解决方法：a. 在进水中加酸调节 pH 值，可以降低 LSI（朗格利尔饱和指数），防止碳酸钙的形成，但是若加酸量控制不当，会影响产水水质；b. 降低回收率，则浓水侧的离子浓度随之降低，但是降低回收率是以牺牲产水量为代价的，会造成系统的生产效率下降；c. 投加高性能的阻垢分散剂，可以有效降低系统结垢的概率；d. 系统一旦结垢，及时用膜清洗剂进行清洗。

6.5.3 细菌等微生物的污染

生物污染是一个缓慢的过程，初期阶段影响不明显，一旦有明显的影响后又很难控制。在膜元件的两层膜片之间有一层进水隔网，其金字塔结构能够使进水在膜表面形成湍流，从而保持颗粒物质的悬浮。当进水隔网的开放空间被微生物滋长污染后就破坏了产生湍流的机制。湍流的减弱使颗粒和其他悬浮物质沉淀并在生物膜基质上积累，从而引起污染，在这种情况下运行反渗透系统会造成不可恢复的膜污染。一旦生物膜形成，它就会通过细菌基质吸收和富集，通过靠近细胞表面的可溶性有机物和无机养分来自我维持。

生物膜基质是一种活体基质，每个细胞维持着整个活体的存活，即使死亡的细菌体也是新细胞的“食物”。因此有效的生物控制包括杀死细菌并将死细菌从膜表面清除。

细菌等微生物污染可严重地影响反渗透元件的性能，主要表现为：a. 膜压降急剧升高；b. 产水量大幅降低；c. 提高压力克服通量下降须消耗额外电能；d. 由于短时间内产生很大压降而导致膜元件损坏；e. 伴随产生其他的污染。

解决方法：a. 在预处理阶段投加杀菌剂；b. 使用超滤、纳滤等工艺设备进行过滤；c. 使用紫外线、臭氧发生器等设备进行杀菌；d. 在反渗透膜内投加非氧化性杀菌剂；e. 对于已经被污染的反渗透系统，用高浓度的非氧化性杀菌剂浸泡，并清洗膜系统，同时清洗所有管线。

6.5.4 膜清洗

6.5.4.1 清洗依据

反渗透系统的运行性能不仅受膜污染的影响，而且受温度、压力、pH 值、进水含盐量等因素的影响。为准确判断系统的清洗时机，应依据膜元件生产商提供的系统设计软件或标准化软件对运行数据进行标准化计算，消除温度、压力、pH 值、进水含盐量等的影响；与系统初始稳定运行时的数据比较，若出现下列情况之一时应对反渗透系统进行清洗：

① 系统产水量比初始值下降 15%以上；

② 盐透过率比初始值增加 10%以上；

③ 压力容器压力损失比初始值超过 15%以上。

6.5.4.2 清洗步骤

反渗透膜清洗的方式包括物理清洗和化学清洗。物理清洗是指不改变污染物的性质，使用机械性的冲刷方式清除膜元件中的污染物，恢复膜元件的性能。化学清洗是使用相应的化学药剂，改变污染物的组成或属性，然后排出元件，恢复膜性能。吸附性低的粒子状污染物，可以通过冲洗的方式达到一定的效果，像生物污染这种对膜的吸附性强的污染物用冲洗方法则很难达到预期效果。通常清洗前，有必要通过对污染物分析，确定污染的种类。

膜元件或系统清洗的一般步骤如下。

第一步：使用反渗透产水或超滤产水冲洗系统（原水中若含有能与清洗液发生反应的特殊化学物质，则不宜使用）。

第二步：用反渗透产水配制清洗液，准确称量并混合均匀，检查清洗液的 pH 值及药剂含量等条件是否符合要求。

第三步：用正常清洗流量及 20～40psi［1psi（kgf/cm^2）=6894.76Pa］的进料压力向反渗透系统输入清洗液，初始出水排出系统，防止清洗液被稀释；使清洗液在清洗系统中循环 20～30min。检测循环液的浊度和 pH 值，若其明显变浑或 pH 值变化超过 0.5 可重新配制清洗液再进行上述操作。

第四步：停止循环，视污染情况，可将膜组件全部浸泡于清洗液中 1h 左右或更长时间（10～15h 或过夜）。期间可间歇开启清洗泵使清洗液保持一定温度（25～30℃）。

第五步：加大流量至正常清洗流量的 1.5 倍进行清洗，此时压力不能太高，以系统不产水时的压力为上限，循环 30～60min。

第六步：用预处理系统的合格产水冲洗系统 20～30min，将清洗液置换出系统。调整系统至正常运行，测试膜元件或系统运行性能，检查清洗效果。若暂不运行，可按相关方法保存膜组件。

6.5.4.3 物理清洗

最常见的物理清洗方法主要有低压高流速清洗、反压清洗，有些情况下两者也可以结合起来使用。

低压高流速清洗主要指的是在较低的压力下，尽量去提升流速，不仅能避免溶质在膜面的长时间停留，还能减弱料液和膜面之间的浓差极化。

反压清洗主要指的是在膜的透过液一侧进行加压，使其反向透过膜的一种方法。一方面能够冲刷掉膜孔内残留的各类杂质；另一方面则可以对膜表面的附着物进行较为彻底的清洗。

6.5.4.4 化学清洗

对于污染比较严重的情况，除了进行物理清洗，还要采取更为有效的化学清洗。化学清洗是利用化学制剂与污染物进行各种各样的化学反应，进而实现彻底清洗的一种方法。近年来，化学清洗得到了较为广泛的应用。在具体应用中，又可分为酸性、碱性两种清洗方法，当然也可根据需要将两种药剂结合起来使用，可最大限度地提高清洗效果。

值得注意的是，由于反渗透膜材料本身耐酸碱、耐氧化、耐温和耐化学试剂等性能的不同，以及膜污染物种类及程度的差异，清洗剂种类选择就显得格外的重要。并且在开始清洗前应首先对当地的水质情况进行充分调查。因为不同的水质，要选择不同的清洗药剂，且最终实现的清洗效果也是千差万别。同时，还要提前做好现场试验，对污染物的性质进行分析，再根据膜的材料特征以及试验结果选用最合适的清洗方法和清洗药剂，实现彻底清洗的同时，最大可能地改善膜的性能。此外，还要考虑化学制剂对膜的影响，因为清洗过程或多或少会造成一定的损伤，在化学制剂的使用中更要考虑膜对酸、碱等的耐受情况，以确保膜元件不受到太大的损伤，而影响其正常使用。

常用的化学清洗剂有酸性清洗剂、碱性清洗剂、螯合剂等。

酸性清洗剂包括盐酸、磷酸、氨基磺酸等，主要用来清洗反渗透系统的无机污染物。酸洗剂通过降低清洗液 pH 值，促进无机钙离子、镁离子等沉淀的溶解，除去氧化铁和金属硫化物等。

碱性清洗剂有磷酸盐、碳酸盐和氢氧化物等，可以使沉积物松动、乳化和分散，对油脂污染、蛋白质污染、藻类等微生物污染、胶体污染及大多数可溶性有机物污染具有很好的清洗效果。

螯合剂包括乙二胺四乙酸、磷羧基羧酸、葡萄糖酸和柠檬酸等。螯合剂通过共用电子对与污染物中的无机金属离子螯合，形成稳定的水溶性螯合物，从而减少无机污染物在膜表面及膜孔道内的沉积和吸附。

6.5.4.5 生物清洗

清洗药剂的选择与污染物类型密切相关，其主要作用是与膜元件内污染物发生反应，改变其物理化学性质，使其容易被清除。发生严重微生物污染的反渗透系统，仅采用化学清洗并不能完全去除膜表面的生物膜，还需要进行相应的消毒处理，还应注意在消毒过程中决不能使用会对反渗透膜元件造成损害的杀菌剂和其他化学物质。

生物清洗一般可分为采用具有生物活性的制剂和利用特定的手段，将生物剂附着在膜上，提高其抗污染能力两种。目前来说，使用比较多的是酶制剂，其能够有效地切断蛋白质的肽链，因此对那些包含大量蛋白质的膜进行清洗是最为有效的。

6.5.4.6 清洗案例

（1）工程概况

盐城市化水车间，锅炉补给水采用反渗透加离子交换床的脱盐处理工艺，于2017年投运。其中反渗透系统共两套，采用一级两段式排列，排列比为 10∶5，设计回收率为 75%，额定产水量为 75m^3/h。原水为地表河水，经过混凝、高密度沉淀池、重力式空擦滤池、碟片过滤器、超滤处理后进入 RO 系统。

（2）清洗方案

原水为地表水，具有浊度高、悬浮物含量高、有机物含量高等特点，虽经过絮凝沉淀处理，但是对反渗透一段膜的污堵仍然较快，清洗周期在 3 个月左右。

根据反渗透系统运行日志报表和实际处理流程工况，确定了以碱洗为主、酸洗为辅的清洗方案。碱洗药剂选用山东普尼奥水处理科技有限公司反渗透专用清洗剂 PO-511，酸洗药剂采用山东普尼奥水处理科技有限公司反渗透专用清洗剂 PO-500。

清洗前检查保安过滤器滤芯，对清洗水箱彻底清洗，连接好清洗管路，记录好清洗前运行数据。

（3）反渗透系统清洗步骤

① 在水箱和系统中加入反渗透产品水，配制 4%浓度的普尼奥 PO-511 碱性清洗液，适量加入液碱控制 pH 值为 11～12；打开一段清洗回路，清洗一段，进行循环清洗 40min，后浸泡 60min，再循环 30min 后排掉清洗液，除盐水冲洗至排水中性。

② 因清洗液颜色较重，泡沫较多，重新配制清洗液进行二次碱洗。

配制 4%浓度的 PO-511 碱性清洗液，适量加入液碱控制 pH 值为 11～12；打开一段清洗回路，清洗一段，进行循环清洗 40min，后浸泡 60min。关闭一段清洗浓水回流阀，打开二段清洗浓水回流阀进行一、二段串洗，清洗约 40min，停清洗泵，过夜浸泡。

③ 开循环清洗泵，一、二段串洗 30min 后，排掉清洗液，用除盐水冲洗至排水中性，无泡沫。

④ 酸洗在水箱和系统中加入反渗透产品水，配制 1%浓度的清洗液，一、二段循环清洗 30min，停泵浸泡 60min；再次循环 60min 后排掉清洗液，用除盐水冲洗至产品水为中性。清洗结束，各阀门复位。

（4）清洗效果分析

反渗透系统清洗前后数据对比如表 6-8 所列。

表 6-8 清洗前后数据对比

项目	进水压力/MPa	段间压力/MPa	浓水压力/MPa	产水量/（m^3/h）	浓水量/（m^3/h）	产水电导率/（μS/cm）
洗前	0.99	0.93	0.83	2.6	19.5	6.0
洗后	0.97	0.91	0.86	54.68	19.75	6.19

从一级反渗透清洗前后数据分析可以看出，反渗透总进水压力降低 0.02MPa；产水量增加了近 12m^3/h，增加了 30%；在保证系统压力低于 1MPa 时，回收率由 68.5%提高

至 73.5%，水利用率大幅提高。

6.5.5 膜改性

对反渗透膜进行改性是一种高效的提高膜的抗污染性能的方法。到目前为止，已经报道了很多种改性方法，以改善膜表面化学结构和表面形态，从而提高反渗透膜的抗污染性能。一般来说，膜改性分为物理改性和化学改性[105-116]。

（1）物理改性

物理改性方法是一种简单有效的改性方法，已经广泛应用于反渗透膜的改性。一般来说，经过物理改性的膜化学结构未改变，只是通过物理相互作用将抗污染涂层涂覆在膜表面，来赋予膜抗污染性能。最常用的抗污染性涂层为聚乙烯醇（PVA）。将亲水的和电中性的 PVA 涂覆在反渗透膜表面，改性以后的膜表面亲水性增加，提高了膜的抗污染性能。PVA 为水溶性聚合物，在用 PVA 改性反渗透膜时，经常用戊二醛和盐酸来进行交联，这对抗污染反渗透膜的长期运行性起到关键作用。PVA 改性反渗透膜已经应用在工业抗污染反渗透膜的制备上。除了 PVA，其他亲水性聚合物也被广泛应用在反渗透膜改性方面，例如聚电解质［聚乙烯亚胺（PEI）］、水凝胶（聚丙烯酰胺类和聚甜菜碱类聚合物）、多巴胺等。表面涂层材料通常为含有氢氧根、羰基或者环氧乙烷基团的亲水性聚合物，这些涂层能够显著提高反渗透膜表面的亲水性，降低膜表面电荷和粗糙度，从而赋予膜优异的抗污染性能。

（2）化学改性

相对于物理改性方法来说化学改性方法具有长期稳定性，已经有大量文献报道了很多种化学改性方法。

亲水化处理是使用一些亲水试剂（例如氢氟酸、盐酸、硫酸、磷酸和硝酸）对反渗透膜表面进行处理，处理以后的膜表面亲水性增加。该方法简单易操作，但是必须严格控制酸浓度和处理时间，避免膜结构遭到破坏。

除了亲水化处理以外，化学改性还可以通过自由基接枝改性和化学偶合的方法实现，这主要涉及聚酰胺膜上的酰胺、羧酸和伯胺基团。自由基接枝改性由引发剂在膜表面产生自由基，通过与单体反应，最终在膜表面形成改性层。例如，基于氧化还原引发的自由基聚合方法，经硫酸钾和焦亚硫酸钾产生自由基，攻击聚酰胺膜中酰胺键上的氢原子，从而将乙烯基单体引入膜表面，逐步聚合，在膜表面引入聚合物链。常用的聚合单体有丙烯酸、甲基丙烯酸、3-磺基丙基甲基丙烯酸酯、乙烯基磺酸和 2-丙烯酰氨基-2-甲基丙烷磺酸等。

化学偶合是利用聚酰胺膜上游离的羧酸和伯胺基团作为活性基团将亲水性聚合物接枝到膜表面。例如，利用聚酰胺表面的伯胺基团与聚（乙二醇）二缩水甘油基醚（PEGDE）上的环氧端基的反应对反渗透膜进行改性，改性以后的膜对带正电的污染物表现出较好的抗污染性能。利用聚酰胺膜表面游离的羧基基团，一步法同时接枝亲水性大分子醛基化聚乙二醇和含端氨基的抗菌组分，可实现多功能修饰，制备的膜不仅具有优异的抗污染性能，而且具有抗菌性。

此外，等离子处理和化学气相沉积法也是比较常见的化学改性方法。等离子体处理是利用等离子将聚合物沉积在膜表面，这一技术已被用于各种材料的表面处理，包括反渗透膜的表面改性。化学气相沉积是在低温和低操作压力下进行的全干自由基聚合技术。

虽然化学改性能够显著地提高膜性能，但是由于大多数技术过程复杂和成本高使其仅限于实验室研究。此外，膜表面改性往往面临通量和抗污染性之间的trade-off关系，这需要研究者们付出很多的努力来解决这一问题。

6.6 其他膜过程中的膜污染

6.6.1 膜蒸馏过程中的膜污染

膜蒸馏废水水质成分复杂，要实现膜蒸馏法废水处理的工业化，膜污染是最大的障碍[117-124]，在膜蒸馏分离过程中，与超滤、微滤、纳滤、反渗透等膜过程一样不可避免地存在膜污染现象。膜污染不仅可以造成膜通量衰减和膜蒸馏效率降低，甚至可能引起膜孔润湿影响膜蒸馏过程的进行，最终影响膜性能及膜的使用寿命。相比压力驱动式膜过程，膜蒸馏过程在传质对象、传质机理和操作条件等方面有所不同，因此其污染情况也不完全相同。

6.6.1.1 膜污染成因

膜蒸馏处理废水，其实是一个将原废水不断浓缩的过程，在渗透侧产出纯净水的同时，进料侧也随着溶液的蒸发而将污染物不断地运送到了膜表面，在进料水压力的作用下，膜污染随之产生。造成膜蒸馏过程中膜污染的因素众多，就目前国内外专家的研究成果来看，废水的成分、膜材料的性能以及装置的操作条件等是引起甚至加重膜污染的主要原因。

膜蒸馏过程中膜污染物质主要包括有机物、无机结垢物、胶体、悬浮物等。膜蒸馏过程中使用的疏水性微孔膜表面能很低，因此易吸附有机物在膜表面。常见的有机物质主要包括多糖、蛋白质及其他天然有机物等。对于膜蒸馏过程中形成的无机污染物质，常见的主要是难溶性无机盐，如钙盐、钠盐、铁盐、硅垢、氢氧化铁胶体等物质。由于膜蒸馏过程一般采用加热料液的方式，因此微生物的污染基本可以忽略。

膜材料性能对膜污染的形成也存在很大的影响，尤其是膜孔径和膜材料的变化。当前新型膜及膜改性的研发多处于实验室规模，探究膜材料表面参数的几何特征，保证膜材料的高效稳定运行是未来发展的方向之一。

进料温度、进料流速等操作条件的变化对膜通量具有重要影响，随着研究的不断深入，操作条件对膜污染性能的影响也逐渐被人们关注。

表6-9列出了膜蒸馏过程中几类污垢。

表 6-9 膜蒸馏过程中不同类型的污垢

污染类型	膜材料	污垢类型
肝素生产废水	PP 毛细管膜	润湿，沉积，结垢，生物污染
氯化钠溶液	Accurel PP S6/2 膜	润湿，表面扩展
合成废水	PVDF 平板膜	湿润，生物污染层
污水，肉类加工业的盐水，自来水	Accurel S6/2 PP 膜	表面沉积层，生物污垢，表面和内部结晶
脱脂牛奶和乳清溶液	PP 编织聚四氟乙烯平板薄膜	表面沉积层
市政水和流感气体凝析液	聚四氟乙烯平板膜	表面水垢

6.6.1.2 膜污染控制

（1）原料液预处理

预处理指在原料液处理前，向原料液中添加一种或几种物质，以改变原料液的性质，从而达到减少膜污染的目的。常用的原料液预处理的方法有过滤、絮凝沉淀、消毒杀菌、活性炭吸附、调节 pH 值、调节温度、添加阻垢剂等。

向原料液中加入阻垢剂，可使离子聚集的临界浓度增加。阻垢剂吸附到聚集物的表面，可阻止其他离子再吸附到聚集物上，阻碍晶体的生长和沉积。有实验证明，加入阻垢剂可以缓解膜蒸馏过程中膜通量的衰减。

酸化预处理是通过向原料液中加入酸液，防止一些难溶盐沉积在膜表面。通过酸化处理，能够减少膜表面污垢层的厚度，缓解膜污染。随着反应的继续，该处理方法无法抑制 $CaSO_4$、$CaSiO_3$ 的影响。

（2）膜表面改性

改性方法包括物理改性和化学改性两种。物理改性是指在膜的表面覆上一层功能性涂层，以阻止膜与溶液中的成分相互吸附，提高膜的抗污染能力。但是这种物理改性方法用到的表面活性剂也会在膜表面造成吸附污染，并且这些活性剂大部分是水溶性的，与膜表面的相互作用力较小，容易随着水流随液体流出。因此，很多学者开始研究膜的化学改性，化学改性方法包括复合化法和接枝法。

（3）膜清洗

膜清洗主要有物理清洗和化学清洗。物理清洗法采用机械方式除去膜表面的污染，清洗过程中不发生任何化学反应。物理清洗常用的方法有水反冲洗、海绵球清洗、空气反吹清洗、超声波清洗、空气曝气清洗。化学清洗是用酸、碱、氧化剂、表面活性剂、加酶洗涤剂、配合剂作为清洗剂进行的清洗，需要依据膜材料的特性和污染物种类进行化学药剂的选择。

6.6.1.3 膜清洗

（1）物理清洗

针对膜蒸馏过程疏水膜污染初期极易去除污染物质，可以采用物理清洗技术作为基本清洗方式。物理清洗技术常用的有低压高速流法、反压清洗法、负压清洗法等水力清洗技术及气-液脉冲技术，此外还包括海绵球清洗、超声波清洗、机械振动、脉冲电场清洗技术等。

超声波清洗能作用到其他的清洗方法不能清洗到的死角、空隙，但是可能会影响到膜的性能。有研究表明，使用微波辅助清洗效果较好，但是微波辅助清洗膜表面 $CaSO_4$ 垢时对疏水膜的力学性能有一定程度的影响。

虽然物理清洗技术具有不引入新污染物质、清洗步骤简单的优点，但是清洗效果有一定的局限性。

（2）化学清洗

化学清洗技术是利用物理清洗难以去除的膜表面及孔内的污染物与清洗剂之间的多项反应来去除污染物质的。常用的清洗剂和杀菌剂，如盐酸、硫酸、硝酸、磷酸、草酸、柠檬酸、氢氟酸以及 NaOH、KOH 等都可用于膜组件的清洗。

由于物理清洗效果不能持久，并且在膜蒸馏方法应用于海水淡化及处理高盐废水时，通常会在膜表面形成结垢层，因此采用化学方法对疏水膜污染的清洗是非常必要的。但在化学清洗过程中，部分清洗药剂可能会对膜的疏水性能产生一定的影响。

6.6.2 电渗析过程中的膜污染[125-131]

6.6.2.1 膜污染成因

电渗析工程的长期运行中发现，离子交换膜的污染问题成为制约电渗析技术更广泛应用的一个瓶颈。因此，电渗析膜污染的成因和污染的防治，以及电渗析膜的清洗方法研究引起了重视。

电渗析装置在运行一段时间之后，离子交换膜的表面或内部易被堵塞，引起膜电阻增大，致使隔室水流阻力升高，从而影响交换容量和脱盐率，这种现象称为膜污染。在脱盐过程中会不可避免地有结垢物和污染物产生，按其成因，可分为如下 4 类。

① 电极反应产生的垢物。主要沉积于电极上和极室，可能的垢物有 $Ca(OH)_2$ 和 $CaSO_4$ 等。

② 极化导致膜上形成的垢物。极化使膜的浓水侧及内部形成 $Mg(OH)_2$、$MgCO_3$ 和 $CaSO_4$ 沉淀。实际运行中，由于倒极操作，膜的两侧及其内部均可能有上述沉淀形成。

③ 在浓水室因过饱和形成的垢物。在阴、阳膜浓水一侧，由于膜面处离子浓度大大超过溶液中离子浓度，容易造成阴、阳膜浓水侧因过饱和形成沉淀。沉淀种类随处理水质而定，可能的沉淀一般情况为 $CaCO_3$、$MgCO_3$ 和 $CaSO_4$。

④ 污染物。污染基本上是一种表面现象。大多数天然水由于含有腐殖酸盐、木质素、藻朊酸盐、烷基苯磺酸酯、硅酸盐和微生物等，因此容易在阴膜表面上形成一个污染层。此外，水中的其他游离悬浊物也可在阴、阳膜上形成污染。

膜上形成的垢物和污染物引起膜电阻增大，隔室水流阻力升高，破坏膜结构，影响交换容量和脱盐率，使电耗增大，达到一定程度时装置不能正常运行。电极反应产生的沉淀积累到一定程度逐渐堵塞水流通道，沉积在膜上达到一定程度之后装置不能正常运行。

6.6.2.2 膜污染控制

由于电渗析在工业条件下面对的物料往往组成复杂，如不采取相应的控制措施，很容易造成膜污染，进而影响电渗析的稳定运行和应用成本。目前有研究和应用的控制方法可分以下三类。

一是对进料进行预处理，去除进料中会造成膜污染的物质。电渗析器对进水有一定的要求，因此对于某些复杂料液必须采取有效的预处理，以达到膜组件进水的水质指标。预处理包括化学处理和物理处理。物理处理通常又包括预过滤和离心分离等。化学处理则包括调节料液 pH 值，使大分子或胶质污染物远离等电点，以减少凝胶层的形成；或加入絮凝剂进行预絮凝、预过滤；而二价离子，如 Ca^{2+}、Mg^{2+}等通过在大分子链上架桥可以形成沉淀，所以人们经常通过离子交换以去除多价离子。化学过程还包括沉淀、聚集、絮凝，或用专门的化学药品抗污或杀菌等。

二是对电渗析的操作条件、设备或离子交换膜进行优化，降低物料在电渗析过程中对离子交换膜的污染。

控制操作电流低于极限电流密度，尽可能提高膜面流速也有利于减缓膜污染。适当加厚电渗析器隔板厚度，并向隔室内导入空气泡，借助空气泡的搅拌和清洗作用将污染物质冲出隔室，可防止膜面沉积。此外，电渗析器采用脉冲电流后改变了膜两边的浓度变化规律，使沉淀不易产生，近几年对此法正在积极研究之中。传统的直流电是由含有过滤和调整电路的整流器产生的，而脉冲电是通过一个二极管由交流电产生的，使电流仅在一个方向流动。

膜污染后选择性下降（反离子迁移），电压降加速（膜表面电导减小）。因此已有很多关于评价膜抗污染的标准的研究，归纳一下主要有：a. 膜接触污染物后静态交换能力的改变；b. 膜选择性的降低；c. 膜电导的减小；d. 跨膜堆电压降的增大；e. 膜面电压降的加速。因此可通过膜表面修饰来增强膜的抗污染能力。但某些表面活性剂也能对膜造成污染，因此对用于表面修饰的表面活性剂的种类、性质及用量应该有一定的要求。即对于修饰物的选择应满足以下几点：a. 实用且无毒；b. 溶于水或其他溶剂，可把聚合电解质层附着在阴离子交换膜表面；c. 电荷基团能与膜表面间产生静电作用；d. 具有足够的电荷密度，以便能与大的有机阴离子产生静电排斥作用。

三是对污染膜的清洗。虽然前期的各种处理方法能有效降低膜的污染，但膜污染的现象仍然会发生，因此必须对膜进行清洗。

6.6.2.3 膜清洗

电渗析过程中膜清洗方法主要有下列两种。

（1）拆槽清洗

一般要将电渗析装置拆开，从中取出膜、隔板、电极等进行机械洗刷和酸洗。拆槽清洗非常麻烦，既费时间又有可能造成膜的机械损伤，所以一般主张不拆槽化学清洗。但是，对于某些垢物，特别是硫酸钙和其他污染物含量较高时，不拆槽化学清洗效果较差，不得不采取拆槽清洗。

（2）不拆槽化学清洗

不拆槽化学清洗通常用质量分数为 1%～2%的盐酸循环清洗，洗至酸度不再下降为止，一般要清洗 0.5～1h。盐酸可以溶解酸溶性物质，而且能够除去部分有机物和使水垢变疏松，便于冲去硫酸钙和污染物。

由于污染物多种多样，所以膜的清洗是一个复杂的操作过程，需根据污染膜上沉积物的特性，选择最经济和最有效的清洗剂和清洗方案。

清洗剂的选择还和膜材料的性质有关。选择清洗方案应考虑清洗设备的要求、膜的类型和清洗剂的相容性、系统的结构及材料、污染物的鉴定、对使用过的清洗液的排放条件及由此造成的影响等因素。表 6-10 列举了几种常见污染物及减少污染的方法。

表 6-10 电渗析过程中常见污染物及减少污染的方法

种类	描述	污染物	电荷性质	预防和清洗方法
水垢	难溶性盐的沉淀	碳酸钙，一水硫酸钙，硫酸钡，硫酸锶，二氧化硅	非电荷	减小回收率，调节 pH 值，用柠檬酸或乙二胺四乙酸（EDTA）清洗
胶体	悬浮物在膜表面的凝聚	二氧化硅，氢氧化亚铁，氢氧化铝，氢氧化铬	负电荷	微滤或超滤预处理，提高流速，减小回收率，调节 pH 值
有机物	有机物附着于膜表面	高分子，蛋白质，乳清，聚合电解质，腐殖酸，十二烷基硫酸钠，藻酸盐	负电荷	微滤或超滤预处理，活性炭预处理，用氢氧化钠清洗

[1] 殷峻，陈英旭. 膜生物反应器中的膜污染问题 [J]. 环境污染治理技术与设备，2001，2（3）：62-68.

[2] 王熹，王湛，杨文涛，等. 中国水资源现状及其未来发展方向展望 [J]. 环境工程，2014（7）：1-5.

[3] Koros W J，Ma Y H，Shimidzu T. Terminology for membranes and membrane processes（IUPAC Recommendations 1996）[J]. Pure and Applied Chemistry，1996，68（7）：1479-1489.

[4] 李春杰，何义亮，欧阳铭. 错流膜生物反应器水力清洗特性研究 [J]. 环境科学，1999，20（2）：58-61.

[5] 董亚帅. 膜污染及再生机理研究 [J]. 化工管理，2020（4）：90-91.

[6] 董秉直，王劲，喻瑶. 不同原水中膜污染物质的表征与确定 [J]. 环境科学学报，2014，34（5）：1157-1165.

[7] 郭春禹，原学贵，杨晓伟，等. 膜清洗技术应用研究 [C]. 第四届中国膜科学与技术报告会论文集，2010，26（12）：1-7.

[8] Meng F，Chae S R，Drews A，et al. Recent advances in membrane bioreactors （MBRs）：membrane fouling and membrane material[J]. Water Research，2009，43（6）：1489-1512.

[9] Vrouwenvelder J S，Kappelhof J W N M，Heijrnan S G J，et al. Tools for fouling diagnosis of NF and RO membranes and assessment of the fouling potential of feed water [J]. Desalination，2003.

[10] Al-Amoudi A S，Farooque A M. Performance restoration and autopsy of NF membranes used in seawater pretreatment [J]. Desalination，2005，178（1-3）：261-271.

[11] Bruggen B，Braeken L，Vandecasteele C. Flux decline in nanofiltration due to adsorption of organic compounds [J]. Separation & Purification Technology，2002，29（1）：23-31.

[12] 马琳，秦国彤. 膜污染的机理和数学模型研究进展 [J]. 水处理技术，2007，33（6）：1-4，17.

[13] 侯磊. 复合膜污染过程演变规律性研究及相应复合模型的建立 [D]. 北京：北京工业大学，2018.

[14] 杨志远，杨水金. 扫描电子显微镜在无机材料表征中的应用 [J]. 湖北师范学院学报：自然科学版，2015，35（4）：56-63.

[15] 陈木子，高伟建，张勇，等. 浅谈扫描电子显微镜的结构及维护 [J]. 分析仪器，2013（4）：91-93.

[16] 王振国，李正博. 浅谈常规扫描电子显微镜的使用 [J]. 分析仪器，2016（5）：75-78.

[17] 朱杰，孙润广. 原子力显微镜的基本原理及其方法学研究 [J]. 生命科学仪器，2005，3（1）：22-26.

[18] Lee S，Elimelech M. Relating organic fouling of reverse osmosis membranes to intermolecular adhesion forces [J]. Environmental Science & Technology，2006，40（3）：980-987.

[19] Li Q，Elimelech M. Organic fouling and chemical cleaning of nanofiltration membranes：measurements and mechanisms[J]. Environmental Science & Technology，2004，38（17）：4683-4693.

[20] Lawrence J R，Swerhone G，Leppard G G，et al. Scanning transmission X-Ray，laser scanning，and transmission electron microscopy mapping of the exopolymeric matrix of

microbial biofilms[J]. Applied & Environmental Microbiology, 2003, 69(9): 5543-5554.

[21] 张金山，谢冰，夏志先，等. 不同类型清洗剂对垃圾渗滤液 MBR 反应器膜污堵的清洗效果 [J]. 净水技术，2020，39（S2）：96-100.

[22] 赵新景. 膜生物反应器处理工业废水及膜污染控制研究 [J]. 山东化工，2020，49（18）：227-228.

[23] 许颖. 膜生物反应器工艺中膜污染因素及控制研究 [D]. 青岛：中国海洋大学，2013.

[24] 韩永萍，肖燕，宋蕾，等. MBR 膜污染的形成及其影响因素研究进展 [J]. 膜科学与技术，2013，33（01）：102-110.

[25] Kraume M，Wedi D，Schaller J，et al. Fouling in MBR：What use are lab investigations for full scale operation? [J]. Desalination，2009，236（1-3）：94-103.

[26] 班福忱，杨诗源. 水处理中超滤膜污染及其应对方式研究进展 [J]. 水处理技术，2021：1-5.

[27] Davies W J，Le M S，Heath C R. Intensified activated sludge process with submerged membrane microfiltration [J]. Water Science & Technology，1998，38（4-5）：421-428.

[28] 刘锐，黄霞. 一体式膜-生物反应器长期运行中的膜污染控制 [J]. 环境科学，2000，21（2）：58-614.

[29] Adham S，Gagliardo P，Boulos L，et al. Feasibility of the membrane bioreactor process for water reclamation [J]. Water ence & Technology，2001，43（10）：203-209.

[30] Qian Y. Appropriate process and technology for wastewater treatment and reclamation in China [J]. Water Science & Technology，2000，42（12）：107-114.

[31] 张鹤怀，石娟，刘玉洲，等. MBR 膜污染机理及影响因素 [J]. 绿色科技，2020（22）：86-87+90.

[32] Zhu T，Xie Y H，Jiang J，et al. Comparative study of polyvinylidene fluoride and PES flat membranes in submerged MBRs to treat domestic wastewater [J]. Water Science & Technology A Journal of the International Association on Water Pollution Research，2009，59（3）：399.

[33] 孟凡刚. 膜生物反应器膜污染行为的识别与表征 [D]. 大连：大连理工大学，2007.

[34] Delgado S，Villarroel R，González E. Effect of the shear intensity on fouling in submerged membrane bioreactor for wastewater treatment [J]. Journal of Membrane Science，2008，311（1-2）：173-181.

[35] Yamato N，Kimura K，Miyoshi T，et al. Difference in membrane fouling in membrane bioreactors （MBRs） caused by membrane polymer materials [J]. Journal of Membrane Science，2006，280（1-2）：911-919.

[36] Chang I S，Bag S O，Lee C H. Effects of membrane fouling on solute rejection during membrane filtration of activated sludge [J]. Process Biochemistry，2001，36（8-9）：855-860.

[37] 李康，王立国，苏保卫，等. 污泥形态变化对膜生物反应器处理性能及膜污染的影响 [J]. 水处理技术，2007（01）：57-97.

[38] 张传义，黄霞，王丽萍. 长期运行条件下膜-生物反应器的膜污染特性 [J]. 水处理技术，2005，31（5）：4.

[39] Su Y C，Huang C P，Lee H C，et al. Characteristics of membrane fouling in submerged

membrane bioreactor under sub-critical flux operation[J]. Water Science & Technology A Journal of the International Association on Water Pollution Research, 2008, 57(4): 601.
[40] Broeckmann A, Wintgens T, Schäfer A I. Removal and fouling mechanisms in nanofiltration of polysaccharide solutions [J]. Desalination, 2005, 178 (1-3): 149-159.
[41] Reif R, Suárez S, Omil F, et al. Fate of pharmaceuticals and cosmetic ingredients during the operation of a MBR treating sewage [J]. Desalination, 2008, 221 (1-3): 511-517.
[42] Suárez S, Carballa M, Omil F, et al. How are pharmaceutical and personal care products (PPCPs) removed from urban wastewaters? [J]. Reviews in Environmental Science and Bio/Technology, 2008, 7 (2): 125-138.
[43] 施龙. 处理制药废水的MBR膜组件性能研究 [D]. 郑州：郑州大学，2013.
[44] 邹联沛，王宝贞，张捍民. 膜生物反应器中膜的堵塞与清洗的机理研究 [J]. 给水排水，2000，26 (9): 73-75.
[45] Li X, Chu H. Membrane bioreactor for the drinking water treatment of polluted surface water supplies [J]. Water Research, 2003, 37 (19): 4781-4791.
[46] 陆继来，刘舒华，张敏健，等. 污泥浓度对MBR混合液特性及膜污染的影响 [J]. 中国给水排水，2014，30 (09): 92-95.
[47] Tian J Y, Liang H, Nan J, et al. Submerged membrane bioreactor (sMBR) for the treatment of contaminated raw water[J]. Chemical Engineering Journal, 2009, 148(2-3): 296-305.
[48] 高元，李绍峰，陶虎春. MBR污泥混合液特性变化及膜污染关系研究 [J]. 环境工程学报，2011，5 (1): 28-32.
[49] 周军，刘云，张宏忠，等. 聚偏氟乙烯膜的Fenton氧化改性研究 [J]. 化工新型材料，2008，36 (002): 30-32.
[50] Stephenson T, Judd S, Jefferso B, et al. 膜生物反应器污水处理技术 [M]. 张树国，李咏梅译. 北京：化学工业出版社，2003.
[51] 秦赏，陈学民，伏小勇，等. 一体式膜生物反应器膜污染影响因素研究 [J]. 环境科学与管理，2009，34 (10): 93-96.
[52] 吕炳南，董春娟. 污水好氧处理新工艺 [M]. 哈尔滨：哈尔滨工业大学出版社，2007.
[53] 罗曦，雷中方，张振亚，等. 好氧/厌氧污泥胞外聚合物 (EPS) 的提取方法研究 [J]. 环境科学学报，2005，25 (12): 1624-1629.
[54] 李盈利，孙宝盛，臧倩，等. 曝气方式对一体式膜生物反应器运行特性的影响 [J]. 中国给水排水，2007，23 (7): 4.
[55] 金晓辉，胡建英，万祎，等. 多环芳烃在饮用水处理中的行为研究 [J]. 中国给水排水，2005，21 (7): 14-16.
[56] Ross G J, Watts J F, Hill M P, et al. Surface modification of poly (vinylidene fluoride) by alkaline treatment1. The degradation mechanism [J]. Polymer, 2000, 41 (5): 1685-1696.
[57] 谢杰. 活性污泥性质对MBR膜污染影响机理及膜清洗剂研究进展 [J]. 广东化工，2018，45 (20): 113-114，122.
[58] Zuo D Y. A study on submerged rotating MBR for wastewater treatment and membrane cleaning [J]. The Korean journal of chemical engineering, 2010.

[59] 黄霞，莫罹．MBR 在净水工艺中的膜污染特征及清洗［J］．中国给水排水，2003．
[60] 吕晓龙．连续微滤技术的研究［J］．膜科学与技术，2003，23（4）：8-12．
[61] 刘忠洲，续曙光．微滤、超滤过程中的膜污染与清洗［J］．水处理技术，1997，23（4）：3-9．
[62] 吕建国，王文正．连续微滤与废水资源利用［J］．甘肃环境研究与监测，2003，16（1）：52-53，63．
[63] 刘晓华．微滤膜的污染与清洗保养［J］．酿酒科技，2005，000（002）：113-114．
[64] 王萍，朱宛华．膜污染与清洗［J］．合肥工业大学学报：自然科学版，2001，24（2）：230-233．
[65] 荣玥，田银香，张培．纳滤膜及其清洗技术［J］．清洗世界，2013（8）：29-32．
[66] 刘昌胜，邬行彦，潘德维，等．膜的污染及其清洗［J］．膜科学与技术，1996，16（2）：25-30．
[67] Zhu Y，Xie W，Zhang F et al．Superhydrophilic in-situ-cross-linked zwitterionic polyelectrolyte/ PVDF-blend membrane for highly efficient oil/water emulsion separation［J］．Acs Applied Materials & Interfaces，2017，9（11）：9603-9613．
[68] Shi Q，Meng J Q，Xu R S，et al．Synthesis of hydrophilic polysulfone membranes having antifouling and boron adsorption properties via blending with an amphiphilic graft glycopolymer［J］．Journal of Membrane Science，2013，444：50-59．
[69] 贾倩，相波，李义久．纳米壳聚糖改性 PVDF 微滤膜抗污染性能的研究［J］．膜科学与技术，2012，32（5）：63-67．
[70] Gz A，Jw B，Kr A，et al．Modification of hydrophobic commercial PVDF microfiltration membranes into superhydrophilic membranes by the mussel-inspired method with dopamine and polyethyleneimine［J］．Separation and Purification Technology，2019，212：641-649．
[71] Tao Y，Meng J，Hao T，et al．A Scalable method toward superhydrophilic and underwater superoleophobic PVDF membranes for effective oil/water emulsion separation［J］．Acs Applied Materials & Interfaces，2015，7（27）．
[72] Wang X，Wang Z，Wang Z，et al．Tethering of hyperbranched polyols using PEI as a building block to synthesize antifouling PVDF membranes［J］．Applied Surface Science，2017，419（oct．15）：546-556．
[73] Le H，Yong Z T，Chen X，et al．Zwitterionic grafting of sulfobetaine methacrylate （SBMA） on hydrophobic PVDF membranes for enhanced anti-fouling and anti-wetting in the membrane distillation of oil emulsions［J］．Journal of Membrane Science，2019，588：117196．
[74] 张博丰，马世虎．超/微滤膜的膜污染与膜清洗研究［J］．供水技术，2009（6）：4．
[75] 乔智惠，周文凡，季国旺．微滤膜的污染与清洗［C］．2014 中国水处理技术研讨会暨第 34 届年会，2014．
[76] 李璟，吕晓龙，马世虎，等．连续微滤装置的清洗工艺［J］．化工环保，2005，25（5）：4．
[77] Liikanen R，Yli-Kuivila J，Laukkanen R．Efficiency of various chemical cleanings for nanofiltration membrane fouled by conventionally-treated surface water［J］．Journal of

Membrane Science，2002，195（2）：265-276.
[78] Zhang G，Liu Z. Membrane fouling and cleaning in ultrafiltration of wastewater from banknote printing works [J]. Journal of Membrane Science，2003，211（2）：235-249.
[79] 许斐，王建军，李桂芳，等. 纳滤膜污染形成与控制研究进展 [J]. 城镇供水，2019（6）：7.
[80] Zazouli M A，Nasseri S，Ulbricht M. Fouling effects of humic and alginic acids in nanofiltration and influence of solution composition [J]. Desalination，2010，250（2）：688-692.
[81] Wang J，Li K，Yu D，et al. Comparison of NF membrane fouling and cleaning by two pretreatment strategies for the advanced treatment of antibiotic production wastewater [J]. Water Science and Technology，2016，73（9）：2260.
[82] Graham S I，Reitz R L，Hickman C. Improving reverse osmosis performance through periodic cleaning [J]. Desalination，1989，74（none）：113-124.
[83] 魏源送，王健行，岳增刚，等. 纳滤膜技术在废水深度处理中的膜污染及控制研究进展 [J]. 环境科学学报，2017，37（1）：10.
[84] 宋跃飞，徐佳，高从堦，等. 纳滤海水软化过程中膜污染的研究进展 [J]. 水处理技术，2010，36（10）：7.
[85] 罗敏，王占生，候立安. 纳滤膜污染的分析与机理研究 [J]. 水处理技术，1998，24（6）：6.
[86] 张国俊，刘忠洲. 膜过程中膜清洗技术研究进展 [J]. 水处理技术，2003，29（4）：4.
[87] 康永，胡肖勇. 膜污染机理与化学清洗方式研究 [J]. 清洗世界，2012，28（2）：6.
[88] 刘蕊，班允赫，孙大为，等. 纳滤膜污染机理及清洗技术 [J]. 辽宁化工，2014（11）：3.
[89] Weng X D，Ji Y L，Ma R，et al. Superhydrophilic and antibacterial zwitterionic polyamide nanofiltration membranes for antibiotics separation [J]. Journal of Membrane Science，2016：122-130.
[90] Macielag M J，Bush K，Weidner-Wells M A. Antibacterial agents，overview [J]. Kirk-Othmer Encyclopedia of Chemical Technology，2003.
[91] Zhang Y，Wan Y，Shi Y，et al. Facile modification of thin-film composite nanofiltration membrane with silver nanoparticles for anti-biofouling [J]. Journal of Polymer Research，2016，23：105.
[92] You M，Li W，Pan Y，et al. Preparation and characterization of antibacterial polyamine-based cyclophosphazene nanofiltration membranes [J]. Journal of Membrane Science，2019，592：117371.
[93] Elimelech M. Fouling of reverse osmosis membranes by hydrophilic organic matter：implications for water reuse [J]. Desalination，2006，187（1）：313-321.
[94] 张学旭. 反渗透系统的污染及清洗技术研究 [J]. 石油化工设计，2014（1）：4.
[95] 莘仲明，郭凌云. 反渗透系统膜污染现状及解决方法 [J]. 聚氯乙烯，2014，42（8）：40-43.
[96] Jenkins M，Tanner M B. Operational experience with a new fouling resistant reverse

osmosis membrane [J]. Desalination，1998，119（1-3）：243-249.

[97] Jiang S，Li Y，Ladewig B P. A review of reverse osmosis membrane fouling and control strategies [J]. Science of the Total Environment，2017，595：567.

[98] 张鑫．反渗透系统膜污堵原因分析及清洗方法研究 [D]．北京：华北电力大学．

[99] 周军，杨艳琴，张宏忠，等．反渗透膜污染及其清洗的研究 [J]．过滤与分离，2007，17（1）：5.

[100] 崔彦杰，李鸥，王丁．超声波清洗膜污染技术的研究进展 [J]．清洗世界，2016（6）：37-40.

[101] 靖大为，江海，仲怀明，等．反渗透膜清洗过程中的污染评价 [J]．净水技术，2007，26（6）：15-18，50.

[102] 张艳，马宁，张智．膜污染及其清洗方法研究进展 [J]．中国给水排水，2016，32（12）：26-29.

[103] Susanto H，Ulbricht M. Photografted thin polymer hydrogel layers on PES ultrafiltration membranes：Characterization，stability，and influence on separation performance [J]. Langmuir，2007，23（14）：7818-7830.

[104] Al-Amoudi A Lovitt R W. Fouling strategies and the cleaning system of NF membranes and factors affecting cleaning efficiency [J]. Journal of Membrane Science，2007，303（1-2）：4-28.

[105] Li D，Wang H. Recent developments in reverse osmosis desalination membranes [J]. Journal of Materials Chemistry，2010，20（22）：4551-4566.

[106] Zhang Q，Zhang C，Xu J，et al. Effect of poly（vinyl alcohol） coating process conditions on the properties and performance of polyamide reverse osmosis membranes [J]. Desalination，2016，379：42-52.

[107] Lang K，Sourirajan S，Matsuura T，et al. A study on the preparation of polyvinyl alcohol thin-film composite membranes and reverse osmosis testing [J]. Desalination，1996，104（3）：185-196.

[108] Zhou Y，Yu S，Gao C，et al. Surface modification of thin film composite polyamide membranes by electrostatic self deposition of polycations for improved fouling resistance [J]. Separation & Purification Technology，2009，66（2）：287-294.

[109] Ni L，Meng J，Li X，et al. Surface coating on the polyamide TFC RO membrane for chlorine resistance and antifouling performance improvement [J]. Journal of Membrane Science，2014，451：205-215.

[110] Karkhanechi H，Takagi R，Matsuyama H. Biofouling resistance of reverse osmosis membrane modified with polydopamine [J]. Desalination，2014，336：87-96.

[111] Meng J，Cao Z，Ni L，et al. A novel salt-responsive TFC RO membrane having superior antifouling and easy-cleaning properties [J]. Journal of Membrane Science，2014，461：123-129.

[112] You M，Wang P，Xu M，et al. Fouling resistance and cleaning efficiency of stimuli-responsive reverse osmosis （RO） membranes [J]. Polymer，2016，103（26）：457-467.

[113] Wagner E，Sagle A C，Sharma M M，et al. Surface modification of commercial polyamide desalination membranes using poly（ethylene glycol） diglycidyl ether to enhance

membrane fouling resistance [J]. Journal of Membrane Science, 2011, 367 (1-2): 273-287.
[114] Pan Y, Ma L, Lin S, et al. One-step bimodel grafting via multicomponent reaction toward antifouling and antibacterial TFC RO membranes[J]. Journal of Materials Chemistry A, 2016, 4: 15945-15960.
[115] Zou L, Vidalis I, Steele D, et al. Surface hydrophilic modification of RO membranes by plasma polymerization for low organic fouling[J]. Journal of Membrane Science, 2011, 369 (1-2): 420-428.
[116] Yang R, Xu J, Ozaydin-Ince G, et al. Surface-Tethered Zwitterionic Ultrathin Antifouling Coatings on Reverse Osmosis Membranes by Initiated Chemical Vapor Deposition [J]. Chemistry of Materials, 2011, 23 (5): 1263-1271.
[117] Xie Z, Duong T, Hoang M, et al. Ammonia removal by sweep gas membrane distillation [J]. Water Research, 2009, 43 (6): 1693-1699.
[118] Ca Bassud C, Wirth D. Membrane distillation for water desalination: How to chose an appropriate membrane? [J]. Desalination, 2003, 157 (1): 307-314.
[119] 张新妙，刘正，赵鹏. 膜蒸馏技术在石化废水处理领域的应用进展 [J]. 化工环保，2009，29（1）：35-38.
[120] 张新妙，杨永强，王玉杰. 膜蒸馏过程的膜污染防控研究 [J]. 现代化工，2015（9）：148-151，153.
[121] 王畅. 海水直接接触式膜蒸馏过程的通量与污染研究 [D]. 天津：天津大学，2008.
[122] 崔彦杰，田晶，李鸥. 膜蒸馏技术应用及清洗方法研究进展 [J]. 清洗世界，2016（7）：33-37.
[123] 刘杨，高薇，武春瑞，等. 工业循环水膜蒸馏过程中的膜污染控制方法研究 [J]. 水处理技术，2012，38（12）.
[124] 李维斌，沈鑫，胡瑞，等. 膜蒸馏在废水处理中的应用及膜污染控制进展 [J]. 现代化工，2021，41（1）：19-23.
[125] 任洪艳，丛威. 电渗析中的膜污染及其控制方法研究进展 [J]. 现代化工，2007，27（7）：5.
[126] 李长海，党小建，张雅潇. 电渗析技术及其应用 [J]. 电力科技与环保，2012，28（4）：27-30.
[127] 曹刚，何绪文. 电渗析膜污染的成因及控制方法研究现状 [J]. 黑龙江科技信息，2015（18）：43.
[128] Park J S, Lee H J, Choi S J, et al. Fouling mitigation of anion exchange membrane by zeta potential control [J]. Journal of Colloid and Interface Science, 2003, 259 (2): 293-300.
[129] Lee H J, Moon S H, Tsai S P. Effects of pulsed electric fields on membrane fouling in electrodialysis of NaCl solution containing humate [J]. Separation and Purification Technology, 2002, 27 (2): 89-95.
[130] 杨晓伟，王丁，齐麟，等. 电渗析膜污染与清洗技术研究进展 [J]. 清洗世界，2015，31（3）：23-26.
[131] 陈平. 电渗析中的膜垢膜污染的防止与清洗 [J]. 膜科学与技术，2000.

附录

附录 1 柱式中空纤维膜组件

（HG/T 5111—2016）

1 范围

本标准规定了柱式中空纤维膜组件的术语和定义、型号与命名，要求，试验方法，检验规则以及标志、合格证、使用说明书、包装、运输和贮存。

本标准适用于微滤和超滤柱式中空纤维膜组件的科研、生产、设计和使用。

2 规范性引用文件

下列文件对于本文件的应用是必不可少的。凡是注日期的引用文件，仅注日期的版本适用于本文件。凡是不注日期的引用文件，其最新版本(包括所有的修改单)适用于本文件。

GB/T 191 包装储运图示标志(mod ISO 780：1997)

GB/T 2828.1 计算抽样检验程序 第 1 部分：按接收质量限（AQL）检索的逐批检验抽样计划(idt ISO 2859-1:1999)

GB 5749 生活饮用水卫生标准

GB/T 9174 一般货物运输包装通用技术条件

GB/T 9969 工业产品使用说明书 总则

GB/T 13306 标牌

GB/T 14436 工业产品保证文件 总则

GB/T 17219 生活饮用水输配水设备及防护材料卫生安全评价规范

GB/T 20103—2006 膜分离技术 术语

GB/T 20502 膜组件及装置型号命名

HY/T 050 中空纤维超滤膜测试方法

HY/T 061 中空纤维微滤膜组件

JB/T 5995 工业产品使用说明书 机电产品使用说明书编写规定

3 术语和定义

GB/T 20103—2006 界定的以及下列术语和定义适用于本文件。为了便于使用，以下重复列出了 GB/T 20103—2006 中的某些术语和定义。

3.1

柱式中空纤维膜组件　cylinder hollow fiber membrane module

由中空纤维膜丝、内连接件、端盖、密封件及壳体等组成的柱状器件。

3.2

外置柱式中空纤维膜组件　shelled cylinder hollow fiber membrane module

柱式中空纤维膜组件外置于过滤液外，在压力驱动下使待过滤液从中空纤维膜的一侧渗透至另一侧，达到分离和过滤的目的。按进水方向的不同又分为外压柱式中空纤维膜组件和内压柱式中空纤维膜组件。

3.3

浸入柱式中空纤维膜组件　immerge cylinder hollow fiber membrane module

柱式中空纤维膜组件完全浸没在待过滤液中，在真空驱动下使待过滤液从中空纤维膜的外侧渗透至内侧，达到分离和过滤的目的。

3.4

通量　flux

单位时间单位膜面积透过组分的量。

[GB/T 20103—2006，定义 2.1.33]

3.5

超滤　ultrafiltration，UF（缩写）

以压力为驱动力分离相对分子质量范围为几百至几百万的溶质和微粒的过程。

[GB/T 20103—2006，定义 5.2.1]

3.6

微滤　microfiltration，MF（缩写）

以压力为驱动力分离 0.01μm 至数微米的微粒的过程。

[GB/T 20103—2006，定义 5.2.2]

3.7

压力衰减速率　pressure decay rate

压力衰减速率是膜组件完整性的表征。关系式如下：

$$Q_d = \frac{p_e - p_0}{t} \tag{1}$$

式中　Q_d——压力衰减速率的数值，kPa/min；

p_0——测试结束时的检测压力的数值，kPa；

p_e——测试开始时的检测压力的数值，kPa；

t——测试时间的数值，min，一般取 3~10min。

4 型号与命名

4.1 型号构成

柱式中空纤维膜组件的型号由膜组件类别代号、型式代号、操作方式代号、外形尺寸、膜材质代号五部分构成。其中操作方式代号、外形尺寸、膜材质代号间用连字符“-”连接。

五部分的表述格式为：

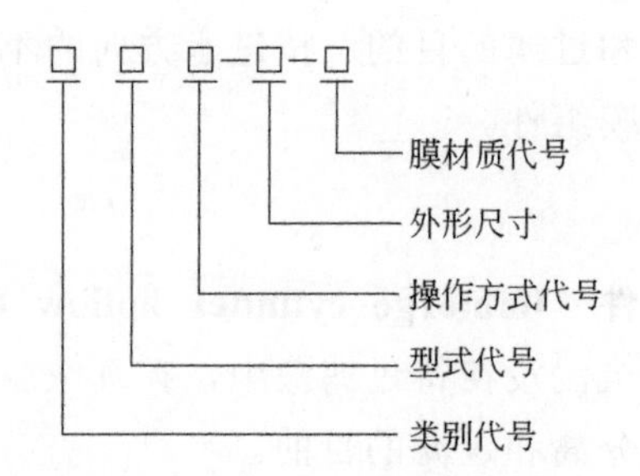

4.2 类别分类

柱式中空纤维膜组件的类别按 GB/T 20502 的规定编写，分为：微滤和超滤。其类别代号由该膜英文名称大写的缩写字母表示，具体表示见表 1。

表 1 组件类别代号

类别名称	类别代号
微滤	MF
超滤	UF

4.3 型式代号

柱式中空纤维膜组件型式代号用汉语拼音首字母“Z”表示。

4.4 操作方式分类

柱式中空纤维膜组件的操作方式分为：外压柱式中空纤维膜组件、内压柱式中空纤维膜组件、浸入柱式中空纤维膜组件。其代号由该组件汉语拼音首字母表示，具体表示见表 2。

表 2 柱式中空纤维膜组件操作方式代号

名称	操作方式代号
外压柱式中空纤维膜组件	W
内压柱式中空纤维膜组件	N
浸入柱式中空纤维膜组件	J

4.5 外形尺寸

柱式中空纤维膜组件的外形尺寸按 GB/T 20502 的规定编写，组件外形尺寸以“外径×长度”表示，单位为 mm，取整数。

4.6 膜材质代号

柱式中空纤维膜组件的膜材质代号由膜材质英文名称大写的缩写字母表示。常用膜材质代号的具体表示见表 3。

表 3 柱式中空纤维膜组件常用膜材质代号

膜材质	膜材质代号
醋酸纤维素	CA
聚酰胺	PA
聚丙烯腈	PAN
聚乙烯	PE
聚醚砜	PES
聚酯	PET
聚丙烯	PP
聚砜	PS
聚乙烯醇	PVA
聚氯乙烯	PVC
聚偏氟乙烯	PVDF
聚四氟乙烯	PTFE
磺化聚砜	SPS
磺化聚醚砜	SPES

4.7 组件型号命名示例

UFZW-254×1524-PVC

表示外压柱式中空纤维聚氯乙烯超滤膜组件，膜组件外形尺寸为外径 254mm、长度 1524mm。

5 要求

5.1 外观

组件外观应光洁平整，无损伤、污染、锈蚀等缺陷。

5.2 外形尺寸

5.2.1 外置柱式中空纤维膜组件

常见外置柱式中空纤维膜组件结构如图 1 所示，各尺寸公差应符合表 4 的规定。

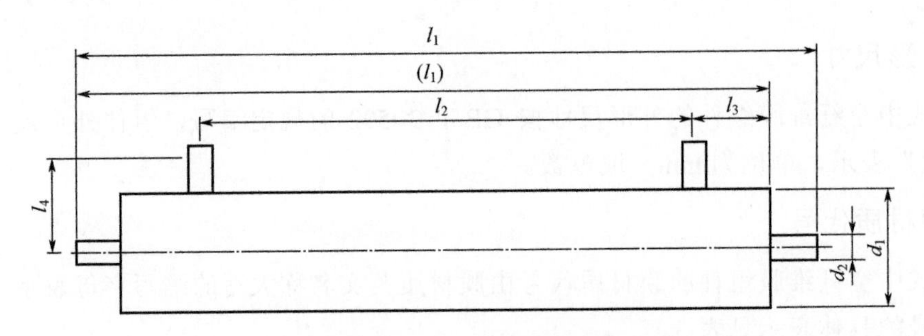

图 1 常见外置柱式中空纤维膜组件结构示意

l_1/(l_1)—膜组件总长；l_2—接口间距；l_3—接口位置尺寸；l_4—接口位置尺寸；d_1—外壳直径；d_2—接口直径

表 4 常见外置柱式中空纤维膜组件尺寸公差

单位：mm

规格		尺寸公差
尺寸	l_1	±3.0
	l_2	±2.0
	l_3	±1.0
	l_4	±1.0
	d_1	±1.0
	d_2	±0.5

5.2.2 浸入柱式中空纤维膜组件

常见浸入柱式中空纤维膜组件结构如图 2 所示，各尺寸公差应符合表 5 的规定。

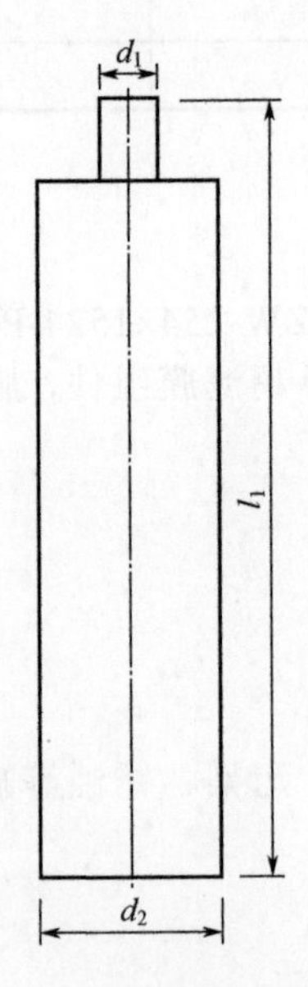

图 2 常见浸入柱式中空纤维膜组件结构示意

d_1—接口外径；d_2—外形外径；l_1—膜组件总长

表 5　常见浸入柱式中空纤维膜组件尺寸公差

单位：mm

规格		尺寸公差
尺寸	l_1	±3.0
	d_1	±0.5
	d_2	±1.0

5.3　通量

在标准测试条件下，柱式中空纤维膜组件的通量应不低于其标称值。常见柱式中空纤维膜组件的通量的标称值见表 6。

表 6　常见柱式中空纤维膜组件的通量

组件类别	标准测试条件	通量/［L/（m^2·h）］
外置柱式中空纤维超滤膜组件	0.1MPa 测试压力（表压），测试用水（符合 GB 5749 要求的自来水，水温 25.0℃± 1.0℃），稳定运行 0.5h。	100
外置柱式中空纤维微滤膜组件	0.1MPa 测试压力（表压），测试用水（符合 GB 5749 要求的自来水，水温 25.0℃±1.0℃），稳定运行 0.5h。	150
浸入柱式中空纤维超滤膜组件	-0.05MPa 测试压力（表压），测试用水（符合 GB 5749 要求的自来水，水温 25.0℃±1.0℃），稳定运行 0.5h。	40
浸入柱式中空纤维微滤膜组件	-0.05MPa 测试压力（表压），测试用水（符合 GB 5749 要求的自来水，水温 25.0℃±1.0℃），稳定运行 0.5h。	50

5.4　膜组件完整性

每支柱式中空纤维膜组件在其标称的检测压力下应完整性良好。用压力衰减法测试膜组件完整性，压力衰减速率临界值为 5kPa/min，如果压力衰减速率小于此临界值则膜组件完整性良好，如果压力衰减速率大于此临界值则膜组件存在完整性缺陷。

5.5　卫生安全评价

柱式中空纤维膜组件用于生活饮用水处理时，组件整体卫生安全应符合 GB/T 17219 的要求。

6　试验方法

6.1　外观检验

用目测的方法检测柱式中空纤维膜组件的外观，其检测结果应符合 5.1 的相关要求。

6.2　外形尺寸测量

外径尺寸用游标卡尺（精度 0.02mm）测量，长度尺寸用卷尺（精度 1mm）测量，其检测结果应符合 5.2 的相关要求。

6.3 通量检测

在 5.3 的测试条件下，柱式中空纤维膜组件的通量按如下规定检测，其检测结果应符合 5.3 的相关要求：

a．柱式中空纤维微滤膜组件的通量的检测按照 HY/T 061 的规定执行；

b．柱式中空纤维超滤膜组件的通量的检测按照 HY/T 050 的规定执行。

6.4 膜组件完整性检测

6.4.1 膜组件完整性检测装置

完整性检测装置如图 3 所示。

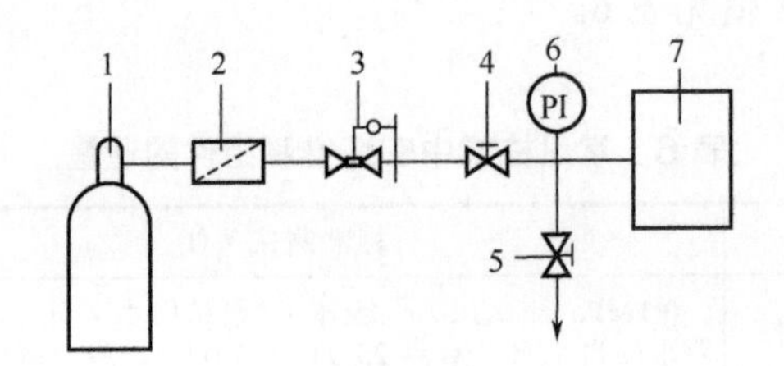

图 3　柱式中空纤维膜组件完整性检测装置

1—压缩空气；2—气体过滤器；3—减压阀；4—进气阀；

5—排气阀；6—压力表；7—膜组件

6.4.2 检测方法

用压力衰减法测试。外压柱式中空纤维膜组件、内压柱式中空纤维膜组件、浸入柱式中空纤维膜组件的检测方法如下。

6.4.2.1 外置（外压、内压）柱式中空纤维膜组件的检测方法

调整完整性检测装置的压缩空气输出压力至设定的检测气压，保持膜组件内中空纤维膜完全湿润。将膜组件连接到完整性检测装置中，确保管路连接良好。沿中空纤维膜过滤方向，从膜组件原液进口输入检测气压，膜组件滤过液出口保持开放、其他接口关闭。当膜组件内气压达到规定的检测气压时关闭进气阀，开始保压计时 t min，此过程中记录保压开始时的检测压力 p_e 和保压结束时的检测压力 p_0，计算压力衰减速率。检测结束后打开排气阀，排空膜组件内气压，检测完成。

6.4.2.2 浸入柱式中空纤维膜组件的检测方法

调整完整性检测装置的气源输出压力至设定的检测气压，保持膜组件完全浸没于检测水池的液位以下。从膜组件滤过液出口输入检测气压。当膜组件内气压达到规定的检测气压时，关闭进气阀，开始保压计时 t min，此过程中记录保压开始时的检测压力 p_e 和保压结束时的检测压力 p_0，计算压力衰减速率。检测结束后打开排气阀，排空膜组件内气压，检测完成。

6.5 卫生安全评价试验

柱式中空纤维膜组件的卫生安全评价试验应按照 GB/T 17219 的相关规定执行，其检测结果应符合 5.5 的相关要求。

7 检验规则

7.1 检验分类

产品检验分出厂检验和型式检验。

7.2 出厂检验

7.2.1 出厂检验项目

柱式中空纤维膜组件应经制造厂质量检验部门检验合格并附有质量检验合格证书、使用说明书、产品保修卡等后方可出厂。出厂检验项目见表 7。

表 7　出厂检验项目

项目	要求	试验方法	检验方式
外观	5.1	6.1	全检
外形尺寸	5.2	6.2	全检
膜组件完整性	5.4	6.4	全检
标志、合格证、使用说明书	8.1～8.3	目测	全检

7.2.2 组批原则

出厂检验的组批、抽样方案按 GB/T 2828.1 的规定进行，其中检验水平和接收质量上限 AQL 值由制造企业根据自身的控制需要或按供需双方协商确定。

7.2.3 判定规则

检验各项目结果全部符合本标准要求，则判定该产品为合格品。检验各项目结果中如有不合格项，从原批产品中加倍抽取样品，对不合格项目进行复检，如仍有不合格项，则判定该批产品不合格。

7.3 型式检验

当出现下列条件之一时，应进行型式检验；

a．新产品或老产品转厂生产的试制鉴定；

b．正式生产后，如设计、材料、工艺、结构有较大改变，可能影响产品性能时；

c．正常批量生产时，每年进行一次型式检验；

d．产品停产半年以上恢复生产时；

e．出厂检验结果与上次型式检验结果有较大差异时；

f. 国家质量监督机构提出进行型式检验要求时。

7.3.1 型式检验项目

型式检验项目见表 8。

表 8 型式检验项目

项目	要求	试验方法	检验方式
外观	5.1	6.1	全检
外形尺寸	5.2	6.2	全检
通量	5.3	6.3	全检
膜组件完整性	5.4	6.4	全检
卫生安全要求	5.5	6.5	全检
标志、合格证、使用说明书	8.1～8.3	目测	全检

7.3.2 抽样原则

型式检验的样品应从出厂检验合格的产品中随机抽样，每 50 支抽取 4 支。

8 标志、合格证、使用说明书、包装、运输和贮存

8.1 标志

每支柱式中空纤维膜组件应有产品铭牌、警告标志、合格证等。

其中铭牌应符合 GB/T 13306 的规定，并标明下列内容：

a. 制造厂厂名及原产地；

b. 商标；

c. 产品名称、型号和规格；

d. 操作压力和使用温度；

e. 生产日期或批号；

f. 执行标准编号。

8.2 合格证

产品出厂应有合格证。

产品合格证的编写应符合 GB/T 14436 的规定，其内容应包括：

a. 产品名称；

b. 生产厂名称、地址；

c. 检验日期；

d. 检验员标识。

8.3 使用说明书

使用说明书的内容应符合 GB/T 9969 和 JB/T 5995 的要求，其主要内容应至少包括：

a．产品名称、型号；

b．生产厂名称、地址；

c．商标；

d．执行标准编号：

e．产品使用性能、安全性能概况，以及产品结构、部件介绍；

f．产品的主要参数和主要性能；

g．运输、贮存条件；

h．安放、组装说明；

i．使用方法；

j．维护、保养事项；

k．注意事项；

l．售后服务。

8.4 包装

产品包装应符合 GB/T 9174 的要求。

包装上应包括如下标注：

a．制造厂厂名、厂址、联系电话、邮编；

b．商标；

c．产品名称、型号；

d．产品数量；

e．执行标准编号；

f．制造日期或生产批号；

g．体积（长×宽×高，mm）、净重（kg）、毛重（kg）；

h．符合 GB/T 191 要求的“怕雨”“易碎物品”“堆码层数极限”等包装储运图示标志；

i．条形码。

8.5 运输

在运输和装卸过程中，应轻拿、轻放，防止产品被碰撞、划伤和损坏，防止产品被雨淋袭。

8.6 贮存

产品应存放在通风、干燥、周围无腐蚀性气体的仓库中，贮存温度应为 5～40℃，防止发霉。

附录2　反渗透膜测试方法
（GB/T 32373—2015）

1　范围

本标准规定了平板反渗透膜厚度均匀性、脱盐率、水通量、脱盐层完整性和耐压性能的测试方法。

本标准适用于平板反渗透膜的测试，其他形式的反渗透膜可参考执行。

2　规范性引用文件

下列文件对于本文件的应用是必不可少的。凡是注日期的引用文件，仅注日期的版本适用于本文件。凡是不注日期的引用文件，其最新版本（包括所有的修改单）适用于本文件。

GB/T 5750.4　生活饮用水标准检验方法　感官性状和物理指标

GB/T 6672　塑料薄膜和薄片厚度测定　机械测量法

GB/T 6908　锅炉用水和冷却水分析方法　电导率的测定

GB/T 20103—2006　膜分离技术　术语

3　术语和定义

GB/T 20103—2006 界定的以及下列术语和定义适用于本文件。为了便于使用，以下重复列出了 GB/T 20103—2006 中的相关术语和定义。

3.1

平板膜　flat membrane

外型为平板或纸片状的膜。

注：平板膜通常具有支撑层（如无纺布），用于制备板框式、折叠式和螺旋卷式膜元件。

［GB/T 20103—2006，定义 2.1.27］

3.2

脱盐率　salt rejection

表示脱除给料液盐量的能力，用百分比表示。

注：改写 GB/T 20103—2006，定义 2.2.11。

3.3

水通量　water flux

在一定操作条件下，单位膜面积单位时间透过水的量。

3.4

溶解性总固体　total dissolved solids；TDS

经过过滤的水样，在规定条件下蒸干水分后留下的物质（即水中的溶盐、有机物和胶体物质的总量）。

注：当水中有机物含量较少时可近似表示总含盐量，单位为mg/L。

[GB/T 20103—2006，定义 2.3.7]

3.5

反渗透膜　reverse osmosis membrane

用于反渗透过程使溶剂与溶质分离的半透膜。

[GB/T 20103—2006，定义 4.1.1]

3.6

脱盐层　desalting layer

膜表面对离子起截留作用的超薄皮层。

3.7

有效膜面积　effective membrane area

与给料液直接接触起到分离作用的膜面积。

4　厚度均匀性测试

4.1　仪器

薄膜厚度测量仪：精度为1μm，测定压力应小于2.5N/cm^2。

圆盘取样器：取样面积为100cm^2。

4.2　测试步骤

测试步骤如下：

a．用圆盘取样器在同一样品（面积不小于500cm^2）上等距离切取3个圆片状试样作为一组试样，试样应无折皱、破损等明显缺陷。

b．将试样在温度为25℃±2℃，相对湿度为（50±5）%的环境条件下放置12h后进行测试。

c．按照GB/T 6672的方法进行测量，每组测试3个试样。测量时应将薄膜厚度测量仪的测量头缓慢，平稳放下，避免试样变形。

d．每个试样的测试点为8个，且均匀分布，测试点与试样边缘之间的距离在10mm～20mm，试样测试点分布示意见图1。

e．计算样品的平均厚度、厚度最大偏差和厚度相对偏差。

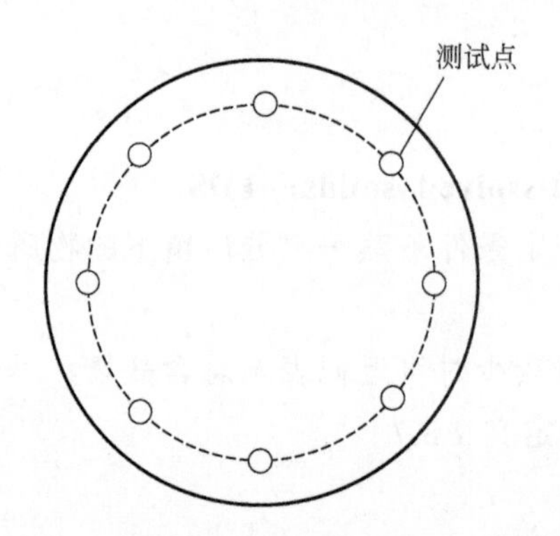

图 1　试样厚度测试点分布示意图

4.3　数据处理

4.3.1　膜的厚度均匀性

膜的厚度均匀性以 3 个试样上所有测试点中的厚度最大偏差以及厚度相对偏差表示。

4.3.2　平均厚度

样品的平均厚度按式（1）计算：

$$\overline{d} = \sum_{i=1}^{n} d_i / n \tag{1}$$

式中　$\overline{d}$ ——样品的平均厚度，μm；

d_i ——3 个试样上第 i 个测试点的厚度测量值，μm；

n——3 个试样测试点总数。

4.3.3　厚度最大偏差

样品的厚度最大偏差（Δd）按式（2）计算：

$$\Delta d = d_{\max} - d_{\min} \tag{2}$$

式中　Δd——样品的厚度最大偏差，μm；

$d_{\max}$ ——3 个试样中厚度最大值，μm；

$d_{\min}$ ——3 个试样中厚度最小值，μm。

4.3.4　厚度相对偏差

样品的厚度相对偏差（σ）按式（3）计算：

$$\sigma = \frac{\sum_{i=1}^{n} \left| d_i - \overline{d} \right| / \overline{d}}{n} \times 100\% \tag{3}$$

式中　σ——样品的厚度相对偏差；

d_i——3 个试样上第 i 个测试点的厚度测量值，μm；

$\bar{d}$ ——样品的平均厚度，μm；

n ——3 个试样测试点总数。

5 脱盐率及水通量测试

5.1 仪器、器材及装置

反渗透膜测试装置：其示意图见附录 A；

电子天平：精度 0.01g；

电导率仪：精度±1%；

温度计：量程 0～50℃，精度 0.1℃；

pH 计：精度±1%；

秒表：精度 1/100s；

压力表：精度等级 2.5；

量筒：精度为 1mL。

5.2 测试药品

氯化钠：分析纯；

盐酸：分析纯；

氢氧化钠：分析纯；

去离子水或蒸馏水：电导率小于 10μS/cm。

5.3 测试条件

反渗透膜水通量及脱盐率的测试条件见附录 B。

5.4 测试步骤

测试步骤如下：

a．截取若干个试样（不少于 4 个），试样应无折皱、破损等明显缺陷，试样的尺寸应满足完全覆盖反渗透膜评价池的密封圈的要求。反渗透膜评价池示意图见附录 A，评价池内膜片的有效膜面积不低于 $2.5\times10^{-3}m^2$。

b．将试样放入去离子水或蒸馏水中浸泡 30min。

c．按照膜的种类配制对应浓度的氯化钠（NaCl）水溶液作为测试资液，溶液浓度见表 B.1，并用盐酸或氢氧化钠调节至 pH 值至 7.5±0.5。

d．将反渗透膜试样安装入反渗透膜评价池，脱盐层应朝向评价池的进水侧。

e．开启增压泵，缓慢调节截止阀，按照膜的种类将运行压力调至表 B.1 对应的测试压力。

f．在恒温、恒压下稳定运行 30min 后，用烧杯收集一定量的测试液原液，水样量不低于 150mL；用秒表和量筒测量一定时间内透过液的体积（单个试样不少于 30mL）。

g．按照 GB/T 6908 的规定分别测量原液和透过液的电导率；或按照 GB/T 5750.4 的规定分别测定原液和透过液溶解性总固体含量（TDS）。

h．缓慢调节截止阀，将运行压力降至0.05MPa以下，关闭增压泵。

i．计算脱盐率（R）和水通量（F）。

5.5 数据处理

5.5.1 脱盐率

脱盐率（R）按电导率法或溶解性总固体法计算，具体如下：

a．电导率法

按式（4）计算：

$$R=\left(1-\frac{k_{\mathrm{p}}}{k_{\mathrm{f}}}\right)\times 100\% \tag{4}$$

式中 R——脱盐率；

k_{p}——透过液电导率，μS/cm；

k_{f}——测试液电导率，μS/cm。

b．溶解性总固体法

按式（5）计算：

$$R=\left(1-\frac{C_{\mathrm{p}}}{C_{\mathrm{f}}}\right)\times 100\% \tag{5}$$

式中 R——脱盐率；

C_{p}——透过液溶解性总固体含量，mg/L；

C_{f}——测试液溶解性总固体含量，mg/L。

5.5.2 平均脱盐率

样品的平均脱盐率（$\bar{R}$）按式（6）计算：

$$\bar{R}=\sum_{i=1}^{n} R_i / n \tag{6}$$

式中 $\bar{R}$——样品的平均脱盐率，%；

R_i——样品中第i个试样的脱盐率，%；

n——样品的试样总数。

5.5.3 水通量

水通量（F）按式（7）计算：

$$F=\frac{V}{At} \tag{7}$$

式中 F——水通量，L/（$m^2 \cdot h$）；

V——t时间内收集的透过液体积，L；

A——有效膜面积，m^2；

t——收集V体积的透过液所用时间，h。

5.5.4 平均水通量

样品的平均水通量（$\bar{F}$）按式（8）算：

$$\bar{F}=\sum_{i=1}^{n}F_i/n \tag{8}$$

式中 $\bar{F}$ ——样品的平均水通量，L/（m^2·h）；

F_i ——样品第 i 个试样的水通量，L/（m^2·h）；

n ——样品中测试的试样总数。

6 脱盐层完整性测试

6.1 仪器、器材及装置

反渗透膜测试装置：其示意图见附录 A；

电子天平：精度 0.01g；

电导率仪：精度±1%；

温度计：量程 0～50℃，精度 0.1℃；

pH 计：精度±1%；

相机：具有微距拍摄功能。

6.2 测试药品

氯化钠：分析纯；

罗丹明 B：分析纯；

盐酸：分析纯；

氢氧化钠；分析纯；

去离子水或蒸馏水：电导率小于 10μS/cm。

6.3 测试步骤

测试步骤如下：

a．截取若干个试样（不少于 4 个），试样应无折皱、破损等明显缺陷，试样的尺寸应满足完全覆盖反渗透膜评价池的密封圈的要求。反渗透膜评价池示意图见附录 A，评价池内膜片的有效膜面积不低于 $2.5\times10^{-3}m^2$。

b．将试样放入去离子水或蒸馏水中浸泡 30min。

c．按照膜的种类配制对应浓度的氯化钠（NaCl）水溶液作为测试溶液，溶液浓度见表 B.1，并用盐酸或氢氧化钠调节 pH 值至 7.5±0.5。

d．称取适量罗丹明 B 加入氯化钠测试溶液中并混合均匀，使测试溶液中罗丹明 B 的浓度为 100mg/L。

e．将反渗透膜试样安装入反渗透膜评价池，脱盐层应朝向评价池的进水侧。

f．开启增压泵，缓慢调节截止阀，按照膜的种类将运行压力调至表 B.1 对应的测试压力，在恒温、恒压下稳定运行 30min。

g．缓慢调节截止阀，将运行压力降至 0.05MPa 以下，关闭增压泵。

h．打开反渗透膜评价池，取出测试试样，用去离子水或蒸馏水冲洗反渗透膜的表面。

i. 若试样表面出现红色的点、线或区域，则判定试样的脱盐层存在缺陷，应用相机拍照、记录和存档。

7 耐压性能测试

7.1 仪器与设备

同 5.1。

7.2 测试药品

同 5.2。

7.3 测试步骤

7.3.1 按 5.4 中的步骤 a～g 进行实验，按照式（6）和式（8）计算反渗透膜样品初始的平均脱盐率（$\overline{R}_0$）及平均水通量（$\overline{F}_0$）。

7.3.2 缓慢调节截止阀，将运行压力调至测试压力的 1.5 倍后，恒温、恒压稳定运行 180min。

7.3.3 缓慢调节截止阀，将运行压力调至正常测试压力（附录 B 中的测试压力），按 5.4f 和 5.4g 进行实验，按照式（6）和式（8）计算反渗透膜样品高压后的平均脱盐率（$\overline{R}_t$）及平均水通量（$\overline{F}_t$）。

7.3.4 缓慢调节截止阀，将运行压力降至 0.05MPa 以下，关闭增压泵。

7.4 数据处理

7.4.1 耐压性能

样品的耐压性能以脱盐率变化率和水通量变化率来表示。

7.4.2 脱盐率变化率

样品的脱盐率变化率按式（9）计算：

$$\Delta R = (\overline{R}_t - \overline{R}_0) / \overline{R}_0 \times 100\% \tag{9}$$

式中 ΔR——样品的脱盐率变化率；

$\overline{R}_0$——样品初始的平均脱盐率，%；

$\overline{R}_t$——样品高压运行后的平均脱盐率，%。

7.4.3 水通量变化率

样品的水通量变化率按式（10）计算：

$$\Delta F=(\bar{F}_t-\bar{F}_0)/\bar{F}_0\times100\% \tag{10}$$

式中 ΔF——样品的水通量变化率；

$\bar{F}_0$——样品初始的平均水通量，L/（m^2·h）；

$\bar{F}_t$——样品高压运行后的平均水通量，L/（m^2·h）。

8 实验报告

报告应包含以下内容：

a．样品的名称、来源、批号、日期；

b．试验条件；

c．试验方法；

d．实验数据；

e．试验结果；

f．试验日期；

g．试验者。

附录 A
（规范性附录）
反渗透膜测试装置

A.1　反渗透膜测试装置流程示意，如图 A.1 所示。

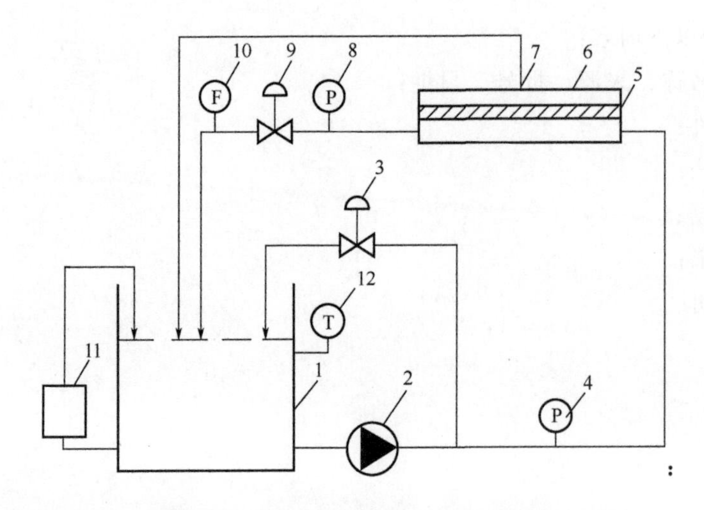

图 A.1　反渗透膜测试装置流程示意

1—测试液水箱；2—增压泵；3—截止阀；4—压力表；5—反渗透膜；6—反渗透膜评价池；7—透过液出口；8—压力表；9—截止阀；10—流量计；11—温度控制系统；12—在线温度仪

A.2　反渗透膜评价池示意，如图 A.2 所示。

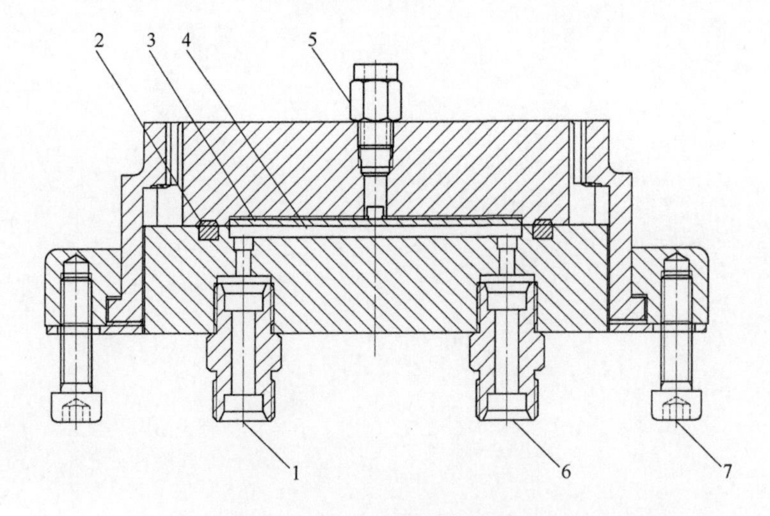

图 A.2　反渗透膜评价池示意

1—评价池进液口；2—密封圈；3—多孔滤板；4—进液凹槽；5—透过液收集口；6—评价池出液口；7—固定螺栓

附录 B
（规范性附录）
反渗透膜测试条件

反渗透膜测试条件如表 B.1 所列。

表 B.1　反渗透膜测试条件

氯化钠水溶液浓度/（mg/L）	pH 值	测试温度/℃	测试压力/MPa	表面流速/（m/s）	适用膜种类
250±5	7.5±0.5	25.0±0.5	0.41±0.02	≥0.45	家用反渗透膜
500±10	7.5±0.5	25.0±0.5	0.69±0.02	≥0.45	超低压反渗透膜
1500±20	7.5±0.5	25.0±0.5	1.03±0.02	≥0.45	低压反渗透膜
2000±20	7.5±0.5	25.0±0.5	1.55±0.02	≥0.45	苦咸水反渗透膜
32000±1000	7.5±0.5	25.0±0.5	5.52±0.03	≥0.85	海水淡化反渗透膜

附录 3　化工园区混合废水处理技术规范（HG/T 5821—2020）

1　范围

本标准规定了化工园区混合废水处理的术语和定义、总体要求、设计水量及污染负荷、工艺设计、排放及再生回用要求。工艺设计包括一般要求、纳管要求、收集与输送、处理工艺流程、分质预处理工艺、生化处理工艺以及深度处理工艺。

本标准适用于化工园区集中式污水处理厂的新建、改建和扩建项目的混合废水处理技术。

2　规范性引用文件

下列文件对于本文件的应用是必不可少的。凡是注日期的引用文件，仅注日期的版本适用于本文件。凡是不注日期的引用文件，其最新版本（包括所有的修改单）适用于本文件。

GB/T 1576　工业锅炉水质

GB 8978　污水综合排放标准

GB 12348　工业企业厂界环境噪声排放标准

GB 18918　城镇污水处理厂污染物排放标准

GB/T 18919　城市污水再生利用　分类

GB/T 18920　城市污水再生利用　城市杂用水水质

GB/T 18921　城市污水再生利用　景观环境水水质

GB/T 19923　城市污水再生利用　工业用水水质

GB 50014　室外排水设计规范

GB/T 50050　工业循环冷却水处理设计规范

GB/T 50087　工业企业噪声控制设计规范

GB 50483　化工建设项目环境保护设计规划

CJJ 60　城镇污水处理厂运行、维护及安全技术规程

HJ 212　污染源在线监控（监测）系统数据传输标准

HJ/T 353　水污染源在线监测系统安装技术规范

HJ/T 355　环境保护产品技术要求　水污染源在线监测系统运行与考核技术规范

HJ 2016　环境工程　名词术语

SL 368—2006　再生水水质标准

3 术语和定义

HJ 2016 界定的“好氧”“缺氧”“厌氧”“硝化”“反硝化”“气浮”“隔油”“水解酸化”“高级氧化”“膜分离”“离子交换”“反渗透”“臭氧氧化”“膜生物法”“生物膜法”等术语的定义以及下列术语和定义适用于本文件。

3.1

化工园区 chemical industry park

以石化化工为主导产业的新型工业化产业示范基地、高新技术产业开发区、经济技术开发区及由各级政府依法设置的化工生产企业集中区。

3.2

生产废水 process wastewater

化工园区企业生产过程中排出的废水，包括随水流失的工业生产用料、中间产物、副产品以及生产过程中产生的污染物。

3.3

混合废水 composite wastewater

化工园区内不同类型的废水汇入集中式污水处理厂后混合形成的废水。

注：不同类型包括不同来源的废水、如生产废水、生活污水及其他废水，也包括不同类型的污染物，如酸性污染物-碱性污染物、油类、有机物，重金属等。

3.4

集中式污水处理厂 centralized wastewater treatment plant

接纳处理多个工业企业废水的集中式污水处理设施，本标准特指化工园区接纳处理混合废水的处理设施。

3.5

再生水 reclaimed water

化工园区集中式污水处理厂出水水源经回收适当处理后，达到一定水质标准，并在一定范围内重复利用的水资源。

注：改写 SL 368—2006，定义 2.0.1。

4 总体要求

4.1 化工园区集中式污水处理厂应科学规划，合理布局，完善配套。其厂址选择和总图布置应符合 GB 50483 的规定。

4.2 化工园区集中式污水处理厂的运行、维护管理及安全操作可参照 CJJ 60 的规定。

4.3 化工园区集中式污水处理厂应依据国家有关法律法规、标准规范和政府文件的规定进行风险评估，严控安全风险，加强环境风险隐患排查，定期开展整体性安全风险评价，设置安全管理机构，构建应急预案，提升应急救援能力，严格安全管理。

4.4 化工园区集中式污水处理厂废水的收集、处理、回用，应采用清污分流、雨污分流、污污分治、分质回用的原则，设置不同废水管网收集系统，分类收集企业废水，管道标识应符合相关规定。合理划分排水系统，排水管渠设计应符合 GB 50014 的规定。

4.5 化工园区集中式污水处理厂应避免产生二次污染或有消除二次污染的控制措施，应对有毒、恶臭等废气污染物进行封闭收集，按相关法律法规及标准规范进行废气治理，排放应符合地方、行业或国家相关排放标准。

4.6 化工园区集中式污水处理厂的危险废物和一般固体废物的管理应遵守国家有关规定。

4.7 化工园区集中式污水处理厂厂界环境噪声排放的限值、管理、评价及控制应符合 GB 12348 的规定，内部噪声控制的布置及设计应符合 GB/T 50087 的规定。

4.8 化工园区集中式污水处理厂在线监测系统的设定及技术要求应符合 HJ/T 353 的规定；在线监测设备的运行及管理应符合 HJ/T 355 的规定；在线监测系统及数据传输应符合 HJ 212 的规定。

5 设计水量及污染负荷

5.1 设计水量和生产废水量

5.1.1 设计水量

化工园区集中式污水处理厂设计水量可按公式（1）计算：

$$Q = K(Q_1 + Q_2 + Q_3) \tag{1}$$

式中 Q——化工园区集中式污水处理厂设计水量的数值，m^3/d；

K——变化系数（根据化工园区集中式污水处理厂规模和工艺特点确定）；

Q_1——生产废水量的数值，m^3/d；

Q_2——生活污水量的数值，m^3/d，按现行国家标准 GB 50014 的有关规定执行；

Q_3——其他水量的数值，m^3/d，其他水量包括初期雨水、事故水和产生的其他废水。应符合 GB 50014 的有关规定。

5.1.2 生产废水量

化工园区集中式污水处理厂生产废水量可按公式（2）计算：

$$Q_1 = \sum_{i=1}^{n} Q_i \tag{2}$$

式中 Q_1——化工园区集中式污水处理厂生产废水量的数值，m^3/d；

Q_i——化工园区第 i 家企业排放的生产废水量的数值，m^3/d。

5.2 污染负荷

化工园区各种废水混合后各污染物污染负荷应按公式（3）计算：

$$C_j = \frac{\sum(C_{ij}Q_{ij})}{\sum Q_i} \tag{3}$$

式中　C_j——化工园区混合废水中第 j 类污染物的混合浓度数值，mg/L；

C_{ij}——化工园区第 i 家企业排放的废水中第 j 类污染物的浓度的数值，mg/L；

Q_{ij}——化工园区第 i 家企业排放的废水中第 j 类污染物的流量的数值，m^3/d；

$\sum Q_i$——化工园区总废水量之和，m^3/d。

6　工艺设计

6.1　一般要求

6.1.1　化工园区集中式污水处理厂应依据园区混合废水的水量及污染物特征，综合考虑技术、环境、资源和经济等因素，选择适宜的技术路线。

6.1.2　化工园区混合废水处理总体上宜采用分质预处理、生化处理和深度处理的工艺。

6.1.3　化工园区集中式污水处理厂宜根据水质及园区规模将生化处理单元设计成平行的两个或两个以上系列，北方地区生化处理部分在冬季应采取保温措施。

6.2　废水纳管要求

6.2.1　化工园区企业生产废水排入集中式污水处理厂应符合当地有关部门要求和地方相关排放标准。暂未有当地要求和地方相关排放标准的，应符合 GB 8978 等国家、行业排放标准规定。

6.2.2　化工园区企业与集中式污水处理厂进行协商排放的，应根据其污水处理能力商定标准，并符合当地环保部门及相应法律法规的规定。

6.3　废水收集与输送

6.3.1　化工园区集中式污水处理厂应根据污染物的性质，进行分类收集、分质处理。废水经专用管道汇入集中处理区域，管线标识设置规范，配套管网，各输送管道明管化，安装水质水量在线监测仪。

6.3.2　化工园区集中式污水处理厂输送有毒有害废水的管道应采取防渗漏措施；输送含酸、碱等强腐蚀物质的管道应采取防腐蚀措施。

6.3.3　化工园区集中式污水处理厂应设置人工采样点和在线监测装置，监测企业废水输送管出水水质。

6.3.4　废水达到纳管要求，进入下一处理单元；废水未达到相应要求或处理设施故障，进入应急事故水池或缓存池。

6.4　混合废水处理工艺流程

化工园区混合废水处理工艺流程可参照图 1。

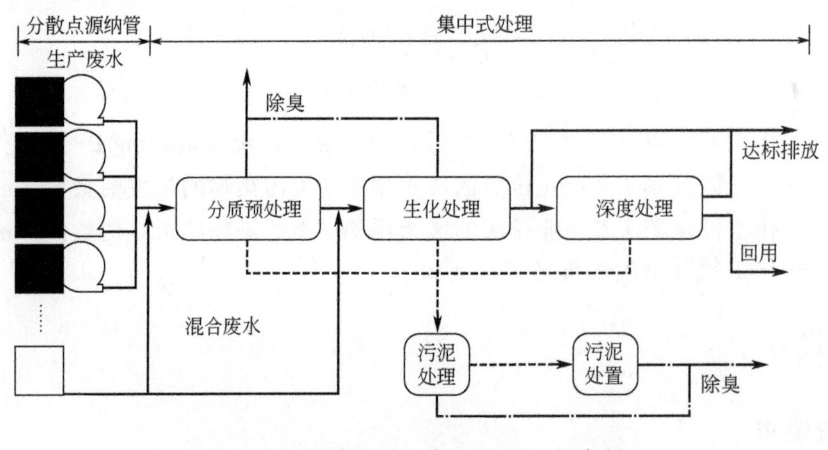

图 1　化工园区混合废水处理工艺流程

■ 重污染分散点源；◯ 企业预处理；□ 生活及其他废水；

⟶ 废水处理；- - -▸ 污泥处理；-·-▸ 恶臭处理

6.5　混合废水分质预处理工艺

6.5.1　分质预处理

a. 进入分质预处理前，依据废水水质，化工园区集中式污水处理厂可接管部分生活污水及其他废水调节水质。

b. 化工园区集中式污水处理厂应依据废水水质进行分质预处理。影响生化处理的有毒有害废水宜单独配套预处理措施和设施。

c. 化工园区集中式污水处理厂混合废水分质预处理工艺的选择及部分出水水质的指标宜按表 1 的规定。

表 1　化工园区集中式污水处理厂混合废水分质预处理工艺及部分出水水质要求

混合废水分质预处理		部分出水水质指标推荐值
工艺单元①	主要去除污染物	
混凝沉淀、过滤	悬浮固体、胶体颗粒、重金属离子	悬浮物（SS）＜400mg/L pH 值：6～9 BOD_5/COD＞0.3 含油量＜20mg/L 氯化物＜3000mg/L
吸附、微电解、高级氧化	难降解物质	
隔油、气浮、重力式除油	油类	
中和反应	酸、碱	
水解酸化、混凝+水解酸化	难降解污染物、悬浮固体	
电渗析②、反渗透②、离子交换②	盐类、重金属离子	

① 表格内容为推荐工艺，处理工艺不限于以上表格内容，集中式污水处理厂应根据废水处理量及污染物特性选择适宜的预处理工艺单元。

② 针对处理某类水量小，含有特定盐类、金属离子污染物的废水推荐的预处理工艺单元。

6.5.2 水质水量调节

a．混合废水预处理工艺中应设置调节池单元，并在池内设置防止沉淀的设施。

b．调节池水力停留时间宜为 8～24h，或可根据集中式污水处理厂规模和工艺特点确定调节池水力停留时间。

6.6 混合废水生化处理工艺

化工园区集中式污水处理厂生化处理应包含“硝化反硝化”基础脱氮工艺和除磷工艺。集中式污水处理厂应综合考虑工艺成熟度、稳定性、经济性及实际运行效果等因素，采用适宜的工艺，相关工程技术规范可参照相关国家、行业标准的规定。生化处理工艺处理效率应通过试验或类比同类化工园区集中式污水处理厂运行经验确定。推荐生化处理工艺流程图及处理效率可参照表 2。

表 2 化工园区集中式污水处理厂混合废水生化处理工艺流程图及处理效率

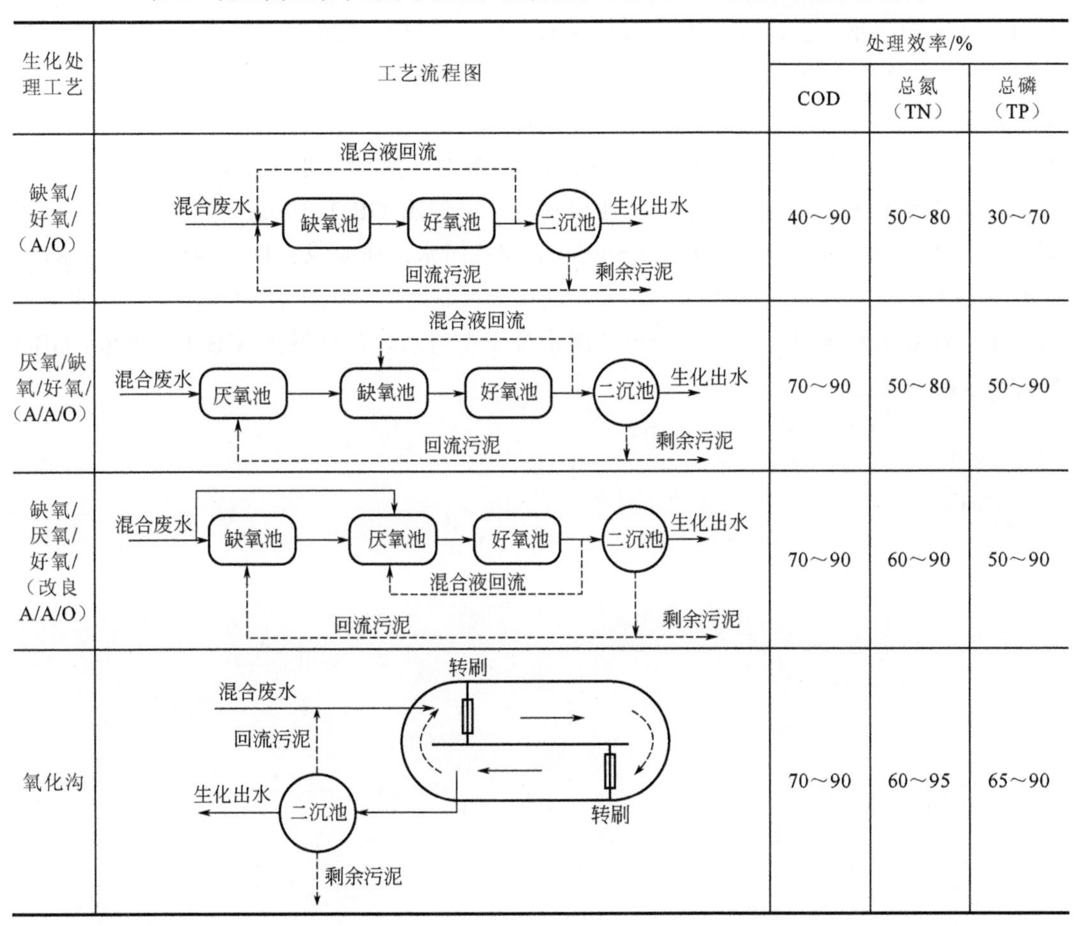

生化处理工艺	工艺流程图	处理效率/%		
		COD	总氮（TN）	总磷（TP）
缺氧/好氧/（A/O）		40～90	50～80	30～70
厌氧/缺氧/好氧/（A/A/O）		70～90	50～80	50～90
缺氧/厌氧/好氧/（改良A/A/O）		70～90	60～90	50～90
氧化沟		70～90	60～95	65～90

6.7 混合废水深度处理工艺

6.7.1 化工园区混合废水污染物经生化处理无法去除的，或污染物浓度仍未达到排放要求的，应采用深度处理工艺对混合废水进行进一步处理。

6.7.2 化工园区混合废水有回用需求的，应根据回用对象确定水质要求，采用深度处理工艺对混合废水进行进一步处理。

6.7.3 深度处理工艺包括物理化学法、高级氧化法、生物深度处理法。物理化学法包括混凝法、吸附法、膜分离、离子交换、消毒等；高级氧化法包括臭氧氧化等；生物深度处理法包括膜生物法、生物膜法、生物强化法等。

7 排放及再生回用

7.1 排放要求

化工园区混合废水排放应符合当地有关部门要求和地方相关排放标准。暂未有当地要求和地方相关排放标准的，应符合 GB 8978 和 GB 18918 等国家、行业排放标准规定。

7.2 水再生回用

7.2.1 化工园区集中式污水处理厂再生水回用用途包括工业用水、城市杂用水、景观环境用水等，混合废水应通过专用管道实现再生水的回用，水再生分类可参照 GB/T 18919 的相关规定。

7.2.2 化工园区混合废水的回用应根据回用对象对水质的要求确定，回用水质应符合当地要求和地方相关标准。回用至工业用水时，可参照 GB/T 19923 等相关规定；回用至工业循环冷却水时，应达到 GB/T 50050 等相关用水水质要求；回用至锅炉补给水时，应达到 GB/T 1576 等相关用水水质要求。回用至其他工艺水与产品用水水源时，水质应达到相关行业用水水质要求；回用至杂用水及景观用水时，可参照 GB/T 18920、GB/T 18921 等相关规定。